האומה האמריקנית וארץ־ישראל

יסודות קשרי הגומלין המיוחדים

ועדת המערכת
יהושע בן־אריה, משה דייוויס, חגית לבסקי, אלי לדרהנדלר

המלביה"ד
משה גודמן

מוקדש
לישראל אירווינג ניומן
אשר סייע למפעל אמריקה וארץ הקודש מתחילתו

האוניברסיטה העברית בירושלים
המכון ליהדות זמננו ע"ש אברהם הרמן

האומה האמריקנית וארץ־ישראל

יסודות קשרי הגומלין המיוחדים

בעריכת
מנחם קאופמן

תרגם מאנגלית
יהודה גודמן

הוצאת ספרים ע"ש י"ל מאגנס, האוניברסיטה העברית, ירושלים

מפעל אמריקה וארץ הקודש

משה דייוויס	ראש המפעל ועורך כללי
מנחם קאופמן	חוקר בכיר
יוסף גלס	עמית מחקר
אורה זימר	עוזרת מחקר
מלוין פנסון	יועץ עריכה
סרג'ו דלה־פרגולה	ראש המכון ליהדות זמננו
אברהם ברגיל	מנהל אדמיניסטרטיבי
משה גודמן	פרסומים

מפעל אמריקה וארץ הקודש
מודה
לקרן יעקב בלאושטיין
שתרומתה מאפשרת את מחקרי המפעל

הספר יצא לאור בסיוע
המכון לחקר תולדות קרן קימת לישראל,
הקרקע ויישוב הארץ

ההפצה: הוצאת מאגנס, ת"ד 7695, ירושלים 91076, פקס 02-5633370

ISBN 965-233-954-2 מסת"ב

נדפס בישראל
סדר: פוזנר ובניו בע"מ, ירושלים

תוכן העניינים

חלק רביעי: עמדות הדתות באמריקה הפלורליסטית

דברים לזכרו של משה דייוויס

מורנו, רבנו וחברנו משה דייוויס ז"ל, הלך מאתנו. במשך שישה עשורים של פעילותו הברוכה עלה בידיו להשיג את השילוב המושלם, הנדיר והכמעט בלתי אפשרי בין קידום האינטרס האקדמי – האוניברסליסטי בטבעו – לבין הפעילות למען המשכיותו של העם היהודי, שהיא פרטיקולריסטית בעיקרה. העובדה שאנשים מרקע רעיוני שונה ומדרכי חשיבה רחוקות אלו מאלו יכלו להתלכד מאחורי משה דייוויס בחיפוש אחרי דרך משותפת, היא חלק מן ההישג הנכבד שלו. ואכן יש ביסוד עבודתו והישגיו מסר חשוב לאמור – קיום יהודי ולמדנות יהודית הם תרומה לתרבות האוניברסלית ולחברה האנושית בכללותה ואין כל סתירה בין "יהדות" ל"אנושיות".

משה דייוויס ניחן ביכולת נדירה לראות את המשמעויות הרחוקות, החורגות מן התחומים והנושאים הספציפיים שעסק בהם ולמסור אותן לאחרים. ביסוד עשייתו כולה עמדה הידיעה, שכדי לתפוס את המשמעויות והמסרים החשובים יש לבחון אותם בפרספקטיבה היסטורית, בדרך השוואתית, בחתירה לשיתוף פעולה עם אחרים ובמאמץ להגיע לידי מיסוד. לא במקרה כונתה הקתדרה שבה לימד במשך שנים רבות באוניברסיטה העברית בירושלים "הקתדרה ע"ש סטיפן ס' וייז לתולדות יהדות אמריקה ומוסדותיה". משה דייוויס היה סבור שאידיאות, כדי שישפיעו השפעה עמוקה וארוכת ימים, יש צורך לתרגמן למסגרות עשייה מסודרות. ובצירוף המיוחד הזה שבין מושגים חדשניים ובין התארגנויות רלוונטיות ובנות קיימא, התווה משה דייוויס גבולות חדשים למפת העולם האקדמי ולמפת העולם היהודי.

והרי כמה דוגמאות למפעליו ללא כל יומרה להגיש רשימה מלאה או מסודרת: דגם חדש של פעילות חינוכית יהודית בארצות הברית על ידי קיום חיים יהודיים אינטגרליים במחנות "רמה"; יצירת מרכז אקדמי יהודי עצמאי בחוף המערבי על ידי הקמת ה־University of Judaism; מנהיגותו האקדמית והחינוכית של משה בתנועה הקונסרבטיווית ובבית המדרש לרבנים באמריקה (JTS); פתיחת תחום מחקר חדש בעל יסודות רב־תחומיים והשפעה אסטרטגית על ידי המכון ליהדות זמננו באוניברסיטה העברית בירושלים; שילוב חוקרים אקדמיים ואנשי עשייה במסגרת לימודית בחוג לידיעת עם ישראל בתפוצות בבית נשיא מדינת ישראל; פיתוח המחקר הרבגוני ובעל הפוטנציאל הבלתי נדלה של חקר קשרי אמריקה וארץ הקודש ופיתוח תפיסה שיטתית ומקיפה של מיפוי מפעלי ההוראה של תרבות ישראל על כל גילוייה במוסדות להשכלה הגבוהה בעולם והחדרת הוראה זו למקומות שאליהם טרם הגיעה.

אצל משה דייוויס היה לעתים קצירו של מפעל אחד לזרעו של מפעל אחר, בעוד מעגל המשתתפים מתרחב והולך. בתוך כך קם והתגבש הצוות המוכשר ובעל הניסיון שיהיה מסוגל להמשיך ולהוביל גם בלי ידו המכוונת של משה דייוויס עצמו. הוא השקיע במפעל חייו מאמץ רב, תעצומות נפש, חוכמה, דמיון אסטרטגי, והתחשבות זהירה, והרבה כבוד כלפי אלה שאִתם יצר שותפויות, בין אם הסכים עמם בין אם לאו.

את דמותו של משה דייוויס מורנו היקר, שהלך מאתנו כשהספר הזה כבר היה בכתובים, לא ניתן לתאר במשפטים ספורים. כמי שזכה בעידודו, ביחסו החם והמקרב ובהדרכתו האישית, כשהייתי אחד מתלמידיו ואחר כך שותפו לעבודה ואף יורשו בתור ראש המכוֹן ליהדות זמננו, אזכור אותו לעולם כמנהיג, כמחנך וכמשרת ציבור יצירתי, ישר ונאמן.

יהי זכרו ברוך.

סרג'ו דלה־פרגולה

ראש המכון ליהדות זמננו
האוניברסיטה העברית בירושלים

משה דייוויס ז"ל – לזכרו

קשה מאוד להשלים עם העובדה שמשה איננו – אולי משום שבמשך למעלה משלושים שנה תמיד היה כאן – מדריך, יועץ, מכוון, מחליט ומלא רעיונות חדשים. הדבר נוגע בראש ובראשונה למפעלו המרכזי, הלוא הוא הקמתו וביסוסו של המכון ליהדות זמננו באוניברסיטה העברית בירושלים. לעולם נהג לפנות לאנשים המרכזיים, ולא עסק בפכים הקטנים. בשנת 1958 פנה אל הפרופסורים נתן רוטנשטרייך, אפרים אלימלך אורבך וישראל הלפרין והעלה בפניהם את הרעיון להקים מכון בין־תחומי שיעסוק בחיי היהודים ובתרבותם במאה העשרים. משה, שהיה היהודי האמריקני הראשון שקיבל תואר דוקטור מן האוניברסיטה העברית כעשרים שנה קודם לכן ודיקן של בית המדרש לרבנים באמריקה, היה בעל מוניטין, אולם היו מורים באוניברסיטה, שהרעיון להקים מכון שיעסוק ביהדות במאה העשרים לא התקבל על דעתם, ונשמעה הטענה שאין מדובר בהיסטוריה אלא לכל היותר בעיתונאות, משום שחלק מן החומר הארכיוני סגור בפני החוקרים. משה נתקל בקשיים בתוכניתו גם כשביקש לכלול בלימודי המכון נושאים מתחום מדעי החברה, אך הוא התגבר על כל המכשולים האלה בעזרתם של שלושת המלומדים הנזכרים וקיבל אישור להקמת המכון.

שותפו הראשון והעיקרי היה שאול אש (שנהרג באופן טרגי בתאונת דרכים ב־1968), בלשן במקצועו, שעלה מגרמניה והחל לעסוק עוד קודם לכן בחקר השואה ובהוראתה, והיה כנראה המורה הראשון בעולם שעסק בכך עיסוק מדעי. בתוך שלוש–ארבע השנים הראשונות לקיום המכון הצטרפו אליו עמיתים נוספים. על פי תפיסתו של משה אמורה היתה תוכנית המכון לעמוד על שני יסודות עיקריים: תולדות הציונות ותולדות חורבן יהדות אירופה, ומאמץ מיוחד הושקע בחקר תולדות היישוב היהודי לפני הקמת המדינה. אולם גם מדעי החברה לא הוזנחו. המכון עסק בפסיכולוגיה חברתית של היהודים, והוקם מדור גדול לדמוגרפיה יהודית, שבו התנהלה מימיו הראשונים של המכון עבודת מחקר ענפה, והוחל בהוראה של ספרות יהודית שנכתבה בשפה האנגלית. בשנותיו הראשונות של המכון הוקמו מדורי עזר חשובים לתיעוד היסטורי של עדויות שמיעה וראייה. במדור לתיעוד בעל־פה נאספו עדויות של בני התקופה על כל מאורעותיה – החל בעדויות על התפתחותה של יהדות אמריקה, דרך עדויות של ניצולי השואה (המהוות עד היום את החלק הארי של האוסף) וכלה בעדויות על ההווי של קהילות ישראל הַנידחות ביותר כגון יהודי כורדיסטן. במסגרת המכון הוקם גם ארכיון הסרטים, בעזרתו של אברהם רד, מתוך שיתוף עם ההסתדרות הציונית. הארכיון, שנקרא בתחילתו "ארכיון רד" והיום הוסב שמו לארכיון הסרטים היהודיים ע"ש ספילברג, אסף ואוסף בראש ובראשונה סרטים הנוגעים להתיישבות היהודית בארץ־ישראל, אבל גם סרטים העוסקים בחיי היהודים בתפוצות.

ביסוד הפעילות הזאת עמדה תיאוריה – ושמא אידיאולוגיה – מגובשת למדי, שמשה דגל בה בלהט רב, ושעל פיה העם היהודי הוא קבוצת אנשים, שיש לחקור את חייהם ותרבותם בהווה מחקר

מדעי משולב בדיסציפלינות של מדעי החברה והרוח, ולא להפריד בין תחומי מחקר היסטוריים, סוציולוגיים, ספרותיים וכיוצא באלה. מאחר שעיקר הדגש הושם על מחקר והוראה של תוצאות המחקר, סבר משה שהמכון צריך ללמד רק תלמידים לתואר שני ושלישי, וממילא מספר הסטודנטים בו יהיה מצומצם. יהדות זמננו, היה מוסיף ואומר, הוא חוג בין־תחומי, ולכן יש לקיים יחסי גומלין עם חוגים קרובים ולקבל תלמידים מן החוגים הללו על בסיס של הדדיות. בזכות התפיסה הזאת קם מכון שאין לו אח ורע בארץ ובעולם ונתברכנו בנכסי מחקר והוראה חשובים, והשקפתו של משה תקפה גם היום.

היו שהתנגדו לתפיסות אלו ובראשם מורי החוג לתולדות עם ישראל, שראו בתולדות היהודים במאה העשרים חלק מתחום עיסוקם והתנגדו להתפתחותו של חוג ומכון מתחרה. משה טען לעומתם שאין כל סתירה – החוג לתולדות עם ישראל יעסוק ברצף ההיסטוריה היהודית, במחקר אנכי כביכול, ואילו המכון יעסוק בהוראה במחקר אופקי כביכול בשילוב דיסציפלינות אחרות ויתמקד אך ורק בתקופת המאה העשרים. לאחר שנים לא מעטות יושבה המחלוקת הזאת, ומשה עוד זכה לראות שיתוף פעולה נאה בין החוגים. קשה היה גם להגדיר בדיוק את המושג "יהדות זמננו". מתי נעשה "זמננו" היסטוריה? תחילה דובר על התקופה שמסוף המאה התשע־עשרה ועד 1948. אולם ככל שהתרחקנו מהקמת המדינה, שנראתה בתחילה זמן נאות לסיים בו את תקופת המחקר וההוראה של המכון, רבו הבעיות באשר לראשיתה ולסיומה של התקופה. בשנים האחרונות לפעילותו של משה במכון, ולאחר פרישתו הפורמלית מן ההוראה באוניברסיטה, צמצם המכון, לא במעט בהשפעתו, את המחקר בתקופה שלפני מלחמת העולם הראשונה והרחיב אותו אל מעבר לשנות הקמת המדינה. משה סבר שיש לעשות את השינויים האלה בהדרגה, ואין כאן עניין עקרוני אלא התאמה מתמדת של הרעיונות המנחים אל המציאות המשתנה.

משה נקט גישה עקרונית מאוד באשר לגיוס חוקרים־מורים למכון. כגופים אקדמאיים אחרים ביקש גם המכון לגייס כישרונות מובהקים בהוראה ובמחקר. אבל בגלל אופיו הייחודי של המכון נהג משה זהירות מרבית והשתדל מאוד – לא תמיד בהצלחה – שהמועמדים יהיו מקובלים גם בקרב החוג המקצועי שלהם. הדבר יצר קשיים לא מעטים, אבל בסופו של דבר הוא גייס את האנשים שרצה בהם מתוך הכרה בתכונותיהם האינטלקטואליות. עיקרון נוסף היה למשה – במכון כשלנו, אמר, חייבת להיות גם התאמה אישית־חברתית כדי להימנע ככל האפשר מסכסוכים ומהתנגשויות. הוא לא אהב אומרי־הן, וגם כאן הִרבה לחקור ולדרוש קודם שהתחייב. כשהתקבל אדם למכון השתדל צוות המכון לסייע לו ככל יכולתו הן מן הבחינה האקדמית והן מן הבחינה החברתית והאישית. ואכן קמעה קמעה התגבשה חבורה גדלה והולכת של אנשים שהיו קשורים לא רק בקשרים אקדמיים, אלא אף בקשרים אישיים־חברתיים. הדרך הזאת, שלא היתה נטולת קשיים, עלתה יפה ובמשך שנים רבות קיימנו במכון קשרי רעות עם חיכוכים מעטים ביותר. עד לפרישתו של משה וגם אחריה, כשהגיעה העת לבחור ראש מכון, היו החברים מסכימים ביניהם פה אחד על מועמד, ובבחירות, שהתנהלו על פי כללי האוניברסיטה, היה בדרך כלל פתק אחד ובו היה רשום שם אחד – שמו של המועמד שנבחר פה אחד. משה נבחר, לאחר פרישתו ליושב ראש המכון, מעין יועץ בכיר לראש המכון, והוסיף להיות מעורב בעניינים הכלליים של המכון עד למותו.

משה השתדל בכל מאודו להכין עתודה של אנשים צעירים שימשיכו את עבודת הראשונים, אך לא תמיד עלה הדבר בידו. בין השאר גם בגלל מצבה הכספי של האוניברסיטה שהלך והחמיר עם הזמן, ולא אִפשר לקבל אנשים צעירים לתפקידי הוראה ומחקר אפילו לניסיון. כשפרש אחד

המורים מיד החל מאבק למנות לו מחליף ראוי. במקומו של משה בתחום חקר יהדות אמריקה והוראתה, בא אלי לדרהנדלר, והצלחתו שִׂמחה את משה מאוד.

משה חלם על התרחבות השפעתו של המכון בעולם היהודי כולו ושאף לכלול למשל את העיסוק בסוציולוגיה של יהדות התפוצות בתחומי המכון. מכל מקום, בתולדותיה של מדינת ישראל המעיט המכון לעסוק, למגינת לבו של משה, שכן, מחמת מחסור במשאבים כספיים לא נתאפשר להקים מדור מיוחד בתחום הזה.

מעורבותו העמוקה בחיי הציבור היהודי באמריקה קודם שעלה ארצה הקלה על משה לקשור קשרים אמיצים עם רבים ממנהיגי העולם היהודי, קשרים שהביאו תועלת רבה הן בתחום האקדמי והן בתחום גיוס הכספים. משה השתדל לגייס משאבים כספיים להקמת קתדראות בתחומים שונים ואף הצליח בכך במידה ניכרת. אולם עיקר מאמציו כוונו להקמת כמה שלוחות של המכון, שהפכו למפעלים בפני עצמם. וקודם כול החוג לידיעת העם היהודי בתפוצות שנהג להתכנס בבית נשיא המדינה. החוג, שנוסד בעת כהונתו של הנשיא זלמן שזר, נפגש בתחילה בצריף המפורסם של נשיאי ישראל ברחביה, והיה במשך שנים רבות מקום מפגש של מלומדים עם פעילים בחיי הציבור והמדינה, כגון אישים בכירים בסוכנות היהודית ואנשי משרד החוץ. ההרצאות שנישאו בחוג פורסמו בעברית ובאנגלית וזכו לתפוצה רבה בארץ ובקהילות ישראל, בעיקר בעולם האנגלוסקסי. רעיונות חשובים וממצאים מחקריים חשובים הוצגו לראשונה לפני משתתפי החוג, שהתקיים בעבר לרוב בנוכחותו של נשיא המדינה.

משה השתתף במפגשים האלה גם לאחר שפרש מעבודתו באוניברסיטה העברית ולאחר שלקה בלבו, ואף נשא בהם דברים לעתים מזומנות. במשך כמה שנים התקיימו בבית הנשיא גם סמינרים בנושאים יהודיים, הנוגעים הן בתחום האקדמי והן בתחום המדיני, בהשתתפותם של רבנים ראשיים, מדענים יהודים ולא יהודים מרחבי העולם, וכמובן חוקרים ואנשי ציבור מישראל. הספרים שהוצאו לאור, בעריכתו של משה, לאחר כל סמינר ישמשו בעתיד חומר תיעודי חשוב לחוקרי תקופתנו. החוג עצמו נוהל על ידי ועדה קטנה, והתקציב הזעום שהיה נחוץ לקיומו הושג ממקורות שמחוץ לאוניברסיטה.

המדור לדמוגרפיה יהודית הוא עוד מפעל שהקים משה במסגרת המכון. זהו מוסד מחקר בפני עצמו המרכז את המידע על השינויים הדמוגרפיים המתחוללים בעם היהודי ועוסק גם בתחזיות דמוגרפיות על סמך החומר הסטטיסטי הקיים. המדור הוציא לאור סדרה ארוכה של פרסומים המספקים מידע מעודכן לארגונים ולמוסדות יהודיים בעולם ולציבור הרחב. קשה ביותר היה למשוך אל המכון חוקרים ומורים בתחומי מדעי החברה, אבל משה דבק בעיקרון של היות המכון בין־תחומי, ובמידה לא קטנה הדבר גם עלה בידו.

המכון, בהדרכתו של משה, עשה מאמצים רבים כדי לספק שירותי הוראה חוץ־קוריקולריים למוסדות כגון הסוכנות היהודית, משרד החוץ והארגונים היהודיים בעולם, ובמשך השנים נרקמו יחסים הדוקים למדי בין המכון לארגונים ולמוסדות אלה.

בתפיסתו של משה לא היה מן ה"אימפריאליזם" האקדמי, לא היתה כאן הרחבה לשמה או לשם האדרת המכון, אלא כדי לשרת מטרה – קיומו של מרכז אקדמי לחקר יהדות זמננו שתהיה לו השפעה חשובה, אולי מרכזית, על המחשבה היהודית בימינו ועל החיים החברתיים, התרבותיים והפוליטיים.

משה עצמו לימד בתחום התמחותו – יהדות ארצות־הברית – ובייחוד על חייה הדתיים והתרבותיים, ובו בזמן פיתח את המפעל "אמריקה–ארץ הקודש", שנועד לחקור את היחסים שבין

הנצרות והנוצרים, והיהדות והיהודים באמריקה, לבין ארץ־ישראל כארץ הקודש לשתי הדתות, וזאת מן המאה התשע־עשרה ועד 1948. במסגרת המפעל הזה פורסמו מחדש ספרים בנושא הזה שיצאו לאור בעשורים ואף במאות שעברו, פורסמו מחקרים מקוריים בידי חוקרים שהשתתפו בפרויקט, התקיימו קורסים ומפגשים בין־לאומיים והוכנו תוכניות בנושא "אמריקה וארץ הקודש" בארץ ובארצות־הברית.

משה הצטיין לא רק כחוקר אלא גם כעורך מדעי בעברית ובאנגלית. הכרכים הרבים שערך הם מלאכת מחשבת של עריכה. כל מילה, כל משפט, נבדקו בדיקה קפדנית ונערכו שוב ושוב עד שהשביעו את רצונו.

לאחר פרישתו הקים משה את המרכז להוראת תרבות ישראל באוניברסיטאות – מפעל אדיר של העמקת ההוראה בנושאים היהודיים באוניברסיטאות בעולם כולו. משה "הושאל" להקמת המפעל הזה על ידי הנהלת האוניברסיטה העברית, ומאחר שענייני המרכז התנהלו במידה רבה על ידי הסגל הירושלמי ולאנשי המכון היה בו חלק לא מבוטל, ניתן אולי לצרף את מפעלו האחרון הזה לשרשרת הארוכה של מפעלותיו במסגרת האוניברסיטאית. וביסוד הכול עמדה התפיסה הכוללת לאמור – הפצת תרבות ישראל בעולם האקדמי העולה בחשיבותו מעשור לעשור היתה והִנה משימה ראשונה במעלה. משה פעל בעניין הזה על פי דרכו המיוחדת – תחילה פנה לנשיא המדינה (הנשיא קציר, ואחר כך ליורשיו נבון והרצוג) וקיבל את חסותם. גם ראשי הסוכנות, אריה דולצ'ין, ואחר כך שמחה דיניץ, העניקו לו את תמיכתם. משה בנה תשתית מרשימה, ופרופ' נחמיה לבציון ממשיך בעבודת הקודש הזאת שבה ניכרת עד היום תנופת רעיונותיו של משה.

ואולם מעל הכול היה פרופ' משה דייוויס אדם נפלא – מלא מרץ, בעל חוש הומור מעולה, בקי במדעי היהדות, יהודי חם ורגיש, וחבר טוב ונאמן. כל אלה ניכרו בעבודתו המדעית הזוכה להמשך בידי חבריו־תלמידיו. חסרה לי קריצת העין והאמירה "אני לא מתערב, אבל אילו שאלו בעצתי...". יש דברים רבים, משה, שבהם חסרה לנו עצתך הנבונה, האנושית כל כך. היינו משחקים משחק חברי בינינו, קראנו לו "פינג־פונג". אחד מאתנו היה מעלה בעיה מן הבעיות שהעסיקו אותנו, והיינו דנים בה. זה היה ה"פינג". לאחר דיון וסיכום הגיע תורו של השני להעלות בעיה – זה היה ה"פונג". משה איננו ואנחנו נשארנו בלי מענה.

יהודה באואר

המכון ליהדות זמננו
האוניברסיטה העברית בירושלים

מבוא

בספר זה מתפרסמים שישה־עשר מאמרים נבחרים שראו אור לראשונה באנגלית במסגרת מפעל המחקר וההוראה "אמריקה וארץ הקודש" (America-Holy Land).

את המפעל יזם במחצית השנייה של שנות השישים הפרופסור משה דייוויס ז"ל, מייסד המכון ליהדות זמננו באוניברסיטה העברית בירושלים. הצטרפו אליו הפרופסור רוברט הנדי (Robert T. Handy), באותו הזמן פרופסור להיסטוריה כנסייתית בסמינר התיאולוגי המאוחד (Union Theological Seminary) בניו־יורק והפרופסור זליג אדלר ז"ל, שהיה באותם הימים פרופסור להיסטוריה באוניברסיטה של מדינת ניו־יורק בבפאלו. הפרופסור דייוויס עמד בראש המפעל מאז היווסדו ועד יום מותו. הפרופסור הנדי התמקד בקשרי הכנסיות הנוצריות עם הארץ והפרופסור אדלר עסק בהיבטים המדיניים.

צוות המייסדים הניחו שהקרבה שחשים בני אמריקה לציון, ארץ־ישראל, היא חלק בלתי נפרד מן המורשת האמריקנית המשותפת, שיש לה ביטויים שונים בקבוצות הדתיות השונות של החברה באמריקה, וביקשו להעמיד את ההנחה הזאת במבחן המחקר ההיסטורי הרב־תחומי שיחשוף את שורשיה ואת התפתחותה. תוצאות המחקר אימתו את הנחתו הבסיסית של דייוויס, המקובלת כיום על החוקרים, שהמורשת האמריקנית הרוחנית אינה זהה עם המורשת הדתית במשמעותה הצרה, אלא כוללת ערכים כלליים וביטויים של התרבות הכללית המתגבשת מתוך פעולות גומלין בין חלקיה השונים של החברה האמריקנית.

המחקר הניב גם פרי מתודולוגי שעיקרו גישה בין־תחומית. בנוסף גיבשו החוקרים תבנית בסיסית שהכילה תחומים של מחקר והוראה שהשתקפו בפרסומי המפעל:

א. הממד המדיני: האינטרסים הדיפלומטיים של ארצות־הברית בארץ־ישראל מאז אמצע המאה התשע־עשרה.

ב. הזיקה הנוצרית: ארץ־ישראל במערכת הערכים של הנוצרים (פרוטסטנטים, קתולים ומורמונים).

ג. הסוגיה התרבותית: ארץ־ישראל והתרבות העברית במחשבה ובספרות האמריקנית, ובכלל זה מקומה של הלשון העברית בתרבות האמריקנית.

ד. המחויבות היהודית: הציונות בחייה הקהילתיים של יהדות אמריקה על רקע התרבות האמריקנית הכללית; חלקה של יהדות אמריקה במאבק על הקמתה של מדינת ישראל מתוך יחסי גומלין עם החברה הכללית והממסד האמריקני; השפעתה של מדינת ישראל על החיים היהודיים בארצות־הברית.

המפעל עסק בקשריה של האומה האמריקנית עם ארץ־ישראל מאז ראשיתה לפני מאתיים שנה. עם זאת ברור שהקמתה של המדינה היהודית חוללה שינוי בדגשים ובמהותם של הקשרים שבין

המעצמה העולמית מעבר לים ובין ישראל המתפתחת ואלה נעשו מוקד בולט בתחום "אמריקה וארץ הקודש". אולם החוקרים שהשתתפו במפעל נתנו את דעתם בייחוד לרקע הרוחני התרבותי של היחסים האלה ולאו דווקא לסוגיות המדיניות שהעסיקו את שתי המדינות.

מן הסדרות השונות של פרסומיו ניתן ללמוד על דרכי המחקר של המפעל. עד עתה פורסמו ארבעה כרכים בסדרת המדריכים הארכיוניים ובהם אפשר למצוא קטלוג של התעודות הרלוונטיות לנושא ותמצית תוכנן מתוך למעלה משישים ארכיונים וגנזכים בישראל, בארצות־הברית, בבריטניה ובטורקיה. הכרך הראשון עוסק בנוכחות האמריקנית בארץ הקודש, בעיקר בניסיונות ההתיישבות היהודית והנוצרית במאה התשע־עשרה והעשרים, מסעותיהם של בני אמריקה לארץ, של עולי רגל ואחרים ומיסיונרים שישבו בארץ תקופות ממושכות יותר. בכרך השני מובאים מסמכים על הקשר האמריקני המדיני לארץ ותיעוד על הציונות האמריקנית. פעילותם של הקונסולים האמריקנים בארץ תופס מקום חשוב בכרך הזה. הכרך השלישי עוסק בתחום הכלכלי ובפעילות הפילנטרופית היהודית האמריקנית על כל גווניה למען ארץ־ישראל ותושביה. הכרך הרביעי סוקר בעיקר ארכיונים בישראל, בטורקיה ובבריטניה ומביא מסמכים על מכלול קשרי הגומלין בין אמריקה לארץ הקודש כפי שהם משתקפים בגנזכים האלה. החומר התיעודי כולל מסמכים רשמיים, התכתבות רלוונטית, כתבי־יד, ירחונים ושנתונים שראו אור ואף ספרים נדירים, כרוזים וחוזרים שונים. כרכי המדריך הארכיוני סללו דרכים חדשות למחקר בנושא הנדון, וחוקרים ותיקים וצעירים מוצאים בהם עניין רב. בעקבות פרסום המקורות הארכיוניים, שמקצתם לא היו ידועים לפני הוצאת המדריכים, ניתן להאיר באור חדש את הגישות השונות של אמריקה לארץ־ישראל. המקורות הללו גם מלמדים על פעולותיהם של אישים ומוסדות שבעבר לא זכו לתשומת לבם של החוקרים.

בסדרת הפרסומים *With Eyes Toward Zion* ("עין לציון צופייה") פורסמו עד עתה ארבעה כרכים. את רוב המאמרים לספר שלפנינו בחרנו מתוך סדרת פרסומים זאת והכינוסים המדעיים שהתקיימו במשך השנים. כל כרך כולל מאמרים של חוקרים בעלי שם בישראל, בארצות־הברית, בבריטניה וגם בטורקיה. שלושה מהכרכים ראו אור בעקבות כנסים מדעיים שהתקיימו בארצות־הברית ובישראל ובהם דנו החוקרים בהיבטים שונים של מחקריהם. הכרך השלישי כולל מאמרים על התייחסותם של בני אירופה המערבית, בריטניה ואמריקה הלטינית לארץ־ישראל ונקרא "חברות המערב וארץ הקודש" (*Western Societies and the Holy Land*). הכרך הרביעי כולל את מחקריו של מייסד המפעל משה דייוויס ובמרכזו עומד הנושא: "אמריקה וארץ הקודש בתור שדה מחקר מדעי" (*America–Holy Land Studies as a Field of Scholarly Inquiry*).

מפעל "אמריקה וארץ הקודש" עודד חוקרים וסייע להם לפרסם מונוגרפיות על הנושא. רשימה מפורטת של סדרת המונוגרפיות ימצא הקורא להלן בנספחים לספר הזה. במסגרת מפעל "אמריקה וארץ הקודש" הודפסו 71 ספרים שפורסמו מאז אמצע המאה התשע־עשרה והקורא המשכיל התוודע מחדש לספרי מסעות, יומנים, מחקרים ואף דברי ספרות יפה שחלקם הגדול אזל זה מכבר. הסדרה הזאת ראתה אור בהוצאת ארנו (Arno Press) שהיתה קשורה לניו־יורק טיימס.

המבחר המוגש כאן לקורא העברי בנוי מארבעה חלקים המשקפים במידה רבה את תחומי המפעל. לא כללנו בו חלק נפרד הדן במקומה של ארץ־ישראל במסורת היהודית האמריקנית ובחייהם של יהודי אמריקה. בגלל חשיבותו הרבה מחייב נושא זה התייחסות בספר נפרד, אף על פי שמיכאל בראון נוגע בו במאמרו הדן במנהיגים ועסקנים ציונים שגורשו מארץ־ישראל בזמן מלחמת העולם הראשונה ונאלצו לשהות באמריקה, ובכללם דוד בן־גוריון ויצחק בן־צבי.

התמקדנו בקשר הרוחני והתרבותי של האומה האמריקנית עם ארץ־ישראל, בנוסעים אמריקנים שביקרו בה וניסו להתיישב בה, בהיבטים המדיניים של הקשר של ארצות־הברית לארץ וביחסן של הכנסיות הנוצריות לארץ הקודש. הנושאים האלה נידונים במאמרים השונים מנקודות ראות שונות, ועם זאת אין הספר מתיימר להקיף את הנושא כולו. יתר על כן, מקצת המאמרים ראו אור לפני שנים ואינם משקפים את התפתחות המחקר מאז פורסמו לראשונה.

את הדיון ביחסים הרוחניים והתרבותיים פותח מאמרו המנחה של משה דייוויס. הוא מציין מרכיבים שונים בחיי הרוח הקושרים את המורשת האמריקנית לארץ־ישראל, ובייחוד את ההתמסרות לתנ"ך ואת ההתעניינות הרבה בלשון העברית. ההכרה שציון היא ארצו ההיסטורית של עם ישראל והיחס החיובי של חוגים אמריקנים רבים לתחייתו של עם ישראל במולדתו התנ"כית מילאו תפקיד חשוב במחשבת האומה האמריקנית.

לורנס ג'ונס מדגיש את חשיבותה של ארץ־ישראל במורשתם הרוחנית של השחורים. זו היתה הבמה שעליה הוצגה ההיסטוריה הקדושה בשעה שהוציא האל ביד חזקה את בני ישראל מעבדות לחירות. שירי דת (spirituals) שכתבו השחורים עמוסים בין היתר בדימויים תנ"כיים. המקומות התנ"כיים בארץ הקודש והאירועים המוזכרים בתנ"ך קיבלו משמעות עכשווית וסייעו לעבדים השחורים להבין את מצבם ולפרשו. בעיני השחורים היתה ההתגלות התנ"כית בסיס לתקוותם להשיג חירות.

במאמרה "מחקרי אמריקה וארץ הקודש: סיכויים, מכשולים ופרספקטיבות" מציעה דבורה דש מור לחוקרים בתחום החדש הזה לא להסתפק בכרונולוגיה של מאורעות מדיניים, חייהם של אישים דגולים, זרמים אינטלקטואליים ושינויים בכלכלה, אלא להיעזר בשיטות המחקר של מה שהיא מכנה "ההיסטוריה החדשה". היא גורסת שחוקרי אמריקה וארץ הקודש מיזגו את השיטות הישנות עם החדשות וכללו במחקריהם נושאים חדשים כגון ההיסטוריה של ההגירה, ההיסטוריה של מיעוטים אתניים, הנשים והמשפחה. שיתוף פעולה בין־תחומי עם חוקרי מדעי החברה, בייחוד בחקר היחסים הרוחניים והתרבותיים יגביר את כוח המשיכה של שדה המחקר החדש "אמריקה וארץ הקודש".

במאמר הפותח את החלק השני של ספרנו מתמקד דוד ס' לנדס בהתפתחויות הפוליטיות והחברתיות שהביאו להתעוררות המחודשת של התעניינות המערב כלפי ארץ הקודש. לנדס בוחן את הסוגיה כיצד הגיבו תושבי האזור כלפי אנשי המערב, בכללם בני אמריקה, שפקדו את המזרח בתור עולי רגל, מיסיונרים, תיירים ומתיישבים. במאמר עונה לנדס בין היתר לאדוארד סעיד, מדען ממוצא ערבי שבספרו *Orientalism*, שראה אור ב־1978, מתח ביקורת חריפה על המזרחנים בני המערב, והאשים אותם בהשתלטות רוחנית ובטיפוח העליונות המערבית על פני העמים הנחותים במזרח. לנדס מזכיר למבקרי המזרחנות המערבית שהמגע עם אירופה הביא ככלות הכול לתסיסה הלאומית והדתית גם בעולם הערבי.

דוד קלצקר עוסק בסיווגם של הנוסעים האמריקנים שהגיעו לארץ משנת 1821 ועד פרוץ מלחמת העולם השנייה. ספריהם שופכים אור על היבטים רבים של התפיסה הדתית ושל התרבות האמריקנית העממית ועל עמדותיהם של אמריקנים רבים כלפי היהודים. בין השאר הוא מבחין בין הנוסעים "המעודנים" (genteel travelers) שהם הבורגנים הפרוטסטנטים־האוונגליסטים, בניה של התרבות הוויקטוריאנית, ובין הנוסעים "השוללים" (debunkers), כגון מרק טוויין, שראו בסנטימנטליזם של הנוסעים "המעודנים" מטרה נוחה ללעג. קבוצה אחרת היו הפרוטסטנטים המילנאריאנים שסברו ששיבתו של ישו מותנית בהכנת מלכות העולם הזה. רבים מהם האמינו

שהתחייה היהודית הלאומית תחיש את שובו של משיחם. קלצקר סוקר גם קבוצות של נוסעים שחורים וקתולים.

יומנו של אחד הנוסעים הביקורתיים שנסעו לארץ־ישראל עומד במרכז מאמרו של מילטון ר' קונביץ, "הרמן מלוויל בארץ הקודש". הסופר מלוויל הגיע לארץ בינואר 1857 ושהה בה שמונה־עשר יום בלבד, מהם עשרה ימים בירושלים. אף על פי כן, טוען קונביץ, היתה לביקור השפעה מכרעת על הסופר ויצירתו בעשרים השנים הבאות. ביומנו מדגיש מלוויל את העזובה והשממון ששררו בארץ־ישראל, כאילו נטשה הן בידי בני אדם והן בידי אלוהים. ב־1857 דיווח מלוויל שהיהודים היושבים בארץ סובלים "מרדיפותיהם המרושעות של הערבים והטורקים".

מאמרו של ויויאן ד' ליפמן על מושבות אמריקניות דתיות בארץ הקודש בעיניים בריטיות לקוח מספרו המבוסס כולו על חומר תיעודי ומקורות בריטיים משניים. ניסיונות ההתיישבות של הנוצרים האמריקנים לא עלו יפה. המתיישבים נתקלו באיבת הסביבה הערבית־המוסלמית ובתנאים פיסיים קשים, ומדי פעם בפעם פרצו סכסוכים שאף הביאו להתערבותם של קונסולים בריטים שכיהנו בירושלים.

לעומת רוב המאמרים בספרנו העוסקים בצד האמריקני של יחסי אמריקה וארץ הקודש מטפל מיכאל בראון במקומה של אמריקה בתודעתם של תושבי ארץ־ישראל. בראון סוקר במאמרו היבט צר של הסוגיה הזאת: מפגש, אולי ראשון, של ראשי תנועת הפועלים הארץ־ישראלית עם המציאות היהודית האמריקנית, מציאות שעמה היה עליהם להתמודד במשך זמן רב. המנהיגים הללו נטו לשלול את ערכם של החיים היהודיים בגולה, אך יהודי אמריקה ובכללם רוב ציוני אמריקה האמינו שהארץ הזאת תהיה ביתם לעד. לעיני הגולים מארץ־ישראל התגלה המיוחד של התנועה הציונית האמריקנית. שאיפתם של בכירי העלייה השנייה להדביק את הנוער היהודי האמריקני בלהטם החלוצי לא עלתה יפה, ואכזבתם באה לידי ביטוי ביחסם ליהדות אמריקה בזמן שעמדו בראש תנועת העבודה בארץ־ישראל בין שתי מלחמות העולם.

במאמר הפותח את החלק השלישי של ספרנו "אמריקה וארץ הקודש בתקופה העות'מנית" משרטט משה מעוז את הנסיבות ההיסטוריות של המדיניות האמריקנית כלפי ארץ־ישראל במאה התשע־עשרה ומציין את המקורות החשובים לחקר הנושא הזה. עד תחילת המאה העשרים, קובע מעוז, לא היו לממשלת ארצות־הברית מטרות אסטרטגיות או שאיפות מדיניות לגבי האימפריה העות'מנית והאינטרסים הכלכליים האמריקניים לא היו בעלי משקל רב. האמריקנים באו לארץ הקודש בעיקר ממניעים דתיים ומתוך תשוקה מדעית להרחיב את הידע הארכיאולוגי, הגיאוגרפי וההיסטורי, והדיפלומטיה האמריקנית פעלה כדי להבטיח את שלומם.

מאמרו של מילטון א' גוסטפסון הוא כעין מורה דרך למי שחוקר את היחסים הפוליטיים בין אמריקה לארץ הקודש בארכיון הלאומי של ארצות־הברית. המדריך הזה הוא חיוני מאחר שהתעודות סווגו על פי מוצא או מקור אדמיניסטרטיווי ובסדר המקורי של התיוק. המחבר מציג את אוצרות הארכיון בסדר כרונולוגי. תיאור התקופות מאפשר לעקוב אחרי התפתחות ההתייחסות הפוליטית של המדינה ההופכת למעצמת־על אל הארץ הקטנה שהפכה להיות מוקד של מאבקים מדיניים. בסיום המאמר עוסק גוסטפסון בתיעוד המלמד על חלקה המכריע של ארצות־הברית בתקומתה של מדינת ישראל.

"תוכנית הובר" לפתרון בעיית ארץ־ישראל וקליטתה של שארית הפליטה בארץ היא נושא מאמרו של ויליאם ד' בלנקס. הרברט הובר, נשיאה לשעבר של ארצות־הברית, העלה בנובמבר 1945 הצעה להעביר את ערביי ארץ־ישראל ארם־נהריים וליישב אותם מחדש בעזרת סיוע בין־

לאומי נדיב. הצעת ה"טרנספר" היתה ללא ספק הצעה חריגה בכלל העמדות שנקטו מדינאי ארצות־הברית בשאלת ארץ־ישראל. הובר בחן את העניין בתור כלכלן, מהנדס והומניסט, וספק אם היה מודע מספיק להיבטים המדיניים, הדתיים, האידיאולוגיים והרגשיים של בעיית ארץ־ישראל. ציוני אמריקה הסתייגו מן התכנית וחזרו על הטיעון הציוני שהארץ יכולה להכיל את תושביה היהודים והערבים ועוד מיליוני עולים יהודים. הערבים כינו את הצעת הובר תוכנית אמריקנית שטנית ומזימה ציונית חדשה. גם העיתונות האמריקנית לא אהדה את התוכנית ואחרי 1949 לא עסקו בה עוד.

מחקרם המשותף של יעקב מ' לנדאו ומים כּמַאל אֶקֶה עוסק בסיוע המדיני והכלכלי שהושיטו ארצות־הברית ויהדות אמריקה ליישוב היהודי החדש בארץ בשנים הראשונות של התהוותו ובהתנגדותם של דיפלומטים ומדינאים טורקים לעלייה היהודית ולהתפתחות של קהילה יהודית מודרנית בארץ־ישראל. החוקרים מסתמכים בעיקר על תיעוד שנמצא בארכיונים בטורקיה. עמידתם של האמריקנים, טוענים לנדאו ואקה, נובעת בעיקר מן המורשת האמריקנית המחייבת שמירה על זכויות האדם והתנגדות למשטרים הלוחמים בקבוצות אתניות ולאומיות זרות החיות בקרבם. בסוף המאה התשע־עשרה פעלו הדיפלומטים העות'מנים גם בארצות־הברית עצמה נגד התנועה הציונית ושיגרו אזהרות ל"שער העליון" מפני "הסכנה הציונית". טענתם היתה שהציונים מבקשים לכונן ישות מדינית נבדלת. מסתבר אפוא שכבר בסוף המאה הקודמת היו מדינאים מוסלמים שחששו מפני הקמתה של מדינה יהודית בארץ־ישראל.

החלק המסיים את הספר דן ביחסן של הכנסיות הנוצריות השונות לארץ הקודש. מאמרו של רוברט ד' קרוס עוסק במשמעותה של ארץ הקודש בעיני הקתולים. שלא כפרוטסטנטים אמריקנים רבים, לא חשו הקתולים צורך להעמיד את ארץ הקודש כפי שהיתה בימי התנ"ך במוקד התעניינותם. רומא, מושב האפיפיור, היתה מרכזם הגיאוגרפי. הם התייחסו למקומות הקדושים בארץ־ישראל ולאו דווקא לארץ כולה. כבר ב־1917, גורס קרוס, חששו הקתולים ששלטון יהודי יפגע בפולחן הדתי במקומות האלה.

במאמרו "אמריקנים שחורים וציון" דן אלברט ג' רבוטאו ביחסן המיוחד של הכנסיות השחורות לארץ הקודש. לדבריו נבע יחס זה ממעמדם של האפרו־אמריקנים בחברה האמריקנית. הם ישבו בארץ שתושביה ראו את עצמם כ"אומה חדשה", כ"עם ישראל החדש", שכמו בני ישראל שוחררו בידי האל משעבודם הפוליטי. אולם עבור השחורים היו החיים באמריקה חיי שעבוד. העבדים השחורים מצאו בתנ"ך פרספקטיבה היסטורית חדשה שנעדרה לחלוטין מן הקוסמולוגיה של המורשת האפריקנית שלהם. רבוטאו טוען שארץ הקודש היתה בשביל השחורים האמריקנים סמל שסייע להם להרגיש בבית ולהיאבק למען חירות בארץ שפעמים רבות כל־כך התנכרה להם.

התפיסה לפיה רואים המורמונים את עצמם כצאצאי ישראל וישראל ממש עוברת כחוט השני במאמרו של טרומן ג' מדסן, הדן בקשר שבין הכנסייה המורמונית לארץ הקודש. המורמונים קיבלו כפשוטה את התקווה היהודית לגאולה. הם מאמינים שפזורי עם ישראל יכונסו מן התפוצות וישובו לארץ־ישראל וכך יקדמו את שובו של משיחם. בזמננו, אומר מדסן, גובר מספר המורמונים הבאים לישראל בתור עולי רגל ומחפשים את שורשיהם הן במשפחת אברהם והן בחיי ישו הנוצרי.

מחקרו של רוברט ט' הנדי המסיים את ספרנו מתמקד ביחסם של הפרוטסטנטים האמריקנים לארץ־ישראל. הארץ שבה פעל ישו משיחם היא מוקד גיאוגרפי חשוב באמונתם ובעלת חשיבות רבה מבחינה ערכית. מאמרו של הנדי עוסק בהתייחסותם של הפרוטסטנטים לארץ הקודש מאז המאה התשע־עשרה ועד הקמתה של מדינת ישראל. כשהפרוטסטנטים מבקרים בארץ, טוען

הנדי, הם מחפשים בה בעיקר את השרידים האותנטיים של העבר. שינויים המתחוללים בהווה עשויים דווקא להפריע להם. הנדי גורס שהמחקר הארכיאולוגי של ארץ הקודש הוא בעל השפעה חשובה על הפרוטסטנטים האמריקנים, והוא הביא לשינויים גדולים בהתייחסות לתנ"ך. אין הוא משיב תשובה חד־משמעית לשאלה האם היתה לקשריהם של הפרוטסטנטים האמריקנים לארץ הקודש השפעה חיובית על התייחסותם להקמתה של מדינת ישראל וקיומה. עם זאת, מאמרו מזמין עיון נוסף בסוגיה מה היתה תרומתו של הקשר המיוחד של בני אמריקה לארץ הקודש ליחסים המדיניים בין ארצות־הברית למדינת ישראל.

* * *

הספר נועד להיות הן ספר מדעי והן ספר לימוד ואת המאמרים שנכללו בו בחרנו במידה רבה על פי קהל היעד המצופה הרחב יחסית. בקשרים המיוחדים של אמריקה וארץ־ישראל מתעניינים שוחרי ידיעת ארץ־ישראל המגלים עניין רב לא רק בהיסטוריה של הארץ ואתריה, נופה, אקלימה והפרמטרים הגיאוגרפיים שלה, אלא גם בתולדות יחסם של העמים והדתות לארץ. הספר מיועד לישראלים, ותיקים וצעירים, המבקשים ללמוד על תושבי העולם הישן והחדש, שגילו במאה וחמישים השנה האחרונות עניין רב בארץ־ישראל וראו בה מקום הקשור קשר אמיץ לדתם ולתרבותם. למקיימים קשרים שוטפים עם אמריקנים בתחומי התרבות, המדע, המדיניות, הכלכלה והחברה ובחיי יום־יום יסייע הספר להבין את הקשרים המיוחדים של אמריקה עם ארץ הקודש. צוערים, עובדי שירות החוץ הישראלי ואף קברניטי מדיניות החוץ הישראלית עשויים להפיק ממנו תועלת. בתור ספר לימוד הספר עשוי לשמש מורים ותלמידים במוסדות להשכלה גבוהה, במכללות, בסמינרים למורים, ואף בבתי הספר התיכוניים, גם אם פורמלית לא נכלל נושא יחסי אמריקה וארץ הקודש בתכנית הלימודים. לנוחיותו של הקורא המתעניין צירפנו בסוף הספר נספח ובו רשימת פרסומי מפעל "אמריקה וארץ הקודש".

* * *

חובה נעימה היא לי להודות לכל מי שסייע בהכנת הספר ובהבאתו לדפוס. בראש ובראשונה אני מודה לחבריי במערכת: יהושע בן־אריה, משה דייוויס, חגית לבסקי ואלי לדרהנדלר. משה דייוויס יזם את פרסום הספר, השתתף באופן פעיל בכל שלב משלבי הכנתו והתכונן לקרוא את הנוסח הסופי, אך לא הספיק. כל חברי המערכת סייעו בבחירת המאמרים, העירו הערות חשובות ומועילות ועמדו לצדי בעצה בכל עת. אני מביע את הערכתי לעמיתי פרופ' יעקב אריאל שסייע רבות בתכנון הספר. אני מודה ליהודה גודמן, מתרגם הספר, שהשקיע מרוחו הטובה כדי להביא את דברי המחברים במדויק לעברית, וזאת תוך שמירה קפדנית על רוח הדברים כפי שנכתבו במקור. עדינה דרכסלר סייעה רבות בעריכה הלשונית של הספר ותרמה בזאת תרומה חשובה. אסיר תודה אני לחברי משה גודמן שהביא את הספר לדפוס ולא חסך כל מאמץ כדי להתגבר על מכשולים רבים בדרך הארוכה של הכנת כתב־היד. יוחאי גואל קרא והגיה את כתב־היד ותרם רבות בהערותיו החשובות. נעים להודות לד"ר רפאל פוזנר שקיבל עליו את מלאכת הסידור והעימוד של הספר והכנת המפתח. ואחרון אחרון אני מבקש להודות לדן בנוביץ, מנהל הוצאת מאגנס, שבניסיונו הרב סייע לפתור בעיות רבות ועשה כל שביכולתו כדי לאפשר את הוצאתו לאור של הספר בצורתו הנאה.

מנחם קאופמן

ירושלים, חנוכה תשנ"ז

חלק ראשון

יחסים רוחניים ותרבותיים

מופע לכבוד ה־4 ביולי – יום העצמאות האמריקני – במושבה האמריקנית בירושלים, 1920 בקירוב
(ארכיון משפחת וסטר־לינד)

"ארץ הקודש" בהיסטוריה הרוחנית של אמריקה

משה דייוויס

האפשרות הפתוחה בפני קבוצה דתית או אתנית כלשהי להפוך לחלק אורגני של החברה האמריקנית היא תופעה מרשימה בהיסטוריה האנושית. במיוחד יש לציין את העידוד שקיבלו הקבוצות האלה – ברוח הוולונטריזם האמריקני – לפתח את ערכיהן הייחודיים, ולתרום אותם למכלול המורכב של התרבות האמריקנית. קיימים אמנם כמה יוצאים מן הכלל חשובים לתופעה זו, אולם העובדה היסודית נותרת בעינה. זוהי איכותה הייחודית של החוויה האמריקנית. היא מונחת בבסיסה של ההיסטוריה הרוחנית של אמריקה, וחשיבותה להבנת הדמוקרטיה האמריקנית אינה נופלת מחשיבותם של הגורמים הפוליטיים, הכלכליים והתרבותיים.

המושג "רוחני", כפי שאני משתמש בו כאן, אינו שם נרדף ל"דתי", אלא כולל בתוכו את כל הספקטרום של היסטוריה דתית, תרבותית ואתנית – כלומר, את המכלול המצטבר של ההחלטות המוסריות, האתיות והיצירתיות של יחידים וקבוצות. במובן זה מהווה הנושא "אמריקה וארץ הקודש" חלק אינטגרלי של ההיסטוריה הרוחנית של אמריקה.

מאז ראשיתה של ההתיישבות האירופית ביבשת המערבית היווה המושג הרחב "ארץ הקודש" (או "ציון", או "ארץ־ישראל") תימה מתמדת שליוותה את המחשבה ואת המעשה של האמריקנים. "ארץ הקודש" חזרה והופיעה בווריאציות שונות: במסגרת הניסוחים הראשונים של התימה הזאת בתקופה הקולוניאלית שאפו הפוריטנים לייסד קהילה תנ"כית, ואמריקה עצמה נחשבה אצלם להתממשותה של "ציון"; לאורך ההיסטוריה האמריקנית עלו אמריקנים רבים לרגל לארץ הקודש; ובמחצית המאה שלנו מילאה ארצות־הברית תפקיד מפתח בתחיית הריבונות היהודית בארץ־ישראל.

המסירות לציון היתה נחלתם המשותפת של אמריקנים בעלי רקע ותרבות שונים זה מזה. הקשר לארץ הקודש הוא חלק מדפוסי האמונה והחינוך, וממלא תפקיד פעיל במשחק הגומלין של רעיונות בין דתות ותרבויות שונות. כאן נפגשים יסודות רבים ומגוונים, מקצתם על דרך הניגוד, אבל רובם תוך שיתוף פעולה זה עם זה. כדי לשרטט את רישומה של אידיאת "ארץ הקודש" על הרוח האמריקנית בעבר ובהווה, ובייחוד את רישומה של אידיאה זו על הממד העברי שברוח האמריקנית, בחרנו בארבעה יסודות: מורשת התנ"ך, השפה העברית, ארץ הקודש והתקומה היהודית בארץ־ישראל.

מורשת התנ"ך

ספר התנ"ך משמש במסורת האמריקנית כמקור לאמונתו המשותפת של העם, וככוח מלכד במסגרת שאיפותיו הלאומיות. הצבעתם של המחוקקים בתקופה שקדמה לקבלת החוקה בעד הקצבה מיוחדת לצורך ייבוא של עשרים אלף עותקים של התנ"ך, היתה, פשוטה כמשמעה, הצבעה בעד אספקה של צורכי משק הבית האמריקני. התנ"ך היה הספר הנפוץ ביותר והנקרא ביותר באמריקה בתקופה הקולוניאלית. לאורך כל המאה – במסגרת המאבק לעצמאות פוליטית, ובתקופה שקדמה למלחמת האזרחים – השתמשו בתנ"ך בעלי דעות שונות, ואף סותרות, בתור המקור הבלתי מעורער לצידוקן. בעתות מצוקה כמו גם בעתות של תהילה וניצחון בהיסטוריה האמריקנית, קמו לתחייה דמויותיהם של נביאים – ועובדי האלילים, מלכים – ופשוטי העם, שחיו בראשית תולדות עם ישראל, ומילאו תפקיד במאבקים העכשוויים.

יתרה מזו, כפי שציין שמואל לוין (Samuel H. Levine), "העתקתם המטפיסית של היסודות המאפיינים של ארץ הקודש אל הזהויות המתגבשות ב'עולם החדש' עוברת כחוט השני בכל הספרות האמריקנית".[1] כך, למשל, נהגו האבות המייסדים של ארצות־הברית לצטט מן התנ"ך לא בלשון עבר אלא בלשון הווה, לשון המציאות החיה והעכשווית. מצבם הפוליטי תואר כ"עבדות מצרים"; המלך ג'ורג' השלישי היה פרעה; האוקיינוס האטלנטי היה ים סוף; וושינגטון ואדמס היו משה ויהושע. הציור שעל החותם שנועד לבטא את מטרתה של המהפכה נבחר בידי ועדה שהורכבה מפרנקלין, אדמס וג'פרסון, והללו לא מצאו ציור מתאים יותר מאשר תיאור יציאתו של עם ישראל ממצרים. בתיאורו של תומס ג'פרסון:

> פרעה יושב במרכבה פתוחה, כתר על ראשו וחרב בידו, עובר דרך מימיו החצויים של ים סוף ברודפו אחרי בני ישראל. קרניים יוצאות מתוך עמוד האש שבענן, קרניים המבטאות את נוכחות השכינה, ודברו של אלוהים מגיע אל משה הניצב על שפת הים, מטה את ידו על הים, וגורם למים לשוב ולכסות את פרעה.

הכיתוב שעל החותם היה מוטו שחיבר בנג'מין פרנקלין: "מרד בעריצים הוא ציות לאלוהים".[2] הזדהותם של הפוריטנים עם החשיבה התנ"כית מילאה את מחשבתם הפוליטית והעניקה דחיפה לעיקרון ייחודי של מחשבה זו, עקרון "תיאולוגיית הברית" (covenant theology). כפי שמציין

1 Samuel H. Levine, "Palestine in the Literature of the United States to 1867", in Isidore S. Meyer (ed.), *Early History of Zionism in America*, New York 1958, p. 23

2 Julian P. Boyd (ed.), *The Papers of Thomas Jefferson*, I, Princeton 1950, pp. 494-495, 677-679. לציורו של החותם בידי בנימין ג' לוסינג (Benjamin J. Lossing) ראה בתמונת השער של הספר: Oscar S. Straus, *The Origin of Republican Form of Government in the United States of America*[2], New York–London 1901. והשווה: Isidore S. Meyer, "The Book of Esther – American Midrash", *Hebrew Studies* 17 (1976), pp. 49-68. ראה בייחוד את "הדרשה" (עמ' 56–58). דרשה זו פורסמה לראשונה בעמודו הראשון של העיתון *New York Journal or General Advertiser* ב־1 בספטמבר 1774, מתוך כוונה לספק תמיכה מוסרית לקונגרס המושבות הראשון (Continental Congress). בדרשה מוצג המלך ג'ורג' השלישי כאחשוורוש והלורד נורת' (North) כהמן. בנג'מין פרנקלין היה אומן הפרפרזה התנ"כית ורבות מאמרותיו מבוססות על חיקויים של הטקסט התנ"כי. בייחוד התפרסם חיבורו 'משל כנגד רדיפה' (*Parable Against Persecution*) אותו כתב בהשראת השפה המקראית הקשורה לדמותו של אברהם. חיבור זה משקף את דעתו הסובלנית של פרנקלין ביחס לבני אדם באשר הם. ראה: Arthur A. Chiel, "Benjamin Franklin – His Genesis Text", *Judaism* 25, no. 3 (Summer 1956), pp. 353-356

ריצ'רד ב' מוריס (Richard B. Morris): "תיאולוגיית הברית הזאת (ראה בראשית ט, ח–ט; יז, ב–ד; שמות לד, י, כח; תהלים קו; ירמיה לא, לא)... היתה אבן הפינה של ההכוונה הדמוקרטית בשלטון הכנסייה... אף על פי שמנהיגי הפוריטנים סברו שהשלטון חייב להתאים לרצונו של אלוהים, זהו שלטון המבוסס על הסכמתם של בני האדם".[3]

דרשה שנישאה בפי סמואל לנגדון (Samuel Langdon), נשיא Harvard College במושבה Massachusetts Bay, ביום 13 במאי 1775, מדגימה כיצד התפרש המשטר המדיני העתיק הזה במסגרת הקריאה לבדלנות מהפכנית:

> המימשל היהודי, שהוקם בהתאם לחוקה המקורית שנקבעה על ידי אלוהים, היה מדינה מושלמת מנקודת ראות אזרחית... כל עם זכאי, כשהוא מסוגל לכך וחפץ בכך, לקבוע לעצמו צורת מימשל כלשהי כשזו נראית לבני העם כמתאימה ביותר להביא לרווחתם המשותפת. ללא ספק, מהווה המימשל המדיני של ישראל העתיק מודל כללי מצוין; להוציא מספר ממדים ייחודיים של המימשל הזה, ניתן להעתיק ממנו לפחות כמה חוקים ומצוות עיקריים, ולליישמם למרבה התועלת במוסדות מודרניים יותר.[4]

התנ"ך היה יותר מאשר גורם שהשפיע רבות על המוסדות האמריקניים החופשיים. הוא השפיע על חייהם האישיים של ה"אמריקנים החדשים", מהגרים שבאו לאמריקה כדי להתיישב ב"ארץ המובטחת" שלהם. בבסיסם של האירועים המרכיבים את ההיסטוריה הקולקטיבית של אמריקה מונחים הסיפורים האישיים של גברים ונשים, אשר איש איש בדרכו ובדרכה, תרו אחר תכלית חייהם, ואחר משמעותו של הקיום האנושי. במידה רבה התמקד חיפוש זה בחוג המשפחה, בשעה שהתכנסו בני המשפחה יחדיו ללימוד משותף של התנ"ך. כמה אוצרות היסטוריים הראויים לציון מיוחד נמצאים בספרי התנ"ך המשפחתיים הגדולים ששימשו למרשם הלידות, הנישואין והפטירות, ונמסרו במשפחה מדור לדור. בספרי התנ"ך המשפחתיים הללו אנו מגלים את הפולקלור הרוחני של אמריקה.

ביטוי נוסף לפולקלור הרוחני של אמריקה הוא מפת הארץ עצמה. אם ילדו של אדם נקרא בשם תנ"כי, מדוע לא ייקראו גם ביתו, עיירתו, ועירו בשמות תנ"כיים?[5] כך החלו להופיע על פני

3 Richard B. Morris, "Civil Liberties and the Jewish Tradition in Early America", *PAJHS* 46, no. 1 (September 1956), p. 22. ראה ספר מכבים ב ב, כז. ראה גם: Daniel J. Boorstin, "Pilgrim Fathers to Founding Fathers", *The Listener* 20 (November 1975), pp. 667-670 (The Reith Lectures 1975)

4 J. W. Thornton (ed.), *The Pulpit of the American Revolution*, pp. 239-240. מצוטט אצל: Truman Nelson, "The Puritans of Massachusetts – From Egypt to the Promised Land", *Judaism* 16, no. 2 (Spring 1967), p. 206

5 רבים מן התינוקות נקראו על שם האבות: אברהם, יצחק, יעקב וישראל, אולם מקצתם נשאו שמות מוכרים פחות כמו נבוכדנצר. גם חיות בית כונו בשמות מקראיים. ראה: Stanley D. Brunn & James O. Wheeler, "Notes on the Geography of Religious Town Names in the U.S.", *Names* 14, no. 4 (December 1966), pp. 197-202. בהקשר זה מעניינת ההערה בתלמוד המתייחסת לפסוק "צידונים יקראו לחרמון שיריון והאמורי יקראו לו שניר" (דברים ג, ט): "שניר ושיריון מהרי ארץ־ישראל מלמד שכל אחד ואחד מאומות העולם הלך ובנה לו כרך גדול לעצמו והעלה לו על שם הרי ארץ־ישראל. ללמדך שאפילו הרי ארץ־ישראל חביבין על עכו"ם" (חולין ס ע"ב).

אמריקה המתפשטת לכל עבר מאות מקומות ששמותיהם לקוחים מן התנ"ך.[6] מקומות אין ספור נקראים בשמות כגון עדן, רחובות, השרון, בית אל, כנען, חברון, ממרא, הר המוריה, הר התבור, פיסגה, שילה, סיני ותקוע. כשאנו בוחנים את המפה ה"תנ"כית" של אמריקה, אנו חשים כי הפולקלור הרוחני הזה נוצר בידי אבות מייסדים שהעמיקו במקורות המקראיים. מקומות מסוימים נזכרים בתנ"ך פעם אחת בלבד: אלים, נברסקה (שמות טו, כז); העי, אוהיו (יהושע ח, יח); שושן, ניו־יורק (מגילת אסתר); צרפת של אלישע בניו־ג'רסי (מלכים א יח, ח), ותושב קליפורניה שחיפש זהב קרא למחנהו חווילה (בראשית ב, יא).

"ציון" כשם מקום, שיקף את הקשר האורגני בין ארצות־הברית לארץ הקודש. לפחות חמישה־עשר מקומות נקראים "ציון" במדינות ארקנסו, אילינוי, איווה, קנטקי, מרילנד, מיניסוטה, נברסקה, ניו־ג'רסי, צפון־דקוטה, פנסילבניה, דרום־קרוליינה, יוטה ווירג'יניה. דוגמה מאלפת היא העיר ציון שבאילינוי שרחובותיה נשאו כולם שמות תנ"כיים. ג'ון א' דואי (John A. Dowie) ייסד את העיר ציון בשלהי המאה התשע־עשרה, מתוך כוונה שהעיר הזאת תתנהל כתיאוקרטיה. ואכן, במשך כארבעים שנה שלטה הכנסייה על מרבית מפעלי התעשייה והמסחר של העיר. בפארק שילה הוקמה הכנסייה במרכז העיר, ומשם יצאו רחובות ששמותיהם נלקחו כולם מן התנ"ך, כגון שדרות שלם, שדרות אבן העזר, פארק כרמל ושדרות ירושלים.

שם תנ"כי מועדף במיוחד ושניתן למקומות רבים על פני המפה האמריקנית כולה היה "שלם". לא פחות מ־27 עיירות, ערים ומחוזות נקראים "שלם" ובניו־ג'רסי נקראו גם עיר וגם מחוז בשם זה. בהתאם לכך, הושיטו מייסדיהם של היישובים הללו "מנחת שלום" סמלית משל עצמם (ראה בראשית יד, יח) לילידי המקום ששכנו בסביבתם. כידוע, אחד מן היישובים האמריקנים הראשונים הוא שלם, מסצ'וסטס. בשנות 1626–1628, כשקיבלו המהגרים החדשים חיטה מן האינדיאנים, קשרו מִיָּדית את המאורע הזה לאברהם ולמלכיצדק, מלך שלם.

ישנו עניין היסטורי בעובדה שהשם "שלם" מסמל את התהליך שכּוּנה "חלוציות פרוגרסיבית" – מורשת משפחתית חלוצית מדור לדור. לדוגמה, אהרון סטריט (Aaron Street) האב העתיק את מושבו משלם, ניו־ג'רסי לאוהיו, שם ייסד עיירה בשם שלם. אחר־כך עבר סטריט יחד עם בנו לאינדיאנה וייסד שם עיירה נוספת בשם שלם. התחנה השלישית במסע המשפחתי היתה איווה. לשם הגיע בנו של סטריט וייסד בה את העיירה שלם במחוז הנרי.[7]

ככל שחלחלו הרעיונות והדימויים התנ"כיים לתודעה האמריקנית שהיתה בראשית דרכה, הלך התנ"ך ונעשה הספר, בה"א הידיעה, ספר שנתפס כמכיל את הידע האנושי כולו. מן התנ"ך למדו הילדים לקרוא, ועמודיו, שאסור היה לכתוב עליהם, שימשו כספר המקראה הראשון שלהם;

6 Lottie & Moshe Davis, *Guide to Map of Biblical Names in America: Land of Our Fathers,* New York 1954

7 השם "ירושלים" אינו נפוץ, אולי בשל יראת עיר הקודש. ואולם, קיימת "ירושלים" בארבע מדינות. אנקדוטה המדגימה את צירופי התרבויות המיוחדים של המהגרים מסופרת אודות עיירת כורים בנוודה. אירי ויהודי ניהלו במשותף מכרה שהיה בבעלותם. מתוך הערכה עמוקה כלפיהם העניקו להם הכורים האחרים את הזכות לקבוע את שמו של המחנה החדש. התפתח ויכוח: האירי צידד בשם שיילקח מתוך גאל (Gael) ולעומתו ביקש היהודי שם שיזכיר את ישראל. בעקבות לחצם של הכורים חסרי הסבלנות הגיעו השניים לפשרה: "טיפרושלים". בשנת 1875 נוסדה "ירושלים החדשה" בקליפורניה. בחירת השם נעשתה בידי מתיישבים יהודים. לפי חוקר אחד: "[ללא ספק] עקב המשמעות שנודעה לה [לירושלים] עבור חלוצים אלה בתוך המסורת שלהם...". ראה: לוטי ומשה דייוויס, לעיל, הערה 6.

כשגדלו ובגרו שימש התנ"ך כמורה דרך, עד שלעתים היו כתבי הקודש גורם מכריע גם בבחירת ייעודם המקצועי של המתבגרים. אחת מן העדויות המרשימות ביותר על הזיקה הישירה בין חינוך המבוסס מילדות על התנ"ך, ובין בחירת עיסוק מקצועי היא זו של הארכיאולוג בן המאה התשע־עשרה, אדוארד רובינסון (Edward Robinson). כידוע קשור היום שמו של רובינסון עם הגילויים הארכיאולוגיים ליד הכותל המערבי: קשת רובינסון היא פלא של חריפות למדנית הנגלית לעיני כל הבאים לבקר בהר הבית המשוחזר. בספרו בן שלושת הכרכים *Biblical Researches in Palestine, Mount Sinai and Arabia Petræa* מספר רובינסון שהמוטיבציה המדעית שלו נבעה מ"להט תנ"כי":

> כמרבית בני ארצי, בייחוד בני ניו־אינגלנד, הטביעו מראות התנ"ך חותם עמוק בלבי מאז ימי ילדותי הראשונים; בשנות בגרותי התפתח רגש זה לכלל תשוקה עזה לבקר בעצמי במקומות משמעותיים כל כך בהיסטוריה של המין האנושי. ייתכן שאין ארץ אחרת בעולם כולו, שבה נפוץ כל כך רגש כזה, כמו בניו־אינגלנד. אין ארץ אחרת שבה כתבי הקודש ידועים יותר, או זוכים להוקרה רבה יותר. משנותיו הראשונות מורגל שם הילד לא רק לקרוא בעצמו בתנ"ך; הוא גם קורא או מאזין לתנ"ך בתפילות הבוקר והערב של המשפחה, הוא לומד בו מידי יום ביומו בבית הספר של הכפר ובבית הספר של יום ראשון, ומאזין לו בדרשות השבועיות בכנסייה. וכך, ככל שהוא גדל נקשרים השמות סיני, ירושלים, בית לחם והארץ המובטחת, לזיכרונותיו הראשוניים ביותר ולרגשותיו המקודשים... במקרה שלי, נקשרה לכל זה, לאחר מכן, גם מוטיבציה מדעית...[8]

נימה דומה עולה מדבריו של לורנס ג'ונס, הדיקן לשעבר של אוניברסיטת הוֹארד (Howard), בהרצאה שנשאה את הכותרת "ארץ הקודש בעיני השחורים", בשנת 1976:

> ב"רצועת התנ"ך" (Bible Belt) תופס עדיין התנ"ך מקום ייחודי בחייהם של האנשים. אני זוכר את עצמי שבהיותי ילד נאסר עלינו אפילו לכתוב בתוך ספר התנ"ך. כשהלכתי ללמוד בסמינר לכמורה, קרה שמורים אמרו לי לכתוב הערות בדפי התנ"ך, בשוליים; היתה זו בשבילי התנסות טראומטית – ליטול עיפרון ולכתוב בתוך התנ"ך. אבי תמיד היה אומר שתנ"ך בלוי אין משמידים או זורקים לאשפה, אלא שורפים אותו. התנ"ך היה קודש – על הספר עצמו נאצלה מעין קדושה.[9]

8 Edward Robinson, *Biblical Researches in Palestine, Mount Sinai and Arabia Petræa*, I, Boston 1841, p. 46. הנרי ו' וורן (Henry W. Warren; 1831–1912), שהיה כומר מתודיסטי אפיסקופלי כתב ספר בשם: *Sights and Insights, or, Knowledge by Travel*, New York 1874. פרק מתוך הספר, שכותרתו האופיינית היתה "ארץ־ישראל המוכרת", נפתח במילים הבאות:

> זוהי הארץ הראשונה [במסגרת מסעַי] בה חשתי בבית. ואולם, לא היתה אף ארץ אחרת שהיתה שונה כל כך מביתי שלי. ואיכשהו, נדמה היה לי כאילו חייתי כאן לפני זמן רב, בילדותי אותה כבר כמעט שכחתי, או שמא חייתי כאן במצב קדם־לידתי כלשהו, מצב שאני זוכר רק במעורפל. כשאני מנסה לפלס דרכי בערפל [הזיכרונות], מנסה לקרב אלי את מה שנראה רחוק כל כך, להפוך להווה את מה שנראה כפרה־היסטורי – אני מוצא את עצמי לצדה של אימי. ילדותי המוקדמת חיה מחדש לפניי. כעת אני מבין מדוע ארץ מוזרה זו נראית בעיניי כה מוכרת וטבעית. מנהגיה, מראותיה, קולותיה ואתריה היו אלה אליהם התוודעתי בשלב מוקדם זה של חיי: הם הוצגו לפניי בתמונות, הוסברו לי במילים והונחלו לי כחלק מאוצרי הנצחי.

9 שכתוב ההרצאה מצוי במדור לתיעוד בעל־פה, המכון ליהדות זמננו, האוניברסיטה העברית בירושלים, 12 בדצמבר

אמריקנים רבים ביטאו את הקשר שלהם לתנ"ך כשהתכנסו סביב האח המשפחתי, וחוויה זו עולה בזיכרונותיהם האישיים.[10] על פי אברהם לינקולן, התנ"ך הוא ה"מתנה הטובה ביותר שנתן אלוהים לאדם", ועל פי התובנה של וודרו ווילסון (Woodrow Wilson) התנ"ך הוא "המַגנה כַּרטה של נשמת האדם". וכך, בשעת מבחן כמו גם בשעת ניצחון ותהילה, נעשתה מורשת התנ"ך חלק בלתי נפרד מן המסורת האמריקנית.

השפה העברית

מאז ראשיתה של התרבות האמריקנית לא היתה השפה העברית בבחינת סתם שפה "זרה" נוספת המתועדת בכתבים תיאולוגיים וספרותיים, והטבועה בסמליהם הרשמיים של אוניברסיטאות חשובות כדוגמת קולומביה, דַרטמות וייל. היתה זו "לשון הקודש", לשון המבטאת ערכים נצחיים; לשון שקירבה את "ציון" אל היסודות המונחים בנפשה של התרבות האמריקנית.

דוגמה מאלפת היא רשימת נושאי התיזות לקבלת תואר מוסמך שהוגשו באוניברסיטת הרוורד בין השנים 1655–1791. רבים מן הנושאים נוגעים לכתבי הקודש. כמה מהם מעוררים עניין מיוחד, למשל "האם השפה העברית היא השפה העתיקה ביותר?", "האם היה בלבול השפות בבבל הבדל שבדעות בלבד?". יונתן טרומבל (Jonathan Trumball), לימים מושלה של קונטיקט, הגיש בשנת 1730 תיזה שעסקה בשאלה: "האם קיימות בכתבי הקודש סתירות ממשיות שאין שום דרך ליישבן?".[11]

האגדה הטוענת כי בראשית ימיה של ארצות־הברית כמדינה עצמאית הוצעה העברית כשפה הרשמית היא ללא ספק אגדה מעוררת עניין. ואכן, ה"ל מנקן (H. L. Mencken) ביטל אותה בדרך אופיינית לו. לפי הסברו, שורשיה של אגדה זו נעוצים ברגשות אנטי־אנגליים עמוקים, ואלה שימשו תמריץ ל"הצעה" לאמץ שפה השונה מן האנגלית כשפתה הרשמית של ארצות־הברית. למעשה, הועלה הרעיון על ידי הנוסע הצרפתי, המרקיז דה ש'סטלו (Marquis de Chastellux). גם ההצעה לאימוצה של השפה היוונית נשקלה באותו הזמן, אולם היא נדחתה. כפי שכתב צ'רלס אסטור (Charles Astor), נכדו של ג'ון ג'ייקוב אסטור, במאמרו "הלשון האנגלית באמריקה": "יהיה זה נוח יותר בשבילנו לשמור על השפה כפי שהיא, ולגרום לאנגלים לדבר יוונית". אולם

1976, עמ' 6. ראה גם מאמרו: "אפרו־אמריקנים וארץ הקודש" המתפרסם בספר זה, עמ' 29–32, בייחוד ראה דבריו: "היו אלה התנ"ך והכנסייה שבתיווכם נפגשו השחורים לראשונה ב'ארץ הקודש'", עמ' 29.

10 אלכסיס דה־טוקוויל, הדימוקראטיה באמריקה, תרגמו מצרפתית יוחנן טברסקי וישראל מרגלית, הקדים מבוא יהושע אריאלי, ירושלים תש"ל, עמ' 229:

בחוזרו לביתו, אינו אץ רץ לפנקסי עסקו ולחישוב חשבונותיו. הוא פותח את כתבי הקודש; בהם הוא מוצא תיאורים נשגבים ונוגעים עד הלב על גדולת הבורא וטובו, על פלאי יצירתו, על ייעודו הגבוה של האדם, על חובותיו וזכויותיו בפני הנצח.

וכך פושט האמריקני, מזמן לזמן, את החולין, מרחיק לשעה קלה את תשוקותיו הקטנות ואת ענייניו החולפים, שמפעילים את כל חייו, ומתקרב לעולם אידיאלי, בו הכול גדול, טהור, נצחי.

11 ראה: *Proceedings of the Massachusetts Historical Society* 18 (1880-1881), pp. 140-142; וראה Shalom Goldman, "Biblical Hebrew in Colonial America – The Case of Dartmouth", *American Jewish History* 79 (1989-1990), pp. 173-180. וכן מנחם ג' גלן, "יסודות עבריים בלשון האנגלית־אמריקאית", הדואר 22, כא (י"ט באדר ב' תש"ג), עמ' 353–354.

מעניין שרעיונות והלצות אלו משקפים את העובדה שהשפות המוצעות כתחליף לאנגלית, קשורות לשתי התרבויות המונחות בבסיסה של התרבות האנגלו־סקסית – ההלנית והעברית.[12]

הקשר הנמשך בין אמריקניות ועבריות – קשר שנוצר לראשונה בידיהם של הפוריטנים שראו עצמם כמחדשי התנ"ך בדורם – ידע כמה תמורות. מאז התקופה הקולוניאלית ועד ראשית המאה התשע־עשרה היה לימוד העברית פונקציה של לימודים תיאולוגיים. במהלכה של המאה הקודמת ועד תחילת המאה העשרים "הועברה" העברית לתחומה של הפילולוגיה. עברית נלמדה במסגרתן של המחלקות ללימודים שמיים שהיו קיימות במספר אוניברסיטאות, הרחק מן הזרם המרכזי של הדעות דאז. בעקבות תחיית השפה העברית בדורותינו והפיכתה לשפה המדוברת בארץ־ישראל, פרחה הוראתה באמריקה והיא נעשית חלק של התרבות הכללית, זאת מבלי שייפגע מקומה בתחומי התיאולוגיה והבלשנות השמית.

הקשר המשולש הזה, התנ"ך–עברית–ארץ הקודש, מובע בחן רב בחיבורו של המושל ויליאם ברדפורד (William Bradford), *History of Plimouth Plantation*, ספר הכולל גם קטעים בכתב ידו בעברית:

> אף על פי שהִזקנה קפצה עלי חשקה נפשי לראות במו עיניי משהו מן השפה הזאת – העתיקה מכל השפות שבעולם, והלשון הקדושה; השפה, שבה נכתבו מצוותיו ודְברותיו של אלוהים; השפה שבה דיברו אלוהים ומלאכיו אל האבות הקדושים בימים ההם; השפה שבה כונו הייצורים בהִבראם. ואף על פי שאין ביכולתי להשיג הרבה ממנה, בכל זאת שמחתי לראות אפס קציה (כפי שראה משה את ארץ כנען מנגד). מטרתי ושאיפתי היא לראות כיצד מסודרים המילים והביטויים בטקסט המקודש ולפענח משהו מן האמור להנאתי האישית.[13]

בדרך הטבע השפיעה התפיסה הפוריטנית גם על החינוך הגבוה. סמואל ג'ונסון, נשיאו הראשון של Kings College – כיום אוניברסיטת קולומביה – שהיה בעצמו מלומד בשפה העברית, טען שהשפה העברית "חיונית לחינוכו של כל ג'נטלמן"; לפיכך, כל המורים במוסד שלו היו חייבים להיות בעלי ידע בעברית.[14] עזרא סטיילז (Ezra Stiles) ששימש ככומר בניופורט, רוד איילנד, קשר קשרי ידידות עמוקים עם השליח מחברון, רפאל חיים יצחק קריגל. כשהוזמן קריגל לשאת

12 ראה: H. L. Mencken, *The American Language*, Supplement I, New York 1945, pp. 136-138. ראה גם: Marquis de Chastellux, *Travels in North America in the Years 1780, 1781 and 1782*, II, Chapel Hill 1963, p. 498; *The Quarterly Review*, January 1814, p. 528; A. W. Read, "The Philological Society of New York 1788", *American Speech* 9, no. 2 (April 1934), p. 131

13 בהקדמתו מדגיש ברדפורד את הערך הטמון בידיעת התנ"ך בשפת המקור. ראה גם: Isidore S. Meyer, *The Hebrew Exercises of Governor William Bradford*, Plymouth Mass. 1973. למחקר מקיף על העברית באמריקה הקולוניאלית ראה יצחק זילברשלג, "ראשיתה וראשונותה של עברית באמריקה", הגות עברית באמריקה, תל־אביב 1972, עמ' 15–41. ראה גם: דוד רודבסקי, "הוראת העברית באנגליה החדשה הקולניאלית", בצרון סח (מארס–אפריל, 1978), עמ' 306–309; D. De Sola Pool, "Hebrew Learning among the Puritans of New England Prior to 1700", *PAJHS* 20 (1911), pp. 31-83

14 S. E. Morison, *The Puritan Pronaos*, New York 1936, pp. 41-42; Isidore S. Meyer, "Doctor Samuel Johnson's Grammar and Hebrew Psalter", *Essays on Jewish Life and Thought – Presented in Honor of Salo Wittmayer Baron*, New York 1959, pp. 359-374; William J. Leonard, "The Study of Hebrew in American Protestant Institutions of Higher Learning", *Hebrew Studies* 17 (1976), pp. 138-143

דברים בבית הכנסת של ניופורט בחג השבועות בא סטיילז לבית הכנסת כדי לשמוע את דבריו. סטיילז אף כתב ביומנו תקציר מפורט של הדרשה שנישאה בספרדית מתובלת בעברית בצירוף תיאור ססגוני של לבושו של קריגל ומראה פניו. הגִרסה האנגלית של הדרשה היתה הדרשה היהודית הראשונה שנדפסה בצפון אמריקה.[15] לאחר שהתמנה סטיילז לנשיאה של אוניברסיטת ייל כלל את השפה העברית בלימודי החובה של האוניברסיטה. טענתו היתה שהוא בוש לחשוב שבוגר האוניברסיטה יהיה חסר כל ידע בשפת הקודש בעת שיעלה השמיימה.[16]

עניינו העז של סטיילז בהקניית השפה העברית לתלמידיו ומשפחתו העסיק את מחשבתו גם בשעה שסערו סביבו מאורעות המהפכה. אחרי שמסר סטיילז דיווח מדאיג על קרב בנקר היל (Bunker Hill) לרפאל חיים יצחק קריגל ששהה בברבדוס ביולי 1775, הוסיף:

> בני עזרא נסע לאוניברסיטת קונטיקט כדי ללמוד חכמה מבני הנביאים שבבית המדרש. יהי רצון שתשרה עליו ותגן עליו אדרת אליהו, רוח אלוהים. בני יצחק קורא בפניי יום יום את קריאת שמע הדגולה, מ"שמע ישראל" ועד "ובשעריך" [דברים ו, ד–ט]. מולי ושאר הילדים דורשים לעתים קרובות בשלומו של החכם ר' קריגל. אחזיק לך טובה אם תכתוב לעזרא מכתב קצר בעברית. אכן, עדיין אין הוא יכול להשיב בעברית, אבל

15 הדברים פורסמו תחת הכותרת: דרשה שנישאה בבית הכנסת, ניופורט, רוד איילנד, ונקראת 'גאולת ישראל', בחג מתן תורה, או חג השבועות, היום השישי לחודש סיוון, שנת הבריאה 5533 [תקל"ג] או 28 במאי 1773, שהוא חגיגת יום השנה למתן התורה בהר סיני על ידי החכם הנכבד, המלומד רבי חיים יצחק קריגל, מהעיר חברון שליד ירושלים, שבארץ הקודש. לטקסט של הדרשה בלווית הקדמה בידי סטנלי פ' חייט (Stanley F. Chyet). ראה: *Rabbi Carigal Preaches in Newport*, Cincinnati 1966. ראה גם: George Alexander Kohut, "Early Jewish Literature in America", *PAJHS* 3 (1895), pp. 123-125; Max Kohler, "The Jews in Newport", *PAJHS* 6 (1898), pp. 78-79

16 אחד מתלמידיו של סטיילז הוא שדיווח על דבריו אלה. ראה: *Memoirs, Auto-biography and Correspondence of Jeremiah Mason* (1873). הספר נדפס מחדש, קנזס סיטי 1917, עמ' 11:

> בשנת לימודנו האחרונה נטל הנשיא על עצמו את האחריות המלאה להוראתנו. תורת המוסר היתה הנושא העיקרי של לימודינו בכיתה, וחיבורו של לוק (John Locke) היה ספר הלימוד היחיד שלנו. תשומת לב מסוימת ניתנה לחזרה כללית על לימודינו הקודמים בקולג' והנשיא התעקש שהכיתה כולה תלמד עברית. למדנו את האלף־בית ואיכשהו שירכנו את דרכנו בשניים או שלושה פרקים מספר תהלים; עבור מרביתינו היתה זו העמדת פנים גרידא. לנשיא יצא שם של מלומד בעברית נוסף לידיעותיו בכמה דיאלקטים מזרחיים אחרים. על העברית דיבר בהערצה. הוא אמר שאחד מפרקי התהלים אותו ניסה ללמד אותנו יהיה הראשון אותו נשמע מושר כשנעלה השמיימה, ושהוא בוש לחשוב שמישהו מתלמידיו יהיה בור לחלוטין באותה שפה קדושה.

לגִרסתו של סטיילז עצמו על הוראת העברית בייל, ראה: *The Literary Diary*, ed. F. B. Dexter, III, New York 1901, p. 397:

> מראשית כניסתי למשרת הנשיא 1777–1790 חייבתי את כל תלמידי השנה הראשונה ללמוד עברית. חובה זו נתקלה בהתנגדותם של כמה מן הסטודנטים. בשנה זו החלטתי ללמד רק את אלה החפצים בכך מרצונם החופשי וזאת רק בשעות שמעבר למכסת הלימודים הרגילה, ובלא שיפסידו אף אחד משלושת שיעורי החובה בדקלום מהכתבים הקלסיים לפני המורה שלהם. על פי תנאים אלו 22 מתוך 39 תלמידי השנה הראשונה ביקשו ללמוד עברית ואני מלמד אותם בימי שני, רביעי ושישי בשעה ארבע אחרי הצהריים. מלבד זאת אני מלמד גם שיעורים נוספים בזמנים אחרים.

ראה גם: W. Willner, "Ezra Stiles and the Jews", *PAJHS* 8 (1900), pp. 119-126; Morris Jastrow Jr., "References to Jews in the Diary of Ezra Stiles", *PAJHS* 10 (1902), pp. 5-36; George Alexander Kohut, *Ezra Stiles and the Jews – Selected Passages from his Literary Diary Concerning Jews and Judaism*, New York 1902

מכתבך עשוי לעורר את שאפתנותו ולגרום לו להקדיש יותר תשומת לב ללימודה של אותה לשון נפלאה ואלוהית. למען אותה מטרה עצמה וכדי ללמד אותי עברית ולשפר את סגנוני בכתיבת מכתבים בעברית, אשמח אם תכתוב כמה ממכתביך אלי בעברית. אקווה למכתב כזה, בתשובה למכתבי הארוך בעברית מ־1773.[17]

בתודעתם של חוגים אמריקנים נרחבים נודעה לעברית חשיבות גדולה, מפני שהיא נתפסה לא רק כשפה ככל השפות, אלא גם כנושאת מסר דתי מיוחד. דיווחו של ג'וזף סמית (Joseph Smith), מייסדה של הכנסייה המורמונית, מסביר את הסיבה למסירותו לעברית ואת טבעה. דבריו שופכים אור על היבט בלתי מוכר של חיי הדת והתרבות באמריקה.

פשר הבנת דיווחו של סמית טמון במסמך שמצאתי בארכיון המורמוני בסולט לייק סיטי (Salt Lake City). המסמך נושא את התאריך ה־30 במארס, 1836 וחתום בידי יהושע סיישיס (Joshua Seixas). הוא מאשר שג'וזף סמית השלים בהצלחה קורס בעברית תחת הדרכתו של סיישיס. במשך כמה שנים קודם לכן היה סמית עסוק בתהליך כתיבת גִרסתו שלו לתנ"ך. על פי ספר המורמונים הסיבה לכך היא ש"דברים רבים, פשוטים כמו גם רבי ערך" הושמטו מהמקור. על פי סמית נגלו אליו מעת לעת כמה מן הקטעים הללו, והוא העלה אותם על הכתב. בשנת 1830 קיבל סמית, לדבריו, הוראה להפסיק את הכתיבה עד אשר יעבור לאוהיו. כך אכן עשו סמית וחסידיו, ושם, בעיר קירטלנד, בנו בית תפילה.[18] המורמונים חשו אז צורך ללמוד עברית כדי להבין את מלוא משמעותן של ההתגלויות החדשות, ובייחוד כדי להבין את ההבדל בין התנ"ך ובין גִרסתו החדשה של סמית. לצורך זה ארגנו קורסים מיוחדים ללימוד עברית ושכרו את שירותיו של יהושע סיישיס על מנת שילמדם עברית.

יהושע, בנו של גרשום מנדס סיישיס מקהילת "שארית ישראל" בניו־יורק, הורה עברית בכמה מוסדות להשכלה גבוהה ברחבי אמריקה, לרבות אנדובר (Andover) ווסטרן רסרב (Western Reserve). ב־1883 פִּרסם ספר בשם *A Manual Hebrew Grammar for the Use of Beginners*. בעת שנפגש עם סמית היה סיישיס מורה לעברית באוברלין קולג' (Oberlin College).[19]

מתוך קטעים נבחרים ביומנו של ג'וזף סמית ניתן לעקוב אחרי התקדמותם של מייסד הכנסייה ו"כת הנביאים" שלו בקורס לעברית של סיישיס.

יום שלישי, 26 [בינואר]. מר סיישיס הגיע מהדסון כדי ללמד את הלשון העברית, ואני טיפלתי בהכנת הכיתה לשם העברת השיעורים בדקדוק העברי. שעות ההוראה של

17 *The Event is with the Lord*, edited with an introduction by Stanley F. Chyet, Cincinnati 1976. סיפור ידידותם מסופר על ידי Lee M. Friedman, *Rabbi Haim Isaac Carigal – His Newport Sermon and His Yale Portrait*, Boston 1940

18 על פי פרטים שנמסרו לי במכתב מיום 17 במאי 1956 מאת לוריץ ג' פיטרסן (Lauritz G. Petersen) ממשרד היסטוריון הכנסייה, כנסיית ישו הנוצרי של קדושי אחרית הימים (Church of Jesus Christ of Latter-Day Saints), סולט לייק סיטי. למחקר מאיר עיניים על יחסי יהודים–מורמונים ראה: Rudolf Glanz, *Jew and Mormon – Historic Group Relations and Religious Outlook*, New York 1963; Steven Epperson, *Mormons and Jews – Early Mormon Theologies of Israel*, Salt Lake City 1992

19 הביוגרפיה של סיישיס מעורפלת למדיי. על יחסיו עם המורמונים ראה: Leroi C. Snow, "Who was Professor Joshua Seixas?", *The Improvement Era*, February 1936, pp. 67-71

סיישיס הן מעשר ועד אחת עשרה בבוקר ומשתיים עד שלוש אחרי הצהריים. הוראתו מצאה חן בעיני מאוד. אני חושב שהוא יהיה לעזר לכיתה בלימוד עברית.

יום חמישי, 4 [בפברואר]. נוכחתי בשיעורים וסייעתי בהכנת כיתה בת עשרים ושניים תלמידים לקריאת עברית החל משלוש אחרי הצהריים. שאר עשרים ושלושה התלמידים שיננו באחת עשרה בבוקר. הכיתה הראשונה דִקלמה את החומר הנלמד ברבע לפני שתיים אחרי הצהריים. אנו סובלים ממחסור חמור בספרים, אולם אנו נחושים בדעתינו לעשות כמיטב יכולתינו. יהי רצון שיעזור לנו האל לקנות דעת בלשון הזאת, למען נוכל לקרוא בכתבי הקודש בלשון שבה ניתנו.

יום רביעי, 17 [בפברואר]. נכחתי בשיעורים וקראתי ותרגמתי עם כיתתי כרגיל. נפשי מתענגת בקוראי בדברי האלוהים כפי שניתנו במקורם, ואני נחוש בדעתי להתמיד בלימוד הלשונות [כך] עד שאהיה בקי בהן, אם אזכה להאריך ימים. בכל אופן, כל עוד אני חי, אני נחוש לראות בזה את שאיפתי, ובברכת אלוהים אצליח למלא את רצוני...[20]

תעודת הסיום של סמית הוענקה לו על ידי מורהו בסוף אותו חודש.[21] וכך נכתב בה:

מר ג'וזף סמית הבן השתתף בקורס מלא של שיעורי עברית בהוראתי ושקד ללא ליאות על רכישת כלליה של לשון הקודש של התנ"ך בשפתו המקורית. עד עתה הצליח לרכוש ידיעה מספקת של השפה המאפשרת לו לתרגם ממנה לשביעות רצוני המליאה. ואם יתמיד בלימודו יוכל להגיע לדרגת "בקי" בעברית. אני מנצל הזדמנות זאת כדי להודות לו על חריצותו ונדיבות לבו הרבה כלפיי.

י' סיישיס

קירטלנד, אוהיו, 30 במארס, 1836.

מסמך זה בהקשרו תורם רבות להבנת קורותם של המורמונים בקירטלנד, אוהיו בנקודת זמן מכריעה במהלך התפתחותם של התיאולוגיה שלהם ושל מגמותיהם. יתרה מזו, כמה מן המשמעויות של היחסים בין המורמונים ליהודים בתקופה מאוחרת יותר מתבהרות על רקע התנסותם של המורמונים בלימוד השפה העברית בקירטלנד. עקרונית, הקשר האורגני שבין המורמונים ובין העברית, התנ"ך וארץ הקודש התקדש באמצעות התנסות זאת.[22]

מגמת ההתרחקות מן הלימוד התיאולוגי של השפה העברית לטובת תפיסתה של העברית כעניין פילולוגי החלה בשלב מוקדם של המאה התשע־עשרה. מגמה זו השתקפה בתחילה בחיבור ספרי דקדוק וספרי לימוד של השפה העברית.[23] העברית נלמדה כשפה קלסית במספר קולג'ים חילוניים

20 *History of the Church of Jesus Christ of Latter-Day Saints*, II, Salt Lake City 1950, pp. 385ff.

21 מתפרסם באדיבותו של הארכיון של כנסיית ישו הנוצרי של קדושי אחרית הימים.

22 ראה: Harris Lenowitz, "Hebrew, The Mormons and Utah", *Iggeret – A Newsletter of the National Association of Professors of Hebrew in American Institutions of Higher Learning* 46 (Spring 1988), pp. 2-3

23 William Chomsky, "Hebrew Grammar and Textbook Writing in Early Nineteenth-Century America", *Essays in American Jewish History*, Cincinnati 1958, pp. 123-145. ראה: William J. Leonard, "The Study of Hebrew in American Protestant Institutions of Higher Learning", *Hebrew Studies* 17

שנוסדו במהלך המאה התשע־עשרה, וכן באותם בתי ספר לתיאולוגיה שבהם המשיכו הנושאים התנ"כיים לתפוס מקום חשוב ומרכזי בתוכנית הלימודים. על פי ספר השנה של יהדות אמריקה (*American Jewish Year Book*), עד שנת 1917 הגיע מספרם של המוסדות להשכלה גבוהה שלימוד העברית נכלל בתוכנית הלימודים שלהם לחמישים וחמישה.[24]

הסקרנות האינטלקטואלית כלפי השפה העברית הלכה ופחתה במהלכה של המאה התשע־עשרה. לאור זאת, ההתעוררות המחודשת בלשון העברית שהתרחשה במאה שלנו היא חיזיון מפליא. מלבד תחייתה של העברית במסגרת התרבות היהודית, לומדים כיום עברית קלסית ועברית מודרנית בלמעלה מארבע מאות וחמישים מוסדות להשכלה גבוהה ברחבי ארצות־הברית, ואלה כוללים אוניברסיטאות, קולג'ים ומוסדות וסמינרים נוצריים.[25] לשם השוואה, בשנת 1940, נלמדה עברית מודרנית בתשעה מוסדות בלבד, ואילו עברית קלסית ותנ"ך נלמדו בשישים ושמונה מוסדות. המפליא בהשוואה סטטיסטית זו הוא שהמגמה המסתמנת בה הלכה וגדלה מאז. אדמונד וילסון (Edmund Wilson) הסביר מדוע הוא סבור שלימוד מקורות בעברית חיוני בכל "אוניברסיטה אידיאלית".[26] אף שנימת הדברים היא חילונית־תרבותית, הם מזכירים ברוחם את הגיגיו של עזרא סטיילס. בקטע אוטוביוגרפי מספר וילסון כיצד הגיע הוא עצמו ללימוד עברית:

> לפני כמה שנים, כשחיטטתי בעליית הגג בביתה של אימי, מצאתי תנ"ך עברי ישן שהיה שייך לסבי, כומר פרסביטריאני, וכן מילון עברי וספר דקדוק עברי. מאז ומעולם עוררה בי השפה העברית סקרנות מסוימת, ושמא גם הרגיזה אותי המחשבה שסבי יכול היה לקרוא דברים שאני איני יכול, וכך, כשמצאתי את עצמי בסתיו אחד באוניברסיטת פרינסטון, מתוך כוונה לבלות שם גם את החורף, נרשמתי לקורס לעברית באותו סמינר תיאולוגי שסיים סבי בשנת 1846. בצורה זו רכשתי ידיעה שטחית בעברית שאִפשרה לי לעבור על ספר בראשית תוך היעזרות מתמדת בתרגום האנגלי ובהערות של פירושי וֶסטמינסטר. מכמה בחינות, היתה בשבילי ההיכרות הראשונה הזאת עם טקסט בעברית כמו התגלות. בראש ובראשונה, מעניק לימוד של שפה שמית תובנה לתוך השקפת עולם שלמה, מערכת של דרכי חשיבה, השונה באורח רדיקלי מזו של המערב.[27]

(1976), pp. 138-143. דוגמה מוקדמת לניסיון יהודי להפיץ את ידיעת העברית באוניברסיטאות בארה"ב מתועדת על ידי Bertram Wallace Korn, *The Early Jews of New Orleans*, Waltham, Mass. 1969, p. 249

24 ראה: "American Colleges in which Hebrew is Taught", *American Jewish Year Book 1917-1918*, p. 406. גם: Abraham I. Katsh, *Hebrew Language, Literature and Culture in American Institutions of Higher Learning*, New York 1950; David Mirsky, "Hebrew in the United States: 1900-1920", *Herzl Year Book* 5 (1963), pp. 83-111. שים לב לציטוט שמביא מירסקי (עמ' 85) מ־Henry Hyvernat, "Hebrew in Our Seminars", *Catholic University Bulletin* 14 (1898), p. 384

25 Council on the Teaching of Hebrew (Israel), *Bulletin* no. 8, n.d. (1991). למחקרים מוקדמים יותר ראה: David Rudavsky, "Hebraic and Judaic Studies in American Higher Education", *Bulletin of the Council of the Study of Religion* 6, no. 2 (April 1975), p. 4; מאמרו של קאטש, לעיל, הערה 24; *Hebrew in Colleges and Universities*, ed. Judah Lapson, New York 1958; Arnold J. Band, "Jewish Studies in American Liberal-Arts Colleges and Universities", *American Jewish Year Book* 67 (1966), pp. 3-30

26 Edmund Wilson, "The Need for Judaic Studies", *A Piece of My Mind – Reflections at Sixty*, Garden City, N.Y. 1958, pp. 146-153

27 Edmund Wilson, "On First Reading Genesis", *Red, Black, Blond and Olive*, New York 1956, p. 387

אלפרד קזין (Alfred Kazin) מאיר על אהבתו של וילסון לשפה העברית, הערה המושפעת, אולי, מן הפרסביטריאניזם של סבו של וילסון: "אחת מן האִמרות החביבות עליו בחורפי הבדידות הארוכים בוולפליט (Wellfleet)", כותב קזין, "היתה 'חזק חזק ונתחזק'... ומילים אלו נחרטו באותיות עבריות על מצבתו בבית הקברות של ולפליט".[28]

מהו הגורם להתעניינות המחודשת הזו בשפה העברית ובתרבותה? ללא ספק, השפעה רבה נודעה לעובדה שהרוח האמריקנית מושרשת עמוקות בתנ"ך. גורם חשוב נוסף הוא חיי התרבות של היהודים באמריקה על מגוון מפעליהם הקהילתיים והחינוכיים, חיים תרבותיים שראשיתם כימי ראשית ההתיישבות החדשה באמריקה. ואולם, הגורם הבולט ביותר הוא צמיחתו המהירה של היישוב היהודי בארץ־ישראל. תהליך זה נתפס במערב כהתגשמותה של התרבות העברית העתיקה בזמננו, ותופעה זו הציתה את דמיונו של העולם התרבותי והאינטלקטואלי. העובדה שמציון יצאו דמויות רבות של סופרים, חוקרים, מדענים ואמנים עוררה יחס של כבוד והערכה כלפי השפה שבה חיים ויוצרים האנשים האלה.

ארץ הקודש

ניתן לבחון את יחסם האינדיווידואלי של אמריקנים לארץ הקודש במסגרתן של שתי קטגוריות היסטוריות עיקריות, ושתיהן חוזרות אל ימיה הראשונים של האומה האמריקנית: האחת, תיעוד שעיקרו ספרות עולי הרגל. השנייה, התיישבותם בפועל של יחידים או קבוצות בארץ־ישראל.

ספרות עולי הרגל מהווה אוצר בלום, שברובו לא נחקר עדיין, והיא מהווה פרק חשוב בתולדות מעורבותם של יחידים אמריקנים בארץ־ישראל.[29] ספרות זו נכתבה בידי חוקרים וסופרים, מסיונרים ותיירים, שהמשותף לכולם הוא, שרובם ככולם היו עולי רגל נוצרים שקיבלו את השראתם מתפיסת עולם דתית, או מן הסיפורים ששמעו בילדותם על ציון וירושלים. ספרות זו לבשה מספר צורות, והיא מבטאת לא רק את מחשבותיהם ורגשותיהם של אלה שנסעו לארץ הקודש וראו אותה במו עיניהם, אלא גם את כיסופיהם וחלומותיהם של אלה שלא זכו מעודם לעמוד אפילו בקִרבתה של הארץ.[30]

"עלייה לרגל", כתב הכומר סטיפן אולין (Stephen Olin), נשיאה של אוניברסיטת וֶסליאן

28 Alfred Kazin, *New York Jew*, New York 1978, p. 290. וראה סקירה על ספרו של וילסון *Letters on Religion and Politics 1912-1917* שנכתבה על ידי הרי לוין (Harry Levin) והתפרסמה ב־*The New York Review*, October 27, 1977

29 לביבליוגרפיה של חיבורים מייצגים שנכתבו בידי אמריקנים שביקרו או עברו במזרח התיכון לפני 1850 ראה: David H. Finnie, *Pioneers East: The Early American Experience in the Middle East*, Cambridge, Mass. 1967, pp. 287-294. לביבליוגרפיה המכסה את המחצית השנייה של המאה התשע־עשרה ראה: Yohai Goell & Martha B. Katz-Hyman, "Americans in the Holy Land, 1850-1900 – A Selected Bibliography", in Moshe Davis (ed.), *With Eyes Towards Zion*, New York 1977, pp. 100-125

30 Jesse Lyman Hurlbut, *Traveling in the Holy Land through the Stereoscope*, New York 1900, pp. 12-13. לדוגמות של ספרות מסע שנכתבה בידי אמריקנים שחורים שהיו בדרך כלל כוהני דת, ראה: David F. Dorr, *A Colored Man Round the World*, Cleveland 1858; Daniel P. Seaton, *The Land of Promise*, Philadelphia 1895; Charles T. Walker, *A Colored Man Abroad – What He Saw and Heard in the Holy Land*, Augusta Ga. 1892. ראה גם: David Klatzker, "American Christian Travelers to the Holy Land, 1821-1939", Ph.D. Thesis, Temple University 1987, pp. 208-222

(Wesleyan University) בשנת 1844, "דומה להתאזרחות בארץ הקודש. רק אז נעשה התנ"ך לממשי".[31] ארץ הקודש הממשית, כפי שנגלתה למרביתם של הנוסעים במאה התשע־עשרה, היתה שונה מאוד מדמותה של הארץ כפי שהצטיירה בעיני רוחם של הנוסעים הללו, ורובם ככולם של הנוסעים הזדעזעו קשות כשגילו את הפער הזה בין ציפיותיהם ובין המציאות. "ירושלים המהוללת, השם הנשגב ביותר בהיסטוריה, איבדה את כל הדרה העתיק ונעשתה כפר אביונים..., ארץ־ישראל יושבת לבושה שק ואפר". אלו אינם ציטוטים מתוך מגילת איכה. אלו הן מילותיו של מרק טוויין בספרו *The Innocents Abroad*, ספר המתאר את רשמי מסעותיו באירופה ובארץ הקודש ב־1867. כותרת המשנה של הספר היא *The New Pilgrim's Progress*. חוש ההומור המפורסם של טוויין נמוג במהירות בשעה שתיאר את הזעזוע שעבר עליו נוכח המראות להם היה עֵד בארץ־ישראל.[32]

התנסותו של הרמן מלוויל (Herman Melville) הביאה אותו למסקנה אחרת. מלוויל ביקר בארץ הקודש בשנת 1857 ואת חוויותיו ביטא ב'קלארל' (*Clarel*), פואימה פילוסופית ארוכה.[33] כפי שציין הוארד ממפורד ג'ונס (Howard Mumford Jones), ארץ הקודש היתה עבור מלוויל "במצב של חורבן, ביטוי חיצוני וגלוי לעין של אובדן האמונה הדתית בקרב בני האדם המודרניים, ובמידה מסוימת סמל לחורבן העולם כולו".[34] מלוויל ניהל יומן "ירושלים" מיוחד ובו אנו קוראים:

> קמחון לבן התפשט על פני כל חבלי הארץ – לובן – צרעת – ציפוי של קללה – גבינה ישנה – עצמות סלעים – כתושים, אכולים ולעוסים – פשוט סרבנות וזיהום של הבריאה – כמו זה הרובץ מחוץ לשער יפו – יהודה כולה נראית כהצטברות של זוהמה זו. אתה רואה את האנטומיה – משווה אותה עם אזורים רגילים, וההשוואה דומה להשוואת שלד עם אדם חי שופע בריאות. האשפה שולטת בכל עד שאפילו מלקט סמרטוטים לא יכול

31 Stephen Olin, *Travels in Egypt, Arabia Petræa, and the Holy Land*, I, New York 1844, p. x. ראה גם: David Millard, *A Journal of Travels in Egypt, Arabia Petræa, and the Holy Land*, New York 1853, pp. v-vi; Henry C. Potter, *The Gates of the East – A Winter in Egypt and Syria*, New York 1877, pp. 247-253

32 Mark Twain, *The Innocents Abroad*, II, Hartford 1869. חלקים ממנו הופיעו בעברית בשם 'מסע תענוגות לארץ הקודש' (תל־אביב תשל"ה). המסע לארץ הקודש מתואר בכרך השני של המקור באנגלית, החל מפרק 14. ראה מאמרה ההשוואתי של ניצה רוזובסקי, "מרק טוויין בארץ הקודש", בתוך: אלי שילר (עורך), ספר זאב וילנאי, ב, ירושלים 1987, עמ' 358–364; וכן זאב וילנאי, "מארק טוויין בארץ־ישראל", הדואר, שנה נג, גל' א (ז' חשוון תשל"ד), עמ' 9–10. וראה: Franklin Walker, *Irreverent Pilgrims – Melville, Browne and Mark Twain in the Holy Land*, Seattle 1974, ch. 7-8. ראה גם: Reingard Nethersole, "Mark Twain in the Holy Land", in Moshe Sharon (ed.), *The Holy Land in History and Thought*, Leiden 1988, pp. 96-104. עיין בייחוד בהשוואת כותרת המשנה של טוויין *The New Pilgrim's Progress* לספרו של ג'ון בוניין (John Bunyan) *The Pilgrim's Progress* משנת 1678, שם, עמ' 98.

33 Herman Melville, *Clarel – A Poem and Pilgrimage in the Holy Land*, ed. Walter E. Bezanson, New York 1960. ראה ווקר (לעיל, הערה 32), פרקים 5–6.

34 Howard Mumford Jones, "The Land of Israel in the Anglo-Saxon Tradition", in Moshe Davis (ed.), *Israel – Its Role in Civilization*, New York 1956, p. 248. ניתוח מעמיק של תפיסתו של מלוויל לגבי יחסם של היהודים לארץ הקודש ראה אצל: מרים בייקר ורות מילר, "'חופיה המובטחים של כנען החדשה' – הרעיון של ירושלים בספרות האמריקאית, 1630–1894", קשת 18, 4 (קיץ 1976), בייחוד: עמ' 128–132. ראה גם: Louise Abbie Mayo, "Herman Melville, the Jew and Judaism", *American Jewish Archives* 28, no. 2 (November 1976), pp. 172-179. וכן מאמרו של מילטון קונביץ על מלוויל המתפרסם בספר זה, עמ' 71–83.

היה למצוא בה דבר. אין כאן טחב, כמו זה העולה בחורבות בדרך כלל – אין חסד של שקיעה – אין קיסוס מטפס – העירום חסר החיים של השממה – [אפר] לבנבן – משרפות סיד – עִזים שחורות.[35]

זאת היתה הארץ שראו רובם ככולם של הנוסעים – ארץ שעמדה בשיממונה במשך מאות שנים. אבל החלום לא נמוג. למרבה המזל, השכילו רבים מן הנוסעים להתבונן בארץ הקודש מבעד לגבעותיה השוממות ועמקיה הקודרים.[36] מסירות נוצרית לארץ הקודש הקיפה ספקטרום רחב של זרמים דתיים בארצות־הברית. היו אפוא יחידים רבים אשר התבוננו בארץ הקודש לא רק בעיניהם שלהם, אלא גם דרך הפריזמה של המסורת הדתית שנולדו בה ושהתחנכו על ברכיה. בקטע חריף העיר מרק טוויין:

אני משוכנע – על סמך מגמתם הכללית של הספרים שקראתי – כי רבים מן המבקרים בארץ זו בשנים שחלפו היו פרסביטריאנים שביקשו למצוא בה ראיות התומכות באמונתם המיוחדת; הם מצאו ארץ־ישראל פרסביטריאנית, לאחר שגמרו בדעתם שלא למצוא ארץ אחרת; אם כי, אפשר שלא היו מודעים לכך, משום שהיו מסנוורים מן הלהט הדתי שלהם. מבקרים אחרים היו בפטיסטים שביקשו למצוא ראיות לאמונה הבפטיסטית, וביקשו למצוא ארץ־ישראל בפטיסטית. אחרים היו קתולים, מתודיסטים, או אפיסקופלים שביקשו למצוא ראיות התומכות באמונותיהם השונות, וכן ארץ־ישראל קתולית, מתודיסטית או אפיסקופלית. ככל שהיו אנשים אלה כנים בכוונותיהם, הם לא יכלו להינתק מהעדפותיהם המיוחדות ומדעותיהם הקדומות. הם באו בשערי הארץ ומסקנותיהם בידיהם. הם לא יכלו לכתוב עליה ביישוב הדעת וללא פניות; לא יותר מכפי שיכלו לעשות כן לגבי נשותיהם וילדיהם. עולי הרגל שלנו הביאו עימם את המסקנות שלהם.[37]

יותר ממאה שנים מאוחר יותר אנו מוצאים תיאור לירי של השפעת החינוך הנוצרי, כפי שביטא אותו רלף מקגיל (Ralph McGill), שהיה אז עורכו של העיתון רב ההשפעה *Atlanta Constitution*. בספרו *Israel Revisited* מתאר מקגיל את החותם העמוק שהותירה בו המסורת הפרסביטריאנית.

כילד גדלתי בכפר ובתוך האמונה הפרסביטריאנית. אם לא חשתי תמיד את נשימתו הכבדה של קלווין נושפת בעורפי, אין להטיל את האשמה על משפחתי. כבר מילדות ידעתי את המזמורים העתיקים על "גדות הירדן הסוערים", על הגליל, ועל "ירושלים של זהב", מזמורים אותם שרנו בלהט בשבתות [בימי ראשון] ובהתכנסויות לתפילה. כילד נהגתי לחלום כי יבוא יום בו אראה את כיפותיה המוזהבות של ירושלים ואת מרחביה הכחולים של הכנרת.

35 Herman Melville, *Journal of a Visit to Europe and the Levant, October 11, 1856 - May 5, 1857*, ed. Howard C. Horsford, Princeton 1955, pp. 137-138

36 ראה את חזונו של בן זמנו של מלוויל, ג"ט ברקליי (J. T. Barclay) *The City of the Great King – Jerusalem As It Was, As It Is and As It Is to Be*, Philadelphia 1857, pp. 12-13

37 מרק טוויין (לעיל, הערה 32), 2, עמ' 243.

במיוחד הושפעתי עמוקות מסבתי, שהיתה פרסביטריאנית אדוקה ומלומדת. כל חייה נכספה סבתי לראות את ארץ הקודש. בשנותיה האחרונות היתה יוצאת החוצה אל המרפסת שבחזית ביתנו הכפרי שבמזרח טנסי, מרפסת שצפתה אל נהר טנסי שזרם מעבר לאחו ומעבר לשדה בעמק בו גדל כל שנה תירס אינדיאני, והיתה אומרת בקול מהורהר, "בן, לכולנו יש עוד נהר אחד לחצות... נהר הירדן". לא ידעתי אז, ילד קטן שאהב מאוד את סבתו, שהיא דיברה באופן סִמלי. נהגתי להרהר רבות בדבר; תהיתי מדוע, ביום מן הימים, יהיה על כולנו, הפרסביטריאנים, לחצות את הירדן. על כל פנים, המשיכה אל הארץ העתיקה השוכנת לחופי הים התיכון נִטעה בי בימי ילדותי.[38]

הקשר לארץ הקודש התבטא בעיקר בתפילה ובחינוך הילדים. היו אמנם מספר קבוצות ויחידים אמריקנים שניסו להתיישב בארץ הקודש במאה התשע־עשרה, ואולם ברובם היו אלה ניסיונות נפל. עם זאת, הזרמים הראשוניים של המחקרים המדעיים, המסעות וההתיישבות בארץ־ישראל החלו ליצור בהדרגה מכלול חדש. היה זה – אם לצטט את כותרתו של ספרו הראשוני של יהושע בן־אריה — 'ארץ־ישראל במאה הי"ט: גילויה מחדש'. כך כותב בן־אריה במבוא לספרו במהדורה האנגלית:

סיור בארץ הקודש לא היה דומה לחדירה לאפריקה או לגילויים של אזורים בלתי ידועים אחרים. כאן, אפילו הבלתי ידוע היה מוכר איכשהו. התנ"ך, יוספוס, כתבי אבות הכנסייה, כרוניקות צלבניות – כל אלה קמו לתחייה מתוך החורבות המאובקות ומתוך הנוף העזוב. עד עצם היום הזה יש לגילויים ארכיאולוגיים בישראל איכות של "היכרות קודמת" ואותה רוח של מוכרות שרתה גם על חקר מאפייניה הפיזיים של ארץ־ישראל וחקר תולדות החי והצומח שלה.[39]

היסטוריה וגיאוגרפיה החלו להיפגש שוב. במחקרו המקיף על הגיאוגרפיה של ארץ הקודש שפורסם בשנת 1841, הצביע ג'ון קיטו (John Kitto) בתמציתיות על הקשר הזה שבין הארץ לעם:

אבל אפילו אם נחשוב עליה כשלעצמה, ארץ־ישראל, קטנה ככל שתהיה, היא ארץ הראויה בהחלט לתשומת לב, ובמובן מסוים היא מיוחדת כמו העם שתולדותיו קשורים אליה קשר בל יינתק. היא אינה מזכירה לך כל העת, כמו שקורה בדרך כלל לגבי ארצות קטנות, שהיא מהווה מבחינה פיזית חלק מארץ גדולה יותר שממנה הופרדה לצורכי נוחות גרידא. זוהי **ארץ שלמה** – ארץ קומפקטית, נבדלת, המאופיינת על ידי פרופורציות טובות. היא מגלמת כביכול מעין תמצית של כל הממדים הפיזיים המייחדים ארצות שונות זו מזו, ושרק מעטות מהן מכילות את כולם יחד.[40]

38 Ralph McGill, *Israel Revisited*, Atlanta 1950, pp. 1-2

39 Yehoshua Ben-Arieh, *The Rediscovery of the Holy Land in the Nineteenth Century*, Jerusalem–Detroit 1979, p. 12

40 John Kitto, *Palestine: The Physical Geography and Natural History of the Holy Land*, London 1841, p. xxix. והשווה דברים אלה עם דברי אלן נווינס (Allan Nevins): "כל נכרי המבקר בישראל מופתע לגלות עובדה שאף פעם אינה מתחוורת מקריאת ספרים בלבד: ההיסטוריה התנ"כית היא היסטוריה מקומית הכתובה בגדול; שהרי פלסטינה קטנה ממחוזות אמריקנים רבים, והשמות הנצחיים של אתריה מבאר־שבע ועד נצרת, טבריה, וצפת, הם

יהושע בן־אריה מפתח נושא זה בעבודתו המעמיקה "המחקר הגיאוגרפי של ארץ הקודש". בעקבות ניסוחו של קיטו הוא מגדיר את ארץ הקודש כ"ארץ של היסטוריה מרוכזת" המשלבת "שני גורמים הקובעים את נופה של ארץ מיושבת: התנאים הטבעיים ומעשיו של האדם".[41] תוך שהוא מיישם את הגדרתו של קיטו להתפתחויות של סוף המאה התשע־עשרה ותחילת המאה העשרים, מצביע בן־אריה על תופעה שזירזה את "תהליך הגילוי מחדש" של ארץ הקודש ושגם מבדילה אותה מארצות אחרות במזרח: "התיישבותו מחדש של העם היהודי במולדתו ההיסטורית". "נראה", מסיים בן־אריה, "שצירוף מקרים היסטורי הוא שחיבר יחד את 'הגילוי מחדש', של הארץ עם 'הגילוי מחדש', של העם שביקש לשוב לארץ הזאת".[42]

אם מתבוננים על ניסיונות ההתיישבות של יחידים בארץ הקודש לאור האמור לעיל, הרי שאף על פי שברובם נכשלו, הם מקבלים משמעות של ניסיונות חלוציים קולקטיביים – מעבר לעניין האינדיווידואלי הטמון בהם כשלעצמם.

בשנת 1852 ניסה ה"קונסול" האמריקני בירושלים וורדר קרסון (Warder Cresson), שמאוחר יותר התגייר ואימץ את השם העברי מיכאל בועז ישראל, להקים מושבה חקלאית בעמק רפאים שעל יד ירושלים.[43] מושבה נוספת, "הר התקווה", נוסדה בידי קלורינדה מיינור (Clorinda Minor) על אדמה הנמצאת היום בשטחה של תל־אביב–יפו.[44] בשנת 1866 הגיע לארץ ג'ורג'

כולם שמות של כפרים קטנים המפוזרים על פני אותה מפה קטנה, כמו הכפרים הפזורים על פני מחוז פוטנם (Putnam) ומחוז דוטשס (Dutchess), *The Writing of* ,"The Essence of Biography – Character Study" *American Jewish History*, ed. Moshe Davis & Isidore S. Meyer, New York 1957, p. 439

41 Yehoshua Ben-Arieh, "The Geographical Exploration of the Holy Land", *Palestine Exploration Quarterly* 104 (1972), pp. 81-92. ראה גם את מאמרו המקיף "התפיסות והדימויים של ארץ־ישראל וירושלים בספרות הנוסעים המערביים של המאה ה־19", תמורות בהיסטוריה היהודית החדשה: קובץ מאמרים מוגש לשמואל אטינגר, ירושלים תשמ"ח, עמ' 89–114. סיכום מקיף של סיורים מדעיים אמריקניים בארץ הקודש מצוי אצל: Philip J. King, "The American Archæological Heritage in the Near East", *Bulletin of the American Schools of Oriental Research* 217 (February 1975), pp. 55-65

42 יהושע בן־אריה, לעיל הערה 41, עמ' 91–92. ראה את התיזה של ו"ד דייוויס (W. D. Davies) המוצגת בספרו *The Territorial Dimension of Judaism*, Berkeley 1982, בייחוד ראה "אחרית דבר".

43 על קרסון ראה: מרדכי אליאב, אהבת ציון ואנשי הו"ד – יהודי גרמניה וישוב ארץ־ישראל במאה הי"ט, תל־אביב תשל"א, עמ' 243–244; אהרן צייטלין, "וורדר קריסון, גר הצדק", הגות עברית באמריקה, ג, ירושלים תשל"ד, עמ' 182–192; יעקב שביט, "'ארץ צלצל כנפים' וגאולת ישראל: תעודה מילנריסטית מירושלים, 1847", קתדרה 50 (טבת תשמ"ט), עמ' 98–110; גבריאל צפרוני, "שליחותו של ישראל מיכאל בועז", מעריב, ה' בסיוון תשל"ט, עמ' 30, 43. וראה גם: Abraham Karp, "The Zionism of Warder Cresson", in Isidore S. Meyer (ed.), *Early History of Zionism in America*, New York 1958, pp. 1-20; Frank Fox, "Quaker, Shaker, Rabbi – Warder Cresson – The Story of a Philadelphia Mystic", *The Pennsylvania Magazine of History and Biography* 95 (1971), pp. 147-194; Arthur A. Chiel, "An Inquisition of Lunacy", *Liberty* 75, no. 6 (November–December 1980), pp. 16-20. מעניין לציין שהסופר האנגלי בן המאה התשע־עשרה ו"מ ת'קריי (W. M. Thackeray) מתייחס בספרו *Eastern Sketches – A Journey from Cornhill to Cairo*, Boston 1888, עמ' 399 ו־408 לקרסון, אם כי אינו מזכירו בשמו: "האיש הנעים, ההגון והפשוט הזה לקח אותי אל בית הקונסוליה הזמני שלו ב־American Missionary Establishment; ותחת המסווה של הכנסת אורחים ומזיגת יין לבן פרש לפניי את רעיונותיו; הוא דיבר על עתידנות כאילו מדובר במאמר ב'טיימס', לא היו לו ספקות בנוגע למלכות השמים שתיווסד בירושלים; בכל אופן, לא יותר ספקות מאילו שיש לך לגבי אפשרות קיומה של קבלת פנים רשמית בארמון סנט ג'יימס באביב הבא". שם, עמ' 408.

44 עבודתה של קלורינדה מיינור מתועדת ביומנה ומכתביה, בדיווחיהם של כמה נוסעים ובמספר מחקרים. ראה: J. E.

ג'ונס אדמס (George Jones Adams) מלווה במאה וחמישים מתיישבים ממדינת מיין על מנת להתיישב ביפו.[45] בשלהי המאה התשע־עשרה ובעשורים הראשונים של המאה הזו, בתקופה שבה נוסדו המושבות היהודיות הראשונות והחלו להתבסס, נעשו ניסיונות נוספים של אמריקנים נוצרים להתיישב בארץ. דוגמה לכך היא המושבה האמריקנית בירושלים שתולדותיה נרשמו בידי ברטה ספפורד וסטר (Bertha Spafford Vester) שהגיעה לארץ כשהיתה ילדה בת שלוש, בספרה *Our Jerusalem*.[46]

עד העשורים האחרונים של המאה התשע־עשרה היתה גם ההתיישבות היהודית בארץ ספורדית למדי. אז קיבלו העלייה לארץ הקודש וההתיישבות בה תאוצה רבה בעקבות מצוקתם של היהודים במזרח אירופה. אין ספק, שהקונסולים האמריקנים, שפעלו על בסיס הקפיטולציות (הסכם הזכויות לגבי האזרחים הזרים באימפריה העות'מנית) מילאו תפקיד מכריע בארץ הקודש עצמה. הם העניקו חסות ליהודים חסרי האזרחות שנמלטו מאימת הרדיפות בארצות מוצאם (במיוחד רוסיה), וסבלו השפלות מצדם של ההמון המוסלמי והפקידים העות'מנים.[47]

מגילת היסוד של עדת "שלום ירושלים", מיטיבה לסכם תקופה זו. המסמך דן בניסיון מוקדם לייסד "כולל" אמריקני בירושלים בשנת 1879, ואולם, תוכנו מתייחס לאותה תקופה בתולדותיה של ארץ הקודש שבה לא רק יהודים אמריקנים, אלא גם יהודים מארצות אחרות שמעולם לא זכו לקבל אזרחות כלשהי, ולפיכך היו נטולי כל זכויות, קיבלו מעמד חוקי מידי הקונסולים האמריקנים. במקרה זה פנתה העדה האמריקנית, שזה מקרוב נוסדה, אל הקונסול וילסון (J. G. Willson) בבקשה "להגן עליה, ולהביאה תחת מחסה חסדו".[48]

בעשורים האחרונים של המאה שעברה היו התכניות להתיישבותם של יהודים בארץ הקודש

Hanauer, "Notes on the History of Modern Colonisation in Palestine", *Quarterly Statement of the Palestine Exploration Fund* (1900), pp. 128-132; N. M. Gelber, "A Pre-Zionist Plan for Colonizing Palestine – The Proposal of a Non-Jewish German-American in 1852", *Historia Judaica* 1 (1939), pp. 82-85; גב' מיינור היתה בקשר עם יצחק ליסר (Isaac Leeser) שפרסם את מכתביה ב־*The Occident* 12 (1854), pp. 200-206. ראה הודעתו של ליסר על מותה של מיינור, שם, כרך 13 (1856), עמ' 603.

45 על המושבה של אדמס ישנה ספרות ענפה בעברית, ראה: ש"ל ציטרון, תולדות חבת ציון, א, אודיסה תרע"ד, עמ' 7–8; שלמה אידלברג, "המושבה האמריקאית ביפו (1866–1868)", ספר הדואר למלאות לו 35 שנה, ניו־יורק תשי"ז, עמ' 224–230; ריד הולמס, הנחשונים – קורות המושבה האמריקנית ביפו, תל־אביב 1985. ראה גם: Peter Amann, "Prophet in Zion – The Saga of George J. Adams", *The New England Quarterly* 7 (1964), pp. 477-500. לדיווחים בני הזמן שכתבו שני נוסעים אמריקנים, ראה: Robert Morris, *Freemasonry in the Holy Land*, New York 1872, pp. 265-269; John Franklin Swift, *Going to Jericho – Or Sketches of Travel in Spain and the East*, New York 1868, pp. 190-204. המחלקה לכתבי יד בבית הספרים הלאומי והאוניברסיטאי בירושלים מחזיקה בחומר ארכיוני הקשור למושבה של אדמס (קד"ש 849). החומר כולל התכתבות עם סנטורים ממדינת מיין ועם אנשי מחלקת המדינה, אשר חקרו את מצבם של המתיישבים.

46 ברטה ספפורד וסטר, ירושלים שלנו – קורות המושבה האמריקאית בירושלים 1881–1949, ירושלים 1992.

47 ראה: David Landes, "Palestine before the Zionists", *Commentary* 61, no. 2 (February 1976), pp. 47-56, והדיון במכתבים למערכת, שם, מאי 1976, עמ' 18–22; Frank E. Manuel, *The Realities of American-Palestine Relations*, Washington, D.C. 1949, pp. 35-44. ראה גם רון ברטור, "פרשיות נבחרות ביחסי הקונסוליה האמריקנית בירושלים עם הקהילה היהודית במאה הי"ט, 1858–1906", קתדרה 5 (תשרי תשל"ח), עמ' 109–143.

48 המסמך המקורי הנושא את התאריך כ"ב באדר תרל"ט (17 במארס 1879) מצוי בארכיון הלאומי של ארצות־הברית, Records of Foreign Service Posts of the Department of State – R. G. 84 Jerusalem, ויצא לאור במהדורת

נחלתה של תנועת "חיבת ציון", ומאוחר יותר של התנועה הציונית. באותה תקופה היוו העולים היהודים מארצות־הברית חלק קטן מאוד של העדה היהודית האמריקנית, אבל העלייה המשיכה לזרום ברציפות. כבר בשנת 1896 נוסד בירושלים איגוד של יהודים יוצאי אמריקה, "כולל אמריקה תפארת ירושלים", כולל שקיים עד היום בירושלים.[49]

מאמצים נוספים הביאו בין היתר לייסודה של חברת "שבי ציון", שמנתה בין מייסדיה את אדם רוזנברג, יוסף יצחק בלוסטון ואלכסנדר הרכבי.[50] בתחילת המאה העשרים החלה קבוצה של סטודנטים מהקולג' החקלאי היהודי בוודביין (Woodbine), ניו־ג'רסי, שכונתה "האיכר הצעיר", בתכנית התיישבות שהפכה מאוחר יותר – ביוזמתו של אחד ממייסדיה, אליעזר יפה – למושב העובדים הראשון, נהלל, בעמק יזרעאל. ההתיישבות היהודית־אמריקנית בארץ־ישראל קודמה גם על ידי "חברות אחוזה" שמטרתן היתה רכישת אדמות בארץ־ישראל, וכן על ידי "קהיליית ציון האמריקנית" (American Zion Commonwealth). מטרתן העיקרית היתה להכין בארץ־ישראל קרקעות על מנת שיעמדו לרשותם של חברי הקבוצות הללו בעתיד.[51]

גל ההתלהבות שהתעורר בעקבות הצהרת בלפור הניע יהודים אמריקנים רבים לעלות לארץ־ישראל. אידיאליסטים כגון יהודה לייב מאגנס, ג'סי סמפטר (Jessie Sampter), הנרייטה סאלד ואלכסנדר דושקין ראו אתגר בניסיון לבטא בסגנון חייהם ובמעשיהם את הערכים שבהם דגלו בארצות־הברית, וביקשו להגשים בפועל את הערכים הללו ביישוב הצעיר והמתפתח.[52]

יהודה לייב מאגנס, נשיאה הראשון של האוניברסיטה העברית בירושלים, זכה להערכה בחוגים

פקסימיליה בתוך מדריך לחקר אמריקה וארץ־ישראל – חוברת לדוגמה, ירושלים 1973. על הרקע של ניסיון זה ועל תוצאותיו ראה מנואל (לעיל, הערה 47), עמ' 34–35.

49 על ייסודה של "העדה" האמריקנית ראה: יהודה דוד אייזנשטיין, אוצר זכרונותי, נויארק תר"צ, עמ' 82–86; J. D. Eisenstein, *Constituition of the American Organization*, New York 1898. תיאור מלא של ימיה הראשונים של עדה זו, כולל רשימת חבריה, מצוי אצל Simcha Fishbane, "The Founding of Kollel America Tifereth Yerushalayim", *American Jewish Historical Quarterly* 64 (1974-1975), pp. 120-136

50 ישראל קלויזנר, "אדם רוזנברג – מחלוצי יישוב הגולן: חובב ציון אמריקאי נשכח", בתוך: א' קידר (עורך), הנשכחים, ה, תל־אביב תשי"ט, עמ' 91–213; Hyman B. Grinstein, "The Memoirs and Scrapbooks of the Late Dr. Isaac Bluestone of New York City", *PAJHS* 35 (1939), pp. 53-64

51 סיפורה המלא של קבוצת "האיכר הצעיר", שחבריה ביקשו לתרום להתחדשותה של ארץ הקודש באמצעות הפצתן של שיטות חקלאיות אמריקניות, מתואר יפה במאמרה של מרגלית שילה, "ניצני רעיון המושב – 'האכר הצעיר', הקבוצה האמריקנית בעליה השניה", קתדרה 25 (ספטמבר 1982), עמ' 79–98. לסקירות קצרות על הקבוצה ראה: אלכסביין, תולדות ההתישבות הציונית מתקופת הרצל ועד ימינו[4], רמת־גן 1970, עמ' 70–72, 177–180; Joseph Brandes, *Immigrants to Freedom – Jewish Communities in Rural New Jersey since 1882*, Philadelphia 1971, pp. 245, 337-338; למחקר של אחת מן ההתיישבויות הללו ראה: Nili Fox, "Balfouriya – An American Zionist Failure or Secret Success", *American Jewish History* 78 (1988-1989), pp. 497-512. על חברות 'אחוזה' ראה: יוסי כץ, "מפעל האחוזות בארץ־ישראל, 1908–1917", קתדרה 22 (ינואר 1982), עמ' 119–144; ברוך יצחק סנדלר, "ציונות האחוזה באמריקה והגשמתה בארץ־ישראל 1908–1934", קתדרה 17 (אוקטובר 1980), עמ' 165–182. על פוריה, ראה: יוסי כץ, "אחוזת פוריה – האחוזה הראשונה בארץ־ישראל", אופקים בגיאוגרפיה ד (1979), עמ' 57–63. מסמך תמציתי המתאר את פוריה מצוי בדיווח המודיעיני שנמסר ב־17 במאי 1922 לוועדה העליונה של שירות החוץ האמריקני (U.S. High Commission) בקונסטנטינופול מאת Lt. Cdr. James G. Ware, USN, לידי Rear Adm. M. L. Bristol USN (הארכיון הלאומי ושירות המסמכים של ארצות־ברית, RG-38).

52 השווה: Felix Frankfurter, "The Palestine Situation Restated", *Foreign Affairs*, April 1931, במיוחד עמ' 412.

רחבים כאחד מן האישים המסורים ביותר להעמקת היהדות בארצות־הברית. מאגנס התנגד לגישה האנטי־לאומית שרווחה בחוגים שהיה שייך אליהם, וטען שהדרך הבטוחה ביותר להוצאת היהודים האמריקנים משיממונם הרוחני הוא קשר עם העם היהודי החי – תורתו, שפתו, מנהגיו, טקסיו ומצוותיו. כפי שהתבטא ערב צאתו לארץ־ישראל בשנת 1922, ארץ הקודש היתה עבורו "חלק בלתי נפרד מזהותי היהודית". במסה נוקבת שכתב בשנת 1930 קבע:

> שלושה דברים גדולים כבר נתנה ארץ ענייה וקטנה זו לישראל בשני דורות. עברית נעשתה קניין חי ועל ידי כך השיבה לנו ולבנינו את מקורות תולדותינו ומחשבתנו, וחזרה ונתנה לנו את האמצעי לביטוי יהודי קלסי ותמידי. הדבר הגדול השני הוא שיבת היהודים אל הקרקע, לא רק בכדי להתפרנס מהקרקע, כי אם גם מתוך אהבתם את הקרקע המיוחדה הזו ואת קשרה הבלתי נפרד לגופו של עם ישראל. השלישי, הניסיון האמיץ מצד יהודים צעירים שנתחנכו בבתי ספר וגדלו בערים – מודרניים שבמודרניים – למצוא בחיים, בעיר ובכפר, מזיגה בין הרדיקליות של השקפתם הסוציאלית ובין מורשת יהדותם. זוהי אותה הפרובלמה, לפי מהותה, שעולם שלם מתחבט לפתור, וביהדות לא נעשה ניסיון יפה יותר למזיגה מאשר כאן, בחיי יום יום ולא בתיאוריה בלבד.[53]

בתקופתנו אנו ביטא את הרוח הדתית העתיקה־חדשה וולטר קליי לאודרמילק (Walter Clay Lowdermilk), איש שימור הקרקע הידוע. על פי חזונו עשויה ארץ הקודש לשוב ולהיות "ארץ נחלי מים, עינֹת ותהֹמֹת יֹצאים בבקעה ובהר" (דברים ח, ז). לאודרמילק סבר שארץ־ישראל הידלדלה בגלל שקיעה פוליטית וחברתית ובגלל תהליכי סחף ועזובה, וש"הניגוד בין תיאורו של משה רבנו ובין מצב הארץ בשנת 1882, השנה הראשונה לעבודת המתיישבים היהודים, הוא פירוש, המדבר בעדו, להזנחת אוצרותיה של ארץ הקודש ולניצולם לרעה".

בדברו מירושלים בשנת 1939, ניסח לאודרמילק את "הדיברה האחת־עשרה" אותה הקדיש למושבות היהודיות "אשר מלאכתם הנאמנה בגאולתה של ארץ הקודש הפגועה היתה בשבילי מקור של השראה גדולה":

> ירוש את אדמת הקודש והיית לה סוכן נאמן, למען שמור את אוצרותיה ואת פריונה לדור דור. ונצרת את שדך מסחף, את עינות מימיך מחורב ואת יערותיך משממה, ולא תכלה בהמתך את ירק גבעותיך, למען ייטב לבניך ולבני בניך עד עולם. והיה כי תמעל מעל בארצך, ונשמה ארצך ולא תוסיף לתת יבולה, כי תהיה האדמה נחושת תחתיך וברזל תחת רגליך, ואכלו בניך לחם צר ומים לחץ, עד אובדם מעל פני האדמה.[54]

53 י"ל מגנס, כמו כל הגוים?, ירושלים תר"ץ, עמ' 19.

54 ו"ק לאודרמילק, ארץ־ישראל הארץ היעודה, מרחביה תש"ד, עמ' 36 ועמוד השער. חזון שכזה לא אִפיין את המבקרים החשובים בארץ הקודש בתקופה מוקדמת יותר. כך למשל כתב אדוארד רובינסון ב־1852: "כמעט מיותר לציין שהרעיון להפוך במהירות את היהודים החיים כזרים בפלשתינה לעם חקלאי הוא חלום בהקיץ", ראה: Edward Robinson, *Later Biblical Researches in Palestine and in the Adjacent Regions – A Journal of Travels in the Year 1852 by E. Robinson, E. Smith and Others*, Boston 1857, p. 274. במרוצת כמה עשרות שנים השתנתה עמדה זו. ראה לדוגמה את דברי ג'יימס פרטון בשנת 1870: "אולם יש טעם להאמין שהעם שהפך פעם את ארצו לאגדה בזכות יבוליה השופעים, יחִיֶה בקרוב את יכולתו לטפח ולעבד את האדמה". James Parton, "Our Israelitish Brethren", *Atlantic Monthly* 26 (October 1870), pp. 387-388

התקומה היהודית

"כי אני מייחל, באמת ובתמים, שהיהודים ישובו להיות אומה עצמאית ביהודה". משפט מפתח זה במכתבו של הנשיא השני ג'ון אדמס משנת 1819 אל מרדכי עמנואל נח הוא, כפי הנראה, ההצהרה הראשונה מפיו של מדינאי אמריקני בזכותה של מדינה יהודית ריבונית בארץ־ישראל. נכון הדבר כי בתוך השורה הארוכה של ההצהרות שניתנו בנושא זה במשך השנים, אנו מוצאים רבות המשקפות את העמדות הנושנות של הכנסייה הנוצרית כלפי היהודים. בשנת 1788 למשל, מחה נמרצות קורא של ה־*Hartford Courant* נגד הצעת החלטה שהוגשה לאסיפה הקונסטיטוציונית המכוננת של ארצות־הברית (במיוחד סעיף 24). החלטה זו קבעה שנשיא ארצות־הברית יהיה המפקד העליון של הכוחות המזוינים. הקורא חשש ש"אם באחד הימים יהיה [הנשיא] יהודי עלול הוא להורות לבנינו היקרים לבנות מחדש את ירושלים".[55] למרות מוזרותו של חשש זה, אין להתעלם מן המשתמע ממנו, היינו, שכנועו של הקורא בדבר אפשרות בנייתה מחדש של ירושלים ושיבת העם היהודי לארצו. למעשה, אף כי אדמס עצמו הביע בבירור את יחסו החיובי כלפי רעיון התחייה היהודית, המשפט החותם את מכתבו מראה, באותה מידה של בהירות, שעמדתו זו היתה מעוגנת היטב באמונה הנוצרית.

כבוד מר מ"ע נח,

15 במארס, 1819

אדון יקר,

עלי להודות לך על פרסומו של חיבור רב ערך נוסף על מסעותיך ב"אירופה ואפריקה". אף כי ראייתי אינה טובה דיה כדי לקרוא את הדברים, שמיעתי טובה כתמיד, ועל כן כבר קראו בפני שני שלישים מן החיבור, ובהמשך אשמע את כל השאר. זהו אוצר של למדנות עתיקה ומודרנית והוא מכיל התבוננויות שקולות והגיגים כנים. נהניתי מאוד לשמוע את הדברים עד שהצטערתי כי לא המשכת במסעותיך לסוריה, יהודה וירושלים. אני שם לב להערותיך אודות הארצות האלה יותר מאשר לאלו של כל נוסע אחר שקראתי עד היום. לו הייתי נותן דרור לדמיוני היית מצטייר בעיני כחבר המכון של נפוליאון בקהיר; ואף רחוק מזה. הייתי מייחל בלבי, שהלוואי והיית עומד בראש מאה אלף יהודים, ממושמעים כמו הצבא הצרפתי, צועד עמם לתוך יהודה, כובש ארץ זו ומחדש את שלטונו של עמך בה. כי אני מייחל, באמת ובתמים, שהיהודים ישובו להיות אומה עצמאית ביהודה. כי אני מאמין שהאנשים הנאורים ביותר באומה זו השתתפו בהשבחת הפילוסופיה של התקופה הזאת, וכאשר תשוב לכנה ממשלה עצמאית ביהודה, והיהודים לא יהיו נרדפים עוד, הם יסירו מעליהם, עד מהרה, כמה מן הנוקשויות והמוזרויות שבאופיָם, ואפשר שבמשך הזמן יהיו לנוצרים אוניטריים (Unitarians) ליברלים. כי ה' שלכם הוא ה' שלנו, ואלוהי אברהם יצחק ויעקב שלכם הוא אלוהינו. והנני, אדוני, בכבוד ויקר, עבדך המסור ואסיר התודה.

ג'ון אדמס[56]

55 ראה גם: *Hartford Courant*, January 28, 1788, p. 3. "Restoration of the Jews", *National Magazine* 4 (1854), pp. 521-524. המחשבה החותמת את הדברים היא: "יכולים אנו לראות את המרת דתם בעתיד כוודאית – **שיבתם** [לציון] העתידית היא, אם לא ודאית, כי אז לפחות **סבירה מאוד**. הם עם נצחי." (ההדגשות במקור).

56 המכתב המקורי נמצא בחטיבת אדמס, ב־Massachusetts Historical Society ומתפרסם כאן בהסכמתו של

ציטוטים אלה מובאים כדי להמחיש את טבעו המורכב עד מאוד של יחסם של האמריקנים כלפי התקומה היהודית. הציטוטים גם מראים את מגוון העמדות הסותרות והפרדוקסליות, כפי שננקטו לא רק על ידי פקידים אמריקנים בכירים ודוברים צרי אופק של כתות נוצריות, אלא גם על ידי קבוצות ויחידים יהודים.[57]

ביחס לפרוטסטנטיות, שהיא כמובן המקור העיקרי לעניין הנוצרי האמריקני בארץ הקודש לפני המאה הנוכחית, עלינו להיות זהירים במיוחד שלא להניח מראש כאילו קיימת התאמה כלשהי בין עקרונותיה של הכנסייה ובין פעולה ספציפית שלה; כמו כן, אין להניח מראש שקיימת התאמה בין השתייכותו המוצהרת של אדם לפלג פרוטסטנטי מסוים ובין פעילויותיו הפוליטיות והתרבותיות במישור הפרטי. יתרה מזו. בכל ניסיון לשרטט את אופי יחסה של הנצרות האמריקנית לארץ הקודש יש להביא בחשבון גם את העמדה הקתולית, במיוחד במשך אותן עשרות שנים של צמיחה וגידול בהשפעתה של הקתוליות, שנים שהביאו לשינוי גדול בהלך רוחה הדתי של אמריקה.[58] וכך, אף על פי שמבחינת ההשתייכות הכיתתית היו רוב הנוצרים האמריקנים ניטרלים כלפי היבט זה או אחר של בנייתה מחדש של ארץ הקודש, הם פעלו רבות על בסיס אישי באופן חיובי ובונה למען התחייה היהודית; ופעולה כזאת נבעה בדרך כלל מאמונתו הנוצרית של הפרט. במילים אחרות, בעוד שרוב הכיתות הנוצריות כשלעצמן לא התארגנו לטובת החזרתה של הריבונות היהודית לארץ־ישראל, או נגדה (למעט יוצאים מן הכלל משני צדי המתרס), יחידים שהשתייכו לכיתות שונות הצטרפו יחד כפרטים על מנת לתמוך בתקומה מדינית יהודית.[59]

בדרך כלל, לא היו היהודים האמריקנים משוחררים מהשפעתן של הנורמות והלכי הרוח שרווחו באמריקה. הם החליטו לקבוע את יעדיהם ביחס לתקומה היהודית על פי הדפוס האמריקני הכללי. בדומה לאמריקנים ככלל, הם לא הגיבו באופן מאוחד אלא באופנים שונים שמקצתם סותרים זה את זה ומקצתם חופפים. עד להקמתה של מדינת ישראל התמקדה אי־ההסכמה בשאיפותיה המדיניות של הציונות. לעומת זאת, הושגה הסכמה בתחומי הסיוע המעשי ליישוב בארץ־ישראל,

---

"Adams Memorial Trust". נח מצטט חלק מן המכתב במבוא לספרו *Discourse on the Restoration of the Jews,* New York 1854, p. 5. הספר אליו מתייחס אדמס הוא ספרו של נח *Travels in England, France, Spain and the Barbary States in the Years 1813-14 and 15,* New York 1819. דיון בעניין שגילה אדמס ביהדות וביהודים נמצא אצל Isidore Meyer, "John Adams Writes a Letter", *PAJHS* 37 (1947), pp. 185-201

57 סקירה מקיפה של העמדות האמריקניות ראה אצל: Milton Plesur, "The American Press and Jewish Restoration during the Nineteenth Century", in I. S. Meyer (ed.), *Early History of Zionism in America,* New York 1958, pp. 55-76. דוגמה ספציפית, שכמוה יש מאות ברשומות ההיסטוריות של התקופה, מתוארת אצל Lloyd P. Gartner, *History of the Jews of Cleveland,* Cleveland 1978, p. 7

58 ראה: Esther Feldblum, "On the Eve of a Jewish State – American Catholic Responses", *American Jewish Historical Quarterly* 64 (1974-1975), pp. 99-119. הקשרים הרוחניים והמעשיים של הקתולים לארץ הקודש שונים לחלוטין מיחסי הפרוטסטנטיות האמריקנית על כל אגפיה. תחום זה הוא שדה בור במחקר אמריקה וארץ הקודש וראוי לחריש עמוק, בייחוד בשנות התשעים של המאה התשע־עשרה, כשהמצב הפוליטי הגלובלי השתנה באופן יסודי. דיון ראשוני בכיווני מחקר נערך בנובמבר 1989 באוניברסיטת נוטר דם. סיכום הדיון נתפרסם אצל David Klatzker, *American Catholics and the Holy Land – Report of a Consultation,* South Bend, IN 1992; וראה מאמרו בספר זה, להלן, עמ' 59–70.

59 ראה: Robert T. Handy, "Studies in the Interrelationships between America and the Holy Land – A Fruitful Field for Interdisciplinary and Interfaith Cooperation", *Journal of Church and State* 13 (1971), pp. 290-293, 298-300

תוך קבלת התקומה היהודית כעובדה מוגמרת. במשך הזמן, הסכימו הזרמים המרכזיים של היהדות האמריקנית המאורגנת לנוסחה שהכירה בתוקפה של הציונות במונחים של ה"אידיאל האמריקני" ומתוך התייחסות למחויבויותיה הגלובליות של ארצות־הברית. על בסיס זה יכול היה הציבור היהודי לעורר את דעת הקהל האמריקנית לטובת ארץ־ישראל בנוגע לנושאים מכריעים רבים.

ההיסטוריון מפיק תועלת מראייה שלאחר מעשה. הוא ער לגילויים המשתנים של התחייה היהודית בתוך הקהילה האמריקנית המאורגנת במסגרות רבות ושונות. בה בעת הוא מבחין שהמחויבות האמריקנית הקיימת מעוגנת בראשיתה של האומה האמריקנית. באופן זה קל הרבה יותר לעקוב אחרי מהלכה של ההתפתחות ההיסטורית של המדיניות האמריקנית בזכות הריבונות היהודית בארץ הקודש.

כפי שנראה ברצף של קטעים מהמאה התשע־עשרה שנביא להלן, בין אם מדובר בדרשה, בתפילה או ברשמי מסע, ובין אם באו הדברים מפי קתולי, מורמוני, פרוטסטנטי או יהודי, הטיעון בזכותה של התקומה היהודית מוצג כאילו נכתב בעצה אחת: שקיעתה הסופית של האימפריה העות'מנית קרובה לבוא; אף כי הם מפוזרים כיום, שוב ישובו היהודים לארץ; תבורך האומה – ולוואי ותהיה זו אמריקה – אשר תביא להחייאתה של ארץ הקודש; ובאורח בלתי נמנע, עולה דמותו התנ"כית של כורש כסמל של מדינאות חדורת השראה.

הקדמה טובה לתהליך צמיחתו של טיעון זה – בהקשר של דיון בסוגיה אמריקנית פנימית – נמצא בדבריו של תומס קנדי (Thomas Kennedy), קתולי צעיר שפעל למען שוויון זכויות ליהודים במרילנד, אף כי לא ראה יהודי מימיו. בטיעונו לטובת "חוק היהודים" (1818) הצהיר קנדי:

> אולם אם באמת ובתמים נוצרים אנו, חייבים אנו להאמין שהעם היהודי ישוב ויזכה בחסדו של אלוהים ובחסותו. סיפורו של עם נפלא זה, מימי אברהם ועד ימינו אלה, מלא עניין ומשמעות; ירידתם הראשונה למצרים; יציאתם מארץ זו לארץ כנען; הליכתם דרך ים סוף; מסעם במדבר; התיישבותם בכנען; שביים בבבל; תקומתם וגלותם הסופית, מהווים תימה שלא מוצתה מעולם, ושאי־אפשר יהיה למצותה לעולם. הם היו פעם עם סגולה; ואף על פי שהם מפוזרים ונפוצים על פני כל הארצות ועל פני כל האקלימים, מדינתם העתידית תהיה ללא ספק מפוארת יותר מאי־פעם... והוא אשר הוביל את אבותיהם דרך המדברות, הבטיח להובילם שוב אל ארץ מוצאם. הוא אשר העיר את רוחו של כורש וקרא בשמו, יכול באותו הכוח ובאותה הקלות, להעמיד גואל לאומתו אשר בה בחר משכבר הימים; וסביר הדבר שלא רחוקה העת להתרחשותו של מאורע גדול זה. מי שצפה אי־פעם בעלייתה של האימפריה הרוסית ובהתפשטותה, והבחין בשקיעתה ובנפילתה של האימפריה הטורקית, לא יכול שלא להסכים כי בטרם יחלוף זמן רב יתרחשו שינויים מפליאים בחלק ההוא של העולם; וכאשר יסור הסהר למרותו של העיט, האם לא נוכל לקוות שדגליהם של בני ישראל ישובו להתנוסס על חומות ירושלים, על הר הקודש, הר ציון?[60]

60 *Votes and Proceedings of the House of Delegates of Maryland, 1818 Session*, Annapolis 1819, p. 26; E. Milton Alfred, *The Jew's Struggle for Religious and Civil Liberty in Maryland*, Baltimore 1924, p. 22. רקע על "חוק היהודים" נמצא אצל Edward Eitches, "Maryland's 'Jew Bill'", *American Jewish Historical Quarterly* 60 (1970-71), pp. 258-279; Joseph. L. Blau & Salo Baron (eds.), *The Jews of the United States*

כעבור עשרים ושלוש שנים, והפעם בארץ־ישראל, תרם "זקן העדה" אורסון הייד (Orson Hyde) מהכנסייה המורמונית תרומה נוספת לפיתוח של תימת השיבה היהודית לארץ־ישראל. הייד נבחר לבצע את המעשה הרשמי הראשון של הכנסייה המורמונית: לנסוע להר הזיתים בירושלים כדי להתפלל שם למען החזרת הארץ לידי היהודים. הייד, שהיה חבר ללימודים עם ג'וזף סמית בקורס לעברית של יהושע סיישיס, הגיע לירושלים באוקטובר 1841, עלה על הר הזיתים ונשא שם תפילה בשם הכנסייה, תפילה ששולבה אחר כך בספר התפילה המורמוני וכך הניח אבן פינה באמונתה של הכנסייה.

> ...אדון כל הארץ, אתה הלוא הערת את רוחו של כורש להטות את חסדו על ירושלים ועל בניה. אנא בחסדך, השרה את רוחך גם עתה על המלכים ועל מעצמות הארץ והטה את לבבם להסתכל בעין יפה אל המקום הזה, מתוך רצון לראות את כוונותיך הטובות מתקיימות בו. תן להם לב לדעת שיש ברצונך להשיב את המלכות לישראל – להקים את ירושלים כבירתה, ולעשות את עמה ואת ממשלתה לאומה וממשלה מיוחדת בארץ. ודויד עבדך, ויהא זה אפילו צאצא משושלת דויד העתיקה, יהיה להם למלך.
> האר פניך אל האומה או העם אשר יפעלו למען בני אברהם, ולמען בניינה של ירושלים. אל תניח לאויביהם לגבור עליהם, ואל תניח למגיפה או לרעב להכותם. הנח לתפארת ישראל לסוכך עליהם, וכוחו של היושב במרום יגן עליהם. והאומה או הממלכה אשר לא ישרתוך במלאכה הנעלה הזאת – יאבדו, כמו שכתוב: "והגויים האלה יכלו מן הארץ"...[61]

באותה רוח כתבו גם בריגהם יאנג (Brigham Young) ודויד ה' ולס (David H. Wells) ב־15 באוקטובר 1872, לנשיאם ג'ורג' א' סמית (George A. Smith), ערב צאתו למסע מקיף דרך אירופה ואסיה־הקטנה, כולל, כמובן, ארץ הקודש. "כאשר תגיע לארץ הקודש אנו מבקשים שתקדש את הארץ הזאת ותקדישה לאדון העולם, ויהי רצון שיתברכו פירותיה, לקראת שיבתם של היהודים על פי הנבואה, וכדי לממש את רצונותיו של אבינו שבשמים".[62]

ואולם, כפי שציין רפאל מאהלר (Mahler), "האמונה המשיחית בקרב יהודי אמריקה היתה שונה במידה רבה מהכמיהה המשיחית בחוגים הנוצריים. היא נשתרשה עמוקות בתודעתם של היהודים בביטוייה המדיניים של האמונה המשיחית – הקמתה מחדש של מדינה יהודית בארץ־

1790-1840 – A Documentary History, I, New York–London 1963, pp. 33-49. ראה גם: Theodore R. McKeldin, "History of the Jews in Maryland", הרצאה שנישאה ב־"Beth Tfiloh Brotherhood" בבולטימור ב־31 בינואר 1954, וצורפה ל־*Congressional Record – Proceedings and Debates of the 83rd Congress, Second Session*, על ידי הרברט ה' להמן (Herbert H. Lehman), 11 בפברואר 1954.

61 *History of the Church of Jesus Christ of Latter-Day Saints*, 4, pp. 456-459. ראה גם: Marvin Sidney Hill, "An Historical Study of the Life of Orson Hyde, Early Mormon Missionary and Apostle, from 1805-1852", *Typescript* 1955, pp. 43-65, 113-118

62 *Correspondence of Palestine Tourists, Comprising a Series of Letters by George A. Smith, Lorenzo Snow, Paul A. Schettler and Eliza R. Snow, of Utah, Mostly Written while Traveling in Europe, Asia and Africa in the Years 1872 and 1873*, Salt Lake City 1875, pp. 1-2. לניתוח רחב היקף של עמדותיה של הכנסייה המורמונית ביחס לעם היהודי ולציונות ראה: Karl E. Ettinger & Abraham G. Duker, "A Christian Zionist Centenary", *The New Palestine* 32, no. 2 (Oct 17, 1941), pp. 15-16; Eldin Ricks, "Zionism and the Mormon Church", *Herzl Year Book* 5 (1963), pp. 147-174; LeGrand Richards, *The Mormons and the Jewish People*, Salt Lake City n.d.

ישראל". מאהלר מביא תימוכין לקביעתו זו ומצטט, בין השאר, מהדרשות שנשא גרשום מנדס סיישיס, מנהיגה הרוחני של קהילת "שארית ישראל" בניו־יורק, בין השנים 1799 ו־1807, ובהן הביע סיישיס את אמונתו בשיבת היהודים לארץ־ישראל.[63]

אחד ממבשריה הבולטים של הציונות באמריקה היה מרדכי עמנואל נח. הוא, שהיה פעיל בתחומים רבים של החיים הפוליטיים באמריקה, נחל תבוסה מוחצת בניסיונו לייסד בשנת 1825 עיר מקלט עבור יהודים ב־Grand Island שליד בופלו, ניו־יורק. ברוח סיפורו של נח המקראי, ביקש מרדכי נח לקרוא לעיר זו בשם "אררט". ואולם, "משיח נוסח אמריקה" זה, כשמו של מחזה מאת הרי סקלר (Harry Sackler), למד לקח חשוב מכישלון תוכניתו הראוותנית.[64] הוא הגיע לכלל הבנה, כפי שהבין הרצל מחצית המאה אחריו, כי זולת ארץ־ישראל אין מקום שיוכל להיות מולדת ליהודים. רק שם יוכלו היהודים להתקבץ שוב ולהגשים את הנבואה העתיקה בדבר שיבת היהודים לארצם. לקח זה היה ההתוצאה החשובה ביותר של "תוכנית אררט" של נח. מעניין לציין לא רק את תפיסתו ה"ציונית" של נח אלא גם את אופן הצגתה בפני בני ארצו האמריקנים. כאזרח אמריקני, שראה בתקומתם המדינית של היהודים אמצעי להצלתם של היהודים הנרדפים בארצות אחרות, פנה נח אל מצפונה של האומה האמריקנית. הנחת היסוד בגישתו ושל אלה שצעדו בעקבותיו במהלכה של המאה התשע־עשרה וגם במאה העשרים, היתה שסיוע ליהודים בארץ־ישראל לא רק מתאים לרוח האמריקנית, אלא אף מפתח ומאדיר אותה. אמריקה, אמר נח, היתה "הארץ היחידה שהעניקה זכויות אזרחיות ודתיות ליהודים, ואלה היו שוות לזכויות שניתנו לשאר בני הכיתות הדתיות באמריקה...". כתוצאה מכך, האחריות שהוטלה עליה היתה גדולה מזו של ארצות אחרות.

> היכן יכולים אנו ללמד זכות על מתן עצמאות מדינית לבני ישראל ביתר ביטחון מאשר כאן, במקום הולדתה של החירות האמריקנית? הניחו לי אפוא לציין בפניכם פרט חשוב: חירותה ועצמאותה של האומה היהודית עשויים לצמוח באמצעות מאמץ קל ופשוט שתעשה אומה זו למענם. יש להשיג בשבילם רישיון לקנות קרקעות ולהחזיק בהן בביטחון ובשלום; יש להבטיח את זכויות קניינם וחזקתם, ולא לאפשר פגיעה בשדותיהם ובעדרי צאנם. אין הם מבקשים אלא הגנה, ואם תינתן להם זו, תבוא המלאכה לידי גמר.[65]

63 Raphael Mahler, *A History of Modern Jewry, 1780-1815*, London 1971, pp. 13-14

64 למחזה ראה בהרי סקלר, ספר המחזות, ניו־יורק תש"ד, עמ' 269–330. הספרות על נח בשפה האנגלית היא רבת אנפין. ביבליוגרפיה מוערת של מקורות ראשוניים ומשניים נמצאת בספרו של Jonathan D. Sarna, *Jacksonian Jew – The Two Worlds of Mordecai Noah*, New York 1981, pp. 215-225. כאן אנו מציינים מבחר פרסומים בעברית: מרדכי זאב רייזין, ישראל באמריקה, ירושלים תרפ"ח, עמ' לו–פט; י"ד אייזנשטיין, "מרדכי עמנואל נח ומחשבתו אשר חשב ע"ד ישוב אחב"י באמריקא", אוצר זכרונותי, נויארק תר"צ, עמ' 242–246; נ"מ גלבר, "מרדכי עמנואל נח – חלוץ רעיון המדינה היהודית באמריקה הצפונית", סורא – ספר שנה ישראלי אמריקאי, ירושלים תשי"ז–תשי"ח, עמ' 379–413; דב ויינריב, "'אררט' – מדינת היהודים בארצות־ברית והרקע ההיסטורי", פרקים: בטאון האקדמיה העברית באמריקה ב (תש"ך), עמ' 87–128; א"ר מלאכי, "מקורות עבריים ל'אררט' של מרדכי עמנואל נח", בצרון מב (תש"ך), עמ' 78–89; חיים אורלן, "חזון תקומת ישראל אשר חזה מרדכי עמנואל נח", בתוך: זבולון רביד (עורך), ספר שרפשטיין – מאסף לדברי חינוך, מחקר וספרות יפה, מוגש לפרופסור צבי שרפשטיין למלאת לו שמונים וחמש שנים, תל־אביב תש"ל, עמ' 241–262; משה א' שולוואס, "'המדיניות היהודית' של מרדכי עמנואל נח והדיקאבריסטים", הדואר 55 (תשל"ו), עמ' 276–277, 324–325; אברהם י' קארפ, "ציונים בטרם ציונות – מרדכי עמנואל נח ור"ב רפאל", חיי הרוח של יהדות אמריקה, ירושלים תשמ"ה, עמ' 177–190.

65 נח (לעיל, הערה 56), עמ' 10, 51.

אנו מביאים כאן קטעים שונים בניסיון לצרף יחדיו תמונה מורכבת של "שיבת ציון" ברוחה של אמריקה. מעשה הצירופים הזה מקבל תפנית לא צפויה בדיווחו של סגן ו"פ לינץ' (W. F. Lynch), דיווח שניתן בראיית הנולד והכתוב בפיוטיות רבה. לינץ' היה מפקד בחיל הים במסע המחקר האמריקני אל נהר הירדן. מתוך ספרו וכן מתוך מסמכים שנשמרו בארכיון הלאומי בוושינגטון, אנו למדים על העניין שגילתה אמריקה ביישובה של ארץ הקודש באוכלוסייה יציבה בעלת גישה ידידותית כלפי ארצות־הברית. ביום שישי, ה־31 במארס 1848, כשנטו המלחים האמריקנים את אוהליהם בקִרבת העיר חיפה רשם לינץ':

> לראשונה, אולי, הונף הדגל האמריקני בארץ־ישראל, מחוץ לתחום הקונסולרי. יהי רצון שיהיה זה האות המבשר של תחייתו של העם הזה שהוא עתה כה אומלל!...
> כל שדרוש כדי להבטיח את שיבתם המחודשת של היהודים לארץ־ישראל הוא הרס המעצמה אשר במשך כה הרבה מאות שנים רבצה כרוח רעה על פני העולם במזרח; עליית הסובלנות; מיזוגם של גזעים; וההסכמה המלאה שבה נעשים עתה כל מעשי צדקה מוכיחים לרוח המתבוננת שלא ירחק היום שבו יוכחדו הדעות הקדומות כנגד גזע אומלל זה, יחד עם שאר שרידיה של קנאות עיוורת, ובמקומם תבוא חיבה כמו־אלוהית ואצילה...
> הגשמת הנבואה בדבר מצרים מבטיחה גם את קיומן של הנבואות הרבות המנבאות את שיבתם של שבטי ישראל...[66]

כעבור כמה עשורים, בשנות השמונים של המאה התשע־עשרה, הועם זוהרו של חזון שיבת ציון בשל הפוגרומים ברוסיה. אולם, דווקא אימי הפרעות הם שיצרו באמריקה, כפי שיצרו בעולם היהודי כולו, את תחושת הדחיפות שבצורך בפתרון ציוני למצוקה היהודית. בלי שניכנס להסתעפויות הנרחבות של ההתפתחויות ההיסטוריות, די שנצביע על דבריה של אמה לזרוס, (Emma Lazarus), שהיתה זו אשר הבהירה את עמדתה של הציונות האמריקנית בעניין זה. לזרוס חשה הזדהות עם כאבם וסבלם של יהודי רוסיה ובאה לכלל הכרה, הרבה לפני אחרים באמריקה ובאירופה, שיעדם האפשרי היחיד של פליטי רוסיה הוא ארץ־ישראל. לזרוס, שחיברה את הכתובת שעל פסל החירות המקבל את פני הבאים לאמריקה, זו הכתובת המכריזה על אמריקה כארץ מקלט לנרדפי העולם, ידעה גם שארץ־ישראל הִנָּה ארץ המקלט של העם היהודי.[67]

בשנת 1882, שנת הפוגרומים הגדולים ומנוסת היהודים, כתב סמואל סוליבן קוקס (Samuel Sullivan Cox), שהיה חבר בבית הנבחרים, מאמר מערכת "עכשווי" בספרו *Orient Sun Beams, or From the Porte to the Pyramids, By Way of Palestine*. בשעה שהתהלך במקום שכונה אז "כותל הדמעות", בין "זקני המתפללים" מדפי ספרי התפילה העתיקים והבלויים שלהם, תפס קוקס את האמת לאמיתה: ירושלים והיהודים שייכים זה לזה.

באורה הבוהק של ההיסטוריה אי־אפשר שלא לחוש שזוהי באופן מיוחד וקודם לכל, עירם

66 William Francis Lynch, *Narrative of the United States Expedition to the River Jordan and the Dead Sea,* Philadelphia 1849. לדיון במסע המחקר של לינץ' ראה ד' פיני (לעיל, הערה 29), עמ' 262–270. לאִפיון של לינץ' ראה במיוחד שם, עמ' 269-270.

67 Emma Lazarus, *An Epistle to the Hebrews,* New York 1900, במיוחד עמ' 73–74, 77.

> של היהודים. הנוצרים עשויים להילחם למען אתריה הקדושים ולהחזיק בהם; המוסלמים עשויים להגן על קבריהם של דויד ושלמה שלא תשזוף אותם עין זר; ומקום המקדש שעל הר המוריה עשוי להיות מעוטר במסגדי עומר ואל־אקצה. אבל, אם היה אי־פעם עלי אדמות נכס חומרי כלשהו הקשור קשר אמיץ לעם מסוים, הרי שזוהי העיר הזאת, ירושלים, המחוברת בטבורה אל היהודים. למרות חורבנם ונדודיהם, האם היה אי־פעם גזע אנושי שהיה כה רגיש לעיר שאליה הוא מסור והיקרה ללבו? כל משאביו של הגזע הנדיר הזה, אלה שבנפשם ואלה הנרכשים בלמידה, כולל אהבתו למוסיקה ומסירותו לבית ולמשפחה, גויסו כדי לתמצת ולהעצים את כאב בכיו ואת דמעות ייסוריו על גורלה של ירושלים ועל אי־מנוחתם של הגולים ממנה.[68]

המחקר הנוכחי עוזר לנו לעמוד על תהליכים נמשכים ביחסי הגומלין המיוחדים בין ארצות־הברית לארץ־ישראל. באמצעות עדויות שבעל־פה ומסמכים כתובים מגלמת את התיזה שלנו דמותו של הרי ס טרומן (Harry S Truman), שהיה נשיאה של ארצות־הברית בזמן הקמתה של מדינת ישראל.

בנובמבר 1953, ביקר הנשיא לשעבר בבית המדרש לרבנים בניו־יורק עם ידידו אדי ג'ייקובסון (Eddie Jacobson). במהלך שיחתם עם הפרופ' אליעזר [לואיס] פינלקשטיין ואלכנסדר מארכס, הכריז אדי ג'ייקובסון, כשהוא מצביע לעברו של הרי טרומן: "זהו האיש אשר סייע להקים את מדינת ישראל". בתגובה קרא טרומן: "מה פירוש 'סייע להקים'? הלא, אני כורש! אני כורש!".[69]

68 Samuel S. Cox, *Orient Sun Beams, or From the Porte to the Pyramids, By Way of Palestine*, New York 1882, pp. 295-296

69 נוכחנו בשעת השיחה, והמצוטט קיבל אישור במכתב מטרומן למחבר מ־30 באפריל 1969.

אפרו־אמריקנים וארץ הקודש

לורנס נ' ג'ונס

עד לפני כמה עשורים לא סיווגו שחורים רבים באמריקה את חוויותיהם לחוויות "מקודשות" ולחוויות "חילוניות". התפיסה האחדותית אִפיינה את חייהם והיא נעוצה בסיבות היסטוריות. מקצת החוקרים מייחסים אותה לעברם האפריקני של השחורים ומציינים כי ההפרדה הרדיקלית בין ה"דתי" ל"חילוני" היא תופעה אירופית־אמריקנית. ואף על פי שקו המחשבה הזה מתקבל על הדעת, יש סיבות שקל יותר למצוא את שורשיהן בעברם הקרוב של האפרו־אמריקנים באמריקה.

השחורים שבאו לאמריקה כעבדים, לא באו כקנקנים ריקים המצפים להתמלא בכל תוכן תרבותי שימזגו לתוכם משעבדיהם. הם היו בני אדם בעלי השקפת עולם. היו להם דעות שהיינו מכנים דתיות ואמונות לגבי האלוהות (או "היישות העליונה", כפי שנהגו לכנות את האל), ואמונות לגבי משמעותם של החיים והמוות. ואולם – מאחר שבאו משבטים רבים כל כך ואזורים גיאוגרפיים שונים – היתה חסרה להם שפה משותפת. השפה שנחשפו אליה היתה ברובה אוצר המילים המיוחד לחקלאות ולמסחר, והשיח הקונוונציונלי של קבוצות חברתיות גדולות יותר שהתוודעו אליהן. כיוון שרק מעטים מהם למדו לקרוא – אם באופן מסודר, או בכוחות עצמם (בזמן הכרזת האמנציפציה ידעו לקרוא כחמישה אחוזים בלבד מן העבדים) – לא היתה להם כמעט גישה למושגים פילוסופיים או למערכות אמונה דתיות. עולמם, שהצטמצם לעבודה יומיומית מפרכת, סיפק להם כלים מועטים בלבד להתמודד עם משמעות חייהם, ולא היה בידם אלא מה שהביאו עמם מאפריקה. עבדים שמעבידיהם היו נוצרים או יהודים, התוודעו לנצרות וליהדות, ומקצתם אף התמסרו להן, אך מעולם לא היה מספרם של אלה שהמירו את דתם גדול. גם לאחר מאמציהם הניכרים של העדות הפרוטסטנטיות העיקריות לשכנע את העבדים לקבל הדרכה דתית לא היו רשומים בכנסיות בסוף מלחמת האזרחים אלא 12 עד 15 אחוזים מן השחורים.

ברור כי הנתונים הסטטיסטיים אינם נותנים תמונה שלמה על מקומה של הדת בקרב השחורים. מעטים הצטרפו רשמית לכנסיות, אך הספרות העממית והמידע ההיסטורי המוגבל לגבי התקופה מלמדים כי הנצרות סיפקה לשחורים שפה ומושגים שבאמצעותם החלו להרהר, לדבר ולעסוק בשאלות פילוסופיות ותיאולוגיות הקשורות לקיומם באמריקה. על ידי התנ"ך והכנסייה התוודעו השחורים לראשונה ל"ארץ הקודש".

רק לקראת סוף המאה התשע־עשרה החלו שחורים לעלות לרגל לארץ־ישראל. לפני כן למדו

מתוך דרשות הכנסייה, המזמורים הדתיים והתנ"ך שארץ הקודש היא המקום שבו התגלה אלוהים על ידי מעשיו הגדולים למענם של בני ישראל, ולאחר מכן למען המין האנושי כולו על ידי ישו איש נצרת. על ידי התמונות שבספרים הדתיים יכלו השחורים להעלות בדמיונם את הערים והכפרים, הנהרות והאגמים, הגנים והבניינים, ההרים והמדבריות, הגבעות והעמקים שבהם התגלה האל בבהירות שלמה בחייו של עם היסטורי. הארץ, על נופיה ובנייניה, סיפקה תפאורת רקע לאמונה, ושיוותה אמינות לאמונות הדתיות שעליהן חונכו השחורים אשר קיבלו על עצמם את הדת הנוצרית.

ארץ הקודש היתה חשובה בתורת בָּמה שעליה הוצגה ה"היסטוריה הקדושה", אך פעולותיו המיוחדות של אלוהים בעת יציאת מצרים, ובמצבים אחרים שבהם הוציא ביד חזקה בני אדם לחופשי, הן שחיזקו את אמונתם של השחורים. שמות, דמויות ורעיונות קיבלו משמעות עכשווית בחייהם היומיומיים של העבדים.

בעלי העבדים לא התנגדו לשפה הדתית; אדרבה, כמה מהם עודדו דתיות אצל השחורים, מתוך אמונה שהיא הופכת את העבדים לצייתנים יותר. לא היה זה מקרי אפוא שקהילת העבדים החלה לאמץ לעצמה שפה דתית במאמציה לחתור תחת עול השעבוד. עבד לא היה מעז לקרוא לאדונו "פרעה", אבל יכול היה לשיר על פרעה מלך מצרים מבלי לחשוש מעונש. חבריו העבדים ידעו שהוא שר על "old marse" ("האדון הזקן"), אך אדונו לא ידע זאת. וככה, כשאמרו "ארץ כנען" או "גן עדן", התכוונו העבדים לצפון, מחוז החופש. היתרון שבשימוש בשפה דתית להבעת רעיונות לא־דתיים ברור: שפה זו קיבלה את אישורה של חברת האדונים, אך בה בעת שימשה אמצעי לבקר בו את המערכת המשעבדת ולפרסם הודעות מחתרתיות. יכולתה של השפה הדתית לכלול מסרים כפולים עשתה אותה מתאימה ביותר להבעת תכנים תמימים לכאורה, תכנים שהיו למעשה בעלי משמעות חתרנית פוטנציאלית. גבריאל פרוסר (Gabriel Prosser) ונט טרנר (Nat Turner) הם דוגמה טובה למנהיגי עבדים שחורים שהשתמשו בשפה הדתית כדי לקדם פעילות מהפכנית. במסווה של התכנסות דתית עיבדו השניים, יחד עם חסידיהם, את אסטרטגיות ההתקוממות, ודימוי "השחרור" שמצאו בתנ"ך עודד אותם באמונתם כי יש צידוק אלוהי ליוזמותיהם המהפכניות.

לא רק השפה היום־יומית היתה מלאה בסימבוליזם דתי שנבע מדמויי ארץ הקודש שבתנ"ך, גם שירי הנשמה (spirituals), שירי הדת הקדומים שכתבו השחורים, עמוסים בדימויים כאלה.[1] השירים העממיים הללו הושפעו מן הדימויים התנ"כיים והם שופעים אזכורים של אנשים, מקומות ואירועים, שנעשו עבור העבדים פרדיגמות מאירות עיניים להבין את מצבם ולפרשו. הם הזדהו עם הסיפורים שעסקו בעבדות, דיכוי, הצלה והשחרור מעולו של "פרעה", ודוגמות דומות לדאגתו המתמשכת של אלוהים לעניים ולמנושלים ושאבו מהם תקווה. אחד משירי הנשמה שואל: "אם אלוהים הושיע את דניאל, מדוע לא יושיע כל אדם?". ובאותה רוח ניתן לומר שמי ששרו את השיר "ברח לך אל ישו" סמוך למעונות העבדים, התכוונו להכריז על פגישה חשאית העומדת להתקיים

1 פרדריק דוגלס נמנה על הראשונים שכתבו על משמעותם הכפולה של שירי הנשמה. ראה: Frederick Douglass, *Narrative of the Life of Frederick Douglass, an American Slave*, Cambridge, Mass. 1967, pp. 36-38. תיאור מפורט של ממדי המשמעויות האלה בשירי הנשמה נמצא אצל Miles Mark Fisher, *Negro Slave Songs in the United States*, New York 1953, pp. 54ff.

במקום ובזמן הידועים לכול. שירי הנשמה חושפים את רב־צדדיותה המפליאה של לשון האמונה, הנושאת בו בזמן משמעות מקודשת וחילונית.[2]

עד אמצעה של המאה העשרים לא באו השחורים בתדירות אל "נופיה ואתריה" של ארץ הקודש. הדיווח המוקדם ביותר שמצאתי של שחור שעלה לרגל לארץ־ישראל הוא של הד"ר צ'"ט ווקר (C. T. Walker), שקיים את המסע בשנת 1891, בזמן שהיה הכומר של כנסיית "Tabernacle Baptist" באטלנטה, ג'ורג'יה.[3] הקהילה הזאת התגאתה על היותה "הכנסייה הצבעונית הראשונה בארץ זו ששלחה את הכומר שלה למסע לאירופה וארץ הקודש".[4] במאה התשע־עשרה נהגו אפרו־אמריקנים לבקר באפריקה יותר מבארץ־ישראל. ואולם מה שהיה מאורע נדיר במאה התשע־עשרה וראשית המאה העשרים נעשה עתה חזון נפרץ; מסעות תיור יוצאים ממרבית המרכזים העירוניים, והאנשים נוסעים כדי "להלך במקום שהלך בו ישו".

הדעת נותנת, שהמבקרים האפרו־אמריקנים הראשונים בארץ־ישראל היו אנשי כנסייה שמסעם מומן בידי הקהילות. נראה גם, כי כמרים שחורים ולבנים השתמשו בחוויותיהם בדרכים דומות – לחזק את האמונה, להעשיר את הטפותיהם ולהוסיף חיות לדרשותיהם, ולחשוף את צאן מרעיתם לעולם הגדול של אירופה והמזרח התיכון. המקורות מספרים כי בשעה שחזר ווקר מביקורו בארץ הקודש תיאר כיצד עמד במקום שבו ציווה יהושע: "שמש בגבעון דום וירח בעמק אילון" (יהושע י, יב). במקרים אחרים נקט ווקר, שזכה לפופולריות רבה, לשון ציורית ותיאר כיצד עבר בדרכים ששימשו את השליטים הרומים ואת הצלבנים הנוצרים במסעותיהם אל ארץ התנ"ך. דרשותיו והרצאותיו כללו גם תיאורים דרמטיים של טבילתו בירדן ושל מסעו אל המקום שבו חצו בני ישראל את הירדן ונכנסו לארץ המובטחת.

ואף על פי שהשימוש שעשו אנשי כנסייה שחורים ולבנים בחוויותיהם בארץ־ישראל היה דומה, משמעותה של ההתנסות היתה שונה. בעיני השחורים ארץ הקודש היא, בראש ובראשונה, המקום שבו גילה אלוהים את דאגתו לעניים ולמדוכאים וגילה את שלטונו על הבריאה. המשמעות התיאולוגית הנסמכת על חוויה דתית יום־יומית, חוויה המהווה הד לאירועים בתנ"ך ובברית החדשה, היא שמעניקה לארץ־ישראל בעיני השחורים את חשיבותה. מרחב קדוש זה במובנו התנ"כי מעורר את הביטחון במסורת הנבואית ובמוסר התנ"ך. מבחינה דתית, ישו כבן האלוהים

2 ראה: James Weldon & J. Rosamond Johnson (eds.), *The Book of American Negro Spirituals*, New York 1969. זהו אחד מן האוספים השלמים ביותר של המוסיקה הדתית של העבדים. המחקר העדכני והטוב ביותר של שירי הנשמה נעשה בידי: John Lovell, *Black Song: The Forge and the Flame*, New York 1972

3 עיין בביבליוגרפיה: Yohai Goell & Martha B. Katz-Hyman, "Americans in the Holy Land, 1850-1900: A Select Bibliography", in Moshe Davis (ed.), *With Eyes Toward Zion: Scholars Colloquium on America–Holy Land Studies*, New York 1977, p. 106, שם מצביעים המחברים על ספרו של נוסע שחור שביקר בארץ־ישראל בשנת 1853: David F. Dorr, *A Colored Man Round the World*, by a Quadroon [pseud.], [Cleveland?] 1858 ובמיוחד עמ' 179–188. (הערת מערכת.)

4 Silas X. Floyd, *Life of Charles T. Walker, D.D.*, New York 1969, pp. 56-69. הד"ר ווקר היה אחד מן המטיפים השחורים המפורסמים ביותר בזמנו. מסעו עבר דרך אירופה והמשיך אל ארץ־ישראל והוא דומה למסעות שקיימו כמרים אחרים בני זמנו. כשחזר כתב הרצאה שזכתה לפופולריות רבה וכותרתה: "ארץ הקודש; דברים שראיתי ושמעתי", ובמשך שנים מספר נשא אותה ברחבי ארצות־הברית. דרשותיו מגלות כי ביקורו היה מקור עשיר ל"מראות ואתרים מארץ הקודש".

ולא כבנה של מרים הוא שהיה בעל חשיבות לנוצרים אפרו־אמריקנים, ועל פי תפיסתם קיבל ישו משמעות החורגת מיהדותו והפך להתגלמות אהבתו של אלוהים.

כאמור, הקשר של שחורים עם ארץ הקודש אינו מתמצה בקהילה הנוצרית. יש יהודים שחורים ועבורם ארץ־ישראל היא המולדת. מקצתם רואים את שורשי הקשר שלהם עם היהדות בעברם במטעי העבדים תחת שליטתם של אדונים יהודים; מקצתם התגיירו רק לאחרונה; יש מי שנמנים על אחת מן הקהילות הדתיות של השחורים אשר התקבצו סביב דמויות כגון "הכהן" הזקן שמואל מתיו (Matthew), וראו את מקורם באתיופיה; ואחרים נמנים על קהילות שהתקבצו סביב מנהיגים כריזמטים, ומידת אדיקותם הדתית נעה משמירה קפדנית על האמונה והטקסים של היהדות האורתודוקסית, ועד לחיקויים שטחיים של טקסים ופולחן יהודיים. עוד נציין שישנם גם שחורים הדבקים באיסלם, ואף הם רואים בארץ־ישראל מקום קדוש. אולם בלא קשר להשתייכותם הדתית של האפרו־אמריקנים היתה ארץ הקודש עבורם יותר ממקום גיאוגרפי. ארץ הקודש היא המקום שבו התגלה האל לאורך הדורות בבריאה ובהיסטוריה, ובעיני המדוכאים היתה משמעותה של ההתגלות רמז להתנסותם שלהם, ובסיס לתקוותם לחופש ולמאבקם להשגתו.

מחקרי "אמריקה וארץ הקודש": סיכויים, מכשולים ופרספקטיבות

דבורה דש מור

תחום מחקר העוסק ביחסים שבין אמריקה לארץ הקודש צמח במהלך העשורים האחרונים במקביל לפריחתם של תחומי מחקר אקדמיים חדשים. במסגרת חקר ההיסטוריה, שהוא התחום העיקרי שבו פעלו בתחילה חוקרי "אמריקה וארץ הקודש", התבטא החידוש בשימוש במגוון מתודולוגיות שיושמו לגבי מספר הולך וגדל של נושאים.

ה"היסטוריה החדשה" שיקפה מודעות גוברת למגוון ממדי הפעילות האנושית. ההיסטוריונים הדוגלים בגישה החדשה חשו חוסר שביעות רצון מן העיסוק הבלבדי בכרונולוגיה של מאורעות מדיניים, חייהם של אישים דגולים, זרמים אינטלקטואליים חשובים ושינויים מרכזיים בכלכלה. נוסף על הנושאים המוכרים והידועים בחקר ההיסטוריה "גילו" היסטוריונים אלה נושאים חדשים למחקר: היסטוריה אורבנית, היסטוריה של ההגירה, היסטוריה של מיעוטים אתניים, היסטוריה של השחורים, היסטוריה של הנשים והיסטוריה של המשפחה; אפילו נושאים שאינם קלים להגדרה מדויקת, כגון המין והמיניות, הפכו לנושאים שראוי לחקור אותם.[1] ה"היסטוריונים החדשים" גם עוררו ויכוח לגבי גישות מחקריות "מסורתיות" לנושאים היסטוריים מקובלים כגון המדיניות והדיפלומטיה, וקראו תיגר על ההנחות הבסיסיות של תחומי מחקר ממוסדים ומכובדים כגון ההיסטוריה של יחסי העבודה.

רבים מתחומי המחקר החדשים צמחו מן המניעים המוסווים, והמוסווים פחות, של חוקרי ה"היסטוריה החדשה"; ואכן, התומכים ב"היסטוריה הישנה" ניסו לחשוף את המניעים הללו במסגרת "מתקפת הנגד" שלהם.[2] ואף על פי כן הרחיבה ההיסטוריה החברתית את תחום המחקר ההיסטורי, והמחקרים החדשים תרמו רבות להבנת העבר.

חוקרי "אמריקה וארץ הקודש" מיזגו את השיטות הישנות של חקר ההיסטוריה עם נושאי המחקר החדשים. אם התמקדות המחקר בארץ־ישראל של המאה התשע־עשרה והמחצית

1 הסיכום הטוב ביותר של התיאוריה, השיטה והתוכן של ההיסטוריה החברתית החדשה הופיע בכרך העשור של *Journal of Social History* 4 (Winter 1976). ראה גם: Theodore K. Rabb & Robert I. Rotberg (eds.), *The New History: The 1980's and Beyond: Studies in Interdisciplinary History*, Princeton 1982

2 Gertrude Himmelfarb, *The New History and the Old*, Cambridge, Mass. 1987

הראשונה של המאה העשרים מלמדת על הקסם שהילכה מדינת ישראל על האמריקנים בעקבות הניצחון הישראלי במלחמת ששת הימים ב־1967, הרי הנבירה הדקדקנית של החוקרים בארכיונים בחיפושם הבלתי נלאה אחר תיעוד של ההיסטוריה הדיפלומטית, הדתית והתרבותית של ארץ הקודש מלמדת על התנערות מכל מניעים פוליטיים.

מכל מקום, הסיכומים ההיסטוריים הראשונים שהתפרסמו במסגרת "מחקרי אמריקה וארץ הקודש", ועסקו ביחסי הגומלין שבין דיפלומטיה לדת, חיזקו את הלגיטימיות של "מחקרי אמריקה וארץ הקודש" על ידי שימוש בשיטות היסטוריות ידועות ומוכרות.[3] תחום המחקר חולק לארבע קטגוריות: "מדיניות דיפלומטית" (diplomatic policy), "התקדשות נוצרית" (Christian devotion), "קשרי תרבות" (cultural attachment) ו"מחויבות יהודית" (Jewish involvement). כמו כן הוחלט להדפיס מחדש מספר גדול של ספרים שראו אור במאות התשע־עשרה והעשרים כדי להעמידם לרשות החוקרים. צעדים אלה חיזקו את מחויבותם של החוקרים לניתוח היסטורי, ולבניית המחקר על בסיס מתודולוגי מוצק. ואולם המאמצים האלה עצמם תרמו גם להתרת מוסרות המחקר ההיסטורי הקונוונציונלי ככל שנסב הדיון על נושאים ספציפיים. חוקרים שפרסמו את חיבוריהם בכרך השני של *With Eyes Toward Zion*, צעדו במובהק מעבר לארבע הקטגוריות הללו. בדיוניהם בהשפעתה של ה"התקדשות הנוצרית" על ה"מדיניות הדיפלומטית", וכן בהשפעת ה"מעורבות היהודית" על המחשבה הדתית הנוצרית, הציגו, למעשה, עמדה בין־תחומית.[4] הגישה הבין־תחומית במסגרת "מחקרי אמריקה וארץ הקודש" מרחיבה את תחום המחקר ומושכת מספר גדל והולך של חוקרים. ואכן, יש משמעות רבה לעובדה שבאותו כרך עצמו ראו אור עבודותיהם של חוקרי גיאוגרפיה היסטורית והוצגה חשיבותה של ההוכחה הוויזואלית.[5]

כשאנו מבקשים להעריך את הפירות הצפויים ממחקר כזה, אין צורך לדרוש שמחקרי "אמריקה וארץ הקודש" יהיו הראשונים ליישם מתודולוגיה חדשה. ניתן למצוא, מן המוכן, מספר מודלים שימושיים במחקרי אזורים (area studies) בכלל, וב"מחקרים אמריקניים" בפרט, בעלי גישה בין־תחומית הן מן הבחינה התיאורטית והן מן הבחינה התכנית. חוקרים במסגרת "מחקרים אמריקניים" גם רכשו מידה רבה של מודעות וביקורת עצמית ביחס לבעייתיות הכרוכה במחקרים בין־תחומיים.[6] הם מדגישים את הצורך בניתוח משווה ובין־תרבותי, הדגשה החושפת לעין כל את הסכנות הנובעות מן הטיעון, שה"אמריקניות" היא, כביכול, תופעה ייחודית ויוצאת מן הכלל. על רקע המקום הייחודי שתופסת ארץ הקודש בדמיון הדתי של המערב, עשויות האזהרות הללו להזכיר גם לחוקרי "אמריקה וארץ הקודש" את הצורך לנקוט משנה זהירות בשעה שהם באים להסיק מסקנות כאלה או אחרות.

הפתיחות הרבה של חוקרים העובדים בתחום של מחקרים אמריקניים להיסטוריה החדשה;

3 ראה: Moshe Davis (ed.), *With Eyes Toward Zion*, I, New York 1977

4 Israel Finestein, "Early and Middle 19th Century British Opinion on the Restoration of the Jews: Contrast with America"; David A. Rausch, "Evangelical Protestant Americans", in Moshe Davis (ed.), *With Eyes Toward Zion*, II, New York 1983

5 ראה: Ruth Kark, "Annual Reports of United States Consuls in the Holy Land as a Source for the Study of 19th Century Eretz Israel"; וכן Yehoshua Ben-Arieh, "Nineteenth-Century Hebrew Periodicals as A Source for America-Holy Land Studies", בתוך דייוויס (לעיל, הערה 4)

6 לדיון בזרמים הללו ראה בגיליון הביבליוגרפי השנתי: *American Quarterly* 35, no. 3 (1983)

נכונותם לחקור נושאים שבעבר נחשבו לנושאים שוליים ולא חשובים, כגון ספורט ותרבות עממית, ולאמץ כל גישה תיאורטית שעשויה להניב תובנות חדשות – עושות את תחום המחקר הזה למקור פורה של נושאים ושיטות מחקר עבור השלב הבא של מחקרי "אמריקה וארץ הקודש". ועם זה ברור, שהעתיד לעולם בונה על העבר, אמיתה שאין רלוונטית ממנה בתחום המחקר האקדמי.

התחום המבטיח ביותר להעמקת המחקר הוא "קשרי תרבות", כיוון שעד כה זכה תחום זה למידה הקטנה ביותר של תשומת לב ביחס לארבע הקטגוריות שהוגדרו לעיל. עושר המקורות וגיוונם – דיווחים של נוסעים לארץ הקודש, צילומים, ספרות יפה, שירה, ציור, פיסול, אדריכלות, וכן דו"חות של סיורים מדעיים וגילויים ארכיאולוגיים – מסביר, כנראה, את מיעוט המחקרים המעמיקים בנושא. מסמכים רבים ומגוונים כל כך – על פי יהושע בן־אריה יצאו לאור בין השנים 1800–1878 לפחות 5,000 פרסומים על ארץ־ישראל – מעמידים אתגר לא קל לפני החוקר בשל הקושי ליצור מסגרת דיון מתאימה. יתרה מזו. מעבר לתיאור המקורות עצמם, האפשרויות המעניינות ביותר טמונות בבחינת יחסי הגומלין בין מספר מקורות, מתוך ניתוח משווה שלהם, משימה שאינה קלה להגשמה. למרבה המזל תיאר בן־אריה במפורט את דיווחיהם של הנוסעים בני המאה התשע־עשרה, ומִיין אותם, ובכך סיפק בסיס מוצק למחקר לא רק לגיאוגרפים־היסטוריונים. חלוקת התקופות של בן־אריה, ובייחוד קביעתו שמועד תחילת המודרניזציה בארץ־ישראל היה ב־1865, עשויות לסייע בידי חוקרים, הבודקים את ספרות המסעות מנקודת ראות אמריקנית ולבחון זו לעומת זו את המציאות הפוליטית באמריקה ובארץ הקודש.[7]

דוד קלצקר, במחקרו "נוסעים נוצרים אמריקנים לארץ הקודש: 1821–1939", משתמש בספרות המסעות כדי ללמוד ממנה על עמדותיהם של נוצרים אמריקנים כלפי יהודים והציונות. קלצקר יצר אינטגרציה של מגוון מקורות על ידי בניית טיפולוגיה של תגובות שונות לארץ הקודש. הוא גם מתייחס להתעניינות ההולכת וגדלה בהיבט העסקי והתרבותי של המסע.[8] הנושא הזה ראוי למחקר נפרד, ובייחוד מתוך השוואה בין ארץ הקודש ובין אתרי תיירות פופולריים אחרים ברחבי העולם באותה תקופה.[9]

עלייה לרגל וחילונה של העלייה לרגל בעולם המודרני מהווים נושאים נוספים במסגרת הדיון ב"קשרי תרבות". האנתרופולוג ויקטור טרנר (Victor Turner) טוען שלעלייה לרגל יש חשיבות מיוחדת בדתות הגאולה, וכי ה"עלייה לרגל עבור מערכת תרבותית וולונטרית שקולה כנגד טקסי מעבר במערכת תרבותית מחייבת".[10] עולי רגל נפרדים "מתנאי חייהם וממעמדם החברתי היציבים יחסית" ועוברים אל מה שמגדיר טרנר "מצב גבולי או סיפי" (liminal). במצב החדש אף אחד מן הכללים המוכרים לעולים לרגל אינו תקף ובנוסף "התנסויות מעטות בלבד בעברם הכינו אותם למצבם החדש".[11] ניתוח הדיווחים המפורטים שיש בידינו מן המסעות לארץ הקודש באמצעות הקטגוריות האנתרופולוגיות הללו עשוי להאיר את טיבה של ההתקשרות הדתית

7 יהושע בן־אריה, ארץ ישראל במאה הי"ט: גילויה מחדש, ירושלים 1970, עמ' 9–10, 16.

8 David Klatzker, "American Christian Travelers to the Holy Land, 1821-1939", Ph.D. Thesis, Temple University, 1987

9 אפשר למשל להשוות את ארץ הקודש לאיטליה. ראה: Paul R. Baker, *The Fortunate Pilgrims: Americans in Italy 1800-1860*, Cambridge, Mass. 1964

10 Victor Turner, *Process, Performance and Pilgrimage*, New Delhi 1979, p. 131

11 שם, עמ' 122.

האמריקנית לארץ הקודש, ולסייע בהבנת תהליך החילון והשפעתו על רגשותיהם הדתיים של העולים לרגל.

בשעה שספרות המסעות, צילומים מארץ־ישראל ומשלחות מדעיות אליה זכו לתשומת לב מחקרית כלשהי, האדריכלות כנושא למחקר עדיין לא זכתה להיסטוריון משלה. היסטוריון כזה יצטרך לבחון את ההשפעה ההדדית של הבנייה באמריקה ובארץ הקודש. מצד אחד, סיפקה הבנייה המיוחדת בארץ הקודש מודל לאדריכלות דתית עבור האדריכלים של כנסיות ובתי כנסת באמריקה; ומן הצד האחר, הסגנון והחדשנות האמריקנים הטביעו את חותמם על הבנייה החדשה בארץ הקודש. כוח המשיכה שהיה ל"מזרח" כמייצג של רוחניות נעלה ניתן להשוואה רק לכוח המשיכה שהיה לקלסיקה היוונית, הן בעיני הנוצרים והן בעיני היהודים בארצות־הברית. הדיון במה שכינה אדוארד סעיד "התרבות של האקזוטי" עשוי אולי למתן את הוויכוח החריף על המזרחנות, על ידי בחינה של דוגמות קונקרטיות של חילופי תרבות.[12] תהליך השאלת נכסי תרבות ויחסי הגומלין בין התרבויות ראויים לתשומת לבם של חוקרי "אמריקה וארץ הקודש".

המחקר של אילן טרואן מאוניברסיטת בן־גוריון בנגב חושף את המורכבות של חילופי תרבות, ומדגים את האפשרויות הפתוחות לפני המחקר ההשוואתי של מקורות שונים. במסגרת המחקר על תולדות העיור של ארץ־ישראל בתקופת המנדט הבריטי, גילה טרואן רשת בינלאומית מורכבת של חילופי תרבות. פעולת החליפין הזאת עיצבה במידה מכריעה את המבנה של מרבית הערים בישראל ואת סגנון בנייתן.[13] בייחוד מבליט טרואן כמה יסודות מפתח שתרמו לצמיחת הערים: האידיאולוגיה הבריטית של "ערי הגנים", שהובאה לארץ־ישראל בידי רשויות השלטון של המנדט; הסגנון הבין־לאומי של הבאוהאוס באדריכלות, שהובא לארץ בידי הפליטים היהודים מגרמניה הנאצית; וכמו כן, הפילוסופיה של ה"ערים החדשות" שרווחה בכל רחבי אירופה בשנות העשרים של המאה שלנו. התפיסות הללו הצטלבו הן עם הרעיון הציוני בדבר עלייה המונית וצמיחה מהירה של האוכלוסייה, והן עם גילויים ארכיאולוגיים שהוכיחו כי בתקופת המקרא היו בארץ־ישראל ערים גדולות. ההשפעות התרבותיות המגוונות הללו היו חשובות מכמה בחינות: הן נתנו לגיטימציה להתרחבות העירונית המהירה שהתרחשה בתקופת המנדט; הן השפיעו על מיקום הערים כמרכזים אזוריים ועל דפוס הצמיחה העירונית וזו שיקפה את התפיסה של "עיר הגנים"; והן גם קבעו את הסגנון האדריכלי המודרני. תל־אביב כ"עיר לבנה" היא הדוגמה הבולטת ביותר, אך אינה הדוגמה היחידה.[14] ואף על פי שטרואן לא חקר את ההשפעה ההדדית הכרוכה בחילופי התרבות האלה הוא מספק לנו מודל למחקר האינטראקציה התרבותית.

עוד דרך לבחינת העדות התרבותית היא לנסות "לקרוא" את נוף הארץ עצמו. יהושע בן־אריה טוען, כי החומר שבידינו "לשחזר כיום את נופה באותם הימים" של ארץ־ישראל במאה התשע־עשרה.[15] הפירוש של ה"נוף התרבותי" משמש בתורת בן לוויה חשוב של ההיסטוריה החברתית משום שהוא מתמקד ב"שפת המקום הייחודית". הנוף הוא צופן הדורש פענוח, אך המאמץ כדאי, מפני שהוא טומן בחובו גם ממד סמלי. הנוף הוא "ביטוי של ערכי תרבות, התנהגות חברתית

12 Edward W. Said, *Orientalism*, New York 1978, p. 60. לדיון בטיעוניו של סעיד ראה: דוד ס' לנדס, "עולי רגל נלהבים ונוסעים אחרים: מבקרים בארץ הקודש במאה התשע־עשרה", להלן, עמ' 45–58.

13 הדיון המופיע כאן מבוסס על הרצאה שנשא טרואן במסגרת Columbia Urban History Seminar באפריל 1987.

14 מיכאל לוין, עיר לבנה: אבני־דרך בסיגנון הבינלאומי בישראל, תל־אביב 1984.

15 בן־אריה (לעיל, הערה 7), עמ' 7.

ופעולות של יחידים, וכל אלה מופעלים במקומות מסוימים בתוך פרק זמן נתון".[16] "נוף תרבותי" מתייחס אפוא לנוף האנושי ומייצג השקעה קולקטיבית עצומה. החוקרים מכירים בכך שבני אדם אינם מחליפים מרצונם את הנוף שהם חיים בו, אלא תחת לחץ; שינוי המתרחש בנוף התרבותי לעולם אינו מקרי, אלא מלמד על תהפוכות תרבותיות יסודיות.[17] במאה התשע־עשרה והעשרים עבר נופה של ארץ־ישראל שינויים מפליגים, וביניהם: חשיפת שרידים ארכיאולוגיים עתיקים; בניית ערים חדשות; שימור אזורים בעלי יופי טבעי; והפיכת שטחים מדבריים שוממים לאזורים מיושבים. תופעות אלה הן הבסיס לכתיבת ה"ביוגרפיה" של הנוף. יש לצפות שהמאמצים לפרש את השינויים הללו יניבו תובנות חדשות ולא צפויות. אמריקנים שונים תרמו במעשיהם ובדבריהם לתהליכים אלה: הם סייעו לחשוף את נופה של ארץ הקודש ולעשותו נגיש, ועזרו לנצל את אוצרות הטבע של הארץ. רוב פעולותיהם לא זכו למחקר מתועד.

חקר נופה התרבותי של ארץ הקודש בשיטות מחקר של פרשנות הנוף אינו מוציא מכלל אפשרות ניתוח של הנוף הסמלי של ארץ הקודש. על החוקרים יהיה להשוות את המציאות הממשית של נופה של ארץ הקודש עם הדימויים של הנוף הסמלי. עלוני הפרסום של מסעות לארץ הקודש שיפרו, פעמים רבות, את דימוי המציאות, והשפיעו על עיצוב הנוף הממשי כך שיתאים ל"מרשם" שלהם. הארץ עצמה דורשת לימוד כמו טקסט. לכאן שייכת ה"דה־קונסטרוקציה" כשיטת פירוש ספרותית הפותחת אפשרויות חדשות לפרש את נופה של ארץ הקודש ולקרוא את הטקסט המקודש שלו. עם זאת מובן מאליו שמחקרים מסורתיים יותר של "סמל", "דימוי", ו"מיתוס" לא איבדו מחשיבותם.

כך למשל, אחד המיתוסים המופיעים בספרות ארץ הקודש הינו הסְפָר (the frontier), וחקר משמעותו עשוי להיות פורה. נושא הסְפָר, שהוא מקובל כל כך באמריקה, אינו צריך להיות מוגבל לתחום הספרותי; הוא עשוי להעמיד לרשותנו אמצעי יעיל ביותר להבנת ה"מדיניות הדיפלומטית".[18] כבר צוין, שקבוצות שונות של אמריקנים חולקות במשותף דימויים של ארץ הקודש, והקרקע כבר הוכנה לניתוח משווה של משמעויותיהם של הדימויים הללו ושימושיהם בידי קבוצות דתיות שונות, ובייחוד המאבק על השליטה בהן. שפת התרבות מעצבת את המאבקים המדיניים של קבוצות שונות המבקשות להשיג כוח והשפעה, ומעוצבת על ידיהם. על ידי בחינה של השאלה מי מתחרה על הדימויים של ארץ הקודש ומי שולט בהם, אנו עשויים לרכוש תובנה מעמיקה יותר של מה שניתן לכנות "הפוליטיקה של תפיסת המציאות".

מודל אפשרי אחד הוא גישתם של הווארד מומפורד ג'ונס (Howard Mumford Jones) ויו הונור (Hugh Honour).[19] השניים חקרו את הדימויים שרווחו באירופה לגבי אמריקה, "ארץ הזהב" החדשה, ואילו אנו מציעים לחקור את הדימויים האמריקניים של ארץ הקודש. החוקרים

16 פ"ז הוגיל (P. J. Hugill) בתוך הקדמת העורך לספר E. W. Meinig (ed.), *The Interpretation of Ordinary Landscape*, New York 1979, p. 4

17 Pierce F. Lewis, "Axioms for Reading the Landscape", שם, עמ' 11–15.

18 המחקר הקלסי בנושא "קו העימות" האמריקני הוא: Henry Nash Smith, *Virgin Land: The American West as Symbol and Myth*, New York 1950. ראה גם: Arthur K. Moore, *The Frontier Mind: A Cultural Analysis of the Kentucky Frontiersman*, Lexington 1957

19 Howard Mumford Jones, *O Strange New World*, New York 1952; Hugh Honour, *The New Golden Land: European Images of America from the Dicoveries to the Present Time*, New York 1975

בדקו את תפיסת המציאות ואת היחסים בין מיתוס ודימוי ובין המציאות – באמצעות מקורות ספרותיים ואמנותיים. ג'ונס הציג זה לעומת זה את דימויו של ה"עולם החדש" (אמריקה), ואת האנטי־דימוי שלו, ה"עולם הישן" (אירופה), ובחן את תהליך העברתה של תרבות הרנסנס לאמריקה ואת השינויים שחלו בתרבות הזאת במסגרת תהליך העברתה לארץ החדשה. הונור התייחס לנושאים שונים כגון כוחה של ההתרשמות הראשונית, הילידים הפראיים, הארץ האליגורית, הארץ האקזוטית וארץ העתיד. הוא ייחד תשומת לב רבה הן לאוכלוסייה המגוונת של ה"עולם החדש" והן לדימויים של הארץ עצמה. הוא גם עשה שימוש בחומרים חזותיים שונים כדי להוכיח ולחזק את מסקנותיו, גישה שעשויה להתאים גם למחקרי "אמריקה וארץ הקודש". מודל כזה של ניתוח של תרבות עשוי לייצג את העושר הרב ואת מגוון המשמעויות שקושרים האמריקנים לארץ הקודש, ולהשתמש בקטגוריות אנליטיות הלקוחות מן התחום של חקר התרבויות. על פי המודל יש לשלב מקורות כתובים וחזותיים שנחקרו בעבר בנפרד זה מזה, מתוך כוונה שהמקורות החזותיים ישמשו להדגמת המקורות הכתובים. לפיכך, המודל מעודד את החוקרים לבחון את הדיסוננס הקוגניטיבי הקיים בין דימוי המציאות ובין המציאות עצמה.

לא בכל המחקרים בנושא "קשרי תרבות" חייבים לעשות שימוש בשיטות המחקר החדשות או לשאוף לאידיאל של מחקרים אינטרדסציפלינריים בנוסח ה"מחקרים האמריקניים". יש מקום, וגם צורך, במחקר היסטורי מוצק אודות מספר ארגונים אמריקניים חשובים בארץ הקודש, שיעסוק בשאלת ייסודם ומקורם של הארגונים האלה, ובתהליך צמיחתם והעתקתם לארץ הקודש. חשוב לדון בגורמים שונים שהשפיעו על הארגון: התפקיד שמילאו הדת והאידיאולוגיה בגיבושו ובדרכי פעולתו; חשיבותם ומידת השפעתם של האישים שפעלו במסגרתו, ודרכי השפעתם על המתאר (contour) החברתי של ארץ הקודש. בין הארגונים הראויים למחקר היסטורי, שיתחקה על שורשיהם האמריקניים ויעקוב אחר תולדותיהם בארץ הקודש, אפשר למנות את בית הספר האמריקני לחקר המזרח (The American School of Oriental Research, המכונה היום: מכון אולברייט לחקר המקרא וארכיאולוגיה, The Albright Institute for Near East Research), מוזיאון רוקפלר, בית חולים הדסה, ה"מושבה האמריקנית" (American Colony), ארגון "קהיליית ציון" (The American Zion Commonwealth) וארגון "בני ברית". על ההיסטוריון להיות ער הן למייחד את הארגון והן למכלול היחסים שבין אמריקה לארץ הקודש ולהתבסס על הישגי המחקר בתחום הזה. עליו להימנע מצרות אופקים, ולהיות מודע למרכזיותו של הנושא של "חילופי תרבות". החוקר נדרש לפנות אל קהלי יעד שונים ומגוונים, על אף ההתמקדות ההיסטורית הספציפית.

הקטגוריה של "מחויבות יהודית" – שלא כמו הקטגוריה של "קשרי תרבות" – זכתה לתשומת לב מרובה של החוקרים. שפע של מחקרים עוסקים בנושאים שונים השייכים לקטגוריה זו, כגון: הציונות האמריקנית, פעילותם המדינית של יהודי אמריקה למען ארץ־ישראל, תמיכתם הכספית של יהודי אמריקה בציונות, הפירושים הדתיים שניתנו למושג "ציון" ושיבתם של היהודים לארץ־ישראל. למרות שפע זה של נושאים, בדרך כלל נמנעו החוקרים מלחקור את ההשפעה ההדדית בין יהודים אמריקנים ובין אנשי היישוב היהודי בארץ. ומאחר שהתנועה על פני האוקיינוס היתה בשני הכיוונים, ניתן להפיק תועלת רבה מחקר דמויות ציוניות שחיו בתקופת המנדט הן בארץ והן באמריקה. האנשים הללו ביקשו ליישם ערכים אמריקניים במציאות הארץ־ישראלית ולעצב בדרך זו את דמותו של היישוב. חיבורו של מיכאל בראון (Michael Brown) על תגובותיהם של מנהיגים ציונים שישבו בארצות־הברית לאחר שהוגלו מארץ־ישראל בתקופת מלחמת העולם

הראשונה מלמד על חשיבותם של יחסי הגומלין בין אמריקה לארץ הקודש.[20] במאמרו מציין בראון, שהישיבה בארצות־הברית הביאה להתנפצותה של האשליה לגבי "אמריקה". גם מחקר על השליחים מארץ־ישראל לארצות־הברית עשוי להיות פורה. כיצד השפיעו שנות ישיבתם בארצות־הברית על מנהיגים ארץ־ישראלים אלה? כיצד שינו החיים באמריקה לא רק את ראייתם את אמריקה, אלא גם את דרך פעילותם המדינית בארץ־ישראל אחרי שובם ארצה? איזו השפעה היתה לשליחים מארץ־ישראל על ציוני אמריקה, ועל כלל היהודים בארצות־הברית?

השפעתם של עולי אמריקה על מהלך החיים בארץ היתה קטנה מהשפעתם של מנהיגי התנועה באירופה. רבים מן המנהיגים האירופים התיישבו בארץ־ישראל, ואילו רובם ככולם של עמיתיהם האמריקנים לא עלו ארצה. ובכל זאת, הציונים האמריקנים ראויים לתשומת לב גדולה מזו שזכו לה עד כה. ברנרד רוזנבלט (Bernard Rosenblatt), למשל, היה מנהיג מן השורה השנייה של התנועה הציונית האמריקנית. הוא התחבר למעוז המפלגה הדמוקרטית בניו־יורק (Tammany Hall). רוזנבלט היה הוגה בעל דעות מתקדמות בנושאים חברתיים, עורך דין מיומן, איש עסקים ויזם, והקים כמה מפעלים עסקיים חשובים בארץ־ישראל באמצעות ארגון 'קהיליית ציון' שייסד ב־1915.[21] רוזנבלט ואשתו גרטרוד גולדשטיין (Gertrude Goldstein), שהיתה ממקימות ארגון "הדסה", ישבו בחיפה בין שתי מלחמות העולם, הם ושני בניהם. מביתו שבהדר הכרמל השתתף רוזנבלט בפעילות המדינית הציונית הבין־לאומית, הטיף ליהודים האמריקנים להשקיע כספים בארץ־ישראל ולהתיישב בה, והיה מעורב במספר רכישות מקרקעין חשובות, ביניהן קרקעות באזור מפרץ חיפה וכן בחברת חמי טבריה. ישיבתו בארץ־ישראל בצירוף החינוך האמריקני שלו ושנות נעוריו באמריקה, מצאו הד בספר חשוב שכתב ובו טען בזכות הקמתה של קהילייה (com-monwealth) יהודית במסגרת פדרציה ארץ־ישראלית. בספר שולבו יחדיו שני העולמות הערכיים של רוזנבלט: האמריקני והארץ־ישראלי. בעקבות הספר הפך הביטוי commonwealth לביטוי מקובל בקרב הציונים האמריקנים,[22] ואלה העדיפו אותו על פני הביטוי "מדינה יהודית". כפי שמלמדת סקירה קצרה זו, הביוגרפיה הכפולה של רוזנבלט וגולדשטיין עשויה לשפוך אור על יחסי הגומלין המורכבים שבין יהודים אמריקנים ובין ארץ הקודש.

רוב היהודים האמריקנים לא ישבו בארץ הקודש פרקי זמן ארוכים. ואולם כמה מהם באו לארץ כדי ללמוד ולהרחיב את השכלתם. רוברט הנדי (Robert Handy) טען, כי מן הראוי לבדוק כיצד השפיעה תקופת לימודיהם של חוקרים אמריקנים בארץ הקודש על המשך עבודתם המדעית בחקר התנ"ך.[23] סטודנטים באו לארץ הקודש להשתלם גם בתחומים אחרים, ובייחוד בתחומי המדע והטכנולוגיה. כיצד השפיעה תקופת לימודיהם בארץ הקודש עליהם ועל מחקריהם?

העניין החינוכי של יהודים אמריקנים מהווה שטח נוסף של השפעה הדדית. יהודים אמריקנים תמכו במוסדות חינוך בארץ הקודש והטיפו ליישומן של תיאוריות חינוכיות מסוימות, שעמדו, מקצתן, בניגוד לשיטות שפותחו בידי יהודי אירופה. כמה מחנכים בעלי השפעה חצו את

20 Michael Brown, "Some Early 20th-Century Holy Land 'Travelers' to America: Sources and Contexts", בתוך: דיוויס (לעיל, הערה 4), עמ' 230–250. רבים מן ה"נוסעים" המפורסמים לאמריקה שהו שם במהלך שני העשורים הראשונים של המאה העשרים.

21 ראה את האוטוביוגרפיה המרתקת שלו: *Two Generations of Zionism*, New York 1967

22 Bernard Rosenblatt, *Federated Palestine and the Jewish Commonwealth*, New York 1941

23 Robert T. Handy, "America and the Holy Land: Perspectives and Prospectives", בתוך: דיוויס (לעיל, הערה 4), עמ' 393.

האוקיינוס בשני הכיוונים. מאלף יהיה להשוות בין שלוש דמויות כאלה: שמשון בנדרלי (Samson Benderly), אלכסנדר דושקין (Alexander Dushkin) ויצחק ברקסון (Isaac Berkson). חשוב להדגיש שיחסי הגומלין בין המחנכים האלו והשפעתם על הזרמים החינוכיים באמריקה ובארץ־ישראל בתקופת המנדט הבריטי, התרחשו במסגרת היחסים שבין אמריקה לארץ הקודש. על פי רוב מסמנת הגירה מארץ אחת לאחרת את קיצה של התעניינותו של החוקר בנושא מחקרו; ואולם כאן נדרשים החוקרים לעקוב אחרי ההתרחשויות בתחום החינוך הן באמריקה והן בארץ הקודש.[24] בהקשר הזה נזכיר את הביוגרפיה המעמיקה של אריה ארתור גורן (Arthur Goren) על יהודה לייב מאגנס, המתייחסת ישירות לשאלות בדבר העברתה של תרבות והגירתה של תרבות. גורן מציין בין היתר את ההשפעה הרבה שהיתה למאגנס על ההתפתחותה של האוניברסיטה העברית בירושלים בשנים הראשונות להיווסדה.[25]

הצעה מצוינת נוספת של הנדי ראויה להדגשה: על חוקרים לייחד זמן ומאמץ לחקר גורלן ופעילותן של נשים במסגרת מחקרי אמריקה וארץ הקודש. מחקרי נשים חוצים את ארבעת הקטגוריות המחקריות שהזכרנו לעיל, מפני שנשים היו דמויות בעלות השפעה בכל אחד מן התחומים. לנשים כפרטים ולארגוני נשים היתה השפעה מכרעת על עיצובם של מוסדות הקשורים לארץ הקודש ועל התהוותם של דפוסים חברתיים חשובים. החוקרים חקרו את פעילותן של קומץ נשים יהודיות אמריקניות בלבד – נשים שהיו בעלות השפעה בולטת כגון גולדה מאיר והנרייטה סאלד. לא הוקדשה די תשומת לב לארגוני נשים אמריקניות או לחוויותיהן של הנשים האמריקניות שבאו לעבוד בארץ־ישראל ולהתיישב בה. איננו יודעים כיצד השפיע מינן על ראייתן את ארץ הקודש ועל המפגש עמה. כאן אנו נוטים להניח שמה שעשו הגברים, או מה שראו וחשבו, ממצה את החוויה כולה. ואולם התיאור ההיסטורי של מרגלית שילה על חוות הנשים במושבה כינרת מהווה פריצת דרך בתחום הזה. מחקרה מלמד עד כמה היו חוויותיהן של הנשים שונות מחוויותיהם של הגברים, גם כשהונעו מכוחם של אותם ערכים שהיו נר לרגליהם של הגברים החלוצים.[26]

המקורות מלמדים על מעורבות פעילה של נשים אמריקניות בשורה של מפעלים הקשורים בארץ הקודש. מדובר בבנות ישראל, בשליחות המיסיון הנוצרי, בנשים בעלות חזון דתי ובפעילות במפעלי סיוע ועזרה שונים. עדיין נותר להסביר מה היו מניעיהן של הנשים האלה, וכיצד הגיעו להישגים מרשימים כל כך. עד כה לא התאמצו החוקרים להבין מה היו השינויים שחלו בחיי הנשים האלו בעקבות התנסותן בארץ הקודש, וכיצד הושפעו חייהן הדתיים מן הדימוי שהיה להן על ארץ הקודש וממציאות החיים בה. אין ספק שזהו פרק חסר בהיסטוריה של יחסי אמריקה וארץ הקודש, פרק שעדיין צריך להיכתב.

מחקרים ראשונים על נושא ה"התקדשות הנוצרית" לימדו על גישתם השונה של קהילות נוצריות שונות והוכיחו את החשיבות הרבה הטמונה בחקר משמעותה של ארץ הקודש עבור רוב

24 בספרי על ארגון "בני ברית" הקדשתי דיון קצר בלבד לנושא העברת הארגון לארץ הקודש ואין ספק שעדיין יש מקום להרחיב בעניין. ייסוד השלוחה הארץ־ישראלית של ארגון אמריקני זה לעזרה הדדית לא בוצע בידי חברים אמריקנים של הארגון. היא קמה לפועל בעקבות עלייתם לארץ של חברים יהודים אירופים דווקא. ואולם הארגון הביא עמו חידושים אמריקניים חשובים כגון הקמת ספריות ציבוריות בארץ. ראה: *B'nai B'rith and the Challenge of Ethnic Leadership*, Albany 1981

25 Arthur A. Goren, *Dissenter in Zion*, Cambridge, Mass. 1982

26 מרגלית שילה, "חוות הפועלות בכנרת, 1911–1917, כפתרון לבעיית הפועלת בעלייה השנייה", קתדרה 14 (ינואר 1980), עמ' 81–112.

רובם של הזרמים הנוצריים. עתה נדרשים החוקרים למחקר מעמיק יותר של היחסים בין התחום הדתי ובין התחום החילוני. לדוגמה, בראשית המאה העשרים שאבו הן מנהיגים לאומיים שחורים והן מטיפים שחורים השראה מארץ הקודש. אבל המנהיגים הלאומיים השחורים הזדהו עם המודל של הציונות שהיה שונה שינוי מכריע מן הפירוש הדתי של המטיפים השחורים. בחינת הדו־שיח הפנימי בתוך קהילת השחורים, בין מנהיגים לאומיים לדתיים, היא אחת מן הדרכים האפשריות לחקור את העימות שהוזכר לעיל על השליטה בדימויים שונים של ארץ הקודש.

נושא נוסף שיעודד ניתוח מעמיק יותר של מחשבה דתית נוצרית הוא "התיאולוגיה של הארץ". חוקרי יהדות הקדישו לאחרונה תשומת לב רבה יותר לממד הזה של התיאולוגיה היהודית, כנראה עקב המקום ההולך וגדל שהוא תופס בפוליטיקה הישראלית בת זמננו.[27] ואולם ללא קשר למאבקים פוליטיים אלה, ראויות תפיסות תיאולוגיות נוצריות של ארץ הקודש לניתוח ופירוש רציניים. כמו בתחום התרבותי גם כאן יהיה ערך רב ביותר למחקר השוואתי מפני שכנסיות אירופיות רבות נבדלו מן הכנסיות האמריקניות.

המחקר במסגרת הקטגוריה של מחקרי "אמריקה וארץ הקודש" – "מדיניות דיפלומטית" – צועד בדרכים מחקריות מקובלות ומוכרות. עם זאת, קיימות אפשרויות למחקר נרחב יותר, בייחוד אם החוקר מוכן לבחון את השוליים המדיניים והכלכליים של הדיפלומטיה. מחקרה של נעמי כהן על מאורעות תרפ"ט והתגובה האמריקנית לפרעות, הוא דוגמה טובה למחקר רחב שכזה.[28] נושאים קרובים לענייננו כוללים את ההשקעות הפיננסיות, מדיניות התכנון ויחסי המסחר בין אמריקה לארץ הקודש. הדיפלומטיה הסדירה את הפעילויות הללו, והאנשים שהיה להם עניין במסחר השתדלו להבטיח לעצמם תנאים דיפלומטיים אופטימליים לפעילותם הכלכלית. במאה התשע־עשרה לא היו ההשקעות האמריקניות בארץ־ישראל וקשרי המסחר עמה גדולים בהיקפם, אך הם גדלו במידה ניכרת במאה העשרים. בהקשר זה אין לשכוח את התפקיד שמילאו יהודים אמריקנים בקידומם של קשרים כלכליים אלה. נושא היחסים הכלכליים בין אמריקה לארץ הקודש הוא סבוך, וכולל תערובת של קולוניאליזם, קפיטליזם, נדבנות ופוליטיקה, תערובת שבה משתנה תדיר משקלם היחסי של כל אחד מן המרכיבים השונים.

הבעיות הניצבות לפני חוקרים העוסקים במחקר במסגרת מחקרי "אמריקה וארץ הקודש" נובעות לא רק מן העובדה שמדובר בשדה מחקר חדש יחסית, אלא גם מן המגוון הגדול של המקורות ומן הצורך לפנות לקהלי יעד שונים מאוד זה מזה. הדיסציפלינה ההיסטורית אמנם מציבה מסגרת דיון מאחדת, אבל התהפוכות האחרונות בתחום הזה תורמות לתסכול הנובע מפרגמנטציה. אילו היה כל אחד משישה־עשר המחברים שכתבו בכרך השני של *With Eyes Toward Zion* מחפש כתב־עת לפרסם בו את מאמרו, היו נדרשים, קרוב לוודאי, למעלה מחצי תריסר כתבי־עת שונים. אם מבקשים חוקרי "אמריקה וארץ הקודש" להגיע אל קהל יעד רחב יותר עליהם לחפש עמיתים בפורומים שונים. ניתן להתגבר על הקשיים האלה על ידי מחקר משותף של מספר חוקרים. הכתיבה במשותף (co-authorship) מוכרת ומבוססת במדעי החברה, אבל לא התקבלה בברכה בידי היסטוריונים וחוקרים של שינויי תרבות. מחקרי "אמריקה וארץ הקודש" מציעים למעשה תחום שבו ניתן לממש שיתוף פעולה שכזה בין חוקרים, וליצור דו־שיח אמיתי בנוגע

27 Lawrence Hoffman (ed.), *The Land of Israel, Jewish Perspectives*, Notre Dame 1986

28 Naomi W. Cohen, *The Year after the Riots: Americans Responses to the Palestine Crisis of 1929-1930*, Detroit 1988

לנושא המחקר. שיתוף פעולה כזה גם יגדיל את כוח המשיכה של שדה המחקר, כיוון שכל חוקר יביא אל המחקר המשותף את מקורותיו הוא. התהליך האיטי מטבעו של השתלטות על תחום חדש יקבל תאוצה רבה, וניתן יהיה להתגבר, על כל פנים חלקית, על הקושי הכרוך בפנייה אל קהלי יעד שונים.

לסיום חשוב להדגיש, שלמרות כל הבעיות, טובים הסיכויים להרחבת מחקרי "אמריקה וארץ הקודש". הפרספקטיבות הבין־תרבותיות והבין־תחומיות הנובעות מן המושג של "מחקרי אזורים", שעליהן הרחבתי את הדיבור, אינן מבטלות כמובן גישות אלטרנטיביות המושפעות מתחומי מחקר אחרים. המלומדים, הסטודנטים והחוקרים השונים שיפנו אל התחום ויפתחו אותו הם שיקבעו, בסופו של דבר, את מהלך התפתחותו בעתיד.

חלק שני

מתיישבים ונוסעים אמריקנים בארץ הקודש

המושבה האמריקנית שהקים אדמס ביפו. מאוחר יותר הפך המקום למושבת הטמפלרים הגרמנים

(Manning, *Those Holy Fields*)

עולי רגל נלהבים ונוסעים אחרים: מבקרים בארץ הקודש במאה התשע־עשרה

דוד ס' לנדס

בבואנו לקבוע את מועד ההתעוררות, או ההתעוררות המחודשת של מודעות המערב לארץ הקודש ואת תגובתם של תושבי האזור, עלינו להתמקד במאה השמונה־עשרה. אירועי גומלין מכריעים התרחשו בשתי חזיתות. הראשונה היתה הסכסוך בין האימפריה העות'מנית ושכניה הנוצרים – ההבסבורגים וההונגרים באגן הדנובה והרוסים בחצי־האי קרים. בשלהי המאה השבע־עשרה הגיעו הטורקים לנקודת שיא שנייה של התפשטות אימפריאליסטית (המצור השני על וינה, 1683); אולם מיד עם הסרת המצור נאלצו לסגת מחמת התקפת הנגד הנוצרית. בשנת 1687, במוהאץ' (Mohacs), ספגו העות'מנים מפלה שלא היתה כמוה בתולדותיהם, ומאז ידעו עשרות שנים של נסיגה פחות או יותר מתמדת, תחילה מאגן הדנובה ולאחר מכן מדרום אוקראינה ומחצי־האי קרים. בעקבות נסיגות אלו נאלצו הטורקים להתמודד עם נחיתותם הטכנולוגית ולהנהיג מודרניזציה במערכות החינוך והצבא, משימה שאילצה אותם לשכור את שירותיהם של יועצים אירופים רבים. באותו הזמן זכו האוכלוסיות הנוצריות הנשלטות – ובמיוחד היוונים – לתמיכתם של אוהדים ובעלי חסות מבחוץ שעודדו אותן לתבוע אוטונומיה ואף יותר מכך (רוסיה, למשל, ניצלה את ההזדמנות כדי לגרום צרות לאויביה העות'מנים). התעוררות לאומית מחודשת זו הובילה את העמים הכבושים להדק את קשריהם עם אירופה ולבקש את תמיכתה נגד שליטיהם המוסלמים.

החזית האחרת היתה מצרים. רגע האמת היה פלישתו של בונפרטה למצרים בשנת 1798. בקרב הפירמידות (21 ביולי 1798), הפיצו הכוחות הצרפתיים את הצבא הממלוכי לכל רוח והבהירו למצרים – ולאיסלם – שמבחינה צבאית כוחה של אירופה עולה על כוחם בהרבה, ולפיכך היא עולה עליהם גם בתחומים אחרים. בונפרטה אמנם כפה את הנוכחות הצרפתית ואת עצמתה, אך גם חשף את מצרים ואת האיסלם בפני אירופה. נפוליאון נטל עמו מדענים, ארכיאולוגים ומלומדים אחרים, לא רק כדי ללמוד ככל שיוכל על מצרים, אלא גם כדי להיעזר בידע זה על מנת להשפיע על המצרים. ברוח האסטרטגיה שגובשה במערכות קודמות שניהלה צרפת באירופה, ביקש נפוליאון להפיץ בקרב האוכלוסייה המנושלת את הרעיונות והאידיאלים של צרפת המהפכנית במגמה להשיג את תמיכתה. המטרה היתה להפיל את המוסדות הישנים (שכונו "פיאודליזם") ולזכות בשיתוף הפעולה של האוכלוסייה תחת שלטונה המדיני והתרבותי של צרפת.

בונפרטה לא הצליח לערער את הסדר הישן במצרים; הוא לא נשאר בה די זמן. ואולם דמותו

והצלחתו הותירו את רישומם במצרים, ושליטה החדש, הרפתקן אלבני בשם מוחמד עלי, ראה את המודרניזציה של מצרים כאחת ממשימותיו העיקריות. לשם ביצוע תוכנית זאת נאלץ, כמו הריבון הטורקי שלו, להעסיק מומחים ויועצים זרים; היה אנוס גם להגדיל את הכנסות המדינה באמצעות עידוד סחר החוץ והדבר הוביל להגדלת הנוכחות האירופית, במיוחד באלכסנדריה.

תהליך זה של אינטגרציה עם התרבות והמסחר האירופיים הזין את עצמו. לא זו בלבד שסוחרים, הרפתקנים, שכירי חרב ואחרים החלו להגיע לאזור בבקשם לנצל את האפשרויות שנפתחו לפניהם, אלא שארצות האזור מצידן החלו להתחרות על ידידותה ועזרתה של אירופה. את הלחץ שהופעל בידי מדינה אירופית אחת – כגון, רוסיה כנגד טורקיה – ניתן היה לאזן באמצעות העזרה של מעצמה אירופית אחרת – למשל, בריטניה. יריבויות מקומיות עודדו את ההתפתחות הזאת: הסכסוך בין המשנה למלך במצרים ובין הריבון שלו בקונסטנטינופול עודד את קהיר לפנות לחילופין לצרפת ולבריטניה, ובמיוחד לצרפת, מפני שעיקר מעייניה של בריטניה באזור היו נתונים להגנת ה"שער העליון" (The Sublime Porte) כנגד שאיפותיה הטריטוריאליות של רוסיה.

העמקת המגע הישיר הביאה להתעניינות גוברת גם במרחקים. הלוונט – המזרח המסתורי – נעשה אופנתי. ראשונים היו הצרפתים שאימצו מוטיבים מצריים בריהוט, עיצוב וקישוט בתיהם, אבל, האירופים ככלל בלעו בשקיקה את הדיווחים שהגיעו מן המזרח על הספינקס והפירמידות, צריחי המסגדים, הארמונות וההרמונות. ציורים של פרשים ערבים רכובים על סוסי מלחמה נוחרים, של נשים עגלגלות בעלות יופי מחוספס המחכות בריפיון לקריאת אדונן, או של סמטאות מסחר צרות הכלואות בין חומות נישאות ובהן דלתות כבדות ומרפסות מעשה סבכה – אלה ואחרים היו הדימויים הרומנטיים של המזרח האקזוטי, דימויים שהזינו חלומות על ה"אחר" המפתה. למסע הגדול (The Grand Tour) – אותה תכנית חינוכית מחייבת של הצעיר האירופי בעל האמצעים של המאה השמונה־עשרה – נוסף עתה מסע אל הלוונט, ששולב, לקראת אמצע המאה התשע־עשרה, במסגרת תוכנית המסעות המסחריים המאורגנים.

התרחבות זו של תיירות בלוונט כללה בתחומה באורח בלתי נמנע את ארץ־ישראל. ארץ־ישראל היתה מחוז נחשל, אזור שלא הפיק רווח רב מצמיחת הקשרים המדיניים והכלכליים בין אירופה למזרח הקרוב; גם כשדה ציד לשודדי עתיקות לא היה אפשר להשוותה לא ליוון, לא לטורקיה ולא למצרים. ואולם מלכתחילה היה לארץ־ישראל כוח משיכה מיוחד: היתה זאת ארץ הקודש. זוהי הארץ שבה ישבו, נלחמו והרעימו בקולם האבות, המלכים והנביאים; זוהי הארץ שבה התהלכו והטיפו ישו ושליחיו, ובה שפכו הצלבנים את דמם (ודם יהודים ומוסלמים) במאמציהם לזכות מחדש בקבר הקדוש עבור הנצרות. רק מעט אנדרטאות מוצקות נותרו בה לזכר הימים והמעשים הקדומים ההם, אבל את חסרונם מילאו דמיון דתי ואמונה נשגבה.

מראשית המאה התשע־עשרה גבר אפוא זרם המבקרים בארץ־ישראל. בתחילה באו האנשים הללו כעולי רגל, הם הצטרפו לקבוצות דתיות או לחבורות סוחרים מקומיים והתאכסנו רובם ככולם במנזרים ובאכסניות של הכנסייה (מלונות לא היו בנמצא). בגלל חוסר הביטחון הכרוך במסע בארץ שבה היה החוק "חסר שיניים" וכנופיות נודדים נהגו לשדוד את יושבי המקום, התחפשו מבקרים רבים לכמרים חסרי־כול כדי שלא לעורר את תאוות הבצע של המקומיים. בעיה נוספת התעוררה עקב רגישותה הדתית של האוכלוסייה המקומית. זו היתה רגילה זה מכבר לראות בכופרים (כלומר, יהודים ונוצרים) אנשים שראויים לסובלנות, אך נחותים, והתקשתה לקבל את הנחתם של המבקרים בדבר עליונותה הרוחנית והמדינית של אירופה ובניה. כאן התנגשו שתי השקפות עולם, התנגשות שמצאה לעתים את ביטויה באלימות.

אי־ביטחון זה היה נסבל כל זמן שהמסעות היו נדירים, והנוסעים – שוחרי הרפתקאות שנסעו על דעת עצמם ועולי רגל פטליסטים. אולם במשך הזמן החלו להגיע לארץ הקודש נוסעים שהיו עזי נפש פחות, נוסעים שהונעו מכוחם של דיווחים זוהרים על השראה רוחנית. מאותה שעה נעשתה כפייתו של סדר ציבורי – אפילו במחוזותיה הנידחים של הארץ – הכרח דחוף. ממשלות ארופיות החלו להפעיל לחץ על "השער" כדי להבטיח את שלום אזרחיהן ולהביא להענשת האשמים בפשעים כנגדם; והממשלה העות'מנית, החלשה והתלויה תלות הולכת וגוברת בגורמים חיצוניים, צייתה בדרך כלל. ואולם, מה שנראה בעיניים מערביות סיבה ברורה לעונש נתפס בצורה שונה לחלוטין בידי המקומיים שהואשמו בתוקפנות. קלוד ר' קונדר (Claude R. Conder), שעבד כמודד בארץ־ישראל בשנות השבעים של המאה התשע־עשרה, מספר סיפור מאיר עיניים על התנגשות כזאת. קונדר חנה סמוך לשכם וקבוצה מאנשי המקום בהנהגת שיך מקומי באה לביקור, להתבונן סביב ולנהל משא־ומתן. נראה שכוונתם לא היתה ידידותית; שכם היתה מרכז ידוע של דעות קדומות אנטי־נוצריות. אפשר שביקשו שוחד, מעין הצעת שלום, אפשר שביקשו לגנוב ואפשר שלא היו אלא סקרנים. מכל מקום, עד מהרה התפתח מאבק.

קונדר מבהיר בדיווחו שאינו יודע כיצד החל המאבק, אבל חש חובה להגן על אנשיו, והגיש תלונה רשמית לשלטונות העות'מניים. קונדר רצה צדק. ו"צדק" היה בעיניו הענשת השיך ואנשיו. קונדר נאלץ להמתין זמן־מה, אולם לבסוף נענתה קונסטנטינופול לתביעותיו, תפסה את התוקפנים המעורבים בפרשה והציעה להטיל עונש שיכפר על האלימות שבוצעה וירתיע אחרים. במאה השמונה־עשרה לא ניתן היה להעלות על הדעת תוצאה כזו, משום שצדק היה אז צדק מקומי, והיחסים בין מוסלמים לכופרים לא היו שווים: מוסלמי יכול היה לפגוע בכופר, וכופר לא היה יכול לגמול לו. עתה השתנו יחסי הכוחות, והאירופי חש שלא זו בלבד שהוא חזק דיו כדי להשיג צדק, כפי שהוא הבין מונח זה, אלא גם היה משוכנע שאכיפת זכויותיו יש לה חשיבות מעבר לאינטרס אישי. וכך העמיד קונדר את הדברים: "אני מקווה, שהאירוע לימד בסופו של דבר לקח מועיל והראה לתושבי ארץ־ישראל שלא ניתן לעלוב בנתינים בריטים בלי להיענש".[1]

מוקד נוסף של מתח ושינוי היה שאלת גישתם של האירופים לאנדרטאות ואתרים קדושים. כמה מן החשובים שבהם היו קדושים גם למוסלמים וכמקומות פולחן היו סגורים בפני כופרים. אמנם היו כופרים שעוררו התנגדות פחותה מאחרים. בשנת 1864, כשהותר לנסיך מוויילס, על־פי רישיון מקונסטנטינופול, לבקר במערת המכפלה בחברון (כידוע, מקום קבורת האבות והאמהות היהודים; אלא שגם הערבים רואים את אברהם כאביהם), היה זה תקדים רב־חשיבות. מעתה יכולים היו מבקרים – תחילה אצילים ובעלי מעמד מכובד, ונוצרים לפני יהודים – לקוות לחזות במקומות עליהם למדו וחלמו משחר ילדותם. ולא רק בירושלים, מקום שזה מכבר קיימו בו זרים נוכחות דתית, אלא גם באזורים הנידחים והפחות סובלניים; ולא רק במקומות קדושים על פי מסורת התנ"ך, אלא גם במקומות קדושים למוסלמים.

והנה עמדו המבקרים מאירופה והאוכלוסייה המקומית לפני העימות המסוכן ביותר שעלול היה לעורר רגשות בעלי עצמה רבה. אלה היו ניסיונותיהם של המסיונרים לחדור ללבה ורוחה של האוכלוסייה המוסלמית. כאן אפילו שיתוף פעולה של קונסטנטינופול לא יכול היה לסייע. הרגשות היו עמוקים מכדי שניתן יהיה לדכאם או להדחיקם. תעמולה דתית שמטרתה המרת דת נאסרה על

1 Claude R. Conder, *Tent Work in Palestine: A Record of Discovery and Adventure*, II, London 1878 pp. 191-203. הציטוט לקוח מעמ' 203.

פי החוק והמנהג המוסלמי – לאמיתו של דבר היתה זאת עבירה הכרוכה בעונש מוות – והשליחים הנוצרים למדו עד מהרה לכוון את מאמציהם כלפי נוצרים אחרים או כלפי יהודים. וכך, במאה התשע־עשרה, היו התחלות של מסיונריות נוצרית בשטח שנודע אז כסוריה וכלל את ארץ־ישראל ואת לבנון, מסיונריות שהביאה בעקבותיה מספר הולך וגובר של דיווחים, מקצתם עובדתיים ובעלי אופי שימושי, ומקצתם מזמורי אמונה בלבוש של יצירה מחדש של ימי קדם. יש בידינו דיווחים מספר המלמדים על אמונה נאיווית, למשל דיווחם של ארבעת נציגי הכנסייה הסקוטית (הפריסביטריאנית), שנהגו להעניק את הברית החדשה ל"מומרים בכוח". הם ראו משומדים יהודים ומשומדים כביכול בכל מקום. על פי אומדנם, צריכים היו להיוותר בשלהי המאה יהודים מעטים בלבד בארץ־ישראל ובמזרח אירופה.[2]

באותו הזמן, גם כתוצאה ממעמדם החדש המוגן יותר של המבקרים האירופים, חל שיפור במצבם של התושבים הזרים הקבועים ממוצא אירופי: במצרים היו אלה בדרך כלל אנשי עסקים ובעלי מלאכה שבאו לסחור במצרים ולספק את צרכיה של קהילה אירופית הולכת וגדלה, ויהודים עניים, אדוקים, שבאו לארץ־ישראל לעשות בה את שארית ימיהם. המהגרים האלה החלו להצהיר על מעמדם כבני חסות של מעצמות אירופיות ולטעון לחסיון אקס־טריטוריאלי. לא חלף זמן רב עד שנתחייבה הצהרה דומה גם בדבר זכויותיהם של התושבים הוותיקים והחובה להגן עליהם. אלה היו קבוצות אזרחים הקשורות לאירופה קשר לאומי או דתי, שעדיין התייגעו תחת עול ההפלייה, הנחיתות האזרחית, חוסר זכויות דתיות, וחשש מעלבונות ומאלימות פיזית. מוקד אחד של סכסוך היה שאלת חופש הפולחן. ואין הכוונה רק לזכות לעסוק בפולחן דתי, אלא גם לעסוק בו בפרהסיה וליטול חלק בתהלוכות ובטקסים דתיים. בעיני המוסלמים היה עצם צלילם של פעמונים נוצריים פגיעה בלתי נסבלת בכבודם, פגיעה שתבעה תגמול. והנה, כאשר הוציאה הממשלה העות'מנית צו המעניק לנוצרים חופש פולחן דתי, והנוצרים בסוריה ניצלו, שמא בעליצות יתר, חירות חדשה זו, התוצאה היתה, אולי באורח בלתי נמנע, סדרת מהומות ופוגרומים. אלה הגיעו לשיאם בשנת 1860, ודוכאו לבסוף רק בעזרת התערבות אירופית. סכסוכים כאלה התפתחו גם במצרים, מקום שבו שימשו כל חילופי שלטון אמתלה בידי מוסלמים שמרנים לפתוח במהומות ולקרוא לחזור אל תור הזהב של ההכנעה הנוצרית, שלא לומר ההשפלה הנוצרית.

עד כאן באשר לצד הערבי. ואשר לאירופים, הקשרים החדשים והאפשרויות הרב־גוניות, שנפתחו בעקבות העליונות הצבאית, עוררו תחושה של הזדמנות חדשה והתעניינויות חדשות: מדעיות, דתיות ומעל לכול – מדיניות וכלכליות. נקודת המפתח כאן היתה השיפור וההתעצמות של התחבורה והתקשורת, שראשיתם עם הנהגת ספינות הקיטור בשנות השלושים של המאה התשע־עשרה, וייסוד קווי ספנות סדירים לאזור, שנודע אז בשם סוריה וכלל, מ־1840, את ארץ־ישראל. תנועה צפופה יותר בים חייבה ועודדה שיפורים גם בתחבורה היבשתית: הנחת מסילת רכבת מאלכסנדריה לקהיר בשנות הארבעים; הפעלת קו כרכרות על פני מצר סואץ באותה תקופה ולראשונה – סלילת דרך בסוריה מביירות לדמשק בשנת 1863. כמו כן נסללה לראשונה בארץ־ישראל דרך מיפו לירושלים בשנת 1869; שיא הפעילות בתחום זה היה כריית התעלה הגדולה על פני המצר בשנות השישים של המאה.

אפשרויות חדשות אלו היו אות וסימן וגם סיבה לדפוס חדש של מסע בארץ הקודש. כאמור,

2 קראתי את דבריהם בתרגום לצרפתית: Keith (Alexander) Black (Andrew) Bonar, & MacCheyne, *Les Juifs d'Europe et de Palestine*, Paris 1844

המבקרים הראשונים היו בעיקר עולי רגל דתיים. עתה באו יותר נוסעים תאבי "התנסויות", שבויים בקסמו של האקזוטי. התיירים הללו – ואכן, היו אלה למעשה תיירים – הונעו מכוחם של סקרנות וערגה ליוקרה הכרוכה במקומות נידחים שלא על דרך המלך – לא פחות מאשר מכוחה של אמונה דתית. מומחי מסעות החלו למלא תפקיד – החברה של תומס קוק (Thomas Cook) היתה חלוצה בתחום זה – וקרונות מכוסים פינו את מקומם למסעות ספארי מאורגנים מצוידים במשרתים, אוהלים, שומרים ומדריכים, וכל המאכלים הדרושים להישרדות מהודרת בשממה. לא היה עוד צורך למצוא מחסה במנזרים; אכסניות מסחריות הוקמו ואלה הציעו נוחות בסיסית למדי בקנה מידה מודרני, ושלא נפלה, עם זאת, מן הסגפנות המנזרית. הודפסו ספרי הדרכה, שנועדו לסייע בידי הנוסע לתכנן את מסעו מראש, ואלה כללו מפות, איורים ואת הפרטים הרגילים אודות הגישה אל האתרים ההיסטוריים. ראשון היה ספרו של ג'וסיה קונדר (Josiah Conder), *The Modern Traveller - Palestine*, שראה אור בשנת 1825, והניח מקום רב לשיפורים ותוספות. ואולם, עד מהרה באו מבקרים מלומדים וחוקרים, רבים מהם מאורגנים במסגרת של משלחות, ומיפו את השטחים העזובים שהיוו את רוב חלקי האזור וסיפקו אינפורמציה מדויקת הרבה יותר על עניינים כגון גובה פני ים המלח ופרטים טופוגרפיים שהיו ידועים קודם לכן רק לבדואים.

ממצא המחקר הדרמטי ביותר של שנים מוקדמות אלו היה הגילוי (המחודש) של עיר הסלע האדום פטרה, עיר הנחבאת בתוך קניון הררי צר מזרחית לבקעת הירדן, וסמוך לה. היה זה יוהאן לודוויג בורקהרדט (Johann Ludwig Burckhardt) אשר גילה את העיר הזאת בשנת 1812. הקריירה של בורקהרדט עצמו מלמדת על הסכנות שהיו כרוכות במסע ומחקר בחלקים אלו של העולם. הוא עבר משוויצריה ללונדון והציע את שירותיו לחברה הבריטית לקידום גילוי פנים־אפריקה (British Association for Promoting the Discovery of Interior Africa). אנשי החברה חשבו, שמוטב שילמד ערבית כדי שיוכל להתחזות לערבי. ולפיכך נשלח בורקהרדט למשך שנתיים לסוריה וניצל את ההזדמנות כדי לנסוע ברחבי האזור מחופש בתחפושות שונות: סוחר באבקת שרפה, נציג הפטריאך היווני בדמשק, רופא האוסף צמחי מרפא; ובעת המסע לפטרה התחפש לעולה רגל, שנדר להקריב כבש לאהרון שקבור, על פי המסורת, בהור ההר. ההתחפשויות הללו מלמדות על הסיכונים שהסתכן בהם המבקר המצוי. הן גם העמידו את בורקהרדט בסכנת חיים, משום שחשיפת ההונאה היתה עולה לו בחייו. יתרה מזו. גם אם לא נרצח החוקר בן המערב בידי אנשי המקום עדיין ריחפה עליו סכנה גדולה מן הרגיל לחלות במחלה מסוכנת. בורקהרדט מת מדיזנטריה בקהיר בשנת 1817.[3]

בין המקומות שהיה עליהם פחות ידע היתה, למרבה האירוניה, ירושלים, מטרתם העיקרית של רוב המבקרים. פריצת הדרך המכריעה נעשתה בידי פרידריק קת'רווד (Frederick Catherwood), מהנדס־אדריכל בשירותו של מחמט עלי. קת'רווד ניצל את הכיבוש המצרי של ארץ־ישראל בשנות השלושים של המאה כדי לסקור את הר הבית על מסגדיו, עומר ואלאקצא. אזור זה היה סגור בפני כופרים (או פרנקים כפי שכונו אז באופן מסורתי), וקת'רווד נפל בידי מתפללים מוסלמים זועמים שביקשו לעשות בו לינץ'; המושל שהגיע למקום במקרה הניח בטעות

3 חומר זה ואחר על הכתבים והביוגרפיות של מבקרים במאה התשע־עשרה בארץ־ישראל לקוחים מתוך: יהושע בן־אריה, ארץ ישראל במאה הי"ט: גילויה מחדש, ירושלים 1970, מדריך רב־ערך לספרות. על בורקהרדט ראה עמ' 36–38; על זיטצן, עמ' 37–39.

שהיתה לקת'רווד רשות ממחמט עלי לבחון את השטח וחילץ אותו מן המקום. קת'רווד הכין שלוש מפות של ירושלים (בשנים 1835 ו־1838), ששימשו בסיס לכל מחקר נוסף עד 1849.

בחלוף הזמן רבתה האינפורמציה שבאה מארץ־ישראל. למעשה, ניתן לשרטט את ההתעניינות הגוברת באמצעות מספר הפרסומים שהופיעו, פרסומים מגוונים בתוכנם ויותר מכך – באופיים ובסגנונם. קודם כל – ספרות העלייה לרגל, כתביהם של מי שבאו מטעמים דתיים, ובכללם עולי הרגל הנלהבים, מי שביקשו לחזור אל העבר ולחיות מחדש את האירועים. הם חשו שהאירועים האלה מעידים על נוכחותו של אלוהים בהיסטוריה. הספרים והמאמרים שכתבו המאמינים הללו הם בעצם יומנים של חוויה דתית; האתרים היו תפאורת רקע לסיפור תנכ"י חדש ומשופר. הזמן התמוסס עד לנקודה בה קשה היה להבחין מתי מסתיים העבר ומתחיל ההווה, ולמרות שהכתיבה נוצרה בהשראת המקום, היא מלמדת על המחבר יותר מאשר על מושא תיאוריו.

באורח בלתי נמנע היו רבים מעולי רגל אלה פתאים גמורים. הם לא ראו אלא מה שביקשו לראות. כדי להבין את התייחסותם של עולי רגל אלה נוכל להיעזר בעדותו של סמואל קלמנס (Samuel Clemens), שנודע כעבור זמן בשם מרק טוויין (Mark Twain). עדותו של טוויין עוקצנית ותצפיותיו מתובלות בהבנה חריפה. בקטע ידוע מתוך *The Innocents Abroad* (פרק 23), כותב טוויין על עלמות נצרת. "הנערות הנצרתיות הן פשוטות", אומר טוויין, "הן הנערות הלבביות ביותר שפגשנו עד כה בארץ, ובעלות הטבע הנוח ביותר, אבל למרבה הצער אין ספק שהעלמות הציוריות האלו נעדרות חן". ואולם לא כך ראו אותן עולי הרגל:

> עולה רגל – מן ה"מתלהבים" – אמר: "הביטו בנערה הגבוהה ומלאת החן ההיא! הביטו בפניה היפים כפני מדונה!".
>
> עד מהרה הגיע עולה רגל נוסף ואמר: "הסתכלו בנערה הגבוהה ומלאת החן ההיא; איזה חן ויופי מלכותי כשל מדונה שרוי על פניה".
>
> אמרתי: "היא אינה גבוהה, אלא נמוכה; אין היא יפה, אלא פשוטת מראה; היא חיננית למדי, אני מודה, אך היא גסה במקצת".
>
> עולה הרגל השלישי והאחרון חלף על פנינו כעבור זמן קצר ואמר: "אה, איזו נערה גבוהה ומלאת חן! איזה חן כשל מדונה של יופי מלכותי!".

עד מהרה עמדה האוכלוסייה המקומית על האפשרויות הגלומות בציבור לקוחות כה נלהב: הם הבינו שמדת ומנוסטלגיה אפשר להתפרנס. התפתחה תעשייה זעירה, שמטרתה גילוי (המצאה) וייצור של אתרים קדושים. היתה זו מעין חזרה לתקופת אמונה מוקדמת יותר, שבה ייצרה הכנסייה של ימי הביניים מזכרות לצורך חינוכם של עולי הרגל, לכבודו של אלוהים ובמטרה להגדיל את הכנסותיה.

עולי רגל אחרים באו לא רק כדי להתהלך במקומות הקדושים, אלא גם כדי למצוא בהם אישור וחיזוק לאמונתם. בשבילם היתה ארץ הקודש מטפורה – נבואה שהתגשמה. הם באו לארץ־ישראל ובלבם זיכרונות שנשאבו מן התנ"ך. הם "זכרו" אותה מן הכתובים כמקום מאוכלס, ירוק ושוקק חיים – ארץ זבת חלב ודבש – ומצאו את עצמם בתוך שממה. הניגוד בין הארץ ובין אנגליה או צרפת, בעלות האקלים, הצמחייה והצבעים השונים, היה מהמם. הם לא התקשו להאמין שדבר נורא התרחש ולראות במציאות שנתגלתה לפניהם את התגשמותה של הנבואה הקדומה – אזהרותיהם של ישעיה וירמיה על מה שיקרה לבני ישראל אם יפרו את הברית. הנוצרים התכוונו כמובן לחטא הבלתי נסלח של היהודים – דחייתו של ישו, ולא היה דבר שחיזק יותר את אמונתם

מהוכחה פיזית זו לזעמו של אלוהים. אפילו ספקן כמרק טוויין לא יכול היה להימנע מלהסיק מסקנה דומה. ב־*The Innocents Abroad* (פרק 19) הוא מתאר עמק רווי מים (יתר על המידה?) על יד מקורות הירדן: "אין כפר אחד לכל אורכו ורוחבו – שלושים מיל לכל כיוון. ישנן שתיים־שלוש קבוצות של אוהלי בדווים, אבל אף לא יישוב קבע אחד. ניתן לרכוב בסביבה עשרה מיל ולא לראות אפילו עשרה אנשים". והוא מוסיף בתורת לקח שאין לעמוד בפניו שני פסוקים מספר ויקרא (כו, לב–לג): "והשִׁמֹּתִי אני את־הארץ, ושממו עליה אֹיביכם הישבים בה. ואתכם אֱזָרֶה בגוים והריקֹתי אחריכם חרב, והיתה ארצכם שממה ועריכם יהיו חרבה".

התוכחה על הארץ – שדות הבור והאדמה השוממה, הריקנות, הבתים העלובים, הלכלוך בערים, היעדר הדרכים – קיבלה אישור ממראם של האנשים. ושוב טוויין אכזרי, נחפז מדי בעטו, בשעה שהוא מדבר על "נוודים אכולי תולעים", על "נערות שחומות שופעות חזה בעלות שפתיים וסנטר מקועקעים עד להבחיל" ועל "פורצי הקברים וחוטפי הגופות בעלי החוטם הארוך, הכחושים והנראים כסובלים מבעיות עיכול". "אומרים", הוא כותב על אלה, "שהם הפרושים הקדמונים, המוכרים לנו, הצדיקים בעיני עצמם, אלה שאנו קוראים עליהם בכתבי הקודש" (פרק 21).

כטוויין כך גם המבקרים האחרים: את מילות הבוז העזות ביותר שמרו לאותם יהודים שבאו מארצות הגלות כדי להתיישב בציון. אלה היו ציונים לפני הציונות, ציונים דתיים שקיימו את המצווה לשבת בארץ מפני שכל המעשים הדתיים הם בעלי ערך מיוחד כשהם נעשים בארץ־ישראל. הם באו לארץ כדי למות בה וראו את עצמם כמקרבים את גאולת העם היהודי, ואפילו את גאולת העולם, על ידי תפילתם במקום קדוש זה. אדישים לעניינים שבחומר, שרויים במצוקה כלכלית ולא יצרניים, התקיימו הללו בעוני, שהוקל אך במעט על־ידי הצדקה שנתנו להם בני דתם העשירים יותר בחוץ לארץ. אורח חייהם ועמו תנוחת התפילה והתרפסותם, התרפסות של אנשים כפופים הרגילים למלקות, עשו רושם רע על התיירים האירופים, שהיו ברובם בעלי אמצעים ובעלי הופעה, שלא לומר בעלי כבוד. מה עוד יכלו עולי הרגל הנוצרים לראות בייצורים האומללים הללו מלבד ההוכחה החיה לעונשים על עקשות הרוח והמילה, שקיבלו עליהם? יהודי ה"חלוקה" של ארץ־ישראל נראו דומים מאוד ליהודי הנודד שבדמונולוגיה של ימי הביניים.

קבוצה אחרת של מבקרים היו תיירים שבאו בגלל החידוש, ההרפתקה והזכות לומר שהם היו שם. אלה היו ברובם ריאליסטים עקשנים הדבקים בהתנגדותם לפיתויי הסיפור והאגדה. הניגוד בינם לאדוקים שופעי הדמעות נמסר יפה ב־*The Innocents Abroad*. טוויין משתעשע בספרו של ויליאם ק' פריים (William C. Prime הנקרא בפיו Grimes), אמריקני שחצן, אך בכיין, שהתגאה באבות קדומים קדושים וכתב את הספר *Tent Life in the Holy Land* (השם "ארץ הקודש" רומז לדתיות). טוויין מצטט את הספר 'חיי נוודות בארץ־ישראל' (*Nomadic Life in Palestine*), וחש שבמסווה הזה יש משום חסד עם רברבן כה מגוחך; מלבד זאת, עבודתו של פריים מייצגת קטגוריה רחבה יותר "וביקורת עליו תשמש ביקורת על כולם" (פרק 23). ספקנים כטוויין, מלאי בוז כלפי המאמינים האמיתיים – "לא איכפת לי מן הבדווים – איני פוחד מהם; ...אבל אני חש פחד מפני חבריי" (פרק 24) – הלכו והתרבו יחסית ככל שקרבה המאה התשע־עשרה אל קיצה וארץ־ישראל הלכה והפכה לאחד ממוקדי הסיורים המאורגנים באזור: המטרה היתה לראות את הספינקס, את הפירמידות ואת ירושלים.

הקבוצה האחרונה בין קבוצות המבקרים החשובות כללה חוקרים ומדענים שהיו להוטים למפות אזורים לא נודעים, למצוא ערים אבודות ולחשב את גובה פני ים המלח או את גובה הר סיני. בורקהרדט לא היה הראשון שבהם. לפניו היה גרמני בשם אולריך זֶטצן (Ulrich Seetzen),

שהיתה לו ללא ספק משאלת מוות: לא היה מקום, סודי ככל שיהיה, אסור ככל שיהיה, שהיה מוגן מפני סקרנותו. אחרי מספר שנים שבהן שהה בקונסטנטינופול ובאלֶפּוֹ (חלב), למד ערבית והתוודע אל מנהגי האזור, ביקר בסוריה ובארץ־ישראל, ובכלל זה בחורבותיה הנשכחות של גרס (Gerasa), הידועה כיום כג'רש (Jerash), בפילדלפיה (רבת עמון), ים המלח, הנגב וסיני. אחר כך נסע לקהיר ולמד בה לשונות אפריקניות כדי להתכונן לעבודת מחקר נוספת. אולם לפני כן נסע לג'דה, מֶכָּה ומֶדינה במסווה של עולה רגל מוסלמי, שם הכין שרטוט של הקעבה הקדושה. לאחר מכן נסע לתימן ולחצרמות. משם שלח את חפציו ויומניו לגרמניה ופנה לעבר צנעה. יומיים אחר־כך נמצא זֶטצן מת; השמועה אומרת כי זהותו נחשפה והוא נרצח.[4]

זֶטצן, בורקהרדט והבאים אחריהם היו אינדיווידואליסטים קשוחים; למרות שפעילותם מומנה לעתים בידי נותני חסות מערביים, הם אלתרו בעת מסעותיהם ושינו את המטרות על פי האפשרויות שניקרו בדרכם. ואולם העלות ההולכת וגדלה של מחקר רציני חייבה יותר ויותר תכנון קפדני של משלחות בעלות מטרה ברורה ותכליתית. החל מ־1865 היתה "הקרן לחקר ארץ־ישראל" (Palestine Exploration Fund) מלונדון הסוכנות העיקרית שעודדה מחקר מדעי של האזור. אחד מעקרונותיה היה שלא לנהל את ענייניה כארגון דתי. למרות שחוקריה היו מעוניינים בעיקר במדעי הטבע, הם לא זנחו את חקר הסביבה החברתית, התרבותית והגיאוגרפיה האנושית והפיזית. ראוי לציין שתצפיותיהם תאמו במידה רבה לתצפיות עולי הרגל... אבל, כמה שונה ההסבר! למשל קלוד קונדר: הוא בא כסגן בחיל ההנדסה המלכותי כדי לעזור במיפוי חלקה המערבי של ארץ־ישראל. אך עם זאת גם כתב באריכות על מצבה העלוב של הארץ ועל עוניים של תושביה. שלא כמו המבקרים יראי השמים שראו במצוקות אלו נבואה שהתגשמה, ראה בהן קונדר תוצאה של ניהול כושל ודיכוי. הוא כתב בביטחון עצמי הראוי לציון על אפשרויות השיפור וטען שהאיכרים, הפלחים, מסוגלים לחדש את השגשוג של ימים עברו. הוא לא חשב שהארץ יבשה יותר ממה שהיתה בעבר. היו בה מים רבים, אלא שהבעיה היתה איך לאגור אותם ואיך להשתמש בהם.

כל זה נשמע סביר מאוד. אולם, מבקרים מדענים אלה, למרות שיטת מחקרם הנאותה, לא היו נקיים מדעות קדומות משל עצמם. קונדר מהווה דוגמה טובה לכך. הוא כותב:

> האשכנזים הם ללא ספק האנשים המלוכלכים ביותר על פני האדמה (חלק ב, עמ' 295). מעמדן של הנשים היהודיות אינו מעורר קנאה. הן מגורשות על סמך התואנה הקטנה ביותר, אפילו עקב בישול ארוחת ערב גרועה, והן שרויות בחרדה מתמדת (שם, עמ' 296).

קונדר נטה לדבר על אנשים בסטריאוטיפים ולהסביר את היהודי והערבי במונחים כגון "האופי השמי". מה היו התכונות שייחס להם? אהבת בצע, שקר, ערמומיות ותחבולה, בדלנות ויוהרה והתרברבות ללא גבול. קונדר דיבר גם על לאומים "בני־כלאיים". אלה היו האנשים שפגש בנמלי הים: המלטים, היוונים, הסלווים והלוונטינים. "לוונטיני" היה שם כללי, שנועד לכסות על מספר רב של חטאים לאומיים; קונדר תיאר אותם כ"מעמד חברתי שמידת העניין שהוא מעורר שווה למידת השפלתו" (שם, עמ' 301).

4 שם, עמ' 31–36.

קונדר לא היה יחיד; אפשר לצטט מבקרים רבים שתיארו את תושבי הארץ תיאורים שליליים ומלאי בוז. ביקורות כאלו קשורות לעתים קרובות בהתנסות אישית בלתי נעימה כלשהי, שיוחסה לפגם בקבוצה כולה או לפגם במקום האירוע. כפי שניסח זאת אחד המחברים: "הוא נראה יפה במבט ראשון, הוא נעשה גרוע יותר כשאתה מריח אותו והוא בלתי נעים ודוחה כשאתה נוגע בו". ברור שהשיפוט, לפחות מקצתו, היה תוצאה של אי־נוחות או קשיים, של חסרונם של מתקני שירותים, ריבוי הזבובים, הבדים והבגדים המלוכלכים, וההרגלים האישיים הבלתי צנועים של מקצת התושבים. ארץ־ישראל לא היתה אנגליה או צרפת; וירושלים לא היתה פריז או לונדון.

לנוכח כל הביקורות הללו בדבר דיוק דיווחיהם של הצופים והאובייקטיביות שלהם, עשוי הקורא לשאול, מדוע אנו עושים בכלל שימוש בדיווחיהם? מה אנחנו יכולים ללמוד ממקורות משוחדים כל כך ואף נבערים? התשובה פשוטה: ניתן ללמוד מדיווחים אלה כפי שניתן ללמוד מן הרשומות הרשמיות ששרדו, בין אם הן ארץ־ישראליות, טורקיות או אירופיות.[5] נמצא בידינו חומר מקומי מועט כל־כך, עד שהקובץ הרחב וההולך וגדל של דיווחי מבקרים מהווה מקור חשוב ביותר – למרות כל מגבלותיו.

נוסף על כך, עדותם של נוסעים – יהיו מוצאם והטיותיהם אשר יהיו – היא גוף ראיות כמו כל גוף ראיות אחר. כמוהו הוא דורש בחינה, ביקורת וניתוח, ויש לעשות בו שימוש תוך שימת לב מתאימה לקריטריונים של עקיבות, נסיבתיות ואותנטיות. בעניינים אלה קובע עקרון המציאות, המונח בלִבה של כל חקירה מדעית. על פי עיקרון זה, משהו קיים אם אתה רואה (תופס) אותו, ואף אני רואה (תופס) אותו. אם אתה מעיד על משהו ואני מעיד על אותו הדבר, יש בכך משום אישור – על פי שני עדים יקום דבר. וכך, אם שני נוסעים מעידים על אותה תופעה, ייתכן שהם מתארים פיסת מציאות.

על פי העיקרון הזה, ככל שיהיו אישורים רבים יותר כן ייטב: עשרה עדים טובים משניים. כן, ולא. קיימת בעיית הסטריאוטיפיות: מה שאתה אומר, אני חוזר עליו. זהו הרגל רע במיוחד הנפוץ אצל נוסעים. קל לצטט דוגמות של מחברים, שמתוך שהשתוקקו להוציא לאור את ספר המסע שלהם ועקב לחץ של מוציאים לאור להוטים – העתיקו, עשו פרפרזה, ואף גזרו והדביקו את דברי הפרוזה של קודמיהם. לעתים החיקוי אינו מכוון ואינו מודע – ואז המצב הרסני הרבה יותר. הנוסע מכין את מסעו וקורא כל דבר שניתן להשיגו; ככה הוא מטמיע את הרשמים והמושגים של קודמיו ויוצא לדרך – משוחד מראש. לאחר־מכן הוא כותב מתוך שכנוע עצמי של גילוי.

למרות המגרעות, לשימוש בחומר זה יש גם כמה יתרונות. זרים, אחרי הכול, באים מן החוץ. ומן החוץ רואים דברים, שאינם נראים לבני המקום. בעיני המקומיים קווי אופי בולטים של החיים והעבודה נפוצים כל כך, בנליים כל כך, עד שאינם נראים – עקרון ה"מכתב הגנוב" שבסיפורו של אדגר אלן פו. ואילו הזר ישאל: "הכיצד?". הבאים מבחוץ אמנם עשויים שלא להבין, אך הם שמים לב. דבר דומה ניתן לומר על מי שאפשר לראותם כמצויים בפנים ובחוץ – אנשי השוליים החיים בין שתי תרבויות, שבידם עשויה להימצא יכולת ההתבוננות עם יתרון הידיעה.

בעיה זו של ההפסד והרווח של "ראייה מן החוץ" נעשתה נושא לוויכוח ערני. ההתקפה הראשונה על התפיסות המוטעות והחטאים של מה שמכונה מזרחנות מופיעה במאמרו של אנואר עבדל מלק

5 על אלה, ראה במיוחד: Moshe Ma'oz (ed.), *Studies on Palestine During the Ottoman Period*, Jerusalem 1975, Part 6, "Archival Sources for the History of Ottoman Palestine"

משנת 1963; ואולם רק עם פרסום ספרו של אדוארד סעיד (Edward Said) *Orientalism* שיצא לאור ב־1978, הגיעה ביקורת זו אל ציבור רחב יותר, והעמידה למבחן את תקפותה של מסה ענקית של כתיבה מערבית על המזרח התיכון. וכך ניתן לסכם את כתב ההאשמה:

1. מחקרים אלו של ארצות רחוקות מעַוותים את מושא החקירה על ידי הפיכת האנשים הנצפים לאובייקטים. התוצאה מתבטאת בהיררכיה של חזק–חלש, אדון–עבד ועליון–נחות. בלשונו של עבדל מלק: "ה'אובייקט' של החקירה יהיה כמקובל – פסיווי, לא משתתף, ...מעל הכול, לא פעיל, לא עצמאי ולא ריבוני ביחס לעצמו" – ולכן הוא עשוי להיות מושא למניפולציה ולשליטה. בעיני סעיד שיטות כמו "מזרחנות" הן "שיח של כוח, פיקציות אידיאולוגיות – אזיקים המעצבים דרכי חשיבה". לאמיתו של דבר, מטרתה של המזרחנות, או חקר המזרח, להשיג שליטה. המחקר הוא אמצעי במקום להיות מטרה בפני עצמה והוא הפך לאמצעי לתכליות לא מוסריות, שאין לקבלן. והמסקנה – לא די לרצות לדעת; חשוב גם לשאול: לדעת – לאיזו מטרה?

2. מזרחנות יוצרת סטריאוטיפים. בלשונו של עבדל מלק (כפי שהוא מצוטט בידי סעיד): מזרחנים אימצו "תפיסה מהותית" של הארצות, הלאומים והעמים הללו. הדבר "מתבטא באמצעות אִפיון של טיפולוגיה אתנית", שמביאה לאחר מכן לגזענות, או שהיא גזענית מעצם טבעה. סעיד נרגז במיוחד עקב הדגש ששמים המזרחנים על ההשפעה של האיסלם המאריך ימים ו"אינו משתנה לעולם".

3. המזרחנות עושה עוול למושא חקירתה על ידי הכללות המבטלות פרטים והבדלי גוונים ומוחקות על ידי כך את כל ההבחנות המעניקות אמת ומרקם לתיאור ותובנה לניתוח. טיעון זה מובלע במידת־מה בטיעון הקודם לו, שכן יצירת סטריאוטיפים גורמת לביטול של הבחנות.

4. סטריאוטיפיות כזאת מבחינה בהכרח בין קבוצה אחת לאחרת ובדרך זו מפרידה ביניהן. היא מעודדת השוואה מעוררת קנאה ופוגעת בהרמוניה, באהבה ובהבנה, שצריכים לאחד בני אדם בגלל הדמיון שביניהם ובגלל שייכותם לאותה חברה. "יש להימנע בכל מחיר", כותב סעיד, "מן הניסיונות החוזרים ונשנים 'למַזרח את המזרח' והתוצאות של הימנעות זאת יהיו עידון של הידע והפחתת ההערכה המופרזת שמעריך החוקר את עצמו. בלעדי 'המזרח' יהיו חוקרים, מבקרים, אינטלקטואלים ובני אדם, שההבחנות הגזעיות, האתניות והלאומיות יהיו בעיניהם חשובות פחות מן המפעל המשותף של קידום החברה האנושית".[6]

כל האשמות האלה יחדיו מהוות כתב אישום חמור ביותר. אם הן נכונות הן מציבות אתגר מוסרי ואינטלקטואלי לא רק למזרחנות, אלא גם לרוב תחומי המחקר במדעי החברה. ללא ספק, חלק מן האשמות נכונות: נושאי המחקר הם גם מושאיו – ואנו אכן משתמשים לחלופין בשתי המילים. קביעות סטריאוטיפיות וסיווג לקבוצות הם לעתים קרובות בלתי הוגנים, מפלים ומשחיתים. וניתן לעשות שימוש בידע למטרות טובות כמו גם רעות – למשל, לצורך מניפולציה ושליטה. לגבי נקודות אלו, כתב האישום הוא אזהרה הראויה להישמע.

ואולם לדעתי, אין להשתמש בו על מנת לזרוק את הטוב עם הרע. ידע עדיף על בורות, והעובדה שנעשה בו שימוש לא נכון או שימוש לרעה אסור שתרתיע אותנו מן הרצון לדעת. כאן עשוי

6 ואולם סעיד מדגיש את הבחנותיו שלו בצורה שאינה מפלגת פחות: "אין מי שיכול לחמוק מלדון בחלוקה כלשהי, אם לא בחלוקה מערב–מזרח אזי בחלוקה דרום–צפון, או בחלוקה של אלה שיש להם–שאין להם, אמפריאליסטי–אנטי־אימפריאליסטי, או לבן–צבעוני. איננו יכולים לעקוף את כל החלוקות על ידי שנעמיד פנים כאילו אינן קיימות; נהפוך הוא, המזרחנות בת זמננו מלמדת אותנו רבות על חוסר הכנות האינטלקטואלית הכרוכה בהעמדת הפנים בעניין זה. התוצאה היא העצמת החלוקות והפיכתן למסוכנות ומתמידות." *Orientalism*, p. 327.

הקורא לומר, שאין זה אלא ניסיון להתנגד להאשמה ספציפית על ידי קלישאה נעלה שאין דרך לטעון כנגדה. ידע הוא כמו אמהות: כולנו בעדה; אבל מה לזה ולסוגים הפגומים של פסוידו־ידע?

התשובה, לדעתי, טמונה בהשלכות הרחבות יותר של הביקורת על המזרחנות, שהיא אמנם ספציפית בתחום אחד, אך נשענת בבירור על הנחות כלליות יותר. במישור כללי זה יש לשים לב לנקודות הבאות:

1. מיון וסיווג הם כלי לגיטימי ויותר מכך, כלי שאי־אפשר בלעדיו במחקר מדעי. איני מכיר אף דיסציפלינה שהצליחה להתחמק מהבחנות והבדלים, משום שאלה מהווים את תמצית ההבנה.

2. אם אכן, כפי שברור, קיימים הבדלים בין קבוצות ותרבויות, עשויות הבחנות אלו להיות כוח מאחד כמו גם כוח מפריד. למעשה, רוב האנתרופולוגים של התרבות יטענו, שבזה בדיוק הם עסוקים: הרחבת ההתנסות המדגישה את הרבגוניות של המינים שלנו והמביאה לסובלנות כלפי ההתנהגות האנושית לסוגיה השונים.

3. הכללה, או אם תרצו, פישוט – הוא בלתי נמנע. הכל לעולם plus compliqué que cela, כלומר, מורכב יותר; כל אדם, כל אירוע, הוא ייחודי; ואף על פי כן, יש לעשות מאמץ כדי לפשט, אחרת לא יהיה בידינו אלא אוסף ממצאים ללא קשר ביניהם. אי־אפשר להתחיל להבין מידע כלשהו, אם אינך עושה מאמץ מסוים לסווגו, לקבצו יחד, ואז להסיק מסקנות בעלות אופי כללי יותר.

4. חדשות רעות אינן בהכרח בלתי נכונות ואינן מהוות כשלעצמן ראיה להטיה. כמה מן התצפיות המוצקות שהגיעו אלינו עשויות להאיר באור לא מחמיא את האנשים שהתבוננו בהם, אבל עדות כזאת יש לשפוט על פי ערכה האמיתי ולא לבטלה כזיוף המובן מעצמו. שאלת ההסבר נותרת, כמובן, פתוחה.

5. "ראייה מן החוץ" אינה פוסלת. זוהי אקסיומה. אילו היתה "ראייה מן החוץ" פוסלת, ניתן היה לשכוח את ההיסטוריה כמקצוע מדעי ואת מדעי החברה, משום שהיו נעשים חסרי משמעות. לאחרונה היו מי שטענו אחרת, ובלהט ההתרגשות וההתלהבות של תנועות אתניות ולאומיות טענו שרק שחורים יכולים לעסוק בהיסטוריה שחורה, או, שרק אישה יכולה לכתוב אודות נשים, או יהודי על נושאים יהודיים או מוסלמי על האיסלם. אני זוכר פרופסור אחד להיסטוריה אמריקנית, שלא היה מרוצה לגלות צאצאי מהגרים של סוף המאה התשע־עשרה כותבים על אמריקה הקולוניאלית; וכן זכור לי בְּרַהמין בוסטוני, שלא יכול היה להבין מדוע סטודנט ממוצא איטלקי רוצה להתעמק בכריסטופר קולומבוס ("חשבתי שקולומבוס היה איטלקי", היתה התשובה); ואחר, בעל ייחוס אבות ניו־אינגלנדי ללא דופי, לא יכול היה להבין, מדוע יבקש סטודנט שחור לעסוק בהיסטוריה רומאית – כאילו הוא עצמו רומאי יותר מן הסטודנט השחור. טיעון כזה הוא אבסורד הברור לעין כל.

למען ההגינות יש לומר, שאין אדוארד סעיד טוען ש"ראייה מן החוץ" פוסלת, והוא מנקה כמה מדענים מערביים מחטאי המזרחנות ופגמיה: ז'אק ברק (Jacques Berque) למשל, וכן מקסים רודינסון (Maxime Rodinson), האנתרופולוג קליפורד גירץ (Clifford Geertz) וההיסטוריון של הכלכלה רוג'ר אוֹוֶן (Roger Owen). ציניקן עשוי להעיר, שברק ורודינסון מסכימים עם סעיד בעניינים מדיניים. ואולם לא בגלל זה הוא מנקה אותם מן האשמות הללו. הם זכאים בדין, הוא אומר, מאחר שיש להם מודעות מתודית – כלומר, הם פועלים על פי דיסציפלינת מחקר ולא על פי תחום המחקר. (אכן כך הדבר אצל גירץ ואוון, אבל מה בדבר ברק ורודינסון?) לדעתו של סעיד אין להפריד מבחינה קונצפטואלית בין המזרח התיכון ובין שאר חלקי העולם השלישי, אלא

כשמדובר אולי באִפיונים מקריים כגון היותו של המזרח התיכון זירה לסכסוך הערבי־ישראלי ובעל מקורות נפט גדולים. בהשוואה למשתנים חומריים ומדיניים אלו, דת ותרבות הם, על פי ההנחה, תופעות לוואי זניחות ולא חשובות.

6. עצמה אינה פוסלת. העליונות המדינית, ויש מי שיאמר התרבותית, של המערב במאות התשע־עשרה והעשרים היתה כוח שהשפיע לטובה או לרעה או בשני הכיוונים גם יחד. ייתכן שנעשה בה שימוש לשם ניצול ושליטה. אך אין זה משנה את היות העליונות הזאת עובדה היסטורית, ואין בזה משום גינוי לכל אנשי המערב שחפצו לדעת ולהבין אחרים. סעיד מעיר בהתמרמרות שאין בנמצא שדה מחקר של "מערבנות", אוקסידנטליזם, כאילו כדי להוכיח על דרך הניגוד, שהמזרחנות פגומה ביסודה בפרספקטיבה שלה ובמטרתה. הוא רומז, שמוסלמים או הודים או סינים לא יכולים היו להמציא תחום מחקר כזה, משום שעקב חולשתם לא היתה לתחום מחקר כזה שום משמעות.

ואולם, אילו היו חוקרים את יריביהם, לא היו כה חלשים. ידע הוא עצמה. עובדה היא, שעמים לא־מערביים אלו היו סקרנים לגבי המערב הרבה פחות מאשר המערב לגביהם. אבל א־סימטריה זו קודמת ובמידה רבה אינה תלויה בשליטה מדינית. ייתכן שקידמה את התפשטותו של האימפריאליזם, אבל היא תשרוד גם לאחר שיגיע לקיצו.

אחת מן האירוניות של הטיעון האנטי־מזרחני היא שהוא מבקש לפגוע בשמם הטוב של מחקרים מערביים על סמך מוטיבציה ואופי כאחד. אבל שתי הטענות אינן עולות בקנה אחד. המוטיבציה היא, על פי הטיעון, אמצעי – ידע ככלי שליטה; ואילו אופי העבודה הוא כביכול גס, לא מעודן, חיצוני ואינו משקף הבנה. המסקנה היחידה האפשרית היא שהמזרחנות יצרה כלי לא יעיל ובלתי מתאים. ואולם היינו מצפים ליותר מזה מאימפריאליסטים גדולים ומעשיים כל כך.

אני עצמי חש שהמתקפה החזיתית האחרונה על המחקר המערבי מונעת מכוח הרגש – היא במהותה cri de coeur, זעקה לב, או מוטב, cri de rage, זעקת כעס. היא מוקיעה את הביטחון העצמי, הפטרונות, והעצמה של המערב כנגד האיסלם ומונעת מכוחו של פולמוס מדיני יותר מאשר מכוח דאגה למחקר. תחת שכבה של למדנות והבחנות (בריטי כנגד צרפתי, עולי רגל כנגד מדינאים וכנגד מלומדים), קיימת דחייה סטריאוטיפית בלתי מובחנת של המזרחנות המערבית כסטריאוטיפית ופגומה במהותה. אחת מן השיטות האהודות על סעיד היא ציטוט קטע של אחד המזרחנים שלו, בלי שום הערה, כראיה ניצחת להטיה ואי־הבנה; לקורא נותר להניח, שהטקסט העומד לדיון הוא טפשי, לא מדויק, לא מייצג, או פשוט בעל כוונה רעה. כמה קל להיפטר מיריבים אינטלקטואלים על ידי סילוקם מן הבמה – במקום לטעון כנגדם, ועל ידי פסילתם – במקום להביא ראיות כנגדם.

ככלות הכל תהיה בכך משום סכלות לדחות את עדותם של המלומדים, המדענים וסתם מבקרים – מפני שאיננו אוהבים אותה. יש להם הרבה מה לומר לנו, והטובים שבהם ודאי מתהפכים בקברם למשמע ההאשמה של חוסר ידע, חוסר הבנה או חוסר אהדה לנושאי מחקריהם ומושאיהם. אכן, הרבה ממה שכתבו אינו מדויק ומושפע ממשפטים קדומים, אבל זהו המצב גם לגבי רוב העדויות המעטות שמסרו לנו תושבי הארץ עצמם. הנוסעים האלה הניחו לנו קורפוס גדול של עדויות וממצאים, לא רק בנוגע לארץ שראו והאנשים שפגשו, אלא גם לגבי תקופות קדומות יותר. להם אנו חבים את הידע על דברים, שעמים היושבים באזור שכחו מזמן; ולהם אנו חייבים את הבנתנו את האופי ואת כיוון השינוי. מה הם אומרים לנו?

הם אומרים לנו, שארץ־ישראל היתה שממה עד אמצע המאה התשע־עשרה. מקומות מסוימים

היו במצב טוב מאחרים; אבל כמעט כל המבקרים מציינים שהאוכלוסייה היתה דלילה, קטנה הרבה יותר מאשר בתקופת המקרא, ועניה; הטכנולוגיה היתה מפגרת וברובה פרימיטיבית; החיים העירוניים פיגרו בהתפתחותם; המחלות היו אנדמיות, התחבורה היתה גרועה ואי־הביטחון רב. כל מבקר נותן סיבה שונה למצוקה הזאת. כאמור, מקצת מהמבקרים האשימו את הממשלה, אחרים תלו את הפגמים כולם באיסלם ואחרים ייחסו הכל ל"אופיים" של התושבים. רבים כתבו על שרשרת היררכית של התעללות וניצול – של אוכלוסיות הקבע בידי הבדואים, של הנוצרים והיהודים בידי המוסלמים ושל היהודים בידי הנוצרים. היהודים נמצאו בתחתית הסולם החברתי. נוסעים אלה מעידים על הדרך שבה יצרו קבוצות שונות של תושבי הארץ סטריאוטיפים זו ביחס לזו. והם גם מציגים (או מסגירים) את תפיסותיהם הסטריאוטיפיות. בשעה שהם מדברים על אנשי ארץ־ישראל, הם מגלים לנו למעשה את עמדותיהם ודעותיהם שלהם עצמם.

רבים מהם מסכימים שתהליך של שיפור היה בעיצומו, תהליך שהם עצמם תרמו לו. הכוח המניע החזק ביותר בתהליך השיפור היה הקשר עם העולם החיצון, קשר שהלך והתחזק והביא עמו מסחר, ידע, תחבורה טובה יותר, הגדלת הביטחון ומקורות הכנסה חדשים. ואולם עדי הראייה שלנו נחלקים, כמובן, בהסבריהם להישגים הללו. חלקם, כמו קונדר, סברו, שגורל הארץ הוא בידי הפלחים. אחרים כתבו על הסיכויים המזהירים הטמונים בהתיישבות יהודית. אחרים הדגישו את התועלת שיביאו עמם האירופים. אולם, כולם היו שותפים לאופטימיות בסיסית, שהלכה והתחזקה במרוצת המאה התשע־עשרה.

פחות גלוי לעיני מבקרים אלו היה השינוי בהלך הרוח הכללי, שינוי שנבע מחדירה של סנטימנטים לאומיים לאזור, שבו שלום בין אנשים בעלי אופי לאומי ואתני שונים מאוד זה מזה נסמך זה מכבר על עיקרון על־לאומי, אימפריאלי. תופעה זו לא היתה מיוחדת למזרח התיכון. גם באירופה תוככו ומותנו יריבויות על רקע אתני, דתי או הבדלי לשון בידי ממשלות אימפריאליות – הצארית וההבסבורגית. גם באירופה נזדעזעו אשיות השלטון בעקבות התפרצות השאיפות להשגת אוטונומיה. הבלקן היה האזור הראשון באימפריה העות׳מנית שהושפע מתהליכים אלה. זה היה אזור שבו הכריזו עמים נוצרים בהשפעת שכניהם הנוצרים על תביעותיהם לעצמאות, תביעות שדוכאו במשך זמן רב. תביעות כאלה מדבקות.

גם בארץ הקודש היה המגע עם אירופה הגירוי העיקרי לתסיסה לאומית ודתית. ראשונים לפעול היו הנוצרים, שזכו לסובלנות כל זמן שהסכימו להיות בעמדת נחיתות אזרחית ומוסרית. כעת היו להם בעלי ברית חזקים בחוץ לארץ והם נעזרו בהם על מנת לקדם דרישות לשוויון זכויות, כלומר – על מנת להפר את האמנה החברתית. המהומות בסוריה בשנות החמישים, שהוזכרו לעיל, הובילו לבסוף לחסות אירופית (צרפתית) על לבנון, חסות שהניחה את הבסיס לסבך המדיני של היום. הם גם הובילו, כמו שהראה משה מעוז, להיפוך ההתייחסות המוסלמית: באותה שעה היו המוסלמים נוחים כלפי היהודים יותר מאשר כלפי הנוצרים.[7]

מאוחר יותר הגיע תורם של היהודים. בשני העשורים האחרונים של המאה הגיעו הציונים החילוניים (בניגוד לדתיים) הראשונים לארץ הקודש על מנת לשוב ולבנות מחדש את נחלת אבותיהם. יהודים אלו היו שונים מאוד מאלה שקדמו להם. היהודים שהקדימו אותם באו כדי להתפלל בארץ ולהיקבר בה. הם ייחלו לתחיית ציון, אבל לא חשבו להחיותה בעצמם; הם האמינו

7 Moshe Ma'oz, "Changes in the Position of the Jewish Communities of Palestine and Syria in Mid-Nineteenth Century", in *Studies on Palestine* (above, n. 5), pp. 169-173

שתפקיד זה נועד למשיח לכשיבוא. לעומתם היו היהודים שעלו לארץ־ישראל בסוף המאה התשע־עשרה אקטיביסטים. אפשר שלא האמינו באלוהים, אבל במידה שהאמינו בו, האמינו גם שאלוהים עוזר לעוזרים לעצמם. בשעה שיהודי ה"חלוקה" הניחו את הארץ כפי שמצאו אותה – הם לא ביקשו אלא מקום שקט לחיות בו את חייהם הצנועים והשלימו עמם בהכנעה – הביאו עמם הציונים גישה אירופית של עצמה, החלטיות והערכה עצמית תקיפה. הם באו לארץ־ישראל משום שמאסו בעובדה שנוהגים בהם בגסות, והם היו מוכנים להיהרג ולא להניח לערבים להמשיך במלאכה בה החלו הקוזקים.

באותו הזמן התעוררה מודעותם הלאומית של הערבים. בתחילה ניצבו לפני האתגר שיצרו הנוצרים, ואלה נתמכו בדרישותיהם בידי הח'ליפות העות'מנית, שהיתה להוטה להימנע מעימות עם המעצמות האירופיות. דבר זה בעצמו ערער את הסמכות של קונסטנטינופול שהיתה חלשה ממילא. עכשיו היו אלה היהודים, שלא זו בלבד שהפרו את האמנה החברתית עתיקת היומין, אלא גם רמזו שבכוונתם לחזור ולתבוע לעצמם את הארץ. שאיפות אלה היו מדהימות ביותר ובלתי מתקבלות על הדעת, מכיוון שהיהודים היו תמיד הנחותים שבנחותים בסולם החברתי – אנשים חסרי אונים ומסכנים, שנועדו להיות קרבן. "בני מוות" כינו אותם הערבים.

זהו המקור להיווצרותה של אי־הבנה כבירה – דוגמה מרהיבה למה שפסיכולוגים חברתיים היו מכנים "דיסוננס קוגניטיבי". הנוסעים לא קלטו, אולי, את השינוי, אבל הם מספרים לנו על נקודת ההתחלה. זרעי הסכסוכים במזרח התיכון בימינו נזרעו במאה התשע־עשרה, כשהתעוררה ארץ הקודש ונפתחה אל עולם חדש ורחב יותר. העדות של זרם גובר זה של נוסעים ומבקרים מספרת לנו לא רק על הארץ כפי שהיתה; היא גם מסייעת בידינו להבין את הארץ בתהליך של שינוי והתהוות. העדים הללו מספרים לנו על דברים שראו ועל דברים שלא יכלו לראות. האנקדוטות, הזיכרונות והתצפיות שלהם מקבלות חשיבות בלתי צפויה לאור האירועים שהתרחשו אחר־כך. ומאחר שאנו יודעים יותר, אנחנו קוראים את הדיווחים המוקדמים הללו טוב יותר ממה שיכלו לעשות זאת המחברים עצמם. על ידי קריאה נכונה בדיווחים הללו אנחנו יודעים יותר ממה שיכולנו לדעת אי־פעם בכל דרך אחרת.

נוסעים נוצרים אמריקנים לארץ הקודש: 1939–1821

דוד קלצקר

מזמן שהוגדר הנושא "אמריקה וארץ הקודש" כתחום מחקר והוראה בשנות השבעים ייחדו חוקרים תשומת לב מיוחדת למסעותיהם של אמריקנים לארץ הקודש.

דיווחי מסע הם המסמכים ההיסטוריים העשירים ביותר ואף האישיים ביותר, שניתן להשתמש בהם לבחינת העמדות הנוצריות כלפי ארץ הקודש.[1] הסיפורים שכתבו אמריקנים שביקרו בארץ הקודש שופכים אור על היבטים רבים של התפיסה הדתית ושל התרבות האמריקנית העממית ועל עמדותיהם של נוצרים אמריקנים כלפי היהודים. ואף על פי שרוב הנוסעים מסרו בעיקר תיאור עובדתי של הארץ, היו גם שניסו להסביר את משמעותה הרוחנית וארץ הקודש היתה בעיניהם אבן בוחן להגדרת זהותם בתורת "אמריקנים" ו"נוצרים".

עקב מיעוטם של מסמכים בנושא, איננו יודעים מה היה שיעור המכירות של ספרים שונים במאה התשע־עשרה. ואולם ברור כי ספרות המסעות זכתה לפופולריות עצומה, כמעט כמו זו של הרומנים. ההתעניינות בסיפורי מסע היתה אופיינית למעמד הבינוני, ונראה שספרות זו סייעה לאמריקני בן המעמד הזה לשלב עמים אחרים ומקומות אחרים בתמונת עולמו. ספרות המסעות לארץ הקודש היוותה חלק נכבד מספרות המסעות. בשנים 1820–1930 פרסמו נוסעים אמריקנים לארץ הקודש מאות ספרי מסע ומאמרים בכתבי עת ועיתונים.[2]

לפני שנות השישים של המאה התשע־עשרה היה המסע לארץ הקודש בבחינת הרפתקה, ורוב הנוסעים היו גברים צעירים. במחציתה השנייה של המאה התשע־עשרה היו בקרב הנוסעים יותר

1 התעניינותי בנושא זה החלה בעקבות סמינר של פרופ' דייוויס על "מחקרי אמריקה – ארץ הקודש" באוניברסיטה העברית בירושלים. כעבור זמן כתבתי עבודת דוקטורט בנושא "נוסעים נוצרים אמריקנים בארץ הקודש", בהדרכתו של פרופ' פרנקלין ה' ליטל (Franklin H. Littell).

2 לביבליוגרפיה נרחבת של מקורות ראשוניים ראה: David Klatzker, "American Christian Travelers to the Holy Land, 1821-1939", Ph.D. thesis, Temple University 1987. רבים מ־72 הספרים הכלולים בסדרה America and the Holy Land, שנדפסו מחדש בהוצאת Arno Press דנים במסעות לארץ הקודש. ציטוטים מייצגים מתוך הטקסטים הללו בלווית ביאורים היסטוריים נמצאים בתוך Robert T. Handy (ed.), *The Holy Land in American Protestant Life, 1800-1948: A Documentary History*, New York 1981. מחקרי מתפרס על פני המאה הראשונה של מסעות של אמריקנים לארץ הקודש, ממכתבי המסע הראשונים שהתפרסמו ונשלחו מירושלים – דיווחיהם של המיסיונרים פליני פיסק (Pliny Fisk) ולוי פרסונס (Levi Parsons) ב־1821, ועד להפסקה למעשה של תנועת התיירות עם פרוץ מלחמת העולם השנייה.

אנשים בגיל העמידה ויותר נשים. עלות הנסיעה לארץ הקודש חייבה רמת הכנסה גבוהה מן הממוצע, ובתקופה שלאחר מלחמת האזרחים יכלו מספר רב של אמריקנים להרשות לעצמם נסיעה לחוץ לארץ.[3] אנשי כנסייה נסעו בהמוניהם לארץ הקודש לא רק בשל קדושתה אלא גם בשל "גרונותיהם הצרודים וקהילותיהם הליברליות",[4] כלומר, בשל רצונם לשפר את בריאותם ולהוסיף ליוקרתן של הכנסיות שבראשן עמדו.

במאה התשע־עשרה התפתחה בארץ־ישראל תעשיית תיירות שנועדה לספק את צורכיהם של המבקרים מן המערב, והאמריקנים פיתחו מערכת תמיכה משלהם בארץ הקודש. רולה פלויד (Rolla Floyd) שהיה חבר במושבת אדמס ביפו, מושבה שלא האריכה ימים (1866–1868), נשאר בארץ־ישראל ונעשה מורה דרך ומתורגמן (dragoman) ויַזַם תיירות מן המפורסמים ביותר בארץ. אמריקנים נוספים היו פעילים בתעשיית התיירות המתפתחת, וביניהם מפעילי קווי הנסיעה פרנק והרברט קלרק (Clark) בני מושבת אדמס. המושבה האמריקנית האדוונטיסטית־קומוניטרית בירושלים פעלה כקומונה מ־1881 ועד שנות השלושים של המאה העשרים, ואז הפכה להתאגדות עצמאית. מראשית ימיה של המושבה הפעילו אנשיה בית מלון וחנות מזכרות, והוציאו לאור תמונות וספרי תיירות. בזכות הכנסת האורחים האמריקנית שלה משכה אליה המושבה מבקרים רבים. זו היתה "אמריקה קטנה בתוך עולם מוסלמי".[5]

3 בתקופה שאחרי מלחמת האזרחים, עם הכנסתם לשירות של אניות קיטור גדולות יותר ומהירות יותר, ירדו מחירי המסע ירידה של ממש, ולעתים לרמה נמוכה כל כך עד שחברות הספנות, שביקשו להישאר תחרותיות, סבלו מגרעונות. בשנות השמונים והתשעים של המאה התשע־עשרה יכלו נוסעים במחלקה השנייה, שתקציבם היה נמוך, לערוך מסע קצר למצרים וארץ הקודש תמורת סכום של $500 לנסיעה הלוך ושוב מארצות־הברית, כולל הוצאות. גם המחיר במחלקה הראשונה היה נמוך יחסית. בשנת 1897 העריך מדריך התיירים וו' פמברוק פטרידג' (W. Pembroke Fetridge) את ההוצאות לשנת נדודים שלמה במחלקה הראשונה כדלהלן:

נסיעה ללונדון	$100
נסיעה לאלכסנדריה וקהיר	$130
חזרה	$240
שלושה שבועות על הנילוס	$200
חודשיים בארץ־ישראל $8 ליום	$480
שבעה חודשים בארצות זולות $4.60 ליום	$970
	$2,120

פטרידג' ציין כי מסע במסגרת חברת קוק (Cook) במחלקה הראשונה, שתמורתו שולמה מראש יעלה כשליש פחות. ראה: Allison Lockwood, *Passionate Pilgrims: The American Traveler in Great Britain, 1800-1914*, New York 1981, pp. 145-172, 295-313; Warren Tute, *Atlantic Conquest*, Boston 1962, pp. 49-50, 52, 111-112; Hezekiah Butterworth, *Zigzag Journeys in the Levant with a Talmudist Story-Teller*, Boston 1886, pp. 67-72; W. Pembroke Fetridge, *The American Travellers' Guides: Hand-Books for Travellers to Europe and the East*, New York 1897, pp. xxvi-xxvii. הכנסתם של האמריקנים גדלה בתקופה הזאת: בשנים 1860–1880 עלתה ההכנסה הממוצעת ב־43 אחוזים, ואילו המחירים עלו ב־10 אחוזים בלבד. בשנים 1890–1915 עלתה ההכנסה הממוצעת ב־50 אחוזים, ואילו המחירים עלו ב־35 אחוזים. אמריקנים רבים היו מבוססים דיים ויכלו להרשות לעצמם את הוצאות הנסיעה. ראה: Hugh De Santis, "The Democratization of Travel: The Travel Agent in American History", *Journal of American Culture* 1 (Spring 1978), pp. 1-17

4 O. R. Burchard, *Two Months in Europe: A Record of a Summer Vacation Abroad*, Syracuse 1897, p. 1

5 על פלויד ראה: Helen Palmer Parsons (ed.), *Letters from Palestine, 1868-1912, Written by Rolla Floyd*, Dexter 1981. פלויד מוזכר באין־ספור ספרי מסע אמריקניים. ב־10 במאי 1950 שלחה הגברת קלורינדה קלרק (Clorinda Clark) מכתב מעניין הנוגע לאחים קלרק אל ראש הממשלה דאז דוד בן־גוריון, העתק נמצא בארכיון ימק"א, ירושלים. ראה גם: Paul S. Junkin, *A Cruise around the World*, Creston, Iowa 1910. על המושבה

שלא כתפיסה המקובלת הטוענת כי המסע משנה את הנוסע, רובן המכריע של העדויות מלמד כי נוסעים מעטים בלבד נשתנו שינוי קיצוני בעקבות הביקור בארץ הקודש, ומעטים בלבד התגברו על הטיותיהם התרבותיות והדתיות.

ספרות המסע לארץ הקודש ממחזרת את עצמה. כתבי מסע היו לעניין של מוסכמות עד שלעתים קשה להוכיח שמחבר כלשהו אכן ביקר בעצמו בארץ הקודש. הנוסעים קיוו שקהל הקוראים ימצא עניין בדיווחי המסע שלהם ולכן עיצבו את רשמיהם על הארץ על פי דפוסים מוכנים מראש.[6]

רוב האמריקנים החזיקו בסטריאוטיפים מסוימים אודות ארץ הקודש, אך אין פירוש הדבר שכל הנוסעים התמודדו עם ייחודה של הארץ וחשיבותה באותה הדרך. השוואה מקיפה של דיווחי המסעות מלמדת על הבדלים חשובים בין דיווח לדיווח, ואלה משקפים את השונות הרבה שהיתה קיימת בין תת־תרבויות של הנצרות האמריקנית. העובדה כי נוסעים שונים הדגישו היבטים שונים של חוויותיהם בארץ הקודש מסייעת לסווגם לקבוצות נבדלות.

מחקרי מתמקד בחמש קבוצות נוסעים: "המעודנים" (the genteel travelers), "השוללים" (the debunkers), המילנאריאנים, השחורים והרומים־קתולים. פעמים רבות ההבדלים בין הנוסעים מטושטשים. למשל, קיים דמיון רב בין דיוקנם של נוסעים שחורים רבים ושל נוסעים רומים־קתולים ובין דיוקנם של נוסעים פרוטסטנטים לבנים רבים. אבל, אין ספק כי היו אלה קבוצות נפרדות, וההשוואה ביניהם מאירה את דמותם של הנוסעים ותפיסתם העצמית.

הנוסעים "המעודנים"

הנוסעים "המעודנים" הם הבורגנים הפרוטסטנטים־אוונגליסטים, בניה של התרבות הוויקטוריאנית. זו היתה קבוצה אליטיסטית, שהיתה פתוחה לכל מי שהיה בעל החינוך המתאים והנימוסים ההולמים. חברי המעמד החברתי הזה נסעו לארץ הקודש כדי לאשש את ערכיהם. הטיולים במזרח התיכון, מצרים, וארץ הקודש שילבו יחדיו שיזוף בשמש, רומנטיקה מזרחית ומוטיבציות דתיות, ועם זה היתה ספיגת אווירתה התנ"כית של הארץ הצידוק העיקרי למסע. למשל, כומר שנמנה על קבוצת הנוסעים "המעודנים" המליץ לקוראיו לבקר בארץ הקודש כדי

האמריקנית ראה: ברטה ספפורד וסטר, ירושלים שלנו: קורות המושבה האמריקנית בירושלים 1881–1949, ירושלים [1993]; Bertha S. Vester, "Jerusalem, my Home", *National Geographic* 126 (1964) pp. 826-847; Paul Elmen, "The American Swedish Kibbutz", *Swedish Pioneer Historical Quarterly* 32 (1981), pp. 205-218; Helga Dudman, *Street People*, Jerusalem 1982, pp. 83-104; דוב גביש, "המושבה האמריקנית וצלמיה", בתוך: ספר זאב וילנאי, אלי שילר (עורך), ירושלים 1984, עמ' 127–144. הציטוט לקוח מתוך: Edward Ruskin Welch, *A Palestine Pilgrimage*, Ashville 1922, p. 88

6 בספרו של מרק טוויין *The Innocents Abroad, or The New Pilgrims' Progress*, Hartford 1869, chap. 48, כותב המחבר על הנוסעים הפרסביטריאנים כי הללו

> מצאו ארץ־ישראל פרסביטריאנית, לאחר שגמרו בדעתם שלא למצוא ארץ אחרת; אם כי אפשר שלא היו מודעים לכך, משום שהיו מסונוורים מן הלהט הדתי שלהם. מבקרים אחרים היו בפטיסטים שביקשו למצוא ראיות לאמונה הבפטיסטית, וביקשו למצוא ארץ־ישראל בפטיסטית. אחרים היו קתולים, מתודיסטים, או אפיסקופלים שביקשו למצוא ראיות התומכות באמונותיהם השונות, וכן ארץ־ישראל קתולית, מתודיסטית או אפיסקופלית. ככל שהיו כנים בכוונותיהם לא יכלו האנשים הללו להינתק מהעדפותיהם המיוחדות ומדעותיהם הקדומות. הם באו בשערי הארץ ומסקנותיהם בידיהם. הם לא יכלו לכתוב עליה ביישוב הדעת וללא פניות, לא יותר מכפי שיכלו לעשות כן לגבי נשותיהם וילדיהם.

לרענן את הקשר עם התנ"ך.[7] התנ"ך עשוי להיות ספר קשה, ואפילו משעמם, עבור כמרים כמו גם עבור הדיוטות. ספרות המסע נתפסה ככלי לימודי, ואף שלא נעשתה תיאולוגיה של ממש, סיפקה ידע דתי ושימשה בסיס להתעלות רוחנית. הנוסעים "המעודנים" יצרו סוגה חדשה של ספרות מסע: ספרי מסע מוסרניים לילדים, שכותרותיהם היו "מסע משפחתי במצרים וסוריה" או "שלוש נערות מבית הספר וסאר (Vassar) בארץ הקודש". הספרים האלה ביטאו ערכים של אדיקות פרוטסטנטית ואידיאלים של בני המעמד הבינוני, תוך התאמה לקהל הקוראים הצעיר ולהנאתו.[8]

"המעודנים" הדגישו בכתיבתם את הצדדים ה"יפים" של מסעותיהם – לא "אמונות טפלות" אורתודוקסיות או קתוליות, לא זבובים ולכלוך, אלא מראות ציוריים ויפים של החיים במזרח. הפופולריות המפליאה של צילומים אומנותיים – נותרו בידינו עשרות אלפי תשלילים – מלמדים על עוצמתה של התפיסה הסנטימנטלית של ארץ הקודש. צלמים רבים, ובהם גם אמריקנים, צילמו סצינות מבוימות של מקומיים בתלבושתם המסורתית שבדמיונם ראו בהם יושבי הארץ מימי ישו, נופים מעודנים של כיפות וצריחים, ונוף בעל נופך שלא מן העולם הזה.[9]

עוד תפיסה סטריאוטיפית שהיתה אופיינית לנוסעים "המעודנים" התבטאה בתיאורים שנועדו לעורר את אהדתו של הקורא לסבלם של יושביה של ארץ הקודש. בספר "מולדת התנ"ך" התכוונה המחברת ה"פמיניסטית" מרי טריון (Mary Terhune) לעורר רחמים כלפי הנשים המזרחיות המדוכאות.[10] נוסעים כגון טריון התקשו ליהנות מזרותה של ארץ הקודש מפני שפגעה ברגישויותיהם.

שלא כאותם נוסעים שביקשו להמעיט מחינה של ארץ הקודש והדגישו את ההזנחה ששררה בה כהוכחה לקללה הרובצת על הארץ, הדגישו הנוסעים הללו את קסמה של הארץ. המטיף הפרסביטריאני המפורסם ט' דה־וויט תלמג' (T. De Witt Talmage) הצהיר:

> איני מבין כיצד יכול אדם להתאכזב מארץ הקודש. כמה מן התיירים בארץ־ישראל התרשמו בעיקר מן הזבובים, הלכלוך והקבצנים. עבורי היה הנוף – גם בלא קשר כלשהו לקדושה – מלא הדר. אין באמריקה או באירופה נוף שעולה עליו בשילוב של יופי ואצילות.[11]

רוברט היצ'נס (Robert Hichens) מסר, שארץ הקודש היא "ארקדיה של המזרח" ומציעה מפלט מלחצי החיים בעולם המודרני: "כל הדאגות אובדות בין פרחי הבר התמימים; פחדים

7 A. A. Murphy, "Homiletic Advantages of a Trip to the Holy Land", *Homiletic Review* 21 (1891), pp. 86-87

8 על הז'אנר החדש הזה של ספרות ילדים ראה: Virginia Haviland, "The Travelogue Storybook of the Nineteenth Century", in Siri Andrews (ed.), *The Hewins Lectures*, Boston 1963, pp. 25-63. ראה גם: Edward Everett Hale & Susan Hale, *A Family Flight over Egypt and Syria*, Boston 1882; Elizabeth W. Champney, *Three Vassar Girls in the Holy Land*, Boston 1892

9 על צילום במאה התשע־עשרה ראה: Eyal Onne, *Photographic Heritage of the Holy Land, 1839-1914*, Manchester 1980; Yeshayahu Nir, *The Bible and the Image: The History of Photography in the Holy Land, 1839-1899*, Philadelphia 1985

10 Mary Harland [pseud. for Mary Virginia Terhune], *Home of the Bible: A Woman's Vision of the Master's Land*, Philadelphia 1895

11 Thomas De Witt Talmage, *The Oriental World*, Chicago 1897, p. 72

וחרדות מתנדפים ברוח הרכה והמלטפת".[12] ברור למדי שהרומנטיזציה של פני הנוף הכפריים טמנה בחובה גם ביקורת נגד הטכנולוגיה, העיור וקצב החיים האמריקני.

הנוסעים לארץ הקודש התלבטו אם לפרש מילולית את דברי התנ"ך על הארץ ועל היהודים. בקרב הנוסעים "המעודנים" נטו רבים להאמין לנבואות בדבר חזרתו של עם ישראל למולדתו, והצהירו על אהדתם ליהודים בשל סבלם לאורך ההיסטוריה. ואולם למרות הנטייה ה"ציונית" הזאת, הטילו ספק רב בדבר סיכויי הצלחתו של מפעל התחייה של היהודים בימיהם שלהם. ספקותיהם היה להם על מה לסמוך, אך ייתכן שיחסם המסויג כלפי התנועה הציונית המתפתחת ביטא מידה של אי־שביעות רצון מאי־טמיעתם של היהודים המזרחים בתרבות המערב; זו היתה גם דרך לבטא את אי־הנחת שלהם מן ה"קידמה" שתהרוס את הארץ הרומנטית, מולדתו של ישו. קרלייל צ'נינג דייוויס (Carlyle Channing Davis) הביע בשנות העשרים של המאה העשרים חשש כי "ההיסטוריה של דרום קליפורניה תחזור על עצמה בארץ־ישראל"; והצהיר כי "העולם יכול להרשות לעצמו לשמר את ארץ־ישראל כפי שהיתה בימיו של ישו".[13]

הדעת נותנת כי הרטוריקה המיסיונרית של הנוסעים האלה – הלהט שבו ביקשו להפיץ את האידיאלים של הפרוטסטנטיות, הדמוקרטיה, יציבות כפרית וחיים פשוטים – היתה קשורה למאמציהם לשכנע את עצמם ואמריקנים אחרים שהם "עם ישראל האמריקני": עם נבחר בעל קוד התנהגות מיוחד וארץ מובטחת משל עצמם. הנוסעים "המעודנים" שמרו על גרעינה של הפוריטניות המקורית – קדושתה של אמריקה ושל דרך החיים האמריקנית – וכך יכלו להעריץ את ארץ הקודש. ואולם הם לא עשו אותה למרכז חייהם. עיקר עניינם של הנוסעים "המעודנים" היה לא בארץ הקודש אלא בקהל שומעיהם האמריקני "המתורבת".

הנוסעים "השוללים"

הנוסעים "השוללים" ראו במוסרנות ובסנטימנטליזם של הנוסעים "המעודנים" מטרה נוחה ללעג. ביקורתם המרכזית של "השוללים" כוונה כנגד "הפמיניזציה של התרבות האמריקנית", שהתבטאה, כך אמרו, בדומיננטיות של כתיבת מכתבים וביטויי רוחניות אחרים בידי גברות, מטיפים ומיסיונרים.

העוסקים בלימודי אמריקה כיום תוהים אם הביקורת צודקת.[14] מכל מקום, הנוסעים הללו מצאו

12 Robert Hichens, "The Holy Land", *Century* 80 (1910), p. 4

13 Carlyle Channing Davis, *The Holy Land: Before and After the World War: Tracing of Its Weirdly Tragic History and Redemption*, Boston 1920, pp. 171-172

14 על הטענה כי התרבות האמריקנית במאה התשע־עשרה הפכה ל"נשית" ראה: Ann Douglas, *The Feminization of the American Culture*, New York 1977; Alfred Habegger, *Gender, Fantasy and Realism in American Literature*, New York 1982. דעה מנוגדת טוענת כי הספרות האמריקנית והדת באמריקה הפכו הן ליותר "נשיות" והן ליותר "גבריות". ראה: Nina Baym, *Woman's Fiction: A Guide to Novels by and About Women: 1820-1870*, Ithaca 1978; David Schuyler, "Inventing a Feminine Past", *New England Quarterly* 5 (September 1978), pp. 291-308; David S. Reynolds, "The Feminization Controversy: Sexual Stereotypes and the Paradoxes of Piety in Nineteenth-Century America", *New England Quarterly* 53 (March 1980), pp. 96-106; Mary G. De Jong, "'I Want to be Like Jesus': The Self-Defining Power of Evangelical Hymnody", *Journal of the American Academy of Religion* 54 (Fall 1986), pp. 461-493

בביקור בארץ הקודש הזדמנות פז לתקוף את ה"התעסקות ברגשות", ואת "רפיון השכל" האופייניים לדת ולתרבות באמריקה.

קוראים חדי עין זיהו את הגישה הזאת בבהירות. בסקירה על ספרו הביקורתי של ג'ון פרנקלין סוויפט (John Franklin Swift) ביקור ביריחו (1868), הצהיר ברט הארט (Bret Harte) באומץ, כי תקופת ה"מוסרנות החלושה" וה"רומנטיקה" בספרות המסעות עומדת לפני קצה: "התרפקות רגשנית על נופים זרים מוגבלת עתה ליומניהן הפרטיים של גברות צעירות ונוחות להשפעה ולכמרים הסובלים מדלקות בדרכי הנשימה והנוטים ללקות גם בליבותיהם וקרום הרירית שלהם".[15]

הצלחתה המסחררת של הפרודיה של מרק טוויין על המסעות לארץ הקודש, *The Innocents Abroad* שפורסמה ב־1869 (על אף שטוויין עצמו חשש שמא הגזים בנימה המזלזלת שנקט בה),[16] והצלחתם היחסית של ספרי מסע ביקורתיים מאוחרים יותר, מלמדת על נכונותו של קהל הקוראים האמריקני לשים ללעג את דימויה של ארץ הקודש שהנחילו להם בבית הספר של יום ראשון, ומכל מקום שאפו להשתחרר מאחיזתה של הדת המסורתית. חילול הקודש המתבטא בספרי המסע הללו משמש עדות נוספת שהמאה התשע־עשרה היתה לא רק תקופה של מיסיונריות ענפה באמריקה ומחוצה לה, אלא גם תקופה של חילון משמעותי. למשל, כדי להמעיט מערכו של אלוהים לעג ההוגה דה־רוביין מורטימר בנט (DeRobigne Mortimer Bennett) לארץ הזעירה, הבלתי נראית, "ארצו של אלוהים". "הייתכן", שאל, "שכל הרעש והמהומה היו סביב הארץ הזאת? הייתכן שהאל אשר ברא את העולם כולו ואת השמש והכוכבים בחר את הארץ הזאת ומשגיח עליה?"[17] החילוניות הבוטה של הנוסעים "השוללים", כגון בנט, לא הפריעה להם לדבוק באדיקות ב"דת האזרחית" האמריקנית; הם האמינו כי אופקיה הרחבים של אמריקה הם האידיאל שעל פיו יש לשפוט את כל הארצות.

גישתם של "השוללים" כלפי היהודים והציונות מגלה דפוס מעניין. בני היישוב הישן, האדוקים שרובם התקיימו על כספי צדקה, היו מטרה לחצי לעג מפני שנתפסו כייצורים חלושים בהשוואה לאבותיהם התנ"כיים ההירואיים. ואולם החלוצים, בני היישוב החדש הבטוחים בעצמם, נתפסו כגזע יהודי שונה לחלוטין. ה"ל מנקן (H. L. Mencken) תיאר את החלוצים כ"אנשים מעשיים ומציאותיים הנראים כאמריקנים אפילו אם הם ארץ־ישראלים או עולים מרומניה".[18]

15 "Current Literature", *Overland Monthly* 1 (July 1868), p. 101

16 טוויין ביקש הצלחה כספית והכרה מצדם של ה"מעודנים", אף שהכרה כזאת לא היתה בהישג ידו. הוא כתב למוציא לאור שלו כי "חציפותו של הספר נראית, מנקודת הראות (הכספית) הדיפלומטית, תכונה טובה לעילא ולעילא, אף כי הייתי מבקש בכל לבי שלא יהיה בספר ולו קטע מזלזל אחד", Hamlin Hill (ed.), *Mark Twain: Letters to His Publishers*, Berkeley–Los Angeles 1967, p. 28. על מחקר מעניין בדבר האופן שבו התקבל הספר *The Innocents Abroad* ראה: Louis J. Budd, *Our Mark Twain*, Philadelphia 1983, chap. 30. שלא כמו רוב ספרות המסע של התקופה קיים רישום מהימן של שיעור המכירות של הספר. זה היה ספר המסע הפופולרי ביותר שכתב אמריקני אי־פעם, ובימיו של טוויין עצמו נמכרו למעלה מחצי מיליון עותקים של הספר. ראה: James D. Hart, *The Popular Book: A History of America's Literary Taste*, New York 1950, p. 147

17 DeRobigne M. Bennett, *A Truth Seeker around the World*, II, New York 1882, p. 123

18 H. L. Mencken, *Erez Israel*, New York 1935, p. 10. אף על פי שבשנת 1934 ערך מנקן ביקור מוצלח בארץ הקודש, היה גוון שלילי לכמה מהערותיו על עתידה של הציונות. בעקבותיהן מתחה הקהילה היהודית בבולטימור ביקורת חריפה על מאמרי המסע שלו. על הוויכוח ראה: Carl Bode (ed.), *The New Mencken Letters*, New York 1977, pp. 304-310. ראה גם: Robert Kanigel, "Did H. L. Mencken Hate the Jews?", *Menckeniana*

נוסעים מילנאריאנים (Millenarian)

המילנאריאניזם – האמונה כי החלל והזמן מלאי משמעות – רווח באמריקה של המאה התשע־עשרה. פרוטסטנטים מילנאריאנים רבים שמו דגש על החלל יותר מאשר על הזמן מפני שסברו כי שיבתו של ישו אל האדמה תצא אל הפועל רק אחרי שחסידיו יכינו את מלכויות העולם הזה במקומות שיבחר אלוהים. וכך, אף שאמריקנים רבים, מילנאריאנים ולא־מילנאריאנים, האמינו בתחייתם הלאומית של היהודים, הרי רק הלא־מילנאריאנים לא ראו סתירה בין תמיכה פעילה במאמציהם של היהודים להתיישב בארץ הקודש ובין בנייתה של "ציון" משלהם באמריקה.[19]

מסעו הידוע של המורמוני אורסון הייד (Orson Hyde) ב־1841 מנאובו (Nauvoo), אילינוי, לירושלים במטרה לקדש את ארץ הקודש לקראת שובם של היהודים, צוין פעמים רבות בתורת הוכחה לחשיבותה של תחיית היהודים עבור המורמונים הראשונים. ואולם סיפור חזון "ציון" המורמונית המוקדמת אינו פשוט כל כך.[20] יתרה מזו. אחרי שהושלמה התכנסותם של "הקדושים" ל"ציון" שבמערב האמריקני ונכונו יחסים תקינים בין המורמונים לנוצרים האחרים, חל שינוי במידת העניין שגילו המורמונים בשיבתם של היהודים לירושלים. נוסעים מורמונים רבים לא ראו בהתפתחותה של התנועה הציונית סימן למילֶניום הקרב ובא, אלא הזדמנות לחזק את אמיתות הנבואה של כתבי הקודש המורמוניים בעת החדשה ואת תקפות טענותיהם של מנהיגי הכנסייה החדשים להשראה אלוהית.[21]

לפני מלחמת העולם הראשונה, בימים שקשה היה להעלות על הדעת שארץ הקודש הנחשלת עומדת לחזור לימי השפע והשלווה של תקופת התנ"ך, נהגו נוסעים מילנאריאנים, בייחוד ה"דיספנסציונליסטים" (dispensationalists), להגזים בהערכת מידת ההשפעה המערבית על

---

73 (Spring 1980), pp. 1-7; Gwinn Owens, "Mencken and the Jews, Revisited", *Menckeniana* 74 (Summer 1980), pp. 6-10

19 על נושא זה עיין: Robert Kieran Whalen, "Millenarianism and Mellennialism in America, 1790-1880", Ph.D. Thesis, State University of New York at Stony Brook, 1972, chap. 2

20 ספר המורמונים מרבה להתייחס לשיבתם של היהודים לאדמתם. ולא זו בלבד אלא שראשוני המסיונרים באנגליה, שצפוי היה לכאורה שידברו על ההבטחה של אמריקה, דיברו בעיקר על שיבתם של היהודים לירושלים. ראה: W. H. Oliver, *Prophets and Millennialists: The Uses of Biblical Prophecy in England from the 1790s to the 1840s*, Auckland, New Zealand 1978, pp. 222-225. לעומת זאת, באוסף ההתגלויות לג'וזף סמית (Joseph Smith), שהפכו לכתבי קודש מורמוניים – *Doctrine and Covenants* – חיבור, שעבור האמונה המורמונית המוקדמת חשוב יותר מספר המורמונים – מודגשת בעיקר "חזרתם" של המורמונים עצמם ל"ציון" שבאמריקה. בדומה לבני ישראל הובטחה למורמונים ארץ זבת חלב ודבש, ראה: *The Doctrine and Covenants of the Church of Jesus Christ of Latter-Day Saints*, rev. ed., Salt Lake City 1921, 38: 18-19, 57:1-4. ראה גם Melodie Moench, "Nineteenth-Century Mormons: The New Israel", *Dialogue* 12 (Spring 1979), pp. 42-56

21 ביקורו של איש הכנסייה המורמונית, אנטון ה' לונד (Anton H. Lund) בארץ הקודש ב־1898 מראה כיצד מצד אחד היו מנהיגי הכנסייה להוטים להשתמש בשליחותו של אורסון הייד (Orson Hyde), שהיא חלק מן הזיכרון הקולקטיבי של המורמונים, על מנת לאשש את יומרתם להחזיק באמת נבואית, ומן הצד האחר היו זהירים דיים שלא להציג את הציונות כהגשמה בפועל של התקווה המילניאלית המורמונית. לונד דיווח כי "בעקבות התגלות לנביא יוסף שלח זה את האח הייד לארץ ההיא, וראה את השינוי שחל בה! רוח עברה על פני היהודים, על בית ישראל, והעירה אותם להתקבץ אל הארץ ההיא. קודם לכן לא חשו היהודים בדבר, אלא רק מאותו הזמן". ואולם לונד ציין כי הציונים לא "התקבצו מתוך האמונה" כנדרש על פי הדוקטרינה המורמונית – כלומר, המתיישבים היהודים לא באו בשל אמונה בישו. ראה: *Annual Conference Report*, Salt Lake City 1898, pp. 10-13

ארץ הקודש ובמידת הצלחתם של המתיישבים היהודים.[22] ואף על פי שהמילנאריאנים התמקדו בדרך כלל בארץ הקודש עצמה ולא באמריקה ותרבותה (בניגוד גמור לנוסעים "המעודנים" והנוסעים "השוללים"), אין ספק כי הפרשנות שהעניקו לאירועים בתקופת שלטון הבריטים בארץ־ישראל מילאה תפקיד חשוב במאבק הפולמוסי בין "ליברלים" ו"פונדמנטליסטים" באמריקה בשנות העשרים והשלושים של המאה העשרים. הנוסעים המילנאריאנים שאבו נחמה מהתגשמותה בפועל של הנבואה בידי התנועה הציונית, אף שאחדים עדיין חשו צורך להפריז בתיאור העובדות הקשורות לתנועה הציונית ולארץ.[23] ואולם רוב המילנאריאנים חזו עתיד מלא מאבקים בארץ הקודש והתעקשו לטעון כי עתידם של היהודים תלוי בנכונותם לקבל את ישו כמשיח. יתרה מזו. שלא כחוזים בני הזמן הזה, כמעט שלא היה למילנאריאנים בני המאה התשע־עשרה ותחילת המאה העשרים עניין להשפיע על העמדה המדינית האמריקנית כלפי הציונות; על פי חזונם אלוהים בלבד עתיד לכוון את מהלך האירועים.

נוסעים שחורים

דיווחי המסע של אמריקנים שחורים מגלים תמונה מפתיעה למדי של דת השחורים ותרבותם. כתבי המסע של השחורים אינם שונים בחלקם הגדול מאלה של פרוטסטנטים לבנים; ניתן אפילו לטעון שאין לסווג את הנוסעים השחורים כקבוצה נפרדת. מפתיע לגלות כי השחורים מיעטו לבטא הזדהות עם סבלם ושאיפותיהם של בני ישראל של התנ"ך או עם צאצאיהם המודרנים, וחסרה אפילו ההשוואה המתבקשת בין אמריקה הגזענית ובין מצרים. נראה שהסטייה הלא־צפויה הזאת נובעת מאִפיוניה המובהקים של הנצרות השחורה ומן העובדה שנוסעים שחורים לא היו שחורים טיפוסיים, אלא נמנו על האליטה הפוליטית והכלכלית של עמם. קרוב לוודאי שקיוו כי לבנים יקראו את דיווחי המסע שלהם ולפיכך אימצו הרבה מן המקובלות והרבה מן המגבלות של ספרות המסע של הלבנים. נוסעים שחורים הדגישו את ההנאות ההדוניסטיות הכרוכות במסע והשתמשו ברשמי המסע שלהם כדי להעניק חיות לדרשותיהם על נושאים אוונגליים מובהקים.[24] אבל רק לעתים רחוקות חשו חופשיים דיים לתת ביטוי של ממש להרגשתם בתורת בני אדם שחורים.

יוצא מכלל זה הוא דיווחו של אדם קלייטון פאוול האב (Adam Clayton Powell Sr.) על עלייתו לרגל לארץ הקודש ב־1939, *Palestine and Saints in Caesar's Household*. פאוול כיוון

22 למשל, הכומר הבפטיסטי המפורסם והמהפכן החברתי, רוסל ה' קונוול (Russell H. Conwell), הצהיר כי "ירושלים מרכינה את ראשה בהתמדה בפני דרשותיהם של תלמידי ישו, עד שנראה כי עוד מעט תהיה מוכנה ליפול לרגליו". לטענתו, ב־1898 מצא סובלנות, אהבה וקדמה חברתית בכל רחבי ארץ הקודש. "The New Palestine", *Sunday School Times*, 14 May 1898, p. 315

23 רבים טענו כי בשנים האחרונות ירדה בארץ הקודש כמות גשמים גדולה מן הרגיל, ונוסעים מילאנריאנים רבים בדו מלבם את כמויות הגשם, או שינו אותן. ראה: Dwight Julian Wilson, "Armageddon Now! The Premillenarian Response to Russia and Israel Since 1917", Ph.D. thesis, University of California at Santa Cruz 1975, p. 45

24 דוד פ' דור (David F. Dorr) השתעמם בארץ הקודש הפרימיטיבית, ארץ שעמדה בניגוד לאירופה המתוחכמת. ראה: *A Colored Man Around the World*, Cleveland, Ohio 1858. ואף על פי שהזדהה כעבד בורח ושילב בספרו הערות רבות על אי־צדק גזעני, לא הזכיר דור מעולם את ארץ כנען או את ארץ מצרים בקשר לחוויותיו שלו בארץ הקודש. בספר מסעותיו הדגיש המטיף הבפטיסטי צ'רלס ט' ווקר (Charles T. Walker) את נושאי החטא והגאולה: *A Colored Man Abroad: What He Was and Heard in the Holy Land and Europe*, Augusta, Ga. 1892

את ספרו ישירות אל השחורים ולא אל קהל קוראים מעורב, ואפשר שמשום כך שאב מן המסורת העשירה של הנצרות השחורה, וביטא באמצעותה את אהבתו לארץ הקודש ואת יחסו האוהד כלפי היהודים. הנסיעה מקהיר ליפו הזכירה לפאול את מעשי בני ישראל ששאלו כלי זהב וכסף מן המצרים (שמות יא, ב). וסיפור זה הזכיר לו את דברי בוקר ט' ושינגטון (Booker T. Washington) על עבד שחור שאכל את חיות הבית של בעליו: "התרנגולות הן רכושך, ואני רכושך", אמר העבד, "עכשיו בבעלותך קצת פחות תרנגולות וקצת יותר כושי". פאול הוסיף והסביר כי הסוחרים היהודים נאלצים לבקש מחירים מופקעים עבור מרכולתם מפני שהם יודעים כי הגויים מצפים מהם לפתוח ב"משא־ומתן היהודי".[25] בדרך המתוחכמת הזאת ניסה פאול לשנות את דעותיהם הקדומות של קוראיו.

נוסעים קתולים

בהתאם לגישה הדתית־מסורתית של מסעות קתוליים למקומות קדושים, הדגישו הנוסעים הקתולים האמריקנים את ההבדל בין תיירות רגילה ובין עלייה לרגל מתוך מודעות דתית עמוקה. הכנסייה הקתולית באמריקה הוולונטריסטית ניצבה לפני אתגרים רבים שחייבו אותה להתמקד בטיפוח הממסד הכנסייתי ויראת שמים. בשעה שהנוסעים הפרוטסנטים הביקורתיים יכלו לדחוק את העליות לרגל לשוליים של שאיפותיהם הרוחניות, השתדלו הקתולים (ובייחוד המסדר הפרנציסקני) לנצל את ההזדמנויות שיצרו מסעות כאלה לחיזוקה של האמונה ותחושת הקהילה.[26] כמה שנים אחרי התקופה שבה עוסק מחקר זה העיר נוסע קתולי אמריקני הערה מאירת עיניים:

> קשה לי להגדיר זאת במדויק, אבל הקתולי לא חש ממש בבית בארץ־ישראל, בדומה לאדם החוזר אחרי זמן רב למשפחה שנטש ואינו יודע איך לנהוג... בחיים הקתוליים בארצות־הברית קיימת מודעות מעטה לקשר העמוק בין קתוליות לארץ־ישראל; בין קתוליות לרומא, כן. אבל אי־שם לאורך הדרך אבד הקשר האיתן של פעם עם אותה ארץ עתיקה במזרח הים התיכון.[27]

סיפורי מסע מלמדים כי קתולים התבוננו ברומא ובירושלים מפרספקטיבות שונות. למשל, הנוסע הקתולי ג'ון וו' ברנן (John W. Brennan) שעלה לרגל לאותן הערים בשנות העשרים

25 Adam Clayton Powell, Sr., *Palestine and Saints in Caesar's Household*, New York 1939, pp. 14-15

26 בשנת 1889 הנהיג האב צ'רלס א' ויסני (Charles A. Vissani) מן הוועדה הפרנציסקנית לארץ הקודש (Franciscan Commissariat of the Holy Land) את העלייה לרגל הקתולית המאורגנת הראשונה מארצות־הברית לירושלים; ראה: Rev. James Pfeiffer, *First American Catholic Pilgrimage to Palestine 1889*, Cincinnati 1892. הוועדה הפרנציסקנית אספה תרומות לבניית תוספת של 100 חדרים לאכסניית קאזה נובה (Casa Nova Hostel) בירושלים, אכסנייה חדשה לעולים לרגל בנצרת ("Our Lady of America") וכנסיית "הטראנספיגורציה" שעל הר התבור. הבנייה לא היתה מוגבלת לארץ הקודש בלבד. בשנת 1899 נבנה מנזר *Mount St. Sepulchre* ("ארץ הקודש של אמריקה") על יד האוניברסיטה הקתולית של אמריקה בעיר ושינגטון. במנזר נבנו שחזורים מדויקים של מקומות קדושים מסורתיים רבים בבית לחם ובירושלים. עלייה לרגל קבוצתית המונית למקום הקודש האמריקני הזה אורגנה אחת לשנה בקביעות, וייתכן כי שימשה תחליף לביקור באתרים המקוריים; ראה: *Guide to the Franciscan Monastery, Washington, D.C.: A Pilgrimage to the Holy Land of America, Together with Many Interesting Facts about the Order of St. Francis and Its Work in the Holy Land and America*, Washington, D.C. 1934

27 Thomas F. Troy, "Tourist or Pilgrim?", *The Crusader's Almanac* 54, no. 3 (1946), p. 7

המאוחרות של המאה העשרים, כתב שהמשיכה המיוחדת של רומא היתה "השמרנות" שלה. עדת ילדים צוהלים שפגש ברחוב הזכירה לו כי בעיר הנצח אין מקום לרעיונות "מתקדמים" כגון אמצעי מניעה. ברנן נמשך לרומא בשל "הקתוליות" שלה וטען, כי מגוון השפות המדוברות בווטיקן מזכירות לעולה הרגל כי הגיע אל "לבה" של כנסיית העולם. האסוציאציות התנ"כיות הקשורות בירושלים, "מילת קסם הפותחת שער לאוצר בלום של זיכרונות מלאי חיות", אמנם עוררו סקרנות בלבו של ברנן, אבל שלא כמו ברומא, לא מצא על מה לכתוב בארץ הקודש.[28] במילים אחרות, רומא – המטה הראשי של כנסיית העולם – היתה "ראשונה בין שווים" כמרכז עלייה לרגל. התפיסה הקתולית הפופולרית שהתנ"ך הוא, במובן מסוים, "ספר פרוטסטנטי", תרמה אף היא להחלשת משיכתה של ירושלים. מכל מקום, עלייה לרגל לארצות רחוקות היתה תמיד אפשרות אטרקטיבית עבור קתולים, אך עקב הצורך לפתח כנסיות קהילתיות ומוסדות אחרים בבית לא תפסה העלייה לרגל בחוץ לארץ את המקום הראשון בסדר העדיפויות של הקהילות הקתוליות בארצות־הברית. אכן, רומא וירושלים כאחת לא יכלו להתחרות בצרכיה האקטואליים של הכנסייה האמריקנית.

נוסעים קתולים יראי שמים תיארו בהתלהבות את התועלת הרוחנית שהפיקו מביקור במקומות הקדושים, וניצלו כל הזדמנות כדי לתקן את "הצגת הדברים המעוותת" של הפרוטסטנטים. הם טענו כי היהודים חומרנים, לא סובלנים ומעוררי רחמים, וכך חיזקו סטריאוטיפים מוכרים. נוסעים קתולים רבים היו קיצונים יותר מפרוטסטנטים, וקתולים אחדים אף התייחסו לאשמתם של היהודים בצליבתו של ישו, וחשדו בציונים שכוונתם לגרש את הנוצרים המקומיים ולהשתלט על המקומות הקדושים.[29] דעות שליליות אלה מאששות את התפיסה הגורסת שהעלייה לרגל שירתה פונקציה שמרנית במהותה עבור הקתולים, וחיזקה את הדימוי המסורתי שפיתחו לגבי ארץ הקודש ויושביה.[30]

מסקנות

בעידן של תיירות המונית שמרה ארץ־ישראל על ייחודה. ירושלים עשויה להציע נוחות מערבית, אבל לעולם לא ניתן יהיה להתייחס אליה כאל סתם "עוד מקום לבקר בו". ואף על פי שהנוסעים החזיקו בעמדות שונות לגבי מרכזיותה, היתה ירושלים לעולם העיר ה"קדושה".

יש לשוב ולבדוק את התפיסה שלפיה ישו הוא סמלה המרכזי האמיתי של הנצרות. ו"ד דייוויז (W. D. Davies), הציע (בייחוד ביחס לבשורה הרביעית) כי "אישיותו של ישו הופכת ל'מקום'

28 John W. Brennan, C.Ss.R., *The Student Abroad*, Boston 1928, pp. 31, 120, 399

29 ספרות המסע הקתולית במאה התשע עשרה תיארה לעתים את היהודים בצורה גרוטסקית. קתולי צעיר מפילדלפיה התרגש מאוד מביקור במקום צליבתו של ישו (Calvary) וכתב: "כמעט שהיה אפשר לשמוע בדמיון את קולותיהם של היהודים הכופרים שהפרו את הדממה בקוראם בלעג ובזלזול: 'אם מלך ישראל הוא, ירד נא מן הצלב!'". ראה: William H. Bergan, *Busy Thoughts of a Traveler in the Orient*, n.p. 1874, p. 78. במאה העשרים היתה הציונות מטרה מרכזית לחיצי ביקורתו של כתב־העת הפרנציסקני *The Crusader's Almanac*; העיתון הצהיר כי פרעות הערבים נגד היהודים היו מוצדקות משום שהיהודים באו "לא כמתיישבים אלא כפולשים לכל דבר שמטרתם הסופית לסלק את יושבי המקום ולייסד לעצמם ממלכת כוהנים". ראה: *The Crusader's Almanac* 29, no. 1 (1920), p. 42

30 ראה: David Klatzker, "American Catholic Travelers to the Holy Land, 1861-1929", *Catholic Historical Review* 74 (January 1988), pp. 55-74

המחליף את כל המקומות הקדושים", או את כל הנוצרים. להיות "בתוך ישו" (מונח שהתפרש באופנים שונים) הוא להיות בארצם של הנוצרים.[31] קדושת המקום היא שמשכה את רוב הנוסעים האמריקנים וזיכרונותיהם מספקים הוכחה משכנעת לתשוקתם של הנוצרים כולם ליצור קשר פיזי עם ארצם של הנביאים ושל ישו.[32]

באיזו מידה עודד המסע לארץ הקודש יחסים טובים יותר בין הדתות? הנוסעים "השוללים" כמו גם פרוטסטנטים לא־כיתתיים רבים שביקשו את אלוהים בינם לבין עצמם, שמחו לטעון כי הנצרות נעשית לא־נוצרית בארץ שבה נולדה. מרק טווין תיאר כיצד רשאים כמרים מכל הכיתות להיכנס לכנסיית הקבר הקדוש ו"לבכות, להתפלל ולעבוד את הגואל האציל. ואולם אסור לשתי קהילות שונות להיות שם באותו הזמן, מפני שהן רבות תמיד". טווין הודה כי לא נטה חיבה יתרה לקתולים, אך ביטא את "תודתו הכנה" על האירוח הנדיב שזוכים לו נוסעים יגעים מראשי המנזר.[33] המסע לארץ הקודש "המחיש ואישש" את תפיסתם הדתית של נוסעים שהיו באמריקה תומכים נלהבים של שיתוף פעולה בין־כיתתי (ecumenic). למשל, פיליפ שף (Philip Schaff) והרי אמרסון פוסדיק (Harry Emerson Fosdick) חיפשו בירושלים בלהיטות את חברתם של פרוטסטנטים שנמנו על כנסיות שונות. אך כדאי לציין כי שניהם התנגדו "לטריוויאליות" של הטקסים האורתודוקסיים שצפו בהם. "זוהי הנצרות בארצו של המשיח!" קרא פוסדיק.[34]

הדעת נותנת כי התיירות או העלייה לרגל לארץ הקודש הדגישה *communitas* וסייעה לפתח ביקורת סמויה על הסכסוך החברתי בין הדתות והכיתות השונות; עם זה, ברור כי גם בתוך מציאות של פלורליזם קיצוני, כפי שהוא מקובל באמריקה, צמחה סובלנות אמיתית כלפי דתות העולם (הנצרות המזרחית, היהדות והאיסלם) בקצב איטי מאוד. עד לשנת 1948 לא ראו רוב האמריקנים בירושלים מרכז עולמי דתי; ואיננו יודעים אם כיום רבים רואים אותה ככזו.

ספרי המסע הרבים שכתבו נוסעים נוצרים אמריקנים לארץ הקודש סייעו לבני ארצם להבהיר לעצמם את טבעו של הקשר שלהם לתנ"ך, חיזקו את המודעות למגוון הקבוצות החברתיות השונות ותת־התרבויות שבקרב החברה האמריקנית, וסיפקו הזדמנות לדון במקומם של היהודים בפרספקטיבה של זמנם. ספרות המסע היא פריזמה המשקפת זרמים חברתיים ותרבותיים חשובים באמריקה; לאמיתו של דבר רבים מכתבי המסע מלמדים פחות על הארץ עצמה ויותר על זהותם הדתית והתרבותית של הנוסעים שכתבו אותם – בעיקר על מניעיהם, על הצידוקים שלהם, על

31 W. D. Davies, *The Gospel and the Land: Early Christianity and Jewish Territorial Doctrine*, Berkeley–Los Angeles 1974, p. 318. ראה גם עמודים 217–219, 256, 368.

32 לא ניסיתי לבדוק כמה אתרים תנכ"יים, וכמה אתרים הקשורים לברית החדשה מתוארים בסיפורי המסע הנוצריים האמריקניים. אך דומני כי עניינם העיקרי של רוב הנוסעים היה ביקור במקומות הקשורים בישו בירושלים, בית לחם והגליל. לא המציאות היהודית, אלא נוכחותו ההיסטורית של ישו בארץ הקודש היא שקיבלה דגש בנצרות והיא שמשכה את הנוסעים, והפכה את הארץ ל"קדושה" בעיניהם.

33 מרק טוויין (לעיל, הערה 6), פרקים 53, 55.

34 ראה: Robert T. Handy, "Holy Land Experiences of Two Pioneers of Christian Ecumenism: Schaff and Mott", in Geoffry Wigoder (ed.), *Contemporary Jewry: Essays in Honor of Moshe Davis*, Jerusalem 1984, p. 66. פיליף שף כתב ש"הוכה בתדהמה לנוכח האמונות הטפלות והפורמליזם הריק מתוכן" של הכנסיות המזרחיות. Philip Schaff, *Through Bible Lands: Notes of Travel in Egypt, the Desert, and Palestine*, 1878 (reprint, New York 1977), p. 233; וראה: Henry Emerson Fosdick, *A Pilgrimage to Palestine*, 1927 (reprint New York 1977), p. 264

אכזבותיהם וגם על הסיפוקים שהשיגו במסעותיהם. אף שלא כל הנוסעים לארץ הקודש הצליחו לפתח הבנה עצמית, חיפושיהם מסמלים את מצבו של דורם.

הרמן מלוויל בארץ הקודש

מילטון ר' קונביץ

בחודש ינואר של שנת 1857 עלה הרמן מלוויל לרגל לארץ הקודש. ואף על פי ששהה בארץ־ישראל שמונה־עשר יום בלבד, לא היה ביקורו סיור תיירים רגיל. צרכים פסיכולוגיים ורוחניים הביאוהו לארץ־ישראל, צרכים שהיו עמוקים יותר משהבין מלוויל עצמו באותו הזמן. תוצאותיו של הביקור הזה השפיעו על מלוויל השפעה מכרעת בעשרים השנים הבאות של חייו.

עד שהיה בן עשרים ושבע הספיק מלוויל לפרסם שני ספרים: ב־1846 פרסם את ספרו 'טייפי' (*Typee*), ושנה אחר־כך פרסם את 'אומו' (*Omoo*, 1847), ונעשה אדם מפורסם. אולם הנפילה לא איחרה לבוא. בעקבות פרסום ספרו 'מרדי' (*Mardi*), שלוש שנים בלבד אחרי 'טייפי', איבד מלוויל חלק גדול מקוראיו, ולמעשה לעולם לא הצליח לחזור ולזכות באהדתם של רבים מן הקוראים האלה. כאשר פורסם 'מובי דיק' (*Moby Dick*) בשנת 1851 נראה היה כי שמו הטוב של מחברו סובל מפגיעה שאין לה תקנה. עד כמה שעשויות העובדות להיראות כיום מוזרות בעינינו, הרי שלמרות שאלפיים עותקים של 'מובי דיק' נמכרו בחמשת החודשים הראשונים לפרסומו, דחפו הביקורות העוינות, או אדישות המבקרים, את מלוויל לאלמוניות. (עם זאת, יש לציין כי מלוויל זכה לקבלת פנים אוהדת יותר באנגליה.) בעשור שלאחר מכן נמכרו בממוצע רק 123 עותקים של 'מובי דיק', וב־25 השנים הבאות הגיע ממוצע המכירות השנתי ל־22 עותקים.

מלוויל לא הפסיק לכתוב ולפרסם. אחרי 'מובי דיק' פורסמו הספרים: 'פייר' (*Pierre*), 'ישראל פותר' (*Israel Potter*), 'סיפורי הכיכר' (*The Piazza Tales*) ו'הנוכל' (*The Confidence Man*). ואולם, ספרים אלו התקבלו בעוינות, בקרירות ואפילו באדישות מתנכרת. באותם ימים כבר היה מלוויל בן 37, נשוי ואב לארבעה ילדים. כסופר כושל לא יכול היה מלוויל לפרנס את משפחתו באמצעות עבודתו הספרותית, וניסה לקבל משרה במשרד האוצר האמריקני, וכשנכשל בכך, ניסה להצטרף אל השירות הקונסולרי, שוב ללא הצלחה. על בעיותיו הכלכליות הדוחקות נוספו גם בעיות בריאות. מצבו הגופני היה בכי רע: הוא סבל מכאבים בגיד הנשה (sciatica), כאבי גב, ראומטיזם, בעיות עיניים וחוסר שינה. מבחינה נפשית היה מלוויל על סיפו של מה שנקרא אז חוסר שפיות, או מה שהיינו מכנים היום משבר נפשי או התמוטטות עצבים.

לאחר פרסום ספרו 'הנוכל' הפסיק מלוויל לכתוב פרוזה למשך שנים. בסוף 1888, כשהיה כמעט בן שבעים, החל לכתוב את יצירת הפרוזה האחרונה שלו, 'בילי באד' (*Billy Budd*), וסיים אותה באפריל 1891, חמישה חודשים לפני פטירתו. 'בילי באד' פורסם רק בשנת 1924.

מיד לאחר שסיים לכתוב את 'הנוכל' ביקר מלוויל באירופה ובארץ הקודש, מסע שחתם למעשה את הקריירה שלו כמחבר ספרי פרוזה. ב־1 בספטמבר 1856, כתב חותנו של מלוויל לבנו:

> אני מניח כי מישהו מבני המשפחה סיפר לך עד כמה חולה הרמן לאחרונה. ברור לי מתוך מכתביה של אליזבת [אשתו של מלוויל] שהיא חרדה לו מאוד. כאשר הוא שקוע באחת מעבודותיו הספרותיות, הוא עוסק במחקרו שעות רבות מדי יום, כמעט ללא פעילות גופנית. בייחוד בחורף, במשך ימים על ימים. נראה שהוא מעביד את עצמו יתר על המידה, מה שגורם לו לעצבנות חמורה ביותר. יעצו לו לעשות מדי פעם בפעם הפסקות בעבודתו ולצאת לטיול או למסע, וכך יוכל לשוב לאיתנו. אין תוכנית מסוימת, אולם לדעתי ייתכן שבסתיו יצא לחופשה למשך ארבעה או חמישה חודשים... אני מאמין כי הוא זקוק לשינוי כזה.[1]

ואכן, חותנו של מלוויל הלווה לו 1,400 או 1,500 דולר, ומלוויל יצא למה שאמור היה להיות מסעו השלישי לאירופה ומסעו הראשון לארץ הקודש. תחילה ביקר מלוויל אצל ידידו נתנאל הות'ורן (Nathaniel Hawthorne), ששירת כקונסול האמריקאי בליוורפול, אנגליה. הות'ורן ומלוויל היו שכנים ליד לנוקס, מסצ'וסטס (Lenox, Massachusetts), ומלוויל אף הקדיש לו את ספרו 'מובי דיק'. בעת הביקור הזה ניהלו שני החברים שיחות ארוכות, והות'ורן תיאר אותן בספרו 'מחברות אנגליות' (*English Notebooks*), שיצא לאור לאחר מותו. בקטע מפורסם כתב הות'ורן:

> כמנהגו תמיד החל מלוויל לדון בענייני ההשגחה העליונה, העתיד, והמציאות שמעבר לידיעה האנושית. מלוויל גילה לי שהוא "פחות או יותר גמר בדעתו שסוף האדם לכליה"; אולם לא נראה לי שמצא סיפוק ונוחם באמונה ניהיליסטית זו; ובעצם אני סבור, שלעולם לא ימצא מלוויל מרגוע לנפשו עד שיגיע לאמונה מוגדרת וברורה. מוזר לראות כיצד הוא מתעקש – והוא מתעקש מיום שאני מכיר אותו, וודאי שכך היה גם הרבה לפני כן – להוסיף ולנדוד הנה והנה על פני המדבריות הללו... אין הוא יכול להאמין, אך גם אינו יכול לחוש בנוח בחוסר אמונתו; והוא ישר ואמיץ מכדי שלא ינסה להיות אחד מן השניים.[2]

בסך הכול נמשך מסעו של מלוויל לאירופה ולארץ הקודש שבעה חודשים. במהלך המסע ניהל מלוויל יומן ובו כתב מפעם לפעם. סגנון כתיבתו מעיד כי לא היה בכוונתו לפרסם את היומן – ואכן, היומן פורסם רק בשנת 1935. רובו של הכתוב אינו אלא ציון של המקומות שהיה בהם, מה עשה בהם ומה ראה בהם – עובדות יבשות וחסרות חיים כפי שהן מצטיירות לעין אדישה. ואולם לא כך הדבר לגבי רבות מן הרשימות שכתב מלוויל כשהיה במצרים ובארץ־ישראל. ישנן עדויות המלמדות שמלוויל עיבד וערך מחדש קטעים של יומנו במשך כחמש־עשרה שנה. כפי שנראה בהמשך, הרשימות שהקדיש לארץ הקודש היו הבסיס ליצירתו הפיוטית רחבת ההיקף.

הבה נעקוב אחר מסעו של מלוויל בארץ הקודש. ב־6 בינואר 1857, השכם בבוקר, הגיע לנמל יפו ושכר את שירותיו של מורה דרך יהודי, כדי שיקח אותו לירושלים, מרחק של ארבעים מייל. בימים ההם נמשך מסע כזה כ־12 שעות רכיבה על סוס. לעת לילה חנו השניים בפונדק דרכים

1 מצוטט מתוך Herman Melville, *Journal of a Visit to Europe and the Levant, October 11, 1856 – May 6, 1857*, ed. Howard C. Horsford, Princeton 1955

2 שם, עמ' 23.

ערבי ברמלה, אכלו ארוחת ערב שהוגשה בכלי חרס שבורים, וסבלו מעקיצותיהם של יתושים וחרקים למיניהם. "הערבים לא יודעים איך להחזיק מלון", העיר מורה הדרך באנגלית העילגת שלו. "ואני", מוסיף מלוויל, "הסכמתי עמו בלב שלם". לאחר לילה נורא קמו שני הנוסעים בשעה שתיים לפנות בוקר כדי להמשיך במסעם. "עם הזריחה מצאנו את עצמנו לרגלי ההרים. עצי זית באורו החיוור של הבוקר. ארץ קמלה ומדברית". על פני גבעות צחיחות ובחום מעיק התנהלה הרכיבה בעצלתיים. ב־2 בצהריים הגיעו הנוסעים סוף־סוף לירושלים, ושכרו חדרים באחד משלושת המלונות המרכזיים בעיר, שהיה ממוקם סמוך לשער יפו ונחשב לרע במיעוטו מבין השלושה. בריכת מים גדולה שהיתה ידועה בשם "בריכת חזקיה", היתה צמודה לחלקו האחורי של המלון, דבר שגרם ללחות וטחב בחדרים, המחיר היה גבוה והאוכל גרוע. מן הגזוזטרה או המרפסת שבחזית חדרו של מלוויל נשקף נופם של כנסיית הקבר הקדוש ושל הר הזיתים. בעל המלון, גרמני מומר, הראה למלוויל את הכיפה ההרוסה של כנסיית הקבר הקדוש. כיפה הרוסה זו היתה העילה לתחילת המלחמה בחצי האי קרים והיוותה את הבסיס לתביעותיו של הצאר הרוסי לקבל את הזכות להגן על רוב האתרים הנוצריים בארץ הקודש בשם הכנסייה היוונית־אורתודוקסית; על זכות זו עצמה חלק לואיס נפוליאון, שמינה את עצמו למגן האינטרסים של הכנסייה הרומית־קתולית.

מלוויל בילה עשרה או אחד־עשר יום בשוטטות בירושלים בלוויית מורה דרך יהודי או דרוזי. ואז, כמעט כמו כל מבקר אחר בארץ הקודש, יצא לסיור של שלושה ימים לבית אל, יריחו, הירדן, ים המלח, המנזר היווני במרסבה, בית לחם, ובחזרה לירושלים. נראה שמלוויל יצא לסיור הזה במסגרת של קבוצה, מחשש מפני תקיפת שודדים, סכנה נפוצה באותם ימים. בדרכו חזרה ליפו, כתב מלוויל באחת מרשימות יומנו: "רכבתי מרמלה ללוד. שוד של כפר סמוך בידי קבוצת ערבים הרעיש את הארץ כולה. אנשים נוסעים בחבורות. נסענו ללוד בשיירת בן המושל. ליוו אותנו כ־30 פרשים, כולם חמושים".[3]

יום אחד אחר הצהריים ביקר מלוויל אצל צ'רלס ומרתה סאונדרס (Charles and Martha Saunders). הזוג סאונדרס נשלחו לארץ־ישראל בידי אנשי כנסיית היום השביעי הבפטיסטית (Seventh Day Baptist Church), כדי ללמד יהודים וערבים שיטות של חקלאות מודרנית, ואגב כך לנסות "לגאול את נשמותיהם". הבפטיסטים ביצעו את משימתם מחוץ לחומות ירושלים, וכך הגיב מלוויל על מאמציהם: "הסיפור העגום של ניסיונותיהם. המאמץ להפוך את האוכלוסייה המזרחית לנוצרים דומה לניסיון להפוך אבנים לעוגת חתונה. המאמץ להפוך את המזרח לנוצרי עומד בניגוד לרצון האל".[4]

גינוי זה של המיסיונריות היה אופייני למלוויל, ועמדתו זו באה לידי ביטוי כבר בספרו הראשון, 'טייפי'. ספר זה היה נפוץ ופופולרי אצל הכול חוץ ממי שהיו מחויבים למיסיון. ואכן, ביקורת שנכתבה על 'טייפי' בשנת 1846, מיד לאחר צאתו לאור, ציינה כי מלוויל מתעב באופן מיוחד מיסיונרים ועבודה מיסיונרית. "אם הוא פוגש ילידה איסלנדית, הריהי בעיניו הטוב בהתגלמותו; אם הוא פוגש אשת מיסיונר, הריהי בעיניו מרושלת למראה, אדומת פנים, מדכאת בעלת גוף של הילידים המסכנים – כלומר, היא רודנית המורידה אותו [את היליד] למעמד של עבד".[5]

למלוויל היו דעות נחרצות ביחס לשתי המטרות שהציבו לעצמם המיסיונרים לגבי יהודי ארץ־

3 שם, עמ' 128.

4 שם, עמ' 130.

5 Hershel Parker (ed.), *The Recognition of Herman Melville*, Ann Arbor 1967, p. 4

ישראל. באשר להמרת דת כתב ביומנו, כי אחד המיסיונרים, שפעל בשמו של ההגמון של הכנסייה האפיסקופלית האנגלית בירושלים, התוודה לפני הגברת סאונדרס "שמכל היהודים שהמירו את דתם, הוא, ההגמון, מאמין כי רק אחד מהם הוא עתה נוצרי אמיתי... היהודים באים, מעמידים פנים כאילו העניין נוגע ללבם, מקבלים בגדים, ואז – נעלמים. והגברת ס[אונדרס] אמרה שהיהודים מלאי עורמה".[6] אשר להפיכתם של יהודי ארץ־ישראל לחקלאים, מלוויל מציין פרוייקטים שונים, בחסות המיסיון, שנועדו להשיג מטרה זו ונכשלו כולם, ומונה ארבע סיבות לכישלון:

> הרעיון להפוך את היהודים לחקלאים הוא חסר שחר. ראשית, כמעט כל שטח יהודה הוא מדברי. שנית, היהודים שונאים חקלאות. העוסקים בעבודת האדמה בארץ־ישראל הם כולם ערבים. [שלישית], היהודים אינם מעיזים לגור מחוץ לערים או כפרים מוקפים חומה, מפחד רדיפותיהם המרושעות של הערבים והטורקים. מלבד זאת [רביעית], מספר היהודים בארץ־ישראל הוא יחסית קטן מאוד.

מיד לאחר הדברים האלה רשם מלוויל ביומנו: "וכיצד יובאו הנה המון היהודים המפוזרים בארצות אחרות? הדבר יתרחש רק באמצעות נס".[7]

אולם, באמצע המאה התשע־עשרה היה זה בדיוק הנס של התכנסותם המחודשת של היהודים, בסיוע כלשהו של המיסיון הנוצרי, שעורר בעולם עניין רב ופעילות ענפה. באותם ימים נסחפו אמריקה ואירופה בגל של דבקות דתית ומילנריאניזם (השקפה משיחית בדבר מלכות אלף השנה של ישו). מלוויל, שהיה מודע לתנועות דתיות אלה, רשם ביומנו:

> יש לומר, כי כל התנועות הממזגות חקלאות ודת והמתייחסות לארץ־ישראל מבוססות על התחושה... שהגיע העת לחזרתם של היהודים ליהודה כפי שניבאו זאת הנביאים, ועל כן חייבים הנוצרים להכין את הדרך בעבורם, הן על ידי הוראת הדת הנכונה והן על ידי הוראת חקלאות. במילים אחרות, משימתם של הנוצרים היא "להכין את הקרקע" פשוטו כמשמעו, ואף באופן סמלי.[8]

היומן כולל גם תיעוד של ויכוח בין מלוויל לוולטר דיקסון (Walter Dickson). דיקסון עזב את בוסטון ב־1853 עם אשתו, בנו ושלוש בנותיו במטרה לעבוד כמיסיונר חקלאי עצמאי בארץ־ישראל. "האם יהודים כלשהם עובדים יחד אתך?" שאל מלוויל את דיקסון. "לא", ענה דיקסון, "אינני יכול להרשות זאת לעצמי. אני עושה את עבודתי עם בני. מלבד זאת, היהודים הם עצלנים ואינם אוהבים לעבוד". דיקסון הוסיף ואמר, כי עצלנותם של היהודים מהווה מכשול בדרך להפיכתם לחקלאים, אולם אסור שהנוצרים יאמרו נואש. עליהם להתאמץ וללמד את היהודים טוב יותר. "העובדה היא שעת הגאולה הגיעה. הגויים חייבים להכין את הדרך". ואז שאל דיקסון את מלוויל אם האנשים באמריקה מאמינים "[באופן בסיסי] בשיבתם לציון (restoration) של היהודים?". מלוויל השיב, כי אין ביכולתו לענות על שאלה זו.[9]

6 מלוויל (לעיל, הערה 1), עמ' 156–157.
7 שם, עמ' 160–161.
8 שם, עמ' 158.
9 שם, עמ' 159.

ויותר מכל מתרשם הקורא ביומנו של מלוויל מתחושת העזובה והשממון בארץ־ישראל. הארץ נראתה שוממה ומכוסה סלעים, כאילו ננטשה ונעזבה הן בידי האדם והן בידי אלוהים. הנה פִּסקה אופיינית מתוך היומן:

> קמחון לבן התפשט על פני כל חבלי הארץ – לובן – צרעת – ציפוי של קללה – גבינה ישנה – עצמות סלעים – כתושים, אכולים ולעוסים – סרבנות וזיהום של הבריאה – כמו זה הרובץ מחוץ לשער יפו – יהודה כולה נראית כהצטברות של הזוהמה הזאת. אתה רואה את האנטומיה – משווה אותה עם אזורים רגילים, וההשוואה דומה להשוואה בין שלד לאדם חי ושופע בריאות – האשפה בכל, עד שאפילו מלקט סמרטוטים לא יכול היה למצוא בה דבר. אין כאן איזוב, כמו זה העולה בחורבות בדרך כלל – אין חסד של שקיעה – אין קיסוס מטפס – העירום חסר החיים של השממה...[10]

בייחוד משכו האבנים את תשומת לבו של מלוויל. אכן, אבנים היו בכל מקום בארץ הקודש, וכך כתב:

> יהודה היא ערמה גדולה של סלעים – הרים מסולעים ומישורים מסולעים; שיטפון של סלעים ודרכים מסולעות; קירות אבן ושדות אבן; בתי אבן וקברי אבן; עיני אבן ולבבות אבן. סלעים לפניך וסלעים מאחוריך. סלעים מימינך וסלעים לשמאלך. במקומות רבים נעשו ניסיונות מייגעים לסקל את השטח מן האבנים, ופה ושם אתה רואה ערמות אבנים. הוקמו גם קירות אבן רחבים מאוד, פחות בשל הצורך לסמן גבולות ויותר כדי לסלק את האבנים מן הדרך. אולם לשווא; הזזת אבן אחת רק מגלה אבן אחרת, גדולה יותר, תחתיה.... קצוות הנעליים נהרסות באבנים. מעט מהן עגולות; רובן חדות, קשות כצור ושורטות...

על דרך האגדה העממית מנסה מלוויל להסביר את מקורן של האבנים: לפני שנים רבות, כך כתב, החליט אחד ממלכי יהודה, שהיה בלתי יציב בנפשו, לרצף באבנים את הארץ כולה, וחתם על חוזה עם אדם אחד; ואולם בעל החוזה פשט את הרגל במהלך העבודה, האבנים נזרקו על הארץ, ושם הן מוטלות עד עצם היום הזה.

מלוויל מתאר את הגבעות כאילו הן עצמן עשויות אבן – הגבעות "עשויות אבן בבסיסן. יש שהסלעים מונחים שכבות שכבות... בחלק מן השדות הסלעים גדולים וגרוטסקיים. הסלעים מנוקבים כולם ונראים כמו חלות דבש, וכמו עצמות רקובות של פילים קדמוניים". והוא מוסיף: "הכול כה עתיק. בהשוואה לסלעים אלה הסלעים שבאירופה או באמריקה נראים צעירים".[11]

מלוויל התרשם מאוד מנוכחותם החובקת־כול של הסלעים ונזכר בנבואת ישעיה סב, י: "עברו עברו בשערים, פנו דרך העם, סלו סלו המסלה, סקלו מאבן הרימו נס על־העמים".

ירושלים עשתה על מלוויל רושם נורא של חורבן. בכניסתו, דרך שער יפו, ראה מלוויל על הר ציון מצורעים מקובצים סביב ערמת גללים. "הם יושבים על יד השער, מבקשים צדקה – ואז, מייללים". לא היה אפשר אלא להירתע מהם בהרגשת אימה.[12] ובכל מקום ראה מלוויל מערות

10 שם, עמ' 137.

11 שם, עמ' 152, 153.

12 שם, עמ' 140.

וקברים: "העיר נתונה במצור של צבא מתים – ובתי הקברות סובבים אותה מכל עבריה".[13] הוא ניסה לסכם כמה מרשמיו אודות ירושלים וכתב:

> אי־אפשר שלא להיות עצוב ואי־אפשר שלא לחוש צער עקב האדישות שמגלים הטבע והאדם לכל מה שהופך את המקום הזה לקדוש לנצרות. עשבים גדלים על הר ציון; זה בצד זה, שוכבים בשוויון נפש שרידים של כנסיות ומסגדים, ובהר הזיתים זורחת השמש האדישה מדי בוקר מעל כנסיית העלייה (Chapel of the Ascension).

אחר־כך מעיר מלוויל באירוניה: "מסגד עומר – מקדש שלמה. כאן מתרוממים קירותיו של עומר על אבני היסוד של שלמה, [והקירות הללו] גוברים על היסוד המחזק אותם – סמל ליחסים בין שתי הדתות".[14]

מלוויל פיתח גם סלידה מריחה של ירושלים. "הוא רובץ שם כל העת", הוא כותב, "ריח של אשפה בוערת באוויר של ירושלים".[15] לפעמים הוא חש כי עליו להימלט מן האוויר הכלוא בעיר המוקפת חומה, ויצא מחוץ לחומות לטייל ולשאוף אוויר צח. תמיד מצא שם עוד אנשים שהתגודדו בקבוצות, אנשים שחיפשו כמוהו הקלה מן "החולי השורר בעיר כה קטנה המוקפת קירות גבוהים המונעים אִוורור נאות".[16]

בייחוד ריתקה את מלוויל כנסיית הקבר הקדוש והוא ביקר בה פעמים רבות. ואולם מה שחש כלפיה היה משיכה חולנית; מה שראה שם העציב אותו ואפילו עורר בו גועל. הנה אחד מתיאוריו:

> מריח כמו בית מתים... אור עמום – בכניסה, במעין כוך בקיר, מצוי דרגש עבור אנשי משטרה טורקים, מקום שבו הם יושבים ברגליים שלובות ומעשנים, צופים בבוז במצעד הבלתי פוסק של עולי רגל המשתחווים לפני האבנים המקודשות של ישו, אבנים המשורטטות פסים של אדום נרקב, אבנים הנראות כמו לוח קצבים... דלת הכנסייה דומה לדלת של בית סוהר – חלון מסורג באמצעה... מראה של נגע שפשט בכל שולט בקירות המצוירים והטחובים שמסביב... במרכז עומד הקבר הקדוש; כנסייה בתוך כנסייה... אתה נכנס לקבר. כאילו נכנסת לתוך אלומה של פנס מאיר. דחוק ומסנוור למחצה אתה נועץ את עיניך לרגע במילים הדלות שעל טבלת האבן המקושטת של הקבר, ואתה שמח לצאת החוצה, לנגב את מצחך, שמח לברוח משם כמו מן החום והדוחק במופע של תיאטרון ירידים. הכול נוצץ, אך דבר אינו מזהב. זיוף מחליא.[17]

מלוויל מתייחס לתחרות בין הכיתות השונות על בתי התפילה הקטנים שלהן, ולעובדה שליהודים לא הותר להיכנס לכנסייה. הוא ציין כי מי שהתקרב לכנסייה "מן הסימטה המזוהמת המובילה אליה מכיוון ויה דולורוזה" היה מגיע לקיר המרכזי של הכנסייה, שלמרגלותיו "מוטלת, גלויה לעין, ערמת אשפה נוראה של עיר ברברית". כאשר עוברים על פני הקיר הזה ונכנסים לחצר הכנסייה, מגיעים לשטח גדול למדי, התפוס בידי "רוכלים וסוחרים של מחרוזות תפילה, צלבים, צעצועים מעץ זית, אבנים מים המלח ו(מגוון) קמעות ודברי חן אחרים".

ואכן, בכל אשר פנה בירושלים או במקומות האחרים בארץ הקודש, התאכזב מלוויל מן הפער בין הציפיות למציאות, בין האידיאל לעובדות. אופיינית לאכזבה הזאת היא הרשימה שבה הביא

13 שם, עמ' 144. 14 שם, עמ' 142. 15 שם, עמ' 153.
16 שם, עמ' 145. 17 שם, עמ' 148–150.

את דברי מורי הדרך לתיירים ששכרו את שירותיהם: "זוהי האבן שכנגדה נשען ישו, ופה בית המלון האנגלי. שמה מצוי השער שבו הוצג ישו לפני העם, וממש על יד החלון הפתוח ההוא נמכר הקפה הטוב ביותר בירושלים".[18]

עשר שנים אחרי מלוויל ערך מרק טוויין עלייה לרגל דומה לארץ הקודש. ברשימה לעיתון כתב טוויין, כי ישו לעולם לא יבוא שנית לארץ־ישראל, מכיוון שכבר היה בה פעם. מלוויל היה ודאי רווה נחת לשמע אמרת כנף זו.[19]

לאחר שחזר מלוויל לאמריקה הגיעה הקריירה שלו ככותב פרוזה לסיומה. בסוף 1866 מונה סוף סוף למפקח על המכס בניו יורק, בשכר של ארבעה דולר ליום, והוא החזיק במשרה הזאת במשך תשע־עשרה שנה, עד לפרישתו בהיותו בן 66. על משכורתו כמפקח נוספה ירושה צנועה שקיבלה אשתו מאביה, השופט הראשי שו (Shaw), שנפטר בשנת 1861, ואלה אִפשרו למלוויל לחיות בשקט ובכבוד בביתו שברחוב 26 מזרח בניו־יורק. מלוויל נמנע ממגעים חברתיים וייחד את הערבים וסופי השבוע לכתיבת שירים, ובייחוד לפואמה הארוכה 'קלרל: פואמה ועלייה לרגל לארץ הקודש'.

מסעו של מלוויל לאירופה ולמזרח הקרוב ארך שבעה חודשים, ובמהלכו עבר כ־15,000 מייל, בתשע מדינות שונות. ואף על פי ששהה בארץ הקודש 18 יום בלבד, וראה רק חלקים קטנים ממנה (הוא לא ביקר בנצרת ובכינרת), נראה כי ביקורו בארץ הקודש היה החלק המשמעותי ביותר במסעו, והעסיק את מחשבתו במשך עשרים השנים שלאחר מכן. על אף שפחות מרבע מיומנו יוחד לימים שעשה בארץ הקודש, שִכתב שוב ושוב את קטעי היומן העוסקים בארץ הקודש. הוא שאל יותר ממאה קטעים מן היומן המשוכתב לשימוש ב'קלרל' ומיזג אותם עם חומרים מן התנ"ך ועם תיאורים שמצא בספרי המסעות של התקופה.[20]

'קלרל' מורכב מארבעה חלקים, וכותרותיהם: 1. ירושלים. 2. הישימון. 3. מרסבה. 4. בית לחם. יש בו 150 בתים, ויותר מ־18,000 שורות – ארוך יותר מן האיליאדה או האודיסיאה, וארוך כמעט פי שניים מן האינאידה של וירגיליוס. הפואמה פורסמה לראשונה בשנת 1876, בשני כרכים. עלות ההוצאה לאור היתה 1,200 דולר, וסכום זה נתרם בידי דודו האהוב של מלוויל. מלוויל שילם אפילו עבור עותקי הביקורת שנשלחו לכמה עיתונים. כשהיה מלוויל עסוק בהכנת כתב־היד לקראת הוצאתו לאור, שלחה אשתו מכתב סודי לאחד מבני דודה ובו כתבה:

> אם ספר מחריד ומעורר בלהות זה של הרמן יצא אי־פעם לאור (אני קוראת לו כך משום שהוא הרס את כל אושרנו), אני מקווה באמת ובתמים שהוא יהיה במצב נפשי טוב יותר

18 שם, עמ' 151.

19 Franklin Walker, *Irreverent Pilgrims: Melville, Browne, and Mark Twain in the Holy Land*, Seattle 1974, p. 198. אנשי ספרות אמריקנים אחרים, בני דורו של מלוויל, שסיירו בארץ־ישראל ופרסמו את רשמיהם והערכותיהם, היו ביירד טיילור (Bayard Taylor), ג'ורג' ויליאם קורטיס (George William Curtis), ויליאם קולן בריאנט (William Cullen Bryant), ג'ון ו' דה־פורסט (John W. DeForest) וצ'רלס דודלי וורנר (Charles Dudley Warner). החיבור המפורסם ביותר שייך למרק טוויין ונקרא "תמימים בחוץ לארץ" (*Innocents Abroad*, 1869). בין 1850 ל־1900 ביקרו בארץ הקודש 131 נוסעים אמריקנים שפרסמו חיבורים על חוויותיהם. ראה ביבליוגרפיה מאת י' גואל ומ"ב כץ־היימן בספר Moshe Davis (ed.), *With Eyes Toward Zion*, I, New York 1977, pp. 100-125

20 Herman Melville, *Clarel: A Poem and Pilgrimage in the Holy Land*, ed. Walter E. Bezanson, New York 1960, p. xiii

מאשר עתה. ואולם כרגע יש לי סיבות טובות לחוש דאגה עמוקה וחרדה לגביו – אם לנסח זאת בלשון המעטה. אנא אל תדבר על כך...[21]

כפי שביטא זאת עורכו האחרון של הספר, נראה כי מלאכת הכתיבה וההכנה של הספר לדפוס עלו למלוויל במחיר נפשי גבוה.[22]

הספר כמעט ולא זכה לתהודה בציבור האמריקני. וכך סיכם את המצב אחד החוקרים: "הציבור האמריקני התעלם מ'קלרל' לחלוטין או דחה אותו בגסות; אף אחת מרשימות הביקורת אינה מעידה על יותר מאשר רפרוף מהיר על פני הפואמה".[23] הפואמה נכתבה במשקל שירי עתיק, מרובע יורד (iambic tetrameter), ובחרוזים ברווחים לא סדירים. שפת הפואמה לוקה תכופות בארכאיות ובסגנון מנופח ביותר. מופיעות בה לא פחות מעשר דמויות מרכזיות ועשרים ושתיים דמויות משניות, אך אין בה כמעט עלילה. קלרל הוא סטודנט צעיר לתיאולוגיה הנקרע בין אמונה לחוסר אמונה. במהלך מסעותיו מגיע קלרל לירושלים, מבקר במקומות הקדושים, פוגש מספר אנשים ומתאהב בנערה יהודייה, רות שמה, שאביה, אמריקני שעלה לארץ־ישראל, נרצח בידי ערבים. מכיוון שאינו יכול לבקר את רות במשך תקופת האבל, יוצא קלרל בחברת קבוצת מכרים לסיור בארץ ומגיע לים המלח, למנזר מרסבה ולבית לחם. עם חזרתו של קלרל לירושלים נודע לו כי גם רות מתה. אלה הם האירועים היחידים, אם אפשר לקרוא להם כך, המתרחשים בפואמה. שאר חלקי הפואמה מוקדשים לשיחות, לדיונים ולטיעונים המושמעים בפי דמויות שונות המבטאות השקפות עולם שונות. אחת הדמויות האלה היא דרוונט (Derwent), איש כנסייה אנגלי, המשוכנע כי כל המתרחש בחיים מוכרח להביא – באורח בלתי נמנע, או מכוח ההשגחה העליונה – לתוצאות טובות ורצויות. בניגוד לו נוטה מורטמיין (Mortmain) לראות רק את הצד השלילי והמרושע של עובדות החיים. מרגות (Margoth), יהודי מן הבחינה הפורמלית בלבד, הוא גיאולוג הרואה את הדברים והאירועים מנקודת מבטה של תפיסה מדעית מטריאליסטית כוללנית. שתי הדמויות המעניינות ביותר הן ויין (Vine), המייצג את ידידו של מלוויל, הות'ורן, ורולף (Rolfe), שהוא, כפי הנראה, מלוויל עצמו. העלייה לרגל של דמויות אלה ושל הדמויות האחרות שבפואמה אינה יוצרת "אגדות צ'וסר" (Chaucerian) על ארץ הקודש; כוונתו של מלוויל לא היתה לספר סיפורים, אלא להציג נקודות מבט, השקפות עולם, לטעון בעד ונגד עמדות הנוגעות להיבטים המוסריים והדתיים של החיים. כפי שהיה השופט הולמס (Holmes) אומר, הם [ההוגים], מעוותים בכוח מחשבתם את תמונת היקום.

לפי ארווין ניוטון (Arvin Newton), הפואמה היא תוצר של מצב רוחו העכור של מלוויל, מצב רוח של נסיגה, רפיון ידיים וחרדה. היא משקפת נאמנה את חייו האינטלקטואליים של המחבר בתקופה המאוחרת של חייו. ואף על פי שנטה לבחון את היצירה באהדה, הכיר ארווין שנגזר על הספר לזכות בקוראים מעטים בלבד; אורכו של הספר – כמעט כפליים מ'גן העדן אבוד' – מנע ממנו מלכתחילה את האפשרות להיהפך לספר פופולרי. אולם הבעיה לא היתה נעוצה רק באורכו של הספר. ארווין מציין כי רוב "שורות החרוזים המרובעות 'דביקות' ומפותלות באורח מייגע... לאורך הפואמה כולה הכריח המשקל המרובע את מלוויל ליצור 'אליפסות מכוערות' והיפוכים

21 ביזנסון, שם, עמ' xxxviii.

22 שם, שם.

23 שם, עמ' xli. וראה ביקורות אחדות שהופיעו ב־1876, *The Recognition of Herman Melville*, pp. 104-114

גרוטסקיים... דפי הפואמה מלאים שימושי לשון ארכאיים".[24] ואולם ארווין מסיים במסקנה הנכונה: אסור שהליקויים הסגנוניים ימנעו בעדנו מלהכיר בהישגו המרשים של מלוויל ב'קלרל'. הפואמה משקפת היטב את תחושת העזובה שכה הרשימה וכה דיכאה את מלוויל במסעותיו בירושלים ובמקומות האחרים בארץ־ישראל. לא פחות מכך משקפת הפואמה את העזובה הקשה בעולם הרוחני, הפנימי, של מלוויל, עזובה שהעולם החיצוני התאים לה כל כך.[25]

נראה לי כי גישתו של מלוויל ב'קלרל' דומה מאוד לזו של הדובר בספר קהלת. בפרק א של ספר קהלת אומר הדובר, כי היה מלך ישראל בירושלים, וטוען כי הקדיש את עצמו לחפש ולחקור באמצעות החכמה את כל המתרחש תחת השמים. בפרקים הבאים הוא בוחן דרכי חיים שונות ומערכות ערכים שונות. מסקנתו של קהלת היתה מורכבת, כשם שהיתה למעשה פשוטה למדי: "סוף דבר הכל נשמע את־האלהים ירא ואת־מצותיו שמור כי־זה כל־האדם; כי־את־כל מעשה האלהים יבִא במשפט על כל־נעלם אם־טוב ואם־רע".[26]

כך בדיוק עושה גם מלוויל ב'קלרל'. הוא יוצא לחפש ולחקור, באמצעות תבונתו שלו, מהי משמעות החיים – למי שנותן את דעתו ברצינות על אתגריהם ובעיותיהם. דמויותיו, כמו אלה שבדיאלוג של אפלטון, מייצגות גישות שונות ונוגדות – אלא שב'קלרל' אין סוקרטס היודע את התשובות, ואין דובר, נוסח קהלת, היודע מה יהיה סוף דבר. ב'קלרל' השמיעו הכל את דברם, אך אין כל ודאות במסקנה, יש רק סיכוי, תקווה.

אפילו המוות עשוי להתגלות בעת הקץ – כלא ממשי,
ואז, כשיעלו השמיימה, יוכו הסטואיקנים כולם בתדהמה.

ועל כן, קלרל, שמור עצמך, ואל לך להיכנע –
כן. שמור הדברים היטב בלבך. אבל, זכור נא;
כי כמו הכרכום שאת דרכו בשלג מפלס –
כמו השחיין העולה ממעמקים –
כמו הסוד הבוער בפנים וסופו לצאת
אפילו מלב המבקש לשמור, לגנוז את הדברים;
כך עשוי אתה לבקוע מתוך הים האחרון הרוגש באון
ולהיווכח איך סולל לו המוות את דרך החיים – אלי הניצחון.[27]

בסופו של דבר אנו מוצאים עצמנו עם "הומניזם ללא אשליה, תקווה בתוך חוסר אמון, תאיזם ספקני, ורוחניות הנוטה במידה רבה לריאליזם ארצי". זוהי "אמירת 'הן' מן הסוג המסויג והמלנכולי ביותר, ומעולם לא השיג מלוויל את הביטחון השליו של אמונה דתית בוטחת. אם שב מלוויל באותן שנים לתפיסה טרנסצנדנטית, ולא אימננטית בלבד, של אלוהות, שהיה מוכן לכנותה 'אלוהים', היתה זו אלוהות מאוד לא אישית, מאוד לא מובנת ואפילו מטילת אימה".[28]

24 Newton Arvin, *Herman Melville*, New York 1950, pp. 269, 271
25 שם, עמ' 276.
26 קהלת יב, יג–יד.
27 מלוויל (לעיל, הערה 20), סוף האפילוג.
28 ארווין (לעיל, הערה 24), עמ' 283–287.

אכן, אפשר לומר כי הלך רוחו של מלוויל בתקופה שבין חזרתו מארץ הקודש ועד לפרסומו של 'קלרל', כמעט עשרים שנה לאחר מכן, דומה מאוד להלך הרוח הרווח בספרות החכמה שבתנ"ך, שאליה נטה מלוויל במיוחד. נטליה רייט (Nathalia Wright) זיהתה ביצירותיו של מלוויל לא פחות מאלף וארבע מאות רמיזות לתנ"ך; ומספרן הלך וגדל ככל שהלכה והתפתחה הקריירה של מלוויל. למשל, מספרן גדל מתריסר ב'טייפי' לשש מאות ב'קלרל'. שני שלישים מהתייחסויותיו לכתבי הקודש היו אל התנ"ך. וספרי התנ"ך המיוצגים ביותר בחיבוריו הם כאמור ספרי החכמה: איוב, משלי וקהלת. על אלה נוסף גם ספר בן־סירא, הנמנה על הספרים החיצוניים.[29] במכתב להות'ורן משנת 1851 כתב מלוויל: "אני קורא בדברי שלמה [המלך] שוב ושוב, ובכל פעם אני מוצא אצלו משמעויות עמוקות יותר ויותר, משמעויות שאינן ניתנות לביטוי".[30]

אכן, מוזרות הן דרכי המחשבה. מלוויל נסע לארץ הקודש לא כתייר רגיל המחפש גיוון וסיפוק הסקרנות, אלא בשל דחף פנימי גדול, דחף שהוזן על ידי התנ"ך ועל ידי ניסיון חייו. הוא קיווה נואשות להיוולד שם מחדש כאדם, אם לא כנוצרי. מלוויל נכשל במאמצו זה. בארץ הקודש מצא רק אבנים, אבנים ואבנים ולא את מה שכמהה אליו נפשו. ואולם, מה שראה מלוויל בארץ הקודש ומה שחש השתלט על מחשבתו ועל נפשו כמו אובססיה; אווירת השממה והנוף של ארץ־ישראל חדרו לפואמה שלו, ממש כפי שצחנת האשפה הבוערת פשטה באווירה של ירושלים. כמו שלמה המלך בספר קהלת, חיפש מלוויל אחר משמעותם של הדברים; הוא חיפש אחר אלוהים, צלילות דעת והבנה.

בספרו 'מובי דיק', שפורסם עשרים וחמש שנה לפני 'קלרל', כתב מלוויל:

> ובכן אדם, בן תמותה, המגלה בקרבו שמחה יותר מצער, בן תמותה שכזה לא ייתכן שיהיה אמיתי – הוא אינו אמיתי, או שאינו מפותח בנפשו. כך גם לגבי ספרים. האדם האמיתי מכל בני האדם היה [איוב], איש הסבל; והאמיתי מכל הספרים הוא ספרו של שלמה [משלי]; וקהלת, הוא המתכת העדינה שחושלה ביגון.[31]

גם ב'מובי דיק' כתב מלוויל על המצוקה הרוחנית שבספקות דתיים, ועל המעשה שצריך לעשות אדם במצב כזה:

> אולם כאשר דתו של אדם הופכת לטירוף עבורו; כאשר היא מהווה עינוי אמיתי עבורו; כאשר, אם נתמצת את העניין, היא הופכת את עולמנו זה למלון דרכים שלא נוח לו לשהות בו; כי אז, סבור אני, הגיעה השעה המתאימה ליטול את אותו אדם לשיחה ולדון עמו בעניין הזה.[32]

אפשר לומר כי ב'קלרל' מתאר מלוויל מצוקה דומה, ובפואמה זו הוא מגשים באופן פרוגרמטי את דבריו ב'מובי דיק'. שכן, מה שעושה מלוויל בפואמה שלו הוא לאפשר לרולף, לדרוונט, לאונגר (Ungar) וליתר הדמויות המאכלסות את 'קלרל' לקחת אותו, את מלוויל, לשיחה – על מנת לדון עמו בדברים הללו. הדיון נסוב על מה שהופך את האדם הספקן הזה למטורף, על מה

29 Nathalia Wright, *Melville's Use of the Bible*, Durham N.C. 1949, pp. 8, 9, 10, 94

30 Willard Thorp, *Herman Melville: Representative Selections*, New York 1938, pp. 389, 392

31 מובי דיק, פרק 96.

32 שם, פרק 17.

שמענה אותו, ועל מה שלא נותן לו מנוח. כך בוחן מלוויל גישות שונות וסותרות של החיים והמוות, הטוב והרע. ייתכן שב'מובי דיק' השלים מלוויל עם הרעיון שהמוות מכלה את החיים, כפי שאמר לידידו, הות'ורן; שהרי ב'מובי דיק' אמר מלוויל שהוא מוכן להשאיר את הנצחיות לאלוהים; "שכן מיהו האדם שיחיה יותר מאלוהיו?"[33] ואולם, באפילוג של 'קלרל', בדומה למסקנות בסוף ספר קהלת,[34] אומר מלוויל דבר אחר: ייתכן כי "המוות יתגלה בעת הקץ כלא ממשי". מהן פניה של מציאות המוות? את זאת אין מלוויל מגלה לנו. הוא מסתפק באמירה שהמוות עשוי להוביל את החיים לניצחון.

אבל מה פשרו של הניצחון הזה? על השאלה הזאת אין מלוויל עונה כלל.

אם ניתן דעתנו על המשימה שקיבל עליו מלוויל, אין זה מפתיע שהוא בחר את ארץ הקודש לשמש לו זירת ההתרחשות של הפואמה. אין אף ארץ אחרת בעולם שהבטיחה כה הרבה, נתנה כה הרבה – ואיבדה כה הרבה. בשנת 1857 השפיעה הארץ הזאת על מלוויל ממש כפי שהשפיעה על הרמב"ם וקודמיו מבין חכמי ישראל מאות שנים לפני כן. במשנה תורה מנסח הרמב"ם את החוק כך:

> מי שראה ערי יהודה בחורבנם אומר: "ערי קדשך היו מדבר" וקורע. ראה ירושלים בחורבנה אומר: "ירושלים מדבר" וגו'. בית המקדש בחורבנו אומר: "בית קדשנו ותפארתנו" וגו', וקורע... כל הקרעים האלו קורע בידו מעומד, וקורע כל כסות שעליו עד שיגלה את לבו. ואינו מאחה קרעים אלו לעולם. אבל רשאי הוא לשללן, למללן, ללקטן ולתופרן כמין סולמות.[35]

יומנו של מלוויל מעיד כי הוא ראה את האתרים הקדושים בשממונם ואת ירושלים בחורבנה, והוא חזר וקרע את לבושו לאות אבל. בפואמה שלו, ובמשך עשרים השנה שלפני פרסומה, ניסה מלוויל לתת ביטוי ללבו שנחשף בשל אותו בגד שקרע בארץ הקודש, וגם השתדל נואשות לתפור מחדש את הבגד "כמין סולמות". אך הוא מעולם לא הצליח לכסות ממש את מערומיו. "בחיים האלה", כתב, "אין התקדמות יציבה ללא נסיגה לאחור; איננו מתקדמים בשלבים קבועים. בשלב האחרון של החיים עצור נא [וחשוב על הדרך שעברת]: החשיבה המאגית של התינוקות, האמונה התמימה של הילדות, ספקות הנעורים (כך בדרך כלל), ואז באים הספקנות, וחוסר האמונה, ובסופו של דבר, המנוחה השלווה של שקיעה בהרהורי האדם המבוגר בנוסח: 'אם...'. אולם, מרגע שעברנו את הדרך הזאת, אנו חוזרים ומחפשים שוב את ההתחלה: אנו, תינוקות, ילדים ומבוגרים, ואנו [עסוקים] לנצח בשאלת ה'אם...'".[36]

"להתפלל", כתב לודוויג ויטגנשטיין, "פירוש הדבר לחשוב על משמעות החיים".[37] מנקודת מבט זו, יכול 'קלרל' להיחשב כתפילה אחת ארוכה. ואולם אין הוא יוצא דופן בין חיבוריו של מלוויל. הנובלות הגדולות שלו, ובמיוחד 'מובי דיק', וסיפוריו הקצרים הנהדרים, בייחוד 'בניטו

33 שם, פרק 9.

34 Robert Gordis, *Koheleth – the Man and His World*, New York 1951, p. 118

35 משנה תורה לרמב"ם, זמנים, הלכות תעניות, פרק ה, טז–יז.

36 מובי דיק, פרק 114; וראה, *Pierre*, Bk. xiv.

37 השווה: Samson Raphael Hirsch, *The Pentateuch: Deuteronomy*, London 1962, V, p. 185, הפירוש על יא, יג, מושג התפילה.

סרנו' (*Benito Cereno*) ו'בילי באד' מהווים הוכחה ניצחת לעובדה זו. אלבר קאמי (A. Camus) אמר פעם, כי סופרים טובים לא רק מספרים סיפורים, אלא גם יוצרים עולמות משלהם. לנובלות שלהם יש היגיון פנימי משלהן, מסקנות משלהן, אינטואיציות והנחות מוקדמות משלהן. הם דומים לחיבור פילוסופי מבחינת אורכם, ובהיותם וידוי אישי שקול ומנומק היטב. אין זה מפליא אפוא שקאמי הזכיר את מלוויל בנשימה אחת עם בלזק, סטנדל, דוסטויבסקי, מלרו וקפקא – סופרים גדולים שהיו גם סופרים פילוסופים.[38]

אחרי 'קלרל', כתב מלוויל כמה פואמות קצרות, ולבסוף, לאחר הפסקה של יותר משלושים שנה, חזר לכתיבת פרוזה. הוא כתב את 'בילי באד' שפורסם, כאמור, רק בשנת 1924, שלושים ושלוש שנה אחרי מותו של מלוויל, ולמעשה, נשכח מלב. גם ב'בילי באד' עסק מלוויל בבעיית הרע בעולם, בבעיית התיאודיציאה: היינו, בשאלה הדתית־הפילוסופית אם אפשר להגן על הצדק האלוהי בשעה שהרֶשע קיים בעולם ולכאורה אף מצליח בו.

בילי באד היה מלח צעיר ונאה ששירת על אניית מלחמה בריטית בזמן המלחמות הנפוליאוניות. הוא הואשם בידי קלגרט (Claggart), קצין השיטור של האנייה, בקשירת קשר למרד, האשמה שהיתה שקרית. ברגעים של מתח רגשי כבד, בילי באד מגמגם ואפילו מאבד לחלוטין את כושר הדיבור. קלגרט מטיח את אשמת השווא הנוראה בפני בילי באד בנוכחותו של הקפטן ור (Vere), ובילי באד – שאינו מסוגל להוציא הגה מפיו – מכה את קלגרט אינסטנקטיבית מכה אנושה וקטלנית. קפטן ור מעמיד את בילי באד לדין. ואולם מכיוון שרק ור היה עד להאשמתו של קלגרט, הוא עצמו מזמן את בית הדין; הוא שמעלה את ההאשמה; ולמעשה, הוא שמורה לשלושת היושבים בדין לפסוק את אשמתו של בילי באד, פסק דין שפירושו תלייה. ואכן, גזר הדין ניתן, ובילי באד הוצא להורג.

אין כל ספק שבילי באד, על אף שהיכה את מכת המוות, היה חף מפשע מבחינה מוסרית; אין גם ספק כי קלגרט שיקר במצח נחושה ולמעשה המציא את אשמת הקשר וטפל אותה על בילי באד; אין גם ספק כי הקפטן היה אדם מכובד וישר, שאהדתו היתה נתונה לנאשם, ועם זאת חש את עצמו כבול לחוקים המתייחסים למרד בעת מלחמה וקובעים את דרכי ההתנהגות במצב כזה: להכות את קלגרט – על אף הפרובוקציה הקשה מצדו של האחרון – היה מעשה של מרידה, ועונשה – מוות. קפטן ור עצמו האמין כי קלגרט, הרשע בסיפור, הוכה למעשה בידי "מלאך אלוהים" (בדמותו של בילי באד). ואולם, הוסיף ור וטען, "מלאך אלוהים" זה חייב להיות מוכה למוות בעצמו. בילי, כך אמר, יזוכה בבית דין של מעלה, אולם כאן, בעולם הזה, חייבים אנו לשפוט אותו בהתאם לחוקי המרידה. כאשר עמד קפטן ור עצמו למות, שמעו אותו הסובבים לוחש: "בילי באד, בילי באד".

חנה ארנדט (Hannah Arendt), בספרה 'על המהפכה' (*On Revolution*), דנה במקרה של בילי באד, ומעלה את ההשערה המעניינת, שלפיה ייתכן כי לפנינו היפוך של סיפור קין והבל; בסיפורו של מלוויל, הבל הוא שהורג את קין. הנושא של סיפורו של מלוויל הוא "טוב – שהוא שמעבר למידה המוסרית הטובה, ורע – שהוא מעבר למידה המוסרית הרעה. עלילת הסיפור בנויה על עימות בין השניים". גדולת הסיפור, היא אומרת,

מונחת בטוב הזה, משום שהוא חלק מה"טבע". וטוב זה אינו פועל בהכנעה, אלא מציג

38 Albert Camus, *The Myth of Sisyphus and Other Essays*, New York 1959, pp. 74-75

את עצמו בתקיפות רבה. אכן, המעשה של הטוב הזה הינו כה אלים עד שאנו משתכנעים כי רק הפעולה האלימה שבמהלכה היכה בילי באד למוות את האדם שהאשים אותו לשווא, היא התגובה היחידה ההולמת. זוהי התגובה ההולמת משום שהיא מבטלת את ה"השחתה המוסרית" שבטבע. אולם, פעולה זו אינה סיום הסיפור אלא תחילתו: הסיפור מתפתח וממשיך גם לאחר שעשה ה"טבע" הטוב את שלו, והרשע מת וידו של האדם הטוב על העליונה. הבעיה היא שהאדם הטוב – מכיוון שעשה בעצמו מעשה רע – הפך גם הוא לעושה רע... כאן נכנסת ה"מידה הטובה" שבנפשו של קפטן ור לעימות בין הטוב המוחלט לרוע המוחלט, וכאן מתחילה הטרגדיה. ... בסופו של דבר, המוסר והמידה הטובה מתערבים במהלך האירועים, לא כדי למנוע את מעשה הרוע, אלא כדי להעניש על הפשע של החף מפשע הגמור. קלגרט "אמנם הוכה בידי מלאך האלוהים! ובכל זאת, המלאך חייב להיתלות!" חוקים ו"מוסדות של קבע" נופלים לא רק תחת פגיעתו של רוע יסודי, אלא גם תחת השפעתו של חף מפשע גמור.[39]

דבר לא נפתר ב'קלרל', ודבר לא נפתר ב'בילי באד'. החיים נותרים מסתוריים כשהיו. אלוהים יושב לבטח במקום מושבו שבשמים, אך העולם שמתחת מלא עוולות מוסריות. כזכור, קודם שיצא מלוויל לארץ הקודש ביקר את הות'ורן ידידו בליוורפול. לאחר השיחה הארוכה ביניהם, כתב הות'ורן, כאמור, כי מלוויל "לעולם לא ימצא מרגוע לנפשו עד שיגיע לאמונה מוגדרת וברורה... אין הוא יכול להאמין, אך גם אינו יכול לחוש בנוח בחוסר אמונתו...".[40] הביקור בארץ הקודש לא העניק למלוויל שלווה, והספרים 'קלרל' ו'בילי באד' מבטאים זאת. מלוויל נשאר קשור וצמוד לחכמת שלמה המלך בקהלת ונשאר תלוי בה. אך לא היתה לו, למלוויל, הנחמה שב"סוף דבר" של קהלת, שלפיה "אלוהים יביא במשפט על כל נעלם אם טוב ואם רע". עד מותו של מלוויל נשאר קהלת – ואולי החיים עצמם – "המתכת העדינה שחושלה ביגון".[41] מלוויל עלה לרגל כדי לראות את ארץ הקודש, אך מעולם לא ראה אותה. איש אינו רואה אותה. אפילו משה לא ראה את ארץ הקודש, מלבד מה שבחר אלוהים להראות לו מעל הפסגה, בארץ מואב הנכרייה. מלוויל, כפי שאמר הוא עצמו על חברו הטוב הות'ורן, נשאר "אדם מחפש", "אדם שעדיין לא מצא" – וכך, אולי, היה כל ימיו.[42] ובכל זאת, במילות הסיום של 'קלרל' אפשר לשמוע הד קלוש של אמונה וביטחון, אמונה וביטחון הדומים לאלה שביטא מלוויל ב'מובי דיק'. אמונה וביטחון כאלה אפשר למצוא אפילו בקרב האבנים, חיות הפרא, והקברים – אותם ראה מלוויל בכל אשר פנה בארץ הקודש: "אמונה ניזונה, כמו התן, בין הקברים. ואפילו מתוך הספקות הללו, שהמוות עלה בהם, היא שואבת את התקווה בעלת החיות הגדולה ביותר".[43]

39 Hannah Arendt, *On Revolution*, New York 1963, pp. 78-79

40 ראה לעיל, הערה 2.

41 מובי דיק, פרק 96.

42 "Hawthorne and His Mosses", in Jay Leyda (ed.), *The Portable Melville*, New York 1952, p. 416

43 מובי דיק, פרק 7. ייתכן כי אמונה רופפת זו היא שדחפה את מלוויל להשתייך לכנסיית All Souls Unitarian Church בניו יורק; אך היתה זו גם אמונה שנשמרה מתוך תקווה למרות שהיתה מבוססת על ספק. ראה: W. D. Kring & J. S. Carey, "Two Discoveries Concerning Herman Melville", *Proceedings of Mass. Historical Society* 87 (1976), p. 137. רצוני להודות לעמיתי ג'יימס לותר אדמס (James Luther Adams) שהפנה את תשומת לבי למאמר זה.

מושבות אמריקניות דתיות בארץ הקודש מנקודת ראות בריטית*

ויויאן ד' ליפמן

קלורינדה מיינור בכפר ארטאס

קלורינדה ס' מיינור (Clorinda S. Minor; 1808–1855) נולדה בפילדלפיה והתחנכה על ברכי הכנסייה "העדתית" (congregationalist), כנסייה הדוגלת בשלטון עצמי לכל עדה ועדה, שאליה השתייכו גם מייסדיו של "הוועד המנהל האמריקני של שליחים מסיונרים מחוץ לארצות־הברית" (The American Board of Commissioners of Foreign Missions). קלורינדה נישאה לסוחר עשיר בן פילדלפיה, ובשנת 1842 הצטרפה לכנסייה "המילרייטית" (Millerite), כנסייה המאמינה בהתגלותו החוזרת של ישו. עד מהרה נעשתה קלורינדה "נביאתם" של המילרייטים. היא נאמה לפניהם בעת שנועדו יחדיו, כתבה הימנונות כדי שישירו אותם, ומאמרים בעיתונות כדי שיקראו בהם".[1] בעקבות אכזבתם של המילרייטים מאי־הופעתו של המשיח – לא בשנת 1843 ולא בשנת 1844, שנים שבהן היה אמור להתגלות על פי אמונתם – בחנה מחדש את אמונתה. ההתרחשויות שאירעו לאחר מכן תועדו בשנת 1900 בדיווח שכתב הכומר ג"א הנאואר (J. E. Hanauer) עבור קוראי הרבעון של ה־Palestine Exploration Fund. הדיווח התבסס בעיקר על סדרת מאמרים שנשאו את הכותרת "פנטית ומשימתה", והופיעו בעיתון *The Churchman*, שיצא לאור בניו־יורק, ב־10, 17, 24, וב־31 באוקטובר 1896. להלן נביא קטע ממנו.

כשבאו הגברת מיינור ובן לוויתה לירושלים, יצרו קשר עם ג'ון משולם (John Meshullam), יהודי שנולד בלונדון, ולאחר כמה שנות נדודים – לרבות שלוש שנים בירושלים, כנראה בשנות ה־20 של המאה התשע־עשרה – הוטבל לנצרות במלטה בידי מי שעתיד היה להיות ההגמון של ירושלים, סמואל גובט (Samuel Gobat).[2] משולם התיישב קבע בירושלים בשנת 1840 לערך,

* מאמר זה הוא פרק מתוך: V. D. Lipman, *Americans and the Holy Land through British Eyes, 1820–1917: A Documentary History*, London 1989. עיקרו של הספר תעודות בריטיות מקוריות, ועליהן הוסיף המחבר מבואות ודברי קישור וסיכום.

1 J.E. Hanauer, "Notes on the History of Modern Colonization in Palestine", *Palestine Exploration Fund Quarterly Statement* 1900, p. 128

2 הפרטים נלקחו מתוך: "Narrative of Facts and Incidents in the Life of John Meshullam", המופיע כנספח לספר: *Meshullam! or Tidings from Jerusalem*, שנכתב בידי קלורינדה מיינור ויצא לאור בידי המחברת בפילדלפיה ב־1851, עמ' 96–114.

הקים בה בית מלון (שהיה, כך אומרים, הראשון בעיר), ורכש אדמות בארטאס, כפר מדרום לבית לחם, שבהן גידל פירות וירקות; האדמה שם היתה פורייה מאוד ועשירה במקורות מים. באותו הזמן החלו גם אחרים, הידוע שבהם "האח" הנרי בלדנספרגר (Henry Baldensperger), מיסיונר גרמני, לגדל פירות וירקות באזור הזה. לאחר שהקימו שותפות בארטאס פרצה בין משולם לקלורינדה מיינור מריבה. וכך תיאר זאת הנאואר: "לכל ויכוח יש שני צדדים, כך דרכו של עולם. לוויכוח הזה – כפי שקורה בדרך כלל בוויכוחים המתנהלים בארץ־ישראל – היו הרבה יותר משניים".[3] מאחר שהקונסול הבריטי והקונסול של ארצות־הברית התערבו בוויכוח, הוא טופל – יחד עם מחלוקות אחרות שבהן היה מעורב ג'יימס פין (James Finn), הקונסול הבריטי – במסגרת פנייה של מחלקת המדינה האמריקנית אל משרד החוץ הבריטי. מזכיר השגרירות הבריטית בקונסטנטינופול (שהיה המשנה לשגריר עצמו), לורד נפייר (Napier),[4] נתמנה לחקור את הטענות האמריקניות כנגד פין. דיווחו, שהיה אובייקטיבי ככל שאפשר בנסיבות כאלו, נכתב ב־1855 – אחרי שגבה מן הצדדים המעורבים בעניין עדויות לגבי מה שהתרחש בין קלורינדה מיינור וחבריה ובין ג'ון משולם. קטע מדיווח זה מהווה את התעודה השנייה שנביא להלן.

מאמרו של ג"א הנאואר (1900)[5]

הנביאה פתחה בצום ובתפילה בתקווה לגלות את הטעות בחישוב הכרונולוגי שתסביר מדוע התעכבה הופעתו של המשיח.

לבסוף, שנתיים אחרי האכזבה הגדולה, נגלתה אליה משמעות הדבר. "לאמיתו של דבר נועדה היא ולא אחרת, להיות מעין אסתר המקראית, ולבוא לפני המלך ולהיעשות כלי בידי אלוהים להכשרת הקרקע בארץ־ישראל לקראת שובו של המלך". מיינור היתה משוכנעת כי על הנוצרים לשמור את השבת היהודית. היא הטיפה לנהוג כך, והיתה לאחת ממייסדיה הראשונים של כת המאמינים בהתגלותו החוזרת של ישו ביום השביעי (Seventh Day Adventists). הפסוקים האלה הם דוגמה לפסוקים שכתבה כדי לבטא את אמונתה החדשה:

הוי, מי יעלה כעת ויכבוש תחתיו את ארצו,
ובשמו של אל עליון יחזור לשמור את שבתו;
מי יפריח מחדש את סוכות הירק הנטושות זמן כה רב,
ומי יאמר לעמו ולפדוייו: "שובו!"?

ההתלהבות שאחזה במיינור היתה מידבקת. חבר נוסף בכת המאמינים בהתגלותו החוזרת של ישו השתכנע שגם הוא, כמוה, נקרא ללכת לארץ־ישראל כדי להכין את הארץ לקראת שובו של המלך. הם החליטו לנסוע יחד, ונראה כי לא אשתו ולא בעלה לא הביעו התנגדות כלשהי למסע

3 הנאואר (לעיל, הערה 1), עמ' 131.

4 פרנסיס, הרוזן נפייר התשיעי באצולה של סקוטלנד והברונט ה־11, נולד ב־1819; הצטרף לשירות הדיפלומטי ב־1840, נספח בווינה; בקונסטנטינופול, 1842–1845; מזכיר המשלחת, נפאל, 1846–1849 (מיופה כוח 1848–1849); ב־1852 הועבר לסנט פטרסבורג; היה מזכיר השגרירות בקונסטנטינופול, 1854–1857; שגריר בוושינגטון, 1857; בהאג, 1858; ברוסיה, 1860; בפרוסיה, 1864; מושל מדרס, 1868–1872; המושל הכללי הזמני של הודו ב־1872; קיבל תואר אצולה בריטי, 1872 (מכאן והלאה ידוע כלורד נפייר ואטריק); מת ב־1898.

5 מתוך הנאואר (לעיל, הערה 1), עמ' 129–130.

הזה, כה גדול היה אמונם בעולים לרגל. אל השניים נלווה גם בנה של הגברת מיינור, נער בשנות העשרה לחייו, אבל במרסיי נפל למשכב ונשלח חזרה לביתו. אמו ובן לווייתה המשיכו במסעם.

דיווחו של לורד נפייר מ־1855[6]

בשנת 1849 הופיעו בארץ־ישראל זוג אנשים שנשאו את השם "אדמס" וטענו כי הם אח ואחות. הזוג נמנה על המעמד העני ביותר של הנוסעים, ואחרי שהתגוררו תקופת קצרה בחדר בבית המלון שבבעלותו של ג'ון משולם בירושלים, הציע להם משולם סידור זול יותר – לגור עם משפחתו בכפר שעל יד בית לחם. מר וגברת אדמס השתייכו – על כל פנים כך טענו – לאותה כת של אנשים חדורי התלהבות, בעלי חזון חי בדבר שיבתם של היהודים לארץ מתוך ציפייה להתגלותו השנייה של המשיח, ומצאו במר משולם יהודי מומר, שהיה אף הוא נלהב כמותם לרעיון גאולתם של בני עמו. הרעיון לשפר את תנאי חייהם של היהודים באמצעות העסקתם בעבודה חקלאית לא היה חדש, ומר משולם עסק בעיבודם של כמה בוסתנים בעמק ארטאס שקיבלו את מימיהם ממעיינות ששפעו מים במשך כל השנה, ועל כן נראה היה כי האזור מתאים להפעלתה של תוכנית שכזו.

מקורותיו הכספיים של מר משולם היו מוגבלים, וחבריו החליטו לחזור לאמריקה כדי לעורר שם את המאמינים למען קידומה של העבודה. לראשונה הובא הפרויקט לידיעתם של תושבי ארצות־הברית על ידי פרסומו של ספר קטן (שעותק ממנו הגיע לידי), שנשא את הכותרת "משולם!" או "בשורות מירושלים". בספר תוארה אדיקותם ועיסוקיהם של משולם ומשפחתו במונחים כאלה, שצניעותם גרמה להם להכחישם, ואין ספק כי מעשיהם אכן לא היו ראויים לשבח כזה. הוחל בגיוסן של תרומות, התקבלו מתנות כסף, ונמסרו תרומות ראשונות לארטאס. קבלתן של התרומות אושרה במכתבים שנועדו לעורר נדיבות לב, ואפשר שעברו עריכה קלה ושיפור־מה בעברו האחר של האוקיינוס האטלנטי.

באביב של שנת 1852 הבשילה התוכנית, והגברת אדמס חזרה לארץ הקודש, אך הפעם בשמה האמיתי, גברת מיינור; לעומת זאת, מר אדמס נשאר בארצות־הברית, שבה היה ידוע כמר ג'ון בויד (John Boyd). השם "אדמס" אומץ בידי השניים כדי להצדיק לפני העולם אינטימיות שהתקדשה בעיניהם מכוחה של ברית שנקראה "נישואין רוחניים", אך הם העדיפו לקרוא לה "אחווה נוצרית". כשיצאה הגברת מיינור למסעה הראשון עזבה את בעלה ושלחה בחזרה את בנה. באותו הזמן ויתר מר בויד על חברתה של אשתו. כעת [במסעה השני] הופיעה הגברת מיינור כאלמנה – ואני מאמין שאכן כך המצב – הנוסעת עם בנה, מר צ'רלס א' מיינור (Charles A. Minor), ואליהם נלוו כמה אזרחים של ארצות־הברית [מר סיירוס תאצ'ר (Cyrus Thatcher), הגברת לידיה שולר (Lydia Schuler), גברת אמה ניל (Emma Neil), מר וגברת דווייט (Dwight) וילדם]...

ב־14 במאי 1852 הוקמה שותפות ונחתם חוזה החל מ־1 באפריל, בין ג'ון משולם מצד אחד, לסיירוס תצ'ר וצ'רלס א' מיינור מצד שני...

האמריקנים השקיעו סכום של 100 פאונד במטרותיה המשותפות של החברה. כל התרומות והתשלומים היו אמורים להתחלק שווה בשווה בין הצדדים.

אם יושקע חלק כלשהו מתוך סכומים אלה בשיפורים של קבע או בבניינים, יחזיקו האמריקנים מצד אחד ומשולם מן הצד השני בזכויות שוות בהם.

6 דיווחו של לורד נפייר מצוטט מתוך: Public Record Office (PRO) FO, 78/1138

קודם לכן בנה מר משולם שני בתים, ובכל אחד מהם היה חדר אחד, ומחסן כלים וצריפים שונים ותוספות. ואולם על פי החוזה לא היתה לאמריקנים זכות כלשהי במבנים אלה.

מכיוון שהמבנים הקיימים היו קטנים מדי עבור חבורה גדולה כל כך, נבנה לפני החורף בניין חדש ובו שלושה חדרים, שמקצתם נבנו על גבי אחד מן המבנים המקוריים של משולם, ולכל אחד מהם היתה כניסה נפרדת באמצעות גרם מדרגות יחיד.

המקורות הכספיים של החווה באו ללא ספק בעיקרם – אם כי לא רק, כפי שדאג משולם לציין – מארצות־הברית, ואולם על פי תנאי החוזה הובטחה למשולם שותפות שווה בתרומות מחו"ל, משום שללא פרסום שמו וסיפור חייו לא ניתן היה להשיג את הכסף בקלות כזאת. משולם הביא תועלת לאמריקנים כפי שהם סייעו בידו, ואסור גם לשכוח כי משולם היה זה שסיפק למהגרים מקום פורה וטוב לבריאות, שבו כבר היתה לו השקעה מבוססת, דבר שהיה בעל ערך רב בארץ שבה היה כל כך קשה להשיג אדמה.

בינתיים קטן מספר החברים באגודה בשל עזיבתם של מר וגברת דוּוייט, ומספרם שב ועלה עם הצטרפותה של הגברת ויליאמס, אנגלייה שהתאזרחה בארצות־הברית, אישה בעלת קשרים וכישרונות מרובים, אך בעלת מזג מיוחד. נוסף עליה הצטרפו גם האדון והגברת דיקסון – האדון עקב בעיותיו הבריאותיות יותר מאשר מתוך רצון לעבוד.

הפרויקט היה מקור בלתי נדלה למריבות, ואין צורך להיכנס לפרטיהן. ואולם, תוצאתן ניכרה לפני סוף שנת 1852. לאחר כמה התנצחויות והאשמות הדדיות ביקשו שני הצדדים התערבות קונסולרית. מר הוספורד סמית (Hosford Smith) נקרא מביירות לירושלים, ולאחר כמה דיונים, שבמהלכם ניסה לשווא להשיג הסכם כספי, הוחלט לפרק את האגודה.

ב־8 בפברואר 1853 נערך בקונסוליה של הוד מלכותה הסכם שקבע את אופן חלוקתם של הכלים, המכשירים החקלאיים והיבול, כמו גם את קביעת גורלו של פרד, והוכן מסמך שנחתם בידי הקונסולים ב־11 בפברואר, למטרה אותה אפרט להלן. המסמך סטה – לדעתי, ללא צורך – מתנאיו של החוזה המקורי מ־14 במאי, והכיל את זרעיה של אי־נעימות רבה שעתידה היתה לצוץ בהמשך.

בהסכם נקבע כי יש לפנות לארצות־הברית כדי שיוחלט באשר לבעלות על הבית בארטאס. נראה כי הן האמריקנים והן מר משולם ויתרו על הזכות שהיתה לשניהם, לפי החוזה המקורי, על מחציתו של הבית, וציפו, כל אחד, לקבל לידיהם את הבית כולו. הסכום הכולל של התרומות הוערך ב־259 פאונד או 1,260 דולר (הבית עלה 26,774 פיאסטרים, שהם כ־243 פאונד), והחלטתם של התורמים של רוב הסכום של 1,260 דולרים היא שאמורה היתה לקבוע למי מן הצדדים לתת את הבית כולו. אם יוחלט לטובתם של האמריקנים, יהיה עליהם למכור את הבית ולהעניק למר משולם עדיפות ראשונה בקנייתו.

הבית אמור היה להינעל או להיחתם בידי מר הוספורד סמית, או בידי נציגיו, עד לקבלת התשובה מארצות־הברית, והמפתחות היו אמורים להימסר למשנה לקונסול של ארצות־הברית.

אחרי שנחתם ההסכם בידי הקונסולים המייצגים את הצדדים, אך לרוע המזל לא בידי הצדדים עצמם, חזר מר הוספורד סמית לביירות, והוסיף והפנה את שאלת הבעלות על הבית לארצות־הברית.

לא עבר זמן רב עד שהבין מר פין [הקונסול הבריטי] שקיימים אי־אלו מכשולים בפני הוצאתו לפועל של החוזה שעליו חתם מתוך חוסר זהירות. ראשית, הוא טען כי אינו מסכים שהבית ייחתם בידי הקונסול של ארצות־הברית שכן מחציתו היתה בבעלות בריטית. חוץ מזה, אי־אפשר למכור את הבית משום שבחוזה החכירה התחייב מר משולם לערבים, כי כשתפקע החכירה יחזיר להם

את כל הבניינים שהוקמו בתקופת החכירה; פין לא העלה את ההתנגדויות האלה בעקביות או בנחרצות מיוחדת, אף על פי שהטענה השנייה היתה בעלת משקל. ב־22 בפברואר (1853) שלח פין מכתב מתנשא למדי, ובו דרש לסלק את האמריקנים מן הבית בהתאם לתנאי ההסכם. המשנה לקונסול בפועל [של ארצות־הברית] השיב בנימה עוינת, נקבעה פגישה בארטאס וזו רק הרעה את המצב. לאחר שפונה אחד מן החדרים ב־24 בחודש שלח לשם מר פין את קוואס שלו ב־25 בחודש והלה קבע את חותם הקונסוליה של הוד מלכותה על הדלת והחלון של אותם חדרים...

חותם אחד נתלש בידי הגברת ויליאמס, שגם הואשמה בהכאתו של הפקיד של הקונסול של הוד מלכותה. הגברת ויליאמס הכחישה את ההאשמה; החותם האחר הוסר לאחר מכן בידי סגן הקונסול בפועל של ארצות־הברית בלא שבא בדברים עם מר פין.

לאחר כמה התכתבויות נרגזות פונו כל האמריקנים עד ליום 2 בפברואר [טעות במקור, צ"ל: מארס], או באותו יום עצמו, 20 יום אחרי חתימת ההסכם. כל הדלתות נחתמו בחותמת של ארצות־הברית, והמפתחות נמסרו למשנה לקונסול של ארצות־הברית.

ככה נשארו הדברים – ככל שנגעו לקונסול של הוד מלכותה – עד שהתקבלה תשובה מאמריקה ב־20 באפריל 1853, ומר הוספורד סמית מסר אותה לידי מר פין באיגרת שנשלחה ב־8 ביוני.

התשובה, שנשאה אופי של מסמך משפטי, כללה את החלטתם של האנשים שתרמו 569 דולר. לסכום זה הוסיף מר סמית באיגרתו את שמותיהם ותרומותיהם של כמה גופים נוספים, ובסך הכול הגיע הסכום ל־1,197 דולר. מתוקף זה טען סמית, כי החלטת הרוב לגבי הסכום של 1,260 דולר נקבעה, ולפיה נעשה הבית בכפר ארטאס רכושם של השותפים האמריקנים באגודה. סמית הציע אפוא למר משולם לקנות את הבית לפי תנאי המסמך שנחתם ב־11 בפברואר.

שאלת הבעלות על הבית לא היתה נקודת המחלוקת היחידה בין חברי השותפות שהתפרקה. היה גם חשבון שוטף בין הצדדים, וכל אחד מהם טען שהצד האחר נשאר חייב. חשבון זה לא הוסדר.

בתשובה ששלח מר פין אל מר סמית בנוגע להחלטה שהגיעה מאמריקה נאמר, כי הוא, מר פין, מכיר בזכותם של האמריקנים למכור מחצית מן הבית בארטאס למר משולם, אך אין להתיר לו להציע הצעה כלשהי עבור הבית עד שהקונסוליה של ארצות־הברית תתנצל לפני הקונסוליה של הוד מלכותה על חוסר הנימוס שגילתה כלפיה, יחס שהתלונן עליו [לשגריר של ארצות־הברית] בקונסטנטינופול, ועד שמר סמית יחזיר מספר מסמכים שלקח מן הקונסוליה של הוד מלכותה כדי להעתיקם ולא השיבם, מסמכים שהיו חיוניים להכנת התביעה הכספית של מר משולם כנגד האמריקנים... אם הבהרת עניין החשבונות היא צעד הכרחי לפני מכירת הבית, יש לשאול אילו אמצעים ננקטו כדי להסדיר את החשבונות הללו, ולברר לטובת מי שייכת היתרה.

מר פין החל בתהליך ומסר מאזן ב־22 בפברואר; ואחר־כך שלח הצעה מתוקנת במארס; מר הוספורד שלח גם הוא מאזן במארס והוסיף עליו תביעות שונות נוספות, ואולם היה ברור כי ככה לא יימצא פתרון לעולם. השיטה היעילה היחידה היתה בוררות, ועל ההצעה הזאת חזר מר פין שוב ושוב.

במהלך הסכסוך התפתחו רגשות קשים כל כך עד ששום הצעה שדרשה סבלנות והתאפקות לא היתה יכולה להצליח... מעולם לא ניסו לקיים בוררות של ממש.

הסיבות שהביאו את מר פין לדחות את ביצועו של ההסכם מ־11 בפברואר ולהציע למר משולם לקנות את הבית החדש כולו, לא סיפקו את מר הוספורד סמית, ולאחר שעברו כמה חודשים הודיע לקונסול של הוד מלכותה ב־13 בדצמבר 1853, שלדעתו עברה תקופת זמן מספקת מאז הוצע למר משולם לרכוש את הבית, ומכיוון שהלה לא הציע לאמריקנים שום הצעה בנוגע לרכוש, עליו למכור את הבית בארטאס בצורה המועילה ביותר לטובתם של האמריקנים. לפיכך הסמיך מר

סמית את מר ג'ונס, שנשלח מאמריקה בידי התורמים, לתפוס חזקה על הבית בארטאס בשמם של האדונים מיינור ותצ'ר. כשהגיע מר ג'ונס לארטאס מצא את דלתותיהם של כמה מן החדרים חתומות ונעולות, אך חלונותיהם היו פרוצים. מר משולם טען שהחלונות היו פתוחים בשל פגעי מזג האוויר, ונראה כי בדרך זו הכניס דייר (שלא שילם דמי שכירות כלשהם) לבית ואחסן בחלקי המבנה האסורים לכניסה חפצי בית ומוצרים חקלאיים. אחרי שהסיר מר ג'ונס את החותמות של הקונסוליה האמריקנית מעל הבית וסילק ממנו את החפצים שהושמו בו, שיכן באחת מן הדירות משרת בשם עבדאללה, ואחרי שפנה לכפר כדי לחכור אדמה מן הערבים לקראת העונה הבאה, חזר לירושלים.

כששמע מר פין על מעשיו של מר ג'ונס בארטאס, מעשים שלגביהם לא טרח מר הוספורד סמית לעדכנו, שלח למקום את פקידיו, הוציא משם את עבדאללה, חתם את החדרים בחותמת הבריטית והציב לוחות ברזל על חורי המנעולים.

כשנודע למר ג'ונס על האמצעים שנקט קונסול הוד מלכותה, שב ויצא לארטאס, ועל אף מחאותיו של הנציג הבריטי הסיר את לוחות הברזל ואת החותמות, ושב והשתלט על הבית, ונעל את שני החדרים שבקומה התחתונה, ושיכן את עבדאללה בחדר שבקומה העליונה ושב ועזב את המקום. עבדאללה לא החזיק בבית זמן רב. הוא ברח זמן קצר לאחר מכן, והשאיר חדר אחד פתוח ואל החדרים האחרים... נכנס מר משולם בכוח ומשפחתו קיבלה לאחר מכן אישור ממר פין להשתכן בשני החדרים, ולבסוף קיבלו אישור, לטענתם, להשתלט על הבית כולו... עתה הפנה מר הוספורד סמית את שאלת הרכוש בארטאס... לעיונה של הממשלה בוושינגטון...

תגובתה של וושינגטון בעניין זה, ותלונות אחרות נגד פין, הן שהביאו לחקירה שניהל הלורד נפייר ולדו"ח שכתב, והקטעים שהבאנו לעיל הם ציטוטים מתוך הדו"ח. הלורד נפייר מצא את פין אשם בחוסר שיקול דעת מאשר בהתנהגות מסופקת, והציע צעדים שונים כדי לפתור את המבוי הסתום שנוצר בארטאס. בסופו של דבר התנהל משא־ומתן להסדרת העניין בין פין להנרי וּוד (Henry Wood), יורשו של הוספורד סמית בתפקיד הקונסול האמריקני. כל אחד מן הצדדים סבר כי הצד האחר הפסיד מהסדר זה.

מושבת הר התקווה וסר משה מונטיפיורי

משהגיעו קבוצת המתיישבים האמריקנים והצטרפו אל הגברת מינור ב־1852 דיווח סגן הקונסול הבריטי ביפו, ב־27 במארס 1852, לשר החוץ, הרוזן גרנוויל (Granville) שישב בלונדון, לאמור:

> לכבוד הוא לי להודיע להוד מעלתו כי בשבוע שעבר הגיעו שלוש משפחות אמריקניות מארצות־הברית ויצאו לירושלים. נאמר לי כי המשפחות הללו עוסקות בחקלאות ומכונאות, והן מבקשות להתיישב היכן שהוא בארץ מתוך מטרה לעסוק בחקלאות. דווח כי כמאתיים משפחות מגיעות הנה מאותו מקום לאותה מטרה. איני יודע אם יש אמת בדיווח זה.
> בכבוד רב, וכו'
>
> אסד ג' חייט (Assad Kayat)[7]

7 שם, 78/914. אסד ג'קוב חייט היה נוצרי יווני־אורתודוקסי מביירות, שלמד רפואה בלונדון. לאחר ששב לארץ הקודש היה לסגן הקונסול הבריטי ביפו עד מותו ב־1865 (ראה: שם, 78/1675, 23 בנובמבר 1865; ראה גם: Kamal

אדוארד רובינסון, שביקר בארטאס ב־1852, ושם לבו לכך שהקבוצה עומדת לעזוב בקרוב ליפו, בעקבות המריבה עם משולם, תיאר אותם כ"שבעה או שמונה בפטיסטים של 'היום השביעי' מפילדלפיה וסביבותיה. הם באו כמיסיונרים מתוך כוונה ללמד את היהודים חקלאות; ואולם כיוון שלא הכירו כלל את שפת המקום ומנהגיו היו חסרי ישע, ונלקחו אפוא בידי משולם לעבוד בשבילו וכך מצאו לפחות מזון ומחסה...".[8]

נראה כי כאשר עזבו המתיישבים את ארטאס ועברו לסביבתה של יפו חכרו בתחילה בוסתנים לצורך עיבודם, ורק בשנת 1855 רכשה הגברת מינור בוסתן גדול ליד יפו, וקראה לו הר התקווה. בוסתן זה היה בגדה המערבית של ואדי מוסררה (נחל איילון), סמוך למקום שעליו הוקמה כעבור זמן המושבה הגרמנית שרונה [כיום הקריה, תל־אביב].[9] גם לפני ייסודן של מושבות הטמפלרים ישבו באזור יפו כמה מתיישבים גרמנים חקלאים שהיו קשורים לאמריקנים. דבר זה מתברר מן הדיווח הכלול במכתב משנת 1855, שכתב ההגמון גובט, ההגמון האנגליקני של ירושלים, עם ייסודה של מושבת הר התקווה. הוא כתב:

> שמועות מגרמניה, אנגליה ואמריקה בדבר תכניות ליישובה של הארץ – תוכניות שכבר נמצאות בשלבי ביצוע חלקיים – מפתיעות אותי למדי... אני חייב להודות שהן מעוררות בי אי־נוחות. אסור שאף מהגר יחלום על סביבתה של ירושלים. ביפו כבר יושבות כמה משפחות גרמניות ואמריקניות. האמריקניות נתמכות ביד נדיבה מאמריקה, ועקב כך לא זו בלבד שהם אמידים, אלא שהם גם יכולים לשעבד את הגרמנים העניים; הם מכריחים אותם לעבוד ביום ראשון ולקיים את יום המנוחה בשבת.[10]

הדעה הקדומה של גובט כנגד האמריקנים בולטת לעין. ברור כי כשוויצרי חש אחווה כלפי הגרמנים וכהגמון מיסיונרי היה עוין את הנוצרים שומרי השבת (כלומר, המתייהדים); ואולם ייתכן שגם הושפע ממשולם, שאותו הטביל בזמנו לנצרות.

שלא כיחסיה עם משולם היו, כנראה, לגברת מיינור ולבנה יחסים ידידותיים עם סר משה מונטיפיורי. לראשונה פגשה הגברת מיינור את מונטיפיורי ב־29 באוגוסט 1849 בביירות, כשהיתה בדרכה לירושלים בזמן ביקורה הראשון בארץ. היא עצמה מוסרת:

> במלון האיטלקי פגשנו בסר משה מונטיפיורי, שהיה בדרכו חזרה מירושלים. הוא ואשתו התייחסו אלינו באדיבות רבה ומסרו לנו מידע ועצות באשר לדרכים ולמצב העניינים שם. הוא תיאר את מצבם העלוב של היהודים ואת עוניים הרב, והעיר, כי אם יש בקרב עם ישראל אנשי אמת, הראויים לאהדה ולעזרה, הרי ללא ספק הם אלו, הדבקים בתוך מחסור שכזה, ובמסירות שכזאת, בעפר אבותיהם בירושלים. הוא סיפר כי זהו ביקורו השלישי אצלם ויש בדעתו, אם ירצה השם, לשוב ולבקר אותם בקיץ. הוא היה שבע רצון מאוד

S. Salibi, "The Two Worlds of Assad Y. Kayat", in B. Braude & B. Lewis (eds.), *Christians and Jews in the Ottoman Empire*, II, New York 1982, pp. 135-158 (מבוסס בעיקר על זיכרונותיו: *A Voice from Lebanon*, London 1847).

8 E. Robinson, *Later Biblical Researches*, Boston 1856, p. 274

9 R. Kark, "Millenarism and Agricultural Settlement in the Holy Land in the Nineteenth Century", *Journal of Historical Geography* 9, no. 1 (1983), p. 57; הנאור (לעיל, הערה 1), עמ' 131.

10 *Samuel Gobat, Bishop of Jerusalem*, London 1884, p. 308

ממה שכינה ההתלהבות של המייג'ור נח (Noah) מניו־יורק בנאומו האחרון,[11] והביע צער על שחל שיפור קטן כל כך בחיי היהודים בירושלים, ואמר שנדרשת נדיבות לב, בקרב כל בני האדם, כדי לתרום לטובת הכלל. דמותו והופעתו אציליים מאוד, ומראה פניו מעיד על טוב לב וחוכמה, והפקנו עונג רב מהליכותיו הנעימות ומסבירות הפנים של האציל היהודי הזה.[12]

ב־1853, כשעזבו קלורינדה מיינור, בנה וקבוצת חסידיהם הקטנה את ארטאס כדי להתיישב בסביבותיה של יפו, חכרה קלורינדה אדמה מהרב רפאל יהודה הלוי, רבה של יפו, וגידלה תבואות חורף, ירקות, הדרים ועצי פרי אחרים.[13] ב־1855, בין 19 ביולי ל־28 באוגוסט, ביקר מונטיפיורי בארץ הקודש. שוב הצטלבו דרכו ודרכה של קלורינדה מיינור, זמן קצר לפני מותה. ניתן לשחזר את סיפור המפגש על פי יומן הביקור של סר משה מונטיפיורי, יומן שלא פורסם בשלמות,[14] ודיווחו של הד"ר לואיס לוי (Louis Loewe) המופיע בספרו שבו פרסם קטעים מתוך היומנים.[15]

קטעים מיומניו של סר משה מונטיפיורי

יפו, יום חמישי, 19 ביולי 1855...

מר חייט ואחיו שהו במחיצתנו במשך זמן ממושך. הם ומר דיקסון[16] ממליצים בחום על עיבוד הקרקע, גידול משי, העסקת האנשים עם הגלמים, טחנה להפקת שמן מזרעים וריחיים לטחינת קמח...

ירושלים, יום ראשון, 5 באוגוסט 1855...

הצעתי לחכם לוי מיפו 40,000 פ[יאסטרים] תמורת אדמתו ביפו...

ירושלים, יום שישי, 17 באוגוסט 1855...

מזכירו של הפאשה ועמו אֶדם ביי, המושל בפועל ומושל יפו, באו לפגוש אותי בערך בשעה שמונה הבוקר, כדי להודיע לי כי כמאל פאשה [מושל ירושלים, שתחום שיפוטו כלל את תת המחוז

11 מרדכי עמנואל נח (1785–1851), פוליטיקאי אמריקני, עורך ומחזאי, נולד בפילדלפיה והתיישב בניו־יורק ב־1815. הוא ניסה לייסד מושבה יהודית בשם ארעת, במדינת ניו־יורק. כאשר נואש ממאמצים אלה תבע שיבת ציון על ידי העברת ארץ־ישראל (סוריה) לרשות העם היהודי בדרך קנייה בחסות אנגליה וצרפת. ראה: אברהם י' קארפ, חיי הרוח של יהדות אמריקה, ירושלים–תל־אביב 1984, עמ' 177–181. בכנס שהתקיים בעיר ניו־יורק נשא דברים על המאורעות בדמשק ב־1840.

12 מיינור (לעיל, הערה 2), עמ' 36.

13 קרק (לעיל, הערה 9), עמ' 53, מצטטת בהערה 61 מכתב של הרב רפאל יהודה הלוי מיום 28 ביולי 1853, הארכיון הציוני המרכזי, J33/75; וראה: Isaac Leeser, *The Occident* 1854, pp. 200-206; וכן: ח' רם, "תחילתה של החקלאות היהודית באיזור יפו", קתדרה 6 (1977–1978), עמ' 20–37.

14 בית הספרים הלאומי והאוניברסיטאי, ירושלים, כתב־יד קד"ש 21.

15 מתוך: Louis Loewe, *The Diaries of Sir Moses and Lady Montefiore*, II, London 1890, pp. 56, 68 (הודפס שוב בפקסימיליה ב־1983).

16 נראה שהכוונה לוולטר דיקסון (Dickson), אחד מחסידיה של קלורינדה מיינור, שהיה אחר־כך לחקלאי באזור ומשפחתו הותקפה בידי ערבים בינואר 1858 (ראה להלן, הקטעים על סופה של מושבת הר התקווה). וראה את הריאיון שערך עמו הרמן מלוויל ב־1857 ומובא בספרו של מלוויל: *Journal of a Visit to Europe and the Levant*, ed. H. C. Horsford, Westport 1955, pp. 158-159

של יפו] נתן את הסכמתו הלבבית לרכישה שביצעתי ביפו, והביאו לפני את מושל המקום. הד"ר לוי חשב כמוני כי עלי לקבל את הודעתו של המושל בכתב, ומזכירו של המושל הבטיח שיעשה כן. היום בשעה שתיים עלי להופיע עם המוכר לפני המועצה והקאדי... נאלצתי ללכת באחת וחצי ולהתייצב לפני הקאדי וכמאל פאשה; נישאתי באפירון (טרחט טריוואן) כדי להשלים את קניית האדמה ביפו...

יפו, יום שני, 27 באוגוסט 1855...

לאחר שבילתי שעות וימים רבים בירושלים ואחרי ההוצאות הרבות שנדרשו כדי להשלים את קניית אדמתו של רבי יהודה לוי ביפו, גיליתי ברגע האחרון לשהותי כאן, קודם ששילמתי את סכום הקנייה וקיבלתי בעלות על הקרקע, כי בעלת האדמות טוענת כי יש בידה חוזה חכירה והיא מסרבת למסור את הקרקע, אף על פי שהצהירה לפני הד"ר לוי, ובנוכחותו של רבי לוי, על רצונה שאקנה את הנכס, וכי תעזוב מיד את הקרקע, הבית וכו', שכן קנתה מקום אחר שמתאים יותר למטרותיה. מר חייט אומר כי הקונסול האמריקני[17] אמר לו שהאישה דורשת 7,000 פיאסטרים על [הוצאותיה עבור] שיפורים, קודם שתמסור לי את הבעלות. שלחתי את הד"ר ל[וי] לפגוש אותה בטרם אשלם את סכום הרכישה. כדי לקבל חזקה על הקרקע אשכן שם מישהו... הד"ר [לוי] חזר מאוחר אך אני מקווה שהצליח להביא את הצדדים לידי הבנה שתאפשר להגיע מחר, ברוח טובה, להסכם.

יפו, יום שלישי, 28 באוגוסט 1855...

נאלצתי להמתין היום בעניין ההסכם על הקרקע עד שעה לאחר הגעתה של ספינת הקיטור, ואולם, בסופו של דבר חתמנו, ברוך השם, בשעה שתיים על הניירות ושילמנו את הכסף. ייפיתי את כוחה של הגברת מיינור לבצע את העבודה ולהוסיף ולהשגיח על הנכס למשך שלושה חודשים, ונתתי לה 50 סוביריונים לכיסוי ההוצאות. מיניתי את רבי יהודה לוי לשמש מנהל רוחני ולהשגיח כי אף אדם שאינו ראוי לכך לא יורשה לשהות במקום. הקונסול הבריטי והאמריקני בילו עמנו כמה שעות...

דיווחו של הד"ר לוי המשלים את הסיפור העולה מתוך יומניו של סר מונטיפיורי

... יפו, מקום שבו נקנה נכס הכולל בית ובאר המספקת מים מצוינים בשפע. כמה יהודים עניים יושבו מיד על הקרקע הידועה בשם "ביארה", וממוקמת על יד אדמותיהם של הטמפלרים הוורתמברגים (Würthemberg Templars)...

[1857]. 17 במאי – הם ביקרו בבוסתן – או ב"ביארה" כפי שהיא נקראת בפי כול – שנקנה בידי סר משה למען נאמני קרן המגבית (Trustees of the Appeal Fund),[18] ונשארו שם במשך שעה.

17 סגן הקונסול האמריקני ביפו היה יעקב סרפיון מורד (Jacob Serapion Murad). לקונסול הבריטי, ג'יימס פין, היה ריב גדול אתו ועם אחיו, סיימון סרפיון, שהיה השליח הקונסולרי האמריקני בירושלים. ראה למשל: PRO, FO 195/369. שמו של מורד מופיע ברשימת מזומנים בלתי גמורה המצורפת ליומנו של מונטיפיורי משנת 1855, אך בלא שצוין סכום כלשהו לצד השם.

18 זו היתה מגבית שנועדה להקל את הלחץ בקרב האוכלוסייה היהודית בארץ הקודש, בעקבות הבצורת של שנת 1854 והעוני שבא בעקבותיה. המגבית נערכה בידי הרב הראשי, הד"ר נתן אדלר, ביוזמתו של סר משה. הקרן הגיעה

הם בחנו את הדו"חות שהוגשו לו בידי מר מיינור,[19] ובדקו את מטע העצים החדשים... הבוסתן שלנו יכול להיות מנוהל טוב יותר, אך זהו שטח של 40 אקרים של אדמה מובחרת.

20 במאי... באשר לבוסתן ביפו, שעובד בזמנו בידי שתי משפחות יהודיות, קלסן (Clossen)[20] וליטמן (Litman), בהשגחתו של הדייר הקודם במקום.[21] הד"ר הודג'קין (Hodgkin)[22] ומר גלווי (Galloway)[23] הכינו לבקשתו של סר משה דו"ח ובו כתבו לאמור: "בשנת 1856 הוציאו דיירי המקום 28,700 פיאסטרים מצריים בשעה שהכנסתם הגיעה ל־27,554 פיאסטרים בלבד". כשקנה סר משה את הקרקע הזאת בעבור "ועד קרן המגבית" כדי לעודד את החקלאות בקרב היהודים היו בה לא פחות מ־1407 עצים מכל הסוגים. ביודעו כי בוסתנים ושדות דומים המוחזקים בידי המקומיים נושאים רווח נאה, היה מופתע למדי לשמע תוצאות אלה. ועדיין ניחם את עצמו בתקווה שערך הנכס יעלה אם יוחלט אי־פעם לסלול מסילת רכבת לירושלים, שכן מבחינת המנהלים יהיה המקום רב ערך בשביל תחנת הרכבת ביפו;[24] לפי שעה זכו שלוש משפחות עניות ביתרון כלשהו מעיבודה של האדמה. מאותה עת ועד היום היו ההוצאות בממוצע לא פחות מ־40 פאונד לשנה. כמה אנשים העלו הצעות לשלם דמי חכירה גבוהים עבור הנכס, אך הם יוכלו לשלם, כך אמרו, רק לאחר שיחזיקו בקרקע לפחות 10 שנים; ולכך לא נטה סר משה להסכים.

עד לשנת 1866 נטשה הקרקע, בשל התקפות השכנים הערבים,[25] אך בתקופה זו לא היה לבני משפחת מיינור ולחבורתה ביפו שום קשר לאדמתו של סר משה. החברים האחרונים בקבוצת מיינור שישבו במקום היו בני משפחת דיקסון. בינואר 1858 הותקפו הללו בידי ערבים, ובכך נסתם הגולל על היישוב שהקימה מיינור.

ברור אפוא כי סר משה לא זו בלבד שקנה את אדמתה של גברת מיינור, אלא גם העסיק אותה עד פטירתה, ולאחר מכן את בנה, בניהול העבודה שנעשתה בידי יהודים עניים; ואולם לא היתה זו הצלחה כלכלית. בהתחשב בדעותיה של קלורינדה מיינור באשר להמרת דת וקשריה עם יהודים מומרים כגון משפחת משולם, אפשר לשאול מדוע העסיק יהודי אדוק כמונטיפיורי את המשפחה האמריקנית הזאת, ומסר בידיה את ניהול הנכס שנועד לתת תעסוקה ליהודים עניים. ייתכן שלא ידע את כל הפרטים הנוגעים להיסטוריה הדתית של קלורינדה מיינור (אף על פי שפגש בה בשנת

לסכום כולל של 20,000 לי"ש ונועדה, לפי העקרונות שהונחו בבסיסה, לענות לא רק על הצרכים המידיים אלא לנסות להתמודד גם עם הסיבות שגרמו ללחץ. וכך, רכישת אדמות שנועדה לספק תעסוקה בריאה וקבועה ליהודים היתה במסגרת מטרותיה של הקרן.

19 קלורינדה מיינור נפטרה ב־6 בנובמבר 1855. ראה: הנאואר (לעיל, הערה 1), עמ' 131.

20 דויד קלוסן (David Clossen), גר גרמני שהחזיק בבעלותו בוסתן על יד יפו, והיה לו קשר עם הגר האמריקני, ורדר קרסון (Warder Cresson), שהתנגד לבני משפחת מיינור, מפני שראה בהם מטיפים להמרת דת. ראה: קרק (לעיל, הערה 9), עמ' 56; וראה גם: רם (לעיל, הערה 13), עמ' 20–31.

21 כלומר, צ'רלס מיינור, שהיה קשור לאמו בארטס, וייתכן שהיה לו עניין בחכירה ביפו.

22 תומאס הודג'קין (1798–1866) היה רופאו של מונטיפיורי וידידו מאז 1823. ראה: Amalie M. Kass, "Friends and Philanthropists – Montefiore and Dr. Hodgkin", in Sonia & V. D. Lipman (eds.), *The Century of Moses Montefiore*, Oxford 1985, pp. 71-103

23 מר או"ו גלווי היה הקונסול הבריטי באלכסנדריה; מונטיפיורי מזכיר אותו רבות ביומניו כמי שעזר לו, וסר משה אף התארח בביתו ב־1857, כשכל המלונות היו מלאים. ראה: לוי (לעיל, הערה 15), עמ' 64–65.

24 בשנת 1856 עסק משה מונטיפיורי רבות בפרויקט הרכבת; ראה: שם, עמ' 56–60.

25 שם, עמ' 186.

1849); הוא התרשם מהישגיה בחקלאות – הדיווח משנת 1857 מלמד כי המקום פרח ושגשג בשנת 1855 – ואין ספק שהיה משוכנע שהשגחתו הרוחנית של רבה של יפו תמנע השפעה לא רצויה. חוץ מזה, ביום שבו נחתם ההסכם עם גברת מיינור (28 באוגוסט 1855), התעכבה עלייתו על הספינה, והוא סבל מן החום הכבד ששרר ביפו; באותו היום פתח ורשם ביומנו: "עבר עלי לילה חסר מנוחה, החום היה בלתי נסבל. הזעתי קשות, הסדינים היו רטובים למדי". אין ספק כי ג'. א. הנאואר מגזים כשהוא טוען, מבלי להסתמך על מקור כלשהו, שכשהגברת מיינור היתה שותפה עם משולם בהתיישבות בארטאס:

> סר משה מונטיפיורי עודד זאת, וניתן לראותו כידיד של ההתיישבות...[26] סר משה בא להציל את יוזמותיה של גברת מיינור בימיה השחורים. הוא קנה פרדס סמוך למושבת הר התקווה, הפקיד את ההשגחה בידי המתיישבים והפך לפטרונם העיקרי. למעשה, היו הוא והגברת מיינור הראשונים שהחלו בתנועה הגדולה להתיישבותם של יהודים בארץ־ישראל, התיישבות שקיבלה לאחרונה – תחת השם שנטבע לה בזמן האחרון "ציונות" – תשומת לב רבה כל כך.[27]

האמת היא שהגברת מינור רכשה את אתר "הר התקוה" קודם שקנה מונטיפיורי את חוזה החכירה שלה והעסיק אותה ואת בנה בניהולו של הבוסתן בן 40 האקרים.

סופה של מושבת הר התקווה

צ'רלס ומרתה סאונדרס היו שניים מחסידיה של קלורינדה מיינור שנשארו במושבת הר התקווה לאחר מותה ב־6 בנובמבר 1855. השניים עזבו את רוד איילנד כמיסיונרים בפטיסטים של היום השביעי והגיעו ליפו בשנת 1854, וב־1857 פגש אותם הרמן מלוויל ביפו;[28] הצטרף אליהם גם המיסיונר החקלאי וולטר דיקסון (1788–1860) מגרוטן (Groten), מסאצ'וסטס. דיקסון קיבל השראה ממכתביה של הגברת מיינור שפורסמו בעיתוני ניו־יורק ופילדלפיה, וב־*Seventh Day Baptist Sabbath Recorder*, וזו הביאה אותו לצאת לארץ־ישראל עם אשתו שרה אלדרג'

26 ביומנה משנת 1849 כתבה קלורינדה מיינור, בקשר לשותפה דאז, היהודי המומר יליד לונדון, ג'ון משולם:
> ג'נטלמן מאירופה, יהודי עשיר מאוד, שחש רגשות חמים כלפי היהודים העניים של ירושלים. הוא ביקר אצלם בקיץ האחרון ותרם רבות להקלת מצבם. היו לו בני לוויה רבים, ואחד מהם, ג'נטלמן נוצרי בעל מעמד, שכן במלונו של משולם. נראה כי ביקש להקים, אם אפשרי הדבר, כמה מוסדות, או לדאוג להעסקתם של העניים האומללים מקרב בני עמו ולתמוך בהם. הוא חיפש אדם המסוגל לבצע את המשימה ומתאים לה, ותר אחר תכנית כלשהי, שאדם כזה יוכל לבצעה בהצלחה בעזרת האמצעים העומדים לרשותו, וראה לפניו את משולם, שנדיבותו המתמדת כלפי היהודים והעזרה שהושיט להם משכו את תשומת לבו. לפיכך שלח למ' הצעה באמצעות הנוצרי הזה לאמור, שאם ישוב לאמונת אבותיו ויקבל עליו את העבודה, יעשה אותו עשיר, והוסיף, שהוא, המבטיח זאת, יכול לקיים. מ' השיב בשלווה: "אמור לאדון... שאת הוני עשיתי על ידי קבלת האמונה בישו".

זוהי הוכחה מרומזת לביקורו של סר משה בירושלים בקיץ של 1848, בזמן שנלווה אליו קולונל גאולר (Gawler). אולם הדברים הללו תומכים רק בקושי בדבריו של הנאואר שלפיהם סייע סר משה למפעלם של משולם–מיינור בארטאס.

27 הנאואר (לעיל, הערה 1), עמ' 131.

28 מלוויל (לעיל, הערה 16), עמ' 130–131.

(Eldredge, 1800–1878) ושלוש בנותיו. על פי מלוויל, שביקר אותם ב־1857, היתה לדיקסון חווה של כ־12 אקרים במרחק הליכה של כשעה מיפו, שאותה עיבד יחד עם שני חתניו, פרדריך וג'ון סטנייבק (Fredrick and John Steinbeck), שני אחים ממוצא פרוסי שנישאו לשתיים מבנותיו של דיקסון, אלמירה (Almira) ומרי (Mary).[29] בינואר 1858 היכה אסון במשפחה: האירוע גרם לסיבוכים בינלאומיים והסנט של ארצות־הברית קרא לפעול בעניין. הדו"ח שיובא להלן לקוח מתוך איגרות של השירות הקונסולרי הבריטי בנוגע לגורלם של אחרוני הניצולים מהתיישבותה של קלורינדה מיינור, מפני שלאחר הטרגדיה חזרה המשפחה לארצות־הברית.

האיגרת הראשונה נשלחה בידי אסד ג'קוב חייט סגן הקונסול ביפו. היתר נשלחו בידי ג'יימס פין, הקונסול בירושלים.[30]

איגרת מאת אסד ג'קוב חייט, סגן הקונסול הבריטי ביפו
אל הרוזן מקלרנדון, מזכיר המדינה לענייני חוץ

13 בינואר 1858, יפו
הרוזן מקלרנדון (The Earl of Clarendon KG)
מזכיר המדינה הראשון לענייני חוץ
של הוד מעלתה הבריטית

נכבדי,

1. בצער אני מודיע להוד מעלתו כי לאחרונה התחוללו פשעים שונים במקום זה ובסביבתו. כמה אנשים נרצחו, בתים ומחסנים נפרצו ונשדדו ומספר גמלים עמוסי טובין נבזזו בדרך לירושלים. ואולם המקרה הקשה ביותר אירע אתמול בלילה – חמישה אנשים פרצו לביתו של מר דיקסון, אזרח אמריקני, שעוסק כאן בחקלאות, פצעו אותו ורצחו את חתנו, מר סטיינבק, נתין פרוסי, גם הוא חקלאי במקום. הנבלים נשארו באתר חמש שעות, אנסו את הנשים ובזזו את כל הרכוש שיכלו לקחת עמם. מעשי זוועה אלה עוררו חרדה גדולה בקרב האוכלוסייה הנוצרית היושבת באזורים אלה, מפני שהחיים והרכוש נעשו לא בטוחים, ואנשים אחדים חושבים כי השלטונות המקומיים אינם מסוגלים לפעול או אדישים למצב. ואף על פי שנעשו כמה ניסיונות ללכוד את הפושעים, איש מהם לא נמצא. הדבר עודד אנשים רעים והוביל לפשע הנתעב האחרון. בכמה מקרים ניצלתי הזדמנויות מתאימות לעורר את תשומת לבם של השלטונות המקומיים למעשים לא חוקיים וברבריים אלה, ומדי פעם בפעם הבטיחו לי שיחקרו בעניין, ואולם לצערי נראה עתה כי הדברים הולכים מדחי אל דחי; הקונסול האמריקני והקונסול הפרוסי במקום עושים כמיטב יכולתם כדי שהרשויות המקומיות יגלו את העבריינים ויענישו אותם.

2. צר לי גם לשמוע מפי יודעי דבר – וחוששני שהדברים אינם בלתי מתקבלים על הדעת – שהשלטונות המקומיים מעודדים בדרך זו או אחרת את המאורעות המפחידים הללו. שכן כמה וכמה עיתונים באירופה כתבו על תחושותיהם של אר־אלו אירופים ואמריקנים, ותיארו את שאיפתם לקנות רכוש, להתיישב בארץ הקודש, ולהקים בה מושבות קטנות. כמה משפחות כבר הגיעו והתיישבו כאן, וביניהן שתי המשפחות שהוזכרו למעלה. הדעת נותנת כי השלטונות

29 שם, עמ' 158–159; הערה 1 בעמ' 158 מפנה לביבליוגרפיה על הדיקסונים.
30 האיגרות של חייט ופין נמצאות ב־PRO, FO 78 1387 78/138

הטורקיים אדישים לפשעים האמורים כדי להרתיע מתיישבים נוצרים מלבוא לכאן. השערה זו נראית נכונה שכן הפאשה נתן לאחרונה הוראות סודיות בעל־פה לשופט כאן שלא לרשום שטרי קניין על מכירת נכסי דלא ניידי לאירופים או לאמריקנים; הוראה זו עומדת בלא ספק בניגוד לפירמאן הטנזימט ולהסכם פריז.

3. נפגשתי גם עם המשפחה הנפגעת שהוזכרה למעלה, והבעתי בפניהם את השתתפותי בצערם. כמו כן נפגשתי עם הקונסולים הנוגעים בדבר והם הבטיחו לי כי הם נחושים בדעתם להשיג פיצויים וכי כתבו לממשלותיהם בעניין.

בכבוד רב וכו'

אסד [ג'קוב] חייט

איגרת מאת ג'יימס פין, הקונסול הבריטי, ירושלים
אל משרד החוץ בלונדון [הרוזן מקלרנדון]

ירושלים, 19 בינואר 1858

נכבדי,

לפני כשבוע נחרדנו לשמוע כאן בירושלים על הרצח ביפו של אדם הידוע היטב לכל חברי הקהילה הפרוטסטנטית שלנו, פרדריך סטיינבק, גרמני שבמשך שנים מספר ניהל שם חווה בהצלחה מרובה – רצח מעורר פלצות שהתרחש בעת התקפה על ביתו.

קודם שהחל לעבוד לעצמאית הועסק סטנייבק בידי מר משולם בארטאס, ואף על ידי, בעבודות חקלאיות שונות. לפני כשלוש שנים התחתן עם בתו של אזרח אמריקני בשם דיקסון שבא לכאן בעיקר ממניעים דתיים. סטיינבק ואשתו ומר וגברת דיקסון החזיקו יחד את החווה; ואולם תמיד רוב הרכוש, כך שמעתי, היה שייך לגרמני, והוא גם שעשה את כל העבודה.

המשק היה ממוקם בקצהו של שביל מרוחק מן השכנים, וזעקותיהם לעזרה לא נשמעו. נאמר לי כי זה זמן רב חי סטיינבק בתחושה של סכנה, והיה ישן ואקדח מונח לו מתחת לכר.

מאוחר בלילה שבין 11 ל־12 בחודש זה פרצו מקומיים לתוך הבית. בתחילה חקרו את היושבים באשר לפרה שתעתה לשם, לטענתם. סטיינבק אמר להם כי אין פרה תועה בין פרותיו (למעלה משלושים מספרן), ודרש מהם להסתלק, ואיים לירות בהם אם לא ייסוגו. כעבור זמן־מה חזרו השניים ועמם שלושה אחרים, וכולם פרצו לתוך הבית. עדיין לא ברור אם ירה עליהם סטיינבק בשעה שנכנסו לבית, אך אקדחו היה בידו ומר דיקסון החזיק ברובה דו־קני.

הפורצים הפילו את הזקן במכת אלה, וחתכו את ראשו בחרב, ירו בסטיינבק והיכו את הנשים וסחבו את השתיים אל הגן, ואנסו אותן כמה פעמים וחזרו אל הבית ובזזו אותו עד סמוך לאור ראשון. סטיינבק מת זמן קצר לאחר מכן. שכן, מר סאונדרס (אזרח אמריקני), בא לירושלים ודיווח על האירוע לקונסול שלו ולקונסול הפרוסי. מיד נקט הקונסול הפרוסי בצעדים, הוא והקונסול האמריקני, אף על פי שכמה שנים קודם לכן ויתר סטיינבק על אזרחותו הפרוסית באמצעות מסמך משפטי. שני הקונסולים יצאו להתלונן על ההתרחשויות בפני הפאשה.

לאחר מכן יצאו הקונסול האמריקני, הד"ר גורהם,[31] וכמה צעירים גרמנים פרוטסטנטים ליפו

31 ג'ון ולטר גורהם (John Walter Gorham) היה הקונסול האמריקני הראשון בירושלים (לפני כן יוצגה אמריקה בירושלים באמצעות שליחים מקומיים שעמדו תחת פיקוחו של הקונסול בביירות). גורהם שירת בתפקיד ממארס 1857 ועד 1860.

פרוטסטנטים ליפו כדי לנחם את המשפחה ולקבור את המתים. בקרב הנוצרים המקומיים רווחת הדעה כי את הפשעים ביצעו אנשים שיש להם גיבוי חזק – ושמו של מוסטפה בק שב ועולה, אם כי בהיסוס. מוסטפה בק, פושע ידוע לשמצה ובעל השפעה זה, ששלט עם אביו (שנפטר בינתיים) על עזה, חברון, רמלה או יפו ברציפות זה 50 שנה, נושל לאחרונה מן השלטון וחי באפס מעשה ביפו. תחבולה ידועה היא, הנקוטה בידי אנשים כאלה, ליצור תסיסה כדי להראות לטורקים שבלעדיהם לא ניתן לשלוט בארץ. אני כשלעצמי משוכנע, כי הפושעים אינם ערבים תושבי המישור שבין יפו לשכם ואינם פלחים פשוטים מכפרי הסביבה – משום שאלה לא היו לוקחים עמם את הפרות, ולא היו נשארים בבית זמן ממושך.

פין מוסיף ומספר כיצד פגש את סוראיה פאשה, מושל ירושלים, ודרש ממנו לפעול להענשת פורעי החוק הללו. הוא צירף העתקי מכתבים אל הד"ר רוזן (Rosen), הקונסול הפרוסי ואל מר גורהם, קונסול ארצות־הברית, ובהם הציע את עזרתו, וזו נדחתה בנימוס. במכתב נוסף למשרד החוץ בלונדון כתב פין:

18 במארס 1858

...הקונסול הכללי של ארצות־הברית בא ממצרים, ובין שאר האמצעים שנקט, המליץ לכל אזרחי ארצות־הברית להתגורר בין החומות, והורה להניף את דגל הלאום ביפו ובירושלים בכל יום עד שייענו דרישותיו לשביעות רצונו. מהלך זה – שהשלטונות המקומיים לא ירדו לסוף פשרו – נמשך שבועיים בערך והדאיג אותם מאוד.[32] כל מפירי הסדר הציבורי הידועים הושלכו לכלא, ומתוכם נבחרו החמישה אשר קיימת הסבירות הגבוהה ביותר כי הם האשמים – באשר לאחד מהם יש הסכמה כללית כי הוא אשם – לא כך באשר ליתר...

באיגרת נוספת מ־22 באפריל 1858 מגיב פין על מסמך שנמסר לקונסולים מאת מיסיונרים שכונסו בירושלים בראשותו של הד"ר אדוארד מקגואן (Edward MacGowan), רופאה של London Society for Promoting Christianity Amongst the Jews (שנקראה בדרך כלל London Jews' Society). בפגישה השתתפו, בין היתר, האמריקנים ו"מ ג'ונס (W. M. Jones), ג' לנסינג (G. Lansing) וג'וזף ביטי (Joseph Beattie). במסמך נטען, כי הרצח בוצע בשל פעילותם המיסיונרית של הקרבנות. בתגובה טען פין, כי הדבר לא ייתכן משום ש"משפחת דיקסון לא מונתה ולא נבחרה בידי אף קהילה, ואיש לא המיר את דתו למען אמונותיה הדתיות המיוחדות".

מושבת אדמס

ההתיישבות האמריקנית הדתית הגדולה ביותר בארץ־ישראל של המאה התשע־עשרה, וזו שמשכה – כפי הנראה – את תשומת הלב הרבה ביותר באותו הזמן, הונהגה בידי ג'ורג' ג'ונס אדמס

32 אדווין דה־ליאון (Edwin de Leon), שהיה הקונסול הכללי של ארצות־הברית במצרים בין השנים 1853–1861, תיאר את המאורע בזיכרונותיו: *Thirty Years of My Life in Three Continents* I, London 1890, pp. 248ff. הוא טוען כי סטיינבק קיבל אזרחות אמריקנית. עובדה זו מסבירה את הערתו של חייט באיגרתו מיום 13 בינואר, ועל פיה ויתר סטיינבק על אזרחותו הפרוסית. הנציג האמריקני נשלח בסופו של דבר כדי להניף את הדגל ביפו ולדאוג שהאשמים בפשע יורשעו, ראה: A. Blumberg, *View from Jerusalem*, Rutherford, N.J. 1980, p. 310 n. 80

(George Jones Adams) בין השנים 1866–1868.[33] אדמס, שנולד ב־1813 בניו־ג'רסי, היה שוליה של חייט. אחר כך היה לשחקן, אך נאלץ לפרוש כשהתמכר לאלכוהול. הוא היה מטיף הדיוט נלהב, תחילה מתודיסט ולאחר מכן מורמוני. כפי שהראה ריד מ' הולמס (Reed M. Holmes) בספרו *The Forerunners*, השפיע עברו המורמוני של אדמס על מחשבתו בסוגית ההתיישבות בארץ הקודש. המורמונים שאפו לייסד את "ציון", מלכות האל עלי אדמות, אך קודם כל ביקשו לעשות כן בארצות־הברית, בנאובו (Nauvoo) שבאילינוי, ולשם יצא אדמס ב־1840.

המורמונים האמינו בחזרתו הממשמשת ובאה של ישו (ואולם שלא כמו בן תקופתם ויליאם מילר [William Miller], לא הגדירו את המועד המדויק), ובו בזמן האמינו גם בחזרתם של היהודים לארץ הקודש, משום שלדבריהם אותן נבואות תנ"כיות ניבאו את שתיהן. ג'וזף סמית (Joseph Smith), מייסדה של כת המורמונים, דגל בייסודה של קהילה שתהיה קרובה ככל שניתן לאידיאל של "ציון" התנ"כית, קהילה שתהיה ביטוי מוחשי של מלכות שמים, קהילה שתהיה ראויה לקבל את פני המשיח. המורמונים היו בעיני עצמם לא רק "קדושי היום האחרון" (Latter Day Saints), אלא גם "יהודים של היום האחרון" (Latter Day Israel), ושלחו ב־1841 את אורסון הייד (Orson Hyde) לירושלים, כדי לקדש את ארץ הקודש כמקום התכנסותם של פזורות העם היהודי. אדמס ליווה אותו במשימה זו עד לאנגליה.

גם אדמס האמין כי על היהודים להתכנס בארצם ולבנות מחדש את ירושלים קודם שיופיע ישו שנית. ב־1845, לאחר הירצחו של ג'וזף סמית, גירש בריגהם יאנג (Brigham Young), יורשו של סמית, את אדמס מן הכת בגלל התנהגותו של אדמס. תחילה הצטרף אדמס לכת יריבה שהונהגה בידי ג'יימס סטרונג (James Strong), אך גורש גם ממנה, בשל ניאוף עם אלמנה, וזו נלוותה אליו ב־1866 במסע ליפו. בשנת 1860 היה אדמס בבוסטון, והיה למטיף בכנסיית המשיח. ב־1861 התקבל למשרה פנויה בספרינגפילד (Springfield), מסצ'וסטס, כמטיף לתורה בדבר הופעתו השנייה של ישו (Adventist), והפעם כמילרייט. את התפקיד הזה איבד כאשר הואשם שהוא מטיף מורמוני (האשמה שהכחיש), שתיין ושחקן. "כנסיית המשיח" שלו הטיפה לשיבתם של היהודים – בתורת יהודים, לא בתורת נוצרים – לארץ הקודש, כהקדמה להופעתו השנייה של ישו. אדמס הפיץ את אמונת "כנסיית המשיח" במדינת מיין והוציא לאור כתב־עת בשם "חרב האמת" (*The Sword of Truth*), שכלל מידע על היהודים ועל ארץ־ישראל.

בשנת 1865 יצאו אדמס ואברהם מקנזי (McKenzie) מאינדיאן ריבר (Indian River), מיין, לארץ־ישראל, כדי להכשיר את הקרקע לקבוצת מתיישבים ממדינת מיין שתסלול את הדרך לקראת שובם של היהודים. הם סיכמו עם הרמן לוונטל (Herman Loewenthal), יהודי מומר גרמני שהיו לו עסקים ביפו (ואחר כך היה סגן הקונסול האמריקני שם), שידאג לרכישת הקרקע והכנתה, לאספקה ולמשק חי לקראת הקיץ הבא. הם בחרו חלקת אדמה, כרבע מייל צפונית־מזרחית מיפו, 4 מייל מן הים וכמייל מן החלקה שעובדה בעבר בידי קלורינדה מיינור. ב־2 בספטמבר 1865 הסמיכו אדמס ומקנזי את לוונטל בכתב לקנות עבורם את ה"ביארה הנטושה", שבע מאות או שמונה מאות צעדים משער יפו "בגבעה שעליה באר ובית הרוס וכן כמה עצי תפוז, דקל, רימון, תאנה ועצים אחרים", ולשלם בעדה עד 450 פאונד.[34]

המתיישבים, 157 במספר, שהפליגו באנייה נלי צ'פין (*Nellie Chapin*) והגיעו ליפו ב־22

33 רבות נכתב במקורות אמריקניים על מושבת אדמס. ביבליוגרפיה שנאספה לפני שיצא לאור ספרו של ריד (ראה הערה הבאה) מצויה בספר: Moshe Davis (ed.), *With Eyes Toward Zion*, I, New York 1977, p. 31, n. 35

34 הפרטים הביוגרפיים על אדמס נלקחו ברובם מספרו של ריד מ' הולמס: *The Forerunners*, Independence, MO

בספטמבר 1866, היו כמעט כולם ממדינת מיין, רובם מסביבות אינדיאן ריבר. ואף על פי שכמעט כולם באו מתוך מניעים דתיים, לא היו כולם חקלאים סתם שכל כוונתם להכין את הקרקע להתיישבותם המחודשת של יהודים בארץ־ישראל. מקצתם חשבו שתהיה זו השקעה משתלמת בקרקע, קודם שיבוא גל ההתיישבות הגדול של היהודים; אחרים התכוונו לפתח מסחר ותיירות בארץ־ישראל. רולה פלויד (Rolla Floyd) הביא עמו כרכרה, שבאמצעותה התכוון לפתח תנועת תיירות מיפו לירושלים; אחרים התכוונו להקים מלון. הספינה נשאה עליה בתים טרומיים עבור המתיישבים, דבר שמשך תשומת לב רבה באותו הזמן. כשהגיעו ליפו חתם ג׳ורג׳ ג׳ונס אדמס בשם הסמלי: ״ג׳ורג׳ וושינגטון ג׳ושע אדמס (George Washington Joshua Adams), נשיא אגודת ההגירה לארץ־ישראל (Palestine Emigration Association), נשיא כנסיית המשיח״.

איגרת מאת נואל טמפל מור (Noel Temple Moore),[35] הקונסול הבריטי בירושלים אל מזכיר המדינה לענייני חוץ, לונדון[36]

מכתב קונסולרי מס׳ 20
נשלח אל השגרירות כמס׳ 9
מ־10 בנובמבר

הקונסוליה הבריטית
ירושלים, 12 בנובמבר 1866

מזכיר המדינה
של הוד מעלתה הבריטית
לענייני חוץ

נכבדי,

אני מתכבד למסור לידיעת כבודו העתק של דיווח שנשלח אלי בידי מר א׳ חייט, המשמש סגן הקונסול ביפו, על בואה של קבוצת אמריקנים וייסודה של מושבה שלהם באותו המקום.

קודם שהגיעו המתיישבים ניצלתי הזדמנות שהיתה לי לשוחח עם איזט פאשה [מושלה של ירושלים] על הנושא, וציינתי לפניו את היתרון הטמון בקבלת פנים ידידותית למתיישבים וסיפוק האמצעים הדרושים להם, ומתן הגנה ומשפט צדק. קהילה אירופית משגשגת, אמרתי, היושבת תחת שלטון טורקי ישיר (שהרי זהו מצבן של מושבות זרות בטורקיה) תביא – מלבד עצם התועלת שתפיק מכך הארץ – להפרכת השמצותיהם של אויבי טורקיה, יותר מאין־ספור הכחשות בכתב ובעיתונות. הוד מעלתו, בפיקחותו הרגילה, הסכים עמי לגמרי, והאירועים הוכיחו את כנות כוונותיו. ואולם נראה כי התוכנית לא היתה מאורגנת כראוי, ומאז הדיווח של מר חייט פגעו במתיישבים מחלות שהביאו לתמותה רבה, וכן לתופעות לא רצויות אחרות.

יש מקום לחשוש כי הניסיון הזה עתיד להצטרף לתוכניות שהסתיימו בעבר בכישלון חרוץ. בינתיים התעוררה מחלוקת בין הפאשה, הפועל לפי הוראות המושל הכללי של דמשק, ובין קונסול

1981. ואף על פי שספר זה על אדמס מבוסס על חומר מקורי וכולל מאמר ביבליוגרפי המסכם את הספרות, אין הוא כולל, למרבה הצער, הערות. בעמ׳ 154–181 מתוארת הירידה אל החוף ביפו בשנת 1866.

35 נואל טמפל מור (1833–1903) שירת בביירות, 1851–1862; קונסול, ירושלים, 1862–1890; קונסול כללי, טריפולי, 1890–1894.

36 האיגרת מאת מור והנספח שצורף אליה מאת חייט, מתוך: PRO, FO 78/1929

ארצות־הברית כאן, בקשר למתיישבים, שלא מילאו כראוי את התקנות הנהוגות לגבי מושבות זרות בטורקיה. התכתבות בנושא מתנהלת כעת בין שני בעלי התפקידים הללו.

אני מתכבד להיות

משרתו הנאמן והצנוע ביותר של כבודו

(חתום) נואל טמפל מור

נספח לאיגרת של מור מ־12 בנובמבר 1866: העתק של איגרת מאת אסד ג'קוב חייט, סגן הקונסול הבריטי ביפו אל מור, הקונסול הבריטי בירושלים

מאת: סגן הקונסול הבריטי

יפו, 26 בספטמבר 1866

אל: הקונסוליה הבריטית

ירושלים

הקונסול מור

אדוני,

אני מתכבד לדווח לך על בואה, ב־22 בחודש, של ספינה אמריקנית בשם נלי צ'פין, ספינה שמשקלה 600 טון בפיקודו של ו' וואס (W. Wass), שהגיעה מנמל ג'ונספורט (Jonesport), שעל יד בוסטון, בהפלגה שנמשכה 41 יום.

הספינה הביאה 156 מהגרים אמריקנים ממדינות שונות, אך רובם ממדינת מיין. הם באו להתיישב על יד יפו, במטרה לעבוד את האדמה; רובם חקלאים, נגרים, נפחים וסוחרים, והביאו עמם את מכשיריהם וכן בתי עץ מוכנים הניתנים להקמה בקלות. הם הגיעו אל החוף, בחלקה הצפוני של העיר, ביום שני האחרון, 24 בספטמבר, והקימו שם אוהלים זמניים, עד שכל המטען יפורק מן האנייה. בתוך ימים אחדים מתכננים המהגרים לעבור לחלקת אדמה שמחוץ לעיר, אדמה שנרכשה עבורם לפני כמה חודשים בידי מר לוונטל, סגן הקונסול האמריקני כאן. בכוונתם להקים את בתיהם על הקרקע ולעבד את האדמה השייכת להם כדי לקיים את עצמם. המושבה מונהגת בידי הכומר א' אדמס, שכל האחים מצייתים לו, שכן כך הם קוראים לעצמם "האחים של כנסיית המשיח".

המטרה הגלויה לעין והמוצהרת, שבגללה עזבו את ארצם (ומכרו את כל רכושם), נובעת מתשוקה עזה וכנה לחיות ולמות בארץ הקודש, שכן הם מאמינים כי מעתה והלאה יחולו שינויים חשובים, כלומר, כפי שאני שומע מהם, התכנסותם של היהודים כולם מכל הפזורות אל הארץ הזאת, והופעתו מחדש של ישו.

הם אומרים כי אינם באים כמיסיונרים, אלא אך ורק כדי לעבד את האדמה, ולהוות דוגמה טובה לחקלאות ולמסחר; ובכוונתם להרוויח את לחמם, לחיות בשלווה ולציית לכל התקנות המקומיות ולשלם את המסים. נראה לי שמקצתם נמנים על שבט אפרים, וכי מנהיגם, הכומר מר אדמס, הוא ממוצא יהודי, אדם מלא מרץ והתלהבות, וכל האחים מכבדים אותו ומצייתים להוראותיו.

השלטונות המקומיים לא הערימו שום מכשולים על נחיתתם. המודיר (המשנה למושל) נהג כלפיהם באדיבות רבה ושלח כמה חיילים (זבטיח) לשמור על אוהליהם. תושבי המקום נראים שבעי רצון מבואם ומצפים לפיתוחו של המסחר בחלק זה של הארץ.

אני רואה זאת מחובתי להוסיף וליידע אותך בקשר להתפתחויות במושבה.

אני מתכבד וכו׳

(חתום) ג׳״א חייט

איגרת מאת נואל טמפל מור, הקונסול הבריטי בירושלים
אל מזכיר המדינה לענייני חוץ, לונדון[37]

הקונסוליה של הוד מלכותה
ירושלים, 2 ביולי 1868

לכבוד מעלת
מזכיר המדינה לענייני החוץ של הוד מלכותה
משרד החוץ, לונדון

נכבדי,

אני מתכבד להודיעך כי מר אדמס, מנהיגה ונשיאה של מה שהיתה המושבה האמריקנית ביפו, עזב את המקום, ולפי הצהרתו בכוונתו לנסוע לאנגליה מתוך כוונה לעודד, על ידי פגישות פומביות והרצאות, אזרחים בריטים לבוא ליפו ולהחיות את המושבה.

אני רואה זאת מחובתי לדווח לכבודו על כוונותיו של מר אדמס. על פי האופן שבו ניהל מר אדמס את המושבה ביפו, לא הוכיח את עצמו כאדם המתאים להוציא אל הפועל תוכנית שכזו; גם דעת הקהל והשלטונות הקונסולריים שלו עצמו לא אוהדים אותו מבחינות אחרות. זה יהיה מצער אם יעלה בידו, באמצעות הצגה לא נכונה של העובדות, להביא לכאן כמה מבני ארצנו לסבול צרות, אבדן ואכזבה, ועל אלה יש להוסיף את הפגיעה בבריאותם, בשל אקלים מתיש מאוד בחום הכבד של הקיץ, אקלים שבני ארץ צפונית קרה אינם מורגלים בו.

כישלונה של ההתיישבות האמריקנית ביפו אינה אלא חזרה על גורלם של ניסיונות קודמים דומים שנעשו תחת פטרונות טובה יותר. בתנאים הנוכחיים, באשר לארץ עצמה ובאשר לשאלה שעדיין לא נפתרה הנוגעת להחזקת אדמה בידי נתינים זרים בטורקיה – שאלה שהיא כמובן בעלת חשיבות עליונה עבור המתיישב – נראה כי קלוש הסיכוי להצליח בניסיונות כאלה.

אני מתכבד להיות, במלוא הערכה,

משרתו הנאמן והצנוע ביותר של כבוד מעלתך,
נואל טמפל מור

הערה בגב המכתב:

נשלח על ידי הדואר הצרפתי

עזיבתו של מר אדמס, נשיאה של מה שהיתה המושבה האמריקנית ביפו לאנגליה, מטרתו, והערות בנוגע לכך,

העתק למשרד הפנים, יולי, 17\68, PN.

37 **שם,** 78/2048.

מוזר שהקונסול הבריטי, נואל טמפל מור, הכותב כי קרוב לוודאי שהמושבה תיכשל, אינו מזכיר כי ב־1865 הגיש אדמס בקשה לסולטן לקבל פירמן (רישיון) שיעניק הרשאה להתיישבות ביפו והגנה עליה; וכי בהגיעו ליפו ב־1865 למד לדעת קודם כול – אך לא גילה לחסידיו – כי בקשת הפירמן נדחתה.[38]

מעניין גם להביא קטע מן העיתון "טיימס" שהופיע סמוך לבואה של קבוצת המתיישבים לארץ־ישראל. העיתון זיהה נכונה את המושבה ביפו על פי העובדה שכמעט כל חבריה באו ממדינת מיין בארצות־הברית.

על המושבה שייסדו אנשי מדינת מיין בארץ־ישראל כותב מיסיונר אמריקני, מר ג'סופ (Jessup) מביירות בספטמבר:

> אנשים אלה ילמדו לדעת כי מחוץ לבוסתנים של יפו מאוכלס השטח בידי הבדווים. ארץ הקודש תהיה לוהטת מדי עבורם מבחינות רבות. זוהי תוכנית מטורפת. שמתי לב לפרסומים שהופיעו בעיתונות מעת לעת אודות התוכנית, אך ראיתי בכך מעשה קונדס. כעת אנו שומעים שהם באים. ירחם עליהם האל![39]

ביוני 1868 עזבו אדמס ומשפחתו את סביבות יפו בדרכם לאמריקה.[40]

שרידי מושבת אדמס

אדמס נסע לפילדלפיה, ולא הגיע לאנגליה כדי לגייס מתיישבים חדשים – כפי שחשש טמפל מור – ובשנת 1880 הלך לעולמו.[41] רוב השורדים מקרב מתיישבי מושבת אדמס חזרו למולדתם באמריקה אך כמה מהם נשארו בארץ־ישראל. אנו שומעים על כך בדיווח שמסר לציבור הבריטי הכומר ריצ'רד ניוטון (Richard Newton), ד"ר לתיאולוגיה, בספרו *Rambles in Bible Lands*, שפורסם בלונדון בשנת 1879. בספר מתאר ניוטון את שראה כשבא ליפו ב־9 במארס 1870:

> המשכנו למלון האמריקני הנמצא כמחצית המייל מחוץ לחומות העיר, בכיוון צפון. המלון ממוקם במרכזה של נקודת התיישבות שהוקמה בידי מתיישבים אמריקנים שבאו לכאן לפני כמה שנים כדי לעסוק בחקלאות. כידוע, היתה המושבה כישלון חרוץ. כמה מן הנוגעים בדבר מתו בשל מחלות ומחסור. אחרים, שנותרו בחוסר כול, נשלחו הביתה בידי הקונסול האמריקני; ומקצתם עדיין משתהים כאן, מתייגעים לפרנס את עצמם בדוחק בדרך זו או אחרת...[42]

ניוטון ביקר בארץ הקודש בתורת עורך של פרסומי "האיגוד האמריקני של בתי הספר של יום

38 הולמס (לעיל, הערה 34), עמ' 137, 181.

39 מתוך ה"טיימס", 30 בנובמבר 1866, עמ' 7, טור 1.

40 הולמס (לעיל, הערה 34), עמ' 264. כישלונה של המושבה מתואר במקורות המופיעים אצל דייוויס (לעיל, הערה 33) עמ' 31. בקשתם של כ־70 מחברי המושבה, כמחצית מן הניצולים, לשוב לארצות־הברית במימון הממשלה, מובאת אצל דייוויס (שם, עמ' 228–230).

41 הולמס (לעיל, הערה 34), עמ' 266.

42 Richard Newton, *Rambles in Bible Lands*, London 1879, p. 20. המלון האמריקני נוהל בידי רולה פלויד בשנת 1870. ראה הולמס (לעיל, הערה 34), עמ' 258.

ראשון" (The American Sunday School Union). התיאור שלו, על כל פנים באשר לכמה מן השורדים ממושבת אדמס, נשמע פסימי מדי.

אחד מהם לפחות, רולה פלויד, שהיה בן 29 כשהגיע ב־1866,[43] שאף להיכנס לעסקי הסעת תיירים ומלונאות, וההזדמנות לכך נפתחה לפניו עם סלילתה של דרך לכרכרות מיפו לירושלים לאחר שמושבת אדמס חוסלה.

ו"ה ראסל (W. H. Russell), הכתב המכונה "ראסל של הטיימס", שעזב את יפו ב־17 בנובמבר 1868, ציין: "קיים אומניבוס לירושלים, נהוג בידי אחד מן השרידים האמריקנים האחרונים של מושבת יפו".[44] זו היתה תחילתה של פעילות משגשגת של פלויד באירוחם והסעתם של מבקרים ותיירים. בין היתר הוא שימש כמתורגמן ומורה דרך לגנרל גורדון (Gordon) ולאחרים. הבתים הטרומיים של מושבת אדמס עברו לידי מושבת הטמפלרים הגרמנים, שהקימו כעבור זמן את המושבה שרונה. אחד מן המבקרים באזור זה בתחילת המאה העשרים נתן לקוראים הבריטים תמונה אוהדת הרבה יותר, והכיר טובה לרולה פלויד ולכמה שורדים אחרים ממושבת אדמס. זה היה ג"א פרנקלין (G. E. Franklin), שנהג להרצות לפני תיירים במסגרת מסעות שיט לארץ־ישראל, מסעות שנעשו באותם הימים דבר שבשגרה בתיירות לארץ הקודש. גם דבריו מאירים את סופה של מושבת אדמס וההתרחשויות שלאחר מכן מנקודת מבט בריטית:

מתוך ספרו של ג"א פרנקלין המתאר את ביקורו בארץ־ישראל[45]

כל פרדסי התפוזים, גידול הדבורים ותעשיות אחרות מנוהלים בידי אירופים – מרביתם מתיישבים גרמנים. לילידים יש כישרון מועט בלבד לעבודה; תחת ההשגחה, הטיפוח והמרץ העסקי הבאים לביטוי לא רק כאן, אלא גם בחלקים אחרים של הארץ, מובטח כי ארץ־ישראל תהפוך שוב ל"ארץ זבת חלב ודבש" ו"ישושום מדבר וציה ותגל ערבה ותפרח כחבצלת".

המושבה כפי שאנו רואים אותה כעת, על מלונותיה, נוסדה בתחילה בידי כת של אמריקנים שקראו לעצמם "כנסיית המשיח". בהנהגתו של חוזה נלהב בשם אדמס באה הכת הזאת לכאן, במטרה לשקם את המקומות השוממים בארץ־ישראל.

חיש מהר התפכחו מאשליותיהם; מן הרגע הראשון לבואם צצו קשיים ואכזבות שלא צפו אותם מראש. השלטונות ראו את פלישתם בחשדנות, והציבו בדרכם כל מכשול אפשרי; הילידים גנבו את רכושם; וגרוע מכל, מגפה פרצה בקרבם ותוצאותיה היו חמורות כל כך, עד שבתוך שישה שבועות מתו מתוכם כארבעים איש. מלבד זאת, לא היו בידם שום אמצעי מחיה, ואף שהתחילו לזרוע, עדיין רעבו ללחם בזמן צמיחת התבואה, ורבים כל כך מתו, עד שהניצולים נתקפו חרדה ונמלטו כל עוד נפשם בם והניחו אחריהם את רכושם ואדמתם. ומר פלויד סיפר לי, שאלו שהיו הנלהבים ביותר לצאת מאמריקה לארץ־ישראל, ואמרו שיבואו גם אם ייאלצו לשוט על פני האוקיינוס האטלנטי על גבי רפסודה, הם שהיו הלהוטים ביותר לברוח. מרק טווין תיאר את בריחתם בספרו *New Pilgrim's Progress* בצורה ציורית כל כך, עד שלא נותר לי אלא לצטט אותו בשלמותו. וזה לשונו:

43 הולמס (לעיל, הערה 34), עמ' 167.

44 W. H. Russell, *A Diary in the East*, London 1869, p. 358

45 מתוך G. E. Franklin, *Palestine Depicted and Described*, London 1911, pp. 8-11

ביפו העלינו על הסיפון כארבעים חברים של קהילה מכובדת מאוד. גברים, נשים, תינוקות, ילדים וילדות קטנים; זוגות נשואים צעירים וכמה שכבר עברו את שיא חייהם. כוונתי למושבה של אדמס ביפו. אחרים נטשו קודם לכן. הארבעים שלנו היו אומללים דיים מלכתחילה, והם שכבו על הסיפון חולים במחלת ים במשך כל ההפלגה, מה שחתם סופית, אני מניח, את סבלם. עם זאת, אחד או שניים מן הצעירים נותרו עומדים על רגליהם, ואחרי חקירות ממושכות הצלחנו להציל מפיהם מידע מועט. הם מסרו אותו באי־רצון ובצורה מקוטעת מאוד; מכיוון שרומו באופן מביש בידי הנביא הזה, חשו מושפלים ועצובים. אנשים אינם ששים לדבר בנסיבות כאלו.

המושבה היתה כישלון גמור. כבר אמרתי כי אלו שיכלו לברוח עשו כן מעת לעת. הארבעים שהבאנו עמנו היו ברובם חסרי כל, אם כי לא כולם. הם שאפו להגיע למצרים. מה יעלה אז בגורלם לא ידעו, וככל הנראה גם לא היה אכפת להם – העיקר לברוח מיפו השנואה. בלבם היו תקוות מעטות, משום שלאחר פניות רבות בעיתונות במגמה לרכוש את אהדתה של ניו־אינגלנד, פניות שנעשו בידי זרים מבוסטון, ולאחר שהקימו שם משרד לקבלת תרומות כספיות לטובת המתיישבים ביפו, התקבל דולר אחד. הקונסול הכללי במצרים הראה לי את הקטע שתיאר את המצב והזכיר גם את הפסקת המאמצים וסגירת המשרד.

היה ברור כי ניו־אינגלנד המעשית לא הצטערה להיפטר מהוזים שכאלה, ולא היתה לה כל כוונה לשכור איש שידאג להחזירם שוב אליה. ועדיין, להגיע למצרים נחשב להישג בעיני המתיישבים חסרי המזל, שאיבדו את התקווה להגיע רחוק יותר. ככה ירדו מספינתנו באלכסנדריה. אחד מנוסעינו התעניין אצל הקונסול הכללי כמה יעלה לשלוח את האנשים האלה לביתם במיין דרך ליוורפול, וזה השיב כי 1500 דולר של זהב יספיקו. מר ב' נתן לו המחאה בסכום זה, וכך הגיעו צרותיהם של מתיישבי יפו אל קצן.

ואף על פי שמרק טוויין אינו אמור לכתוב היסטוריה, נודע לי כי תיאורו את היציאה נכון ברובו. לגרמנים היו עיניים חדות, ומיד לאחר שנטשו האמריקנים את בתיהם ואדמותיהם, "קפצו על המציאה" כמה מתיישבים גרמנים, ומהיותם מעשיים מטבעם, נוסף על היותם בעלי אמצעים מספיקים, הצליחו במשימתם ונשארו במקום. ואולם לא כל האמריקנים עזבו. שתי משפחות נשארו מאחור: ממשפחת קלרק (Clark) נותרו אח ואחות. גב' קלרק, שהפכה לאלמנה שבועות מספר לאחר שהגיעו ולה כמה ילדים, היתה נחושה בדעתה להישאר במקום, מתוך נאמנות למשאלותיו של בעלה. היא נישאה בשנית וגידלה את משפחתה, ושניים עדיין חיים בארץ־ישראל. ואחיה, הלא הוא מר הרברט קלרק, נציג חברת התיירות של קלרק בירושלים, שיש לו עתה נכסים רבים בעיר; אחותו עדיין מחזיקה בבעלותה את הנכס המקורי ביפו, שהפך למשרד התיירות של תומס קוק (Thomas Cook), בעוד היא עצמה מתגוררת בירושלים.

מר רולה פלויד ואשתו[46] נשארו אף הם. כל מי שמכיר מקרוב את מר פלויד מתרשם מיד כי לא הוא האיש שייכשל בדבר כלשהו שהוא מקבל עליו; התנגדות לא תפחידו, וקשיים לא ירפו את

46 אשתו הראשונה של פלויד, תיאודוסיאה (Theodocia), שהיתה מבוגרת ממנו בעשר שנים, מתה ב־1898 או 1899; בשנת 1900 נשא פלויד לאשה את מרי ג'יין (Mary Jane), אחותם של האחים הרברט ופרנק קלרק, מניצולי מושבת אדמס, ואלמנתו של רלף לייטון (Ralph Leighton), שהגיע עם משפחתו למושבת אדמס כילד בן שבע, כמו מרי ג'יין. רולה פלויד נפטר ב־1911. ראה, הולמס (לעיל, הערה 34), עמ' 166–169, 251–255, 257–260.

ידיו. וכך, כפי שהוא אומר לנו בצחוק, הוא היה משוגע (maniac) דיו [מוצאו ממדינת "מיין" (Maine)], כדי להישאר.

כשהחל מר תומס קוק להביא קבוצות לארץ הקודש, מצא במר פלויד את האדם שחיפש, ומינה אותו לנציגו הראשון במקום. כשניתק הקשר עם ממשיכיה של חברת התיירות הגדולה, פתח מר פלויד עסק משלו, ונעשה למתורגמן ומורה הדרך המפורסם ביותר בארץ; לעולם מסביר פנים, בעל תושייה ורוח טובה, אפילו בנסיבות הקשות ביותר. בעצמו הדריך את הנשיא גרנט (Grant) בביקורו בארץ הקודש, כמו גם את גנרל גורדון ומשפחות מלוכה רבות. במו ידיו בנה את הכרכרה הראשונה בארץ־ישראל של העידן המודרני, ונהג בה (למרבה פליאתם של הילידים) לירושלים: כך ייסד שירות כרכרות קבוע בין שתי הערים, שירות שהפעיל עד שהממשלה קנתה את הזיכיון. הוא גם היה הראשון שנהג בכרכרה בדרך לבית לחם, בשעה שהסיע את קיסר אוסטריה. באותה עת היתה הדרך "קופצנית" למדי והנסיעה היתה מרתקת משהו. בסיום הנסיעה אמר לו הקיסר: "פלויד, אם אקלע אי־פעם למצב קשה, אשלח לקרוא לך כדי שתחלצני ממנו". בית העץ המקורי שהביא עמו מאמריקה עדיין משמש אותו כבית הכפר שלו ביפו, אף על פי שבדרך כלל הוא יושב בירושלים ויש לו הכנסה טובה, אחרי שפרש לפנסיה נוחה.

מנהיגים ועסקנים ציונים מארץ־ישראל באמריקה בתקופת מלחמת העולם הראשונה

מיכאל בראון

שאלת מקומה של ארץ־ישראל בתודעה האמריקנית עוררה עניין רב אצל חוקרים, ואין פלא בדבר. לארץ הקודש נודעה חשיבות רבה בעיני הנוצרים, ולאבות המייסדים של אמריקה היה קשר עמוק לתנ"ך ולמסורות הכרוכות בו, ומעורבותה של ארצות־הברית במזרח התיכון הלכה וגדלה עם השנים.

אולם החוקרים עסקו בצד האמריקני של מערכת היחסים בין אמריקה לארץ־ישראל, וייחדו, למרבה הפלא, תשומת לב מעטה בלבד לשאלת מקומה של אמריקה בתודעתם של תושבי ארץ־ישראל. והלוא, כפי שציין הנרי סטיל קומגר (Henry Steele Commager), בני אדם בכל רחבי העולם גילו "עניין בניסיון האמריקני".[1] מאז המאה השבע־עשרה, ואפילו לפני כן, תפסה אמריקה מקום בולט בדמיונם של רבים בעולם הישן. אמריקה היתה "ארץ בראשית" – ארץ האפשרויות הבלתי מוגבלות – המצפה שיישבו אותה. עבור הבאים מן החוץ היתה זו "הארץ המובטחת" – מבחינה דתית, פוליטית וכלכלית. היא היתה "שסתום הביטחון" עבור העולם הישן שסבל, ועדיין סובל, מעודף אוכלוסין, וכן "העולם החדש האמיץ" של קִדמה טכנולוגית. במשך שנים האמינו זרים רבים כי "אמריקה מחזיקה בידה את המפתח אל העתיד" וביקשו להגר אליה.[2] אף אלה שלא בִיקשו להגר לאמריקה שאפו להפיץ את בשורת החירות והפתיחות שיצאה מאמריקה בקרב אנשי העולם הישן. לעומתם ראו השמרנים באמריקה ארץ חסרת עידון ותרבות והורסת ערכים עתיקי יומין.

אין ספק כי רעיונות וגישות אלו נפוצו גם בארץ־ישראל של המאה התשע־עשרה ואולי אפילו קודם לכן, שהרי שליחים מארץ־ישראל הגיעו לאמריקה עוד במחציתה השנייה של המאה השמונה־עשרה. מכל מקום, מאז אמצעה של המאה התשע־עשרה היגרו מוסלמים, נוצרים ויהודים מן היישוב הישן אל ארצות־הברית, ועד סוף המאה הצטרפו לתנועת ההגירה הזו גם מתיישבים ציונים מן היישוב "החדש". לדברי הקונסול האמריקני בירושלים, היגרו ב־1913

1 *America in Perspective*, New York 1947, pp. xiii-xiv

2 שם, שם.

כ־1,000 צעירים יהודים לאמריקה ממחוז ירושלים לבדו,[3] וכששהה המנהיג הציוני מנחם שיינקין באמריקה בימי מלחמת העולם הראשונה, טען כי פגש "אלפי יהודים" שישבו לפנים בארץ־ישראל.[4] ב־1918 היה מספרם של המהגרים היהודים מארץ־ישראל לאמריקה גדול דיו כדי לייסד ארגון משלהם שנקרא "הסתדרות בני ארץ־ישראל באמריקה" (Federation of Holy Landers in America).[5]

מה משך את הנוסעים והמהגרים הללו לאמריקה? כיצד באו רבים כל כך במשך השנים? מה ראו ומה למדו באמריקה, והאם דייקו בדיווחים שכתבו על חוויותיהם לאלה שנותרו מאחור? האם היו בני ארץ־ישראל שותפים לדעות הקדומות הנחרצות (והמשונות) שרווחו בקרב בני אירופה רבים באשר לאמריקה? ואלה שחזרו או עלו מצפון אמריקה לארץ־ישראל האם הטביעו חותם ניכר על ארץ הקודש? תשובות מעטות בלבד יש בידינו לשאלות הללו.

היעדרו של מחקר רחב יותר על התייחסותם של בני הארץ לאמריקה מעורר פליאה בין השאר מפני שמאז שנות הארבעים של המאה התשע־עשרה – המועד שבו החלה הנוכחות הדיפלומטית האמריקנית בארץ הקודש – הלכה ארצות־הברית ונעשתה גורם פעיל בפוליטיקה הבין־לאומית שנגעה לאזור הזה. דיווחים קונסולריים ומסמכים של מחלקת המדינה מלמדים על עלייה איטית מאוד בפעילות במשך המאה התשע־עשרה. אבל מאז מלחמת העולם הראשונה הפכה ארצות־הברית לאחד מן השחקנים הראשיים על הבימה הפוליטית של ארץ־ישראל. בזמן המלחמה שיגרה ארצות־הברית משלוחי סיוע לתושביה הנצורים של ארץ־ישראל שקיומם עמד בסכנה; היא סיפקה מקלט לפליטי מלחמה ולגולים מארץ־ישראל, והשתתפה במשא־ומתן על גורלה של הארץ. בתקופת הבדלנות של שנות העשרים והשלושים של המאה העשרים היתה מעורבותה של ארצות־הברית בארץ־ישראל קטנה יחסית, אבל אחרי 1945 היתה ארצות־הברית למעצמה הזרה הדומיננטית ביותר בארץ (אם לא נראה בבריטניה הגדולה בעלת המנדט מעצמה זרה).

כיצד ראו תושבי הארץ את המעורבות הזאת? מה חשו כלפי אותה מדינה רחוקה שלעתים הופיעה בדמות מושיע, ולעתים הפנתה את גבה לארץ־ישראל? האם היו מי שראו את ארצות־הברית באור חיובי יותר מאחרים, בייחוד ככל שנעשו העניינים מורכבים יותר? כיצד ניסו בני ארץ־ישראל להשפיע על מהלכיה של ארצות־הברית באזור? גם המחקר בנושאים האלה עדיין נמצא בראשיתו.

בייחוד מעניין לברר מה היתה עמדתם של היהודים שישבו בארץ, ובפרט של אנשי היישוב "החדש", כלפי אמריקה. אחרי הכול, רוב הציונים שללו את ערכם של חיים יהודיים בגלות, וסברו כי החיים בגולה עתידים לדעוך ולהיעלם, ולפיכך נטו לראות את הקהילות היהודיות בתפוצות באור שלילי. אבל אמריקה לא היתה סתם "עוד תפוצה". המציאות האמריקנית עמדה בניגוד לפרשנות הציונית – להלכה ולמעשה – על חיים בתפוצות. היהודים באמריקה "חשו בבית" והאמינו שאמריקה תהיה ביתם לעד. לאמונתם זו היה בסיס איתן במציאות, שכן היהודים שגשגו באמריקה כפי שלא שגשגו מעולם.

רוב הנוצרים האמריקנים האמינו אף הם כי היהודים הם חלק אינטגרלי מאוכלוסיית ארצות־הברית הפלורליסטית. כבר בשלהי המאה התשע־עשרה עמדו המהגרים היהודים מאירופה

3 משה מעוז, "אמריקה וארץ הקודש בתקופה העות'מנית", להלן, עמ' 125–133.
4 "הגדוד העברי", בתוך: א' חרמוני (עורך), כתבי מנחם שיינקין, תל־אביב (ללא תאריך), י, עמ' 133–134.
5 העברי, 9 בינואר, 17 באפריל, 24 ביולי 1918.

וממקומות אחרים לפני שתי אלטרנטיבות עיקריות: אמריקה או ארץ־ישראל, ציון החדשה או ציון הישנה. ציונים רבים בחרו באמריקה, אף כי רבים מהם התכוונו לעלות אחר כך לארץ־ישראל. יהודים בחרו באמריקה בשל האפשרויות החומריות שהציעה, ובשל הבטחתה להעניק להם חירות ושוויון. רבים מן האירופים שפנו לאמריקה בסוף המאה הקודמת – ובייחוד היהודים שבהם – הכינו לעצמם מראש "דגלים אמריקניים", כדברי שמריהו לוין, הנואם הציוני המחונן.[6] גם הציונים שעשו את דרכם לאמריקה היו מלאי התלהבות, אף על פי שיהודים רבים שחיו מחוץ לארצות־הברית ראו בה את "סיר הבשר של מצרים" – נוחות חומרית שקשה לעמוד בפניה, אך משחיתה.

אחד מן הפרדוקסים הבולטים של ההיסטוריה היהודית בעידן שאחרי מלחמת העולם הראשונה הוא, שאמריקה היתה בעיני רבים האנטיתיזה לאידיאל הציוני, אך בו בזמן גם התקווה היחידה להגשמתו של האידיאל הזה. יהדות אמריקה – בסיועו של הממשל האמריקני – היתה האחראית העיקרית להצלתו של היישוב בזמן מלחמת העולם הראשונה, ובשנות העשרים והשלושים של המאה העשרים היתה המקור העיקרי של תרומות בכוח שעשויות היו לסייע למפעל הציוני. יהודי דרום־אפריקה כיחידים היו נדיבים בהרבה מן האמריקנים; גם יהודי קנדה ובריטניה היו נדיבים יותר.[7] ואולם בשל גודלה נעשתה הקהילה היהודית באמריקה הגורם העיקרי בבניין הכלכלה של המשק היהודי בארץ־ישראל. אחרי 1945 היתה תמיכתה הדיפלומטית של ארצות־הברית חיונית לישראל, ואחרי 1967 החלה אמריקה להעניק לישראל גם סיוע צבאי וכלכלי. בוני המדינה היהודית התפעלו תמיד מן הטכנולוגיה האמריקנית והמומחיות האמריקנית בתחומים רבים.

גם אם לעתים נטרו הציונים בארץ ומחוצה לה לאמריקה על שהתחרתה עם ארץ־ישראל על לבותיהם של היהודים, ואף בזו לחומרנות האמריקנית, מצאו עצמם יותר ויותר תלויים ביהודי אמריקה ובממשל האמריקני. כיצד פתרו יהודי ארץ־ישראל את הסתירה בין האידיאולוגיה הצרופה ובין הצרכים המעשיים? כיצד השלימו עם קהילה יהודית שראתה את עצמה במידה רבה "בבית", ב"תפוצה" – ולא ב"גלות"? כיצד הבינו את הערכים האמריקניים ואת האידיאולוגיה האמריקנית? גם על כך אנחנו יודעים מעט בלבד.

לא ברור מדוע לא עסקו החוקרים בצד הארץ־ישראלי של היחסים בין אמריקה לארץ־ישראל. לא חסרונם של מקורות למחקר גרם לכך. באשר ליהודי ארץ־ישראל, על כל פנים, קיימים מקורות בדפוס, כגון יומניהם ומכתביהם של מנהיגים ציונים בולטים, כבן־גוריון, הרב קוק ומרדכי בן־הלל הכהן,[8] וכן מאות מסות ומאמרים רלוונטיים, ובכללם דיווחים מכלי ראשון על מסעותיהם של בני היישוב לארצות־הברית, שהתפרסמו בעיתונות בארץ־ישראל (בעברית), אירופה (בעברית וביידיש) וארצות־הברית (בעברית, ביידיש ובאנגלית). קשה להשתמש בעיתונים ובכתבי־עת מפני שאינם כוללים מפתחות, אך ארכיון יד בן־צבי בירושלים, ארכיון מורשת בן־גוריון בשדה בוקר ומוסדות אחרים קטלגו במידה כלשהי את החומר העיתונאי. יש גם ביוגרפיות, אוטוביוגרפיות וזיכרונות שכתבו אנשי ארץ־ישראל, והספרות היפה גם היא מקור חשוב המלמד הרבה על עמדותיהם של תושבי הארץ ביחס לאמריקה. אף על פי שרוב ההתייחסויות

6 Maurice Samuel (trans. & ed.), *Forward from Exile*, Philadelphia 1967, p. 272

7 השווה את המספרים לגבי ארבע הארצות אצל Gideon Shimoni, *Jews and Zionism: The South African Experience (1900-1967)*, Capetown 1980, pp. 35-36

8 ראה: דוד בן־גוריון, אגרות דוד בן גוריון, יהודה ארז (עורך), 3 כרכים, תל־אביב 1972; אברהם יצחק הכהן קוק, אגרות הראי"ה, ירושלים 1961–1965; מרדכי בן־הלל הכהן, מלחמת העמים, ירושלים–תל־אביב 1929–1930; וכן חיבורים אחרים של אותם מחברים.

לאמריקה ויהודי אמריקה בספרות העברית של ארץ־ישראל פזורות בה זעיר פה זעיר שם, ממלאת אמריקה תפקיד מרכזי בכמה ספרים. לדוגמה, ימות המשיח, שמחברו י"ד ברקוביץ ישב זמן־מה בארצות־הברית.

המקורות בדפוס על הצד הארץ־ישראלי ביחסי אמריקה וארץ־ישראל רבים מאוד, ונוסף על כך קיימים מקורות ארכיוניים אין־ספור. לקראת סוף המאה התשע־עשרה היו לרבים מתושבי ארץ־ישראל, ובייחוד ליהודים, קרובים או חברים בארצות־הברית. מוסדות רבים יותר ויותר החלו להסתייע בתרומות שנאספו בארצות־הברית, ומראשית המאה העשרים עשה זרם לא פוסק של שליחים את דרכו מארץ־ישראל אל אמריקה. חוץ מזה התנהלה בין שתי הארצות התכתבות ענפה. אנשי ארץ־ישראל התכתבו גם בינם לבין עצמם על יהודי אמריקה, ולעתים בגילוי לב רב יותר מאשר בהתכתבותם עם האמריקנים. נקודת השקפה מיוחדת על אמריקה באה לידי ביטוי במכתביהם ויומניהם של העולים האמריקנים המעטים שבאו לארץ־ישראל, שמקצתם, כגון הנרייטה סאלד, יהודה מאגנס וגולדה מאירסון (לימים, גולדה מאיר) נעשו כעבור זמן דמויות בולטות ביישוב היהודי בארץ־ישראל. קשר מיוחד עם אמריקה יצר תושב ארץ־ישראל לשעבר זאב ז'בוטינסקי, שעבד זמן קצר כמנהל הארץ־ישראלי של חברת הביטוח "יהודה", בבעלותו של מסדר האחים "בני ציון".

אלפי מכתבים ורשימות מיומניהם של הבולטים שבאנשים הללו מופקדים בארכיונים שונים, רובם בארץ ומקצתם באמריקה, ובכללם: המכון למורשת בן־גוריון בשדה בוקר, ארכיון יד בן־צבי בירושלים, בית ביאליק בתל־אביב, הארכיון הציוני המרכזי בירושלים, ארכיון ז'בוטינסקי בתל־אביב, ארכיון איגרות חיים ויצמן ברחובות, והארכיון והספרייה הציונית בניו־יורק. מקצת האוספים האלה ממוינים, וחוקרים יכולים למצוא בהם את מבוקשם בלא קושי.

חומר רב ומגוון כל כך מעורר בעיה של ארגון, אך ניתן להיעזר בעבודותיהם של אירופים על אמריקה, ובייחוד נוסעים אירופים לאמריקה. למעשה כמה מן הפרשנים המעמיקים שכתבו על אמריקה היו זרים. במאה השמונה־עשרה היו אלה השר הנורווגי, הפרופסור פטר קלם (Peter Kalm), והאציל הצרפתי הקטור סנט ז'ן דה קרווקור (Hector St. Jean de Crèvecoeur). ספריהם של אלקסיס דה טוקוויל (Alexis de Tocqueville) ולורד ג'יימס בְּרייס (Lord James Bryce) לא איבדו מחשיבותם גם בימינו – דה טוקוויל פרסם את ספרו בצרפת בסוף שנות השלושים של המאה התשע־עשרה, ובְּרייס פרסם את ספרו באנגליה חמישים שנה אחר כך. שני הספרים נכתבו על סמך ביקורים ממושכים באמריקה, והם רלוונטיים עד עצם היום הזה. עדיין יש המוסיפים לקרוא ולחקור בהם ואף לכתוב עליהם.[9]

רשימת הזרים שכתבו על אמריקה כוללת מספר נכבד של יהודים. מקצתם, כגון ארנסט טולר (Ernst Toller) ואנדרי מוריס (André Maurois), גילו עניין מועט ביהודי אמריקה ותשומת לבם כוונה לאמריקה בכלל. אחרים, כגון י"ג בנג'מין (I. J. Benjamin), שנסע לאמריקה באמצע

9 Peter Kalm, *A Journey to North America*, ed. Adolph B. Benson, New York 1937. הספר פורסם לראשונה בשוודית ב־1753–1761; Hector St. Jean De Crèvecoeur, *Letters to an American Farmer*, London 1782; Alexis de Tocqueville, *De la démocratie en Amerique*, Paris 1835-1840 (הדימוקרטיה באמריקה; תרגמו מצרפתית יוחנן טברסקי וישראל מרגלית, הקדים מבוא יהושע אריאלי, ירושלים 1970); James Bryce, *The American Commonwealth*, London 1888. ראה גם: Arvid Brodersen, "Themes in the Interpretation of America by Prominent Visitors from Abroad", *Annals of the American Academy of Political and Social Science* 295 (September 1954), pp. 21-32

המאה התשע־עשרה, והמנהיג הציוני־האורתודוקסי, מאיר ברלין (לימים בר־אילן) התעניינו בעיקר ביהודי אמריקה.[10] הבנתם את אמריקה צריכה לעניין היסטוריונים של תולדות היהודים לא רק משום שיהדות אמריקה מילאה תפקיד מרכזי כל כך בהיסטוריה היהודית, אלא גם מפני שעמדותיהם של יהודי העולם כלפי אמריקה עוצבו, על כל פנים בחלקן, בהשפעת תפיסותיהם של הנוסעים הללו ואחרים.

בראשיתה של המאה העשרים היה בקרב הנוסעים היהודים לאמריקה מספר מפתיע של אנשי ארץ־ישראל. כאמור היו רובם שליחים ציונים או מגייסי תרומות, והיו שבאו כדי ללמוד, ללמד, לעשות עסקים, לבקר קרובים, ואפילו כדי לטייל באתריה של אמריקה. בשל תפקידה של אמריקה ושל יהודי אמריקה בהתפתחותה של ארץ־ישראל במאה העשרים יש עניין רב ברשמיהם של הנוסעים הללו, בכללם רבנים בעלי שם, פוליטיקאים, מנהיגי פועלים ומחנכים.

מאמר זה בוחן את חוויותיהם של אנשים שנמנו על קבוצה מיוחדת של נוסעים מארץ־ישראל בתקופה לא רגילה: אלה הם המנהיגים הציונים שגורשו מארץ־ישראל בידי הטורקים – מהם אחדים שברחו ביזמתם הם – בתקופת מלחמת העולם הראשונה, ואת שנות גלותם עשו בארצות־הברית. התקופה אינה רגילה מפני שבה התחילה השפעתה הגוברת של ארצות־הברית בארץ־ישראל, והקבוצה היא מיוחדת כי נכללו בה כמה מן המפורסמים שבמנהיגי היישוב החדש, מי שכעבור שנים עיצבו את מדיניותה של הציבור היהודי בארץ־ישראל כלפי אמריקה ויהודי אמריקה. עמדותיהם הושפעו במידה רבה מחוויותיהם האישיות באמריקה.

בעקבות המשבר שהתרחש בתחילתה של מלחמת העולם הראשונה נתנו יהודי ארץ־ישראל את דעתם על הצדדים החיוביים של אמריקה, ואין זה משנה מה חשבו עליה לפני המלחמה. משפרצה המלחמה באירופה התדרדרו התנאים הכלכליים בארץ־ישראל חיש מהר, והיישוב היהודי בארץ סבל יותר מן הקהילות האחרות. הן היישוב הישן והן היישוב החדש היו תלויים בהעברות כספים מאירופה שנפסקו לחלוטין בתחילתה של המלחמה. יתרה מזו, בעקבות הסגר הימי שהטילו בעלות הברית על החופים הטורקיים, לא היה אפשר לייצא את התוצרת החקלאית, והמקור האלטרנטיבי היחיד להכנסות מן החוץ נחסם. אלה שמצבם הכלכלי היה טוב יותר התארגנו מיד כדי להושיט עזרה לאחיהם חסרי האמצעים. ואולם עד מהרה התברר כי המקורות המקומיים אינם מספיקים. עוד בקיץ 1914 פנו מנהיגים מן היישוב – בסיועו של הקונסול האמריקני בירושלים, אוטיס גלייזברוק (Otis Glazebrook), ובתיווכו של השגריר האמריקני בקונסטנטינופול הנרי מורגנתאו (Henry Morgenthau) האב – אל הקהילה היהודית באמריקה וביקשו ממנה עזרה.

יהודי אמריקה נענו לבקשתם היענות שלא היתה כמוה. תרומה בסך $50,000 מאת הוועד היהודי האמריקני (American Jewish Committee), הוועד הפועל הזמני לעניינים ציוניים כלליים (Provisional Executive Committee for General Zionist Affairs) וג'קוב שיף (Jacob Schiff), היהודי האמיד האמריקני, נשלחה לארץ־ישראל בספינת מלחמה אמריקנית בהשגחתו של חתנו של מורגנתאו, מוריס ורטהיים (Maurice Wertheim), ובסיועם הנדיב של מחלקת המדינה ושל הצי. היה זה הראשון במשלוחים רבים של כסף, מזון, הספקה רפואית ומצרכים חיוניים אחרים שנמשכו עד חורף 1916 – כאשר פחת מספר ההפלגות של ספינות

10 Ernst Toller, *Which Way?*, trans. Hermon Ould; André Maurois, *Etats-Unis 39, Journal d'un voyage en Amérique*, Paris 1939; [I.J.] Benjamin, *Three Years in America*, trans. Charles Reznikoff, Philadelphia 1956; מאיר ברלין, מוולוז'ין עד ירושלים, 2 כרכים, תל־אביב 1939–1940.

אמריקניות במזרח הים התיכון בעקבות לוחמת צוללות באוקיינוס האטלנטי. גם אחרי שנכנסה ארצות־הברית למלחמה הוסיפו התרומות מאמריקה להגיע לארץ־ישראל בנתיבים אחרים.

רבים ביישוב ידעו כי העזרה האמריקנית הצילה את היישוב מהרס כמעט ודאי. (פחות ידעו עד כמה סייעו היהודים האמריקנים בנדיבותם גם ללא־יהודים.) ב־1915 כתב אברהם משה לונץ בשנתון שלו, לוח ארץ־ישראל, כי המשלוח הראשון "הציל את יושבי ארץ־ישראל מרעב... והקל... על מצוקתם".[11] מרדכי בן־הלל הכהן, ממתיישביה הראשונים של תל־אביב, ציין ביומנו מתקופת המלחמה ש"המפעל הלאומי כולו בארץ־ישראל נפל על כתפיה של אמריקה".[12] ב־1918, כשהיתה ארץ־ישראל בידיה הבטוחות של בריטניה, סיכם החכם באשי, הרב עוזיאל, ואמר שיהודי ארץ־ישראל הצליחו להחזיק מעמד רק בזכות עזרתה של אמריקה.[13]

הכסף והמשלוחים מאמריקה ענו לצרכים מידיים מוגדרים, אבל לעזרה האמריקנית היתה גם תוצאת לוואי חשובה. בעקבות הסיוע שהגיע על גבי ספינות מלחמה אמריקניות הצטיירה בעיני אנשי המזרח התיכון, יהודים ולא־יהודים כאחד, תמונה מוגזמת אודות העוצמה היהודית באמריקה. האשליה הזאת הרתיעה גורמים באזור שביקשו לפגוע ביהודים, אבל גם הביאה יהודים רבים לפַתח ציפיות לא־מציאותיות.

בייחוד העריך היישוב את אהדתם הרבה של יהודי אמריקה. דוגמה אופיינית היא תשובתו של השגריר מורגנתאו למכתב תודה ששיגר ארתור רופין, מנהל המשרד הארצישראלי של ההסתדרות הציונית העולמית, בעקבות המשלוח הראשון של תרומות מאמריקה: "איני יודע", כתב מורגנתאו, "אם אתה וחבריך, או אני, צריכים להיות אסירי תודה על שאני הוא השגריר. אני חש שנבחרתי להיות כלי הנשק להגנה על אחיי בני דתי, ונתברכתי בהזדמנות לסייע בידם ולוּ במעט ולהעניק להם את שירותי. אני מאמין באמת ובתמים, כי אני צריך להיות אסיר תודה ולא לקבל תודה".[14] בשנים הבאות גברה התנגדותו של מורגנתאו האב לציונות, אך רופין זכר אותו כאדם נדיב ואציל רוח וכאדם היחיד בעולם שנענה ברצון לקריאתו של היישוב לעזרה ב־1914.[15] בשנים הללו למדו רופין ותושבי ארץ־ישראל אחרים לראות בנדיבות קו אופי אמריקני מובהק, וציפו שיהודי אמריקה יוסיפו להיות מקור קבוע ומהימן של עזרה כספית.[16]

ואולם נדיבותה של ארצות־הברית היתה בעייתית מלכתחילה. עוד ב־1914 ציינו שני עיתונאים, יעקב זרובבל, שייצג את השמאל הקיצוני במפה הפוליטית של הציונות, ומרדכי בן־הלל הכהן, שהיה בעל עמדות שמרניות יותר, כי התרומות מאמריקה – ואפילו עצם ההבטחה האמריקנית לסיוע כספי – עשויות להחליש את רצונם של הארץ־ישראלים לעזור לעצמם.[17]

ההסתמכות על תמיכה מן החוץ היתה מסורת מקודשת בארץ־ישראל. אפילו הציונים

11 א"מ לונץ, "אמריקה וארץ־ישראל", לוח ארץ־ישראל (תרע"ה), 1915. ראה גם: אהרון אהרונסון, יומן אהרון אהרונסון, ערך יורם אפרתי, תל־אביב 1970, רשומה מיום 9 באוקטובר 1916, עמ' 103.

12 קוק (לעיל, הערה 8), ג, ח' באייר תרע"ז [1917], עמ' 168.

13 מצוטט בהעברי, 16 באוקטובר 1918. לתיאור מפורט של הסיוע האמריקני ליישוב במלחמת העולם הראשונה, ראה: נתן אפרתי, ממשבר לתקוה: היהודים בארץ־ישראל במלחמת העולם הראשונה, ירושלים תשנ"א.

14 מצוטט אצל: Arthur Ruppin, *Memoirs, Diaries, Letters*, trans. Karen Gershon, London–Jerusalem 1971, p. 151

15 ארתור רופין, פרקי חיי, תרגם א"ד שפיר, תל־אביב, ב, עמ' 228–229.

16 ראה למשל: אברהם אלמליח, ארץ־ישראל וסוריה בימי מלחמת העולם, ירושלים 1928–1929; לונץ (לעיל, הערה 11) לתקופה הנידונה.

17 י' זרובבל, "מתוך ההפיכה", האחדות, ג' בחשון תרע"ה [1914]; קוק (לעיל, הערה 8), א, עמ' 15; שם, י"ז בתשרי

האידיאליסטים שהתנגדו נמרצות לשיטת "החלוקה" שהתגבשה בארץ היו חשופים לפיתוי של קבלת סיוע מן החוץ, בייחוד בעתות של מצוקה. אופן חלוקת הכספים היה בו לרפות ידיים אפילו יותר מעצם חלוקתם. לעתים היתה החלוקה שרירותית לגמרי ועמדותיהם של המנהיגים המקומיים וסדרי העדיפויות המקומיים לא נלקחו כלל בחשבון. ב־1918 קונן על כך ר' צבי פסח פרנק, רבה של ירושלים, וטען, כי יש שהכסף האמריקני ערער מן היסוד את המוסדות המקומיים: "המה עוזרים לרעה לעשות פה עולם הפוך ממש, השפל הגבוה והגבוה השפל".[18]

ואולם הבעיה העיקרית היתה, שחרף נדיבותם של יהודי אמריקה לא היה די בכסף ששלחו כדי למלא אחר כל הצרכים. "אין הקומץ משביע את הארי" התלונן בטאון האחדות, בעל הדעות השמאליות, בסוף 1914: "בכל יום צרים מאות גברים ונשים על הבניין [של ועד הסיוע האמריקני בירושלים]. כמה פעמים שברו את הדלתות ופרצו למקום ותבעו לקבל כסף".[19] ככל שנמשכה המלחמה נעשו צורכי היישוב דוחקים יותר ויותר, שכן נוספו אלפי מובטלים חדשים וכל מקורות הצדקה נסתתמו עד שגם התרומות והמשלוחים הרבים שהגיעו מאמריקה לא הספיקו. ועם זאת, גם אם היתה מעטה מדי, גם אם חולקה שלא כראוי, סייעה העזרה האמריקנית ליישוב בשעת מצוקתו.

לא רק הסיוע החומרי הביא לשינוי תדמיתה של ארצות־הברית בעיניהם של אנשי ארץ־ישראל בחודשים הראשונים של מלחמת העולם הראשונה. ההתערבות הדיפלומטית האמריקנית החוזרת ונשנית לטובתו של היישוב חיזקה אף היא את הדימוי החיובי של ארצות־הברית. מאז ימיה הראשונים של המלחמה הופיעה, למעשה, ארצות־הברית הנייטרלית עם בעלת בריתה של טורקיה, גרמניה, כמגינה של היישוב בשעותיו הקשות ביותר. ב־17 בדצמבר 1914 כתב מרדכי בן־הלל הכהן ביומנו, שכאשר החלו הטורקים לגרש יהודים מירושלים, "נשלחו מיד מברקים לשגריר ארצות־הברית בקונסטנטינופול כדי לספר לו על הצרות...".[20] כמה ימים אחר כך ציין הכהן כי "נראה שהמברקים עשו רושם בכל מקום. השגריר האמריקני היה נחרץ ותקיף במגעיו עם השלטונות; והיום הגיע מברק מקונסטנטינופול המבשר כי יהודים זרים המבקשים להישאר רשאים לעשות כן".[21]

בכל עת שריחפה סכנה על יחידים או על היישוב בזמן המלחמה נשלחו בקשות עזרה אל הממשל האמריקני. לעתים נמסרו הבקשות על ידי יהודים אמריקנים בעלי השפעה. ב־1917, למשל, בשעה שיהודי יפו הוכרחו לצאת ממנה, ביקש האגרונום אהרן אהרונסון את סיועו של הנדבן ג'וליוס רוזנוולד (Julius Rosenwald). במקרים אחרים פנו תושבי ארץ־ישראל אל הקונסולים האמריקנים ביפו ובירושלים, אל השגריר האמריקני בקונסטנטינופול ואף ישירות אל הנשיא וילסון.[22] אמנם ההתערבות הדיפלומטית האמריקנית והגרמנית לא מנעה את רדיפתם של יהודי

תרע"ה, עמ' 31; שם, כ"ה בחשון תרע"ה [1914]. ראה גם: "ארץ־ישראל ואמריקה", האחדות, ג' בחשוון תרע"ה [1914]; אלמליח (לעיל, הערה 16), ב, עמ' 175–176.

18 מכתב אל הרב קוק, לונדון, כ"ו בשבט תרע"ח [1918] בתוך: קוק (לעיל, הערה 8), ג, עמ' 297–298. ראה גם האחדות, ב' בכסלו תרע"ה [1914]; קוק (לעיל, הערה 8), א, ז' בכסלו תרע"ה [1914], עמ' 35–36.

19 האחדות, ג' בחשוון תרע"ה [1914].

20 קוק (לעיל, הערה 8), א, כ"ט בכסלו תרע"ה [1914], עמ' 47.

21 שם, ג' בטבת תרע"ה [1914], עמ' 54.

22 אהרונסון (לעיל, הערה 11), רשומה מיום 28 באפריל 1917, עמ' 213. רופין (לעיל, הערה 14), רשומה מיום 15 בפברואר 1915, עמ' 155.

ארץ־ישראל בידי הטורקים, אבל היא מנעה אסון לאומי כמו זה שנפל בחלקם של הארמנים, והקלה על מצוקתם של יחידים רבים. כאשר סילק כמאל פאשה ב־1916 את ארתור רופין ממשרתו במשרד להתיישבות בארץ־ישראל, מצא רופין מקלט בדירה של ספריית המכון הארכיאולוגי האמריקני בירושלים, דירה שהועמדה לרשותו בידי הקונסול גלייזברוק, ואלכסנדר אהרונסון, אחיו של אהרן, היה משוכנע כי ניצל ממוות בעקבות התערבותם של "ידידיו [האמריקנים] בעלי ההשפעה". הארץ־ישראלים היו אסירי תודה על כך.[23]

יהודי ארץ־ישראל עמדו על סגולותיה של ארצות־הברית בדרך נוספת. רבים מאלה שיצאו לגלות מרצונם או בכפייה עזבו את הארץ על סיפונה של האנייה האמריקנית "טנסי". בשל המצור הימי בחודשים האחרונים של שנת 1914 הגיעה דרך קבע אנייה אחת בלבד לנמל יפו. זו היתה ספינה איטלקית רעועה, שקברניטה סחט מן הפליטים היהודים מחיר מופרז ומלחיו שדדו והיכו את הנוסעים. כאשר הצטרפה איטליה לבעלות הברית הפסיקה גם האנייה הזאת לבוא לנמל יפו. על פי בקשתו של הקונסול גלייזברוק העבירה האנייה "טנסי" את הפליטים מיפו אל אלכסנדריה ואל החופש. עד מהרה תפסו האנייה וצוותה מקום של כבוד בלבם של אנשי ארץ־ישראל, גם בקרב אלה שנותרו מאחור. היהודים ראו ב"טנסי" את האנייה "שלנו", "המלאך הטוב שלנו", והערבים ראו בה את "ספינת המלחמה של היהודים".[24] אלפי פליטים הועברו באנייה בלא תשלום, ובכללם הד"ר בן ציון מוסנזון מן הגמנסיה הרצליה בתל־אביב, יצחק בן־צבי, דוד בן־גוריון, והרב י"ל פישמן (לימים, מיימון), מנהיגה של תנועת המזרחי.[25]

בעקבות הטיפול המסור שזכו לו מידי המלחים האמריקנים, טיפול שעמד בניגוד ליחס הקשוח של צוותה של האנייה האיטלקית ושל השלטונות הטורקיים, נשתכנעו רבים מן הפליטים להגר לאמריקה. מפקד האנייה, קפטן דקר (Decker), "ידיד גדול של היהודים", כתב את הדו"ח האמין ביותר על מצבו של היישוב בתקופת מלחמת העולם הראשונה, דו"ח שתרם רבות לנכונותו הנמשכת של הממשל האמריקני לשלוח עזרה לארץ־ישראל.[26] כאשר טבעה "טנסי" ב־1917 אמרו יהודי ארץ־ישראל כי זכרה "ייכון לנצח".[27]

העוזבים את הארץ בתקופת מלחמת העולם הראשונה עשו כן מסיבות שונות. רבים עזבו מחמת העוני הגובר, עוני שהגיע לממדי רעב ממש. היו בעלי יזמה שהחליטו כי להרוויח כסף באמריקה מכובד יותר מלקבל תרומות בארץ־ישראל. היו שנסעו לאמריקה כדי ללמוד מקצוע שיוכלו לעסוק בו עם שובם לארץ־ישראל. אחרים קיוו שיוכלו לסייע לקרוביהם העניים שנשארו מאחור. אחרים עזבו כדי להימנע משירות בצבא הטורקי, או משום שהיו אזרחים של מעצמות אויבות לאימפריה העות'מנית. היו שחששו לביטחונם תחת הלחץ הגובר והחשדנות של השלטונות

23 Alexander Aaronsohn, *With the Turks in Palestine*, Boston–New York 1916, p. 30; זאב ז'בוטינסקי, אל המשרד הציוני בקופנהגן, 4 במאי 1915, הארכיון הציוני המרכזי בירושלים, תיק Z–3–2; *American Hebrew*, 11 February 1917; שמריהו לוין, מזכרונות חיי, תל־אביב 1942, ד, עמ' 97; רופין (לעיל, הערה 14), עמ' 159. ראה גם: Frank E. Manuel, *The Realities of American-Palestine Relations*, Washington D.C. 1949; Isaiah Friedman, *Germany, Turkey, and Zionism, 1897-1918*, Oxford 1977, passim

24 קוק (לעיל, הערה 8), א, רשומה מיום א' באדר תרע"ה [1914], עמ' 85, וכן: שם, רשומה מיום כ"א טבת תרע"ז [1917], ג, עמ' 28–29.

25 מנחם שיינקין, ארץ ישראל אין מלחמה צייט, נוי־יורק 1917, עמ' 46 (יידיש); מנואל (לעיל, הערה 23), עמ' 131.

26 אלמליח (לעיל, הערה 16), ב, עמ' 48; מנואל (לעיל, הערה 23), עמ' 127–141.

27 קוק (לעיל, הערה 8), ג, רשומה מיום כ"א בטבת תרע"ז [1917], עמ' 28–29.

המקומיים. כמה מן המנהיגים החשובים של היישוב, ובכללם בן־גוריון, בן־צבי והרב פישמן, גורשו מן הארץ בידי הטורקים בהליכים מזורזים בנימוק של חשד להסתה.[28]

רבים נמשכו אל אמריקה הנייטרלית, ארץ החופש וההזדמנויות, הארץ שישבה בה אחת משתי הקהילות היהודיות הגדולות בעולם. בזכות פעולתה של האנייה "טנסי", בזכות המאמצים הדיפלומטיים האמריקניים באימפריה העות'מנית, ובזכות העזרה החומרית שהעניקו האמריקנים ליושבי ארץ־ישראל בזמן המלחמה, נטו הכל לראות באמריקה מקור לגאולה. אפילו הציונים, שעשו להם מנהג להשמיץ את סיר הבשר האמריקני, החלו לחשוב שניתן לתקן את היהודים האמריקנים "אחינו האבודים שלבותיהם מתעוררים סוף סוף לגורל אחיהם".[29]

ולמרות הקשר בין אנשי היישוב ליהודי אמריקה בתקופת מלחמת העולם הראשונה, ידעו רק מעטים מתושבי הארץ שהגיעו לארצות־הברית באותם ימים דבר לאשורו על אמריקה או על יהודיה. זמן מה לאחר שהגיע לאמריקה אמר הרב פישמן שבשום שלב של צמיחת תנועתנו הלאומית לא ניסה איש ללמוד על הציונות האמריקנית.[30] היבטים אחרים של החיים האמריקניים נחקרו אפילו פחות. יתרה מזו. אפילו אחרי שהגיעו לאמריקה לא היו רבים מן הארץ־ישראלים נלהבים יותר מדי מן הרוח האמריקנית. המנהיגים שבהם באו כדי להמתין בה עד שוך הסערה במזרח התיכון, ובתוך כך גם קיוו לעשות נפשות לתנועה הציונית, אך לא להתיישב באמריקה.

מקצת הגולים, בעיקר המפורסמים פחות, עבדו כפועלים או התפרנסו כמורים לעברית, וחיכו לעת שבה יוכלו לשוב לארץ־ישראל.[31] המפורסמים יותר הקדישו את עצמם, רובם ככולם, למפעל הציוני ולתעמולה הציונית. בן־צבי אמר ש"מטרתם העיקרית" היא לעורר "בקרב הפועלים היהודים באמריקה... תנועה סדירה של עלייה לארץ־ישראל".[32] הם באו בתורת "מטיפים" וקיוו כי יצליחו להפוך את יהודי ארצות־הברית לציונים פעילים לפי טעמם.

אמריקה שאליה באו הגולים היתה, במידה מסוימת, מוכנה לקראתם. הציבור היהודי באמריקה כלל בעיקר יהודים דוברי יידיש ממזרח אירופה שלא היו שונים הרבה מאנשי ארץ־ישראל עצמם. לרבים מן הגולים היו חברים או קרובי משפחה בארצות־הברית ואלה היוו קבוצת שייכות טבעית. עד 1914 התבססו רבים מן היהודים המזרח־אירופים בארצות־הברית ויכלו לייחד מקצת ממרצם לטובת מפעלים תרבותיים ופוליטיקה, ובכלל זה הציונות. היתה להם עיתונות ותיאטרון פורחים

28 השווה: קוק (לעיל, הערה 8), ב, רשומה מיום י"ז בחשוון תרע"ו [1916], עמ' 179; הרב י"ל פישמן, מכתב לאחיו, גבריאל הכהן פישמן, אלכסנדריה, מצרים, כ"ג בתמוז תרע"ה [1915], בתוך: אגרות הרב מיימון, ירושלים 1979, א, עמ' 220–221; *American Hebrew*, 19 December 1917; וקיימים גם מקורות נוספים. כמה מן המבקרים המודרנים טענו כי התנאים בארץ־ישראל לא היו קשים כל־כך כפי שטענו אלה שעזבו אותה. לפי מנחם שיינקין עזבו רבים מן הבורחים מתוך "תאוות בצע", וקיוו "לעשות הון בארץ הדולרים". כדי לכסות על בגידתם, הגזימו בחומרת המשבר הכלכלי בטורקיה. "תחת הדגל", חרמוני (לעיל, הערה 4), י, עמ' 135; ראה גם: שיינקין (לעיל, הערה 25), עמ' 36–37. אחד מאלה שנחשדו כי נסעו לאמריקה לחפש אחרי שדות מרעה ירוקים יותר היה אליעזר בן־יהודה, שברח מירושלים עם משפחתו עוד בימיה הראשונים של המלחמה. בטרם עזב הפקיד בן־יהודה את כתבי היד שלו למשמרת אצל הקונסול האמריקני בירושלים אוטיס גלייזברוק, מעשה שיש בו מן הסמליות מבחינת התפתחות היחסים בין אמריקה לארץ־ישראל. י' ישראלי [יעקב זרובבל], "השקפה מקומית", האחדות, י"ט בכסלו תרע"ה [1914]; קוק (לעיל, הערה 8), ב, כ"ז בחשוון תרע"ו [1916], עמ' 189–190.

29 אלמליח (לעיל, הערה 16), א, עמ' 174.

30 מצוטט בהעברי, 2 בינואר 1917.

31 ראה, למשל, יעקב שרת ונחום תמיר (עורכים), אנשי העליה השניה, 1970–1972, ב, עמ' 276–279, 329–336.

32 יצחק בן־צבי, פועלי ציון בעליה השניה, תל־אביב 1950, עמ' 162. ראה גם מכתב חוזר ביידיש של הוועד המרכזי של פועלי ציון (צענטראל קאָמיטעט), ניו־יורק, 28 ביוני 1915; הרב פישמן מצוטט בהעברי, 25 במאי 1917.

ביידיש ורשת החינוך היהודי הלכה וגדלה. אחרי שנים רבות של קיפאון היתה הציונות האמריקנית של 1914 מוכנה לתהליך מואץ של התפתחות. כמה גורמים הביאו לזרם הגואה של תמיכה בארץ־ישראל: השינויים שחוללה המלחמה, הצהרת בלפור וייסודו של הגדוד העברי למלחמה במערכה בארץ־ישראל. החל מ־1914 ועד לסיומה של המלחמה עלה מספר החברים בפדרציה של ציוני אמריקה (או הסתדרות ציוני אמריקה כפי שנקרא הארגון אחרי 1918) מ־12,000 ליותר מ־175,000. הציונים האמריקנים – וכפי שמלמדת העזרה שנשלחה לארץ־ישראל, לא רק הם – היו מוכנים למלא את החלל שנוצר עם שיתוקה של יהדות אירופה בתרומות ובכישרון ארגוני. מה פלא אפוא שהגולים התקבלו בהתלהבות מרובה כשהגיעו לאמריקה.

משהגיעו לארצות־הברית שקעו הגולים מיד בעבודה ציונית. בן־גוריון, בן־צבי, זרובבל ואחרים פעלו עבור "פועלי ציון" באמריקה, וערכו מסעות של הרצאות ופעילות ארגונית בכל רחבי היבשת, מסעות מפרכים שבהם שהו מדי לילה במקום אחר בלא כל הפסקה למנוחה ולטיול. במסגרת פעילותם עבור "פועלי ציון" גייסו בן־גוריון ובן־צבי אנשים לתנועת "החלוץ", ולתוכניות התיישבות שתכננו זמן קצר קודם שעזבו את הארץ. הרב פישמן הוציא עם הרב מאיר ברלין – פליט מלחמה מאירופה שרק ב־1962 עלה ארצה – את תנועת המזרחי בארצות־הברית מאדישותה. הרב ברלין לא הִרבה לנסוע ברחבי אמריקה משום שביקש להישאר במחיצתם של בני משפחתו. אחרים, כגון האחים אהרונסון, מוסנזון, שיינקין, ומשפחתו של הבלשן אליעזר בן־יהודה השתתפו במידת־מה בפעילותה של הפדרציה של ציוני אמריקה.

הפליטים גם נשאו דברים, לפעמים בעברית, באספות של הדסה, הסתדרות אחי־עבר וקבוצות ציוניות וקבוצות אחרות שטיפחו את התרבות העברית. הרב פישמן, בן־גוריון, בן־צבי ואחרים, ייסדו ב־1916 את "אגודת ארץ־ישראל", שמטרותיה היו הפצת "תרבות ארץ־ישראל" ו"איחוד הכוחות הצעירים המבקשים לעלות אליה".[33] מוזנסון וזאב גלוסקין, מהגר אחר, היו פעילים בוועד הפועל הזמני לעניינים ציוניים כלליים (Provisional Executive Committee for General Zionist Affairs), ארגון שנוסד בארצות־הברית עם פרוץ המלחמה כדי למלא חלק מתפקידיה של ההסתדרות הציונית העולמית, שמושבה היה באירופה, ופעילותה הבין־לאומית הצטמצמה מאוד עקב המלחמה. לאחר הצהרת בלפור עסקו כמה מן הגולים בגיוס לגדוד העברי.[34] (כעבור זמן טענו בן־גוריון ובן־צבי כי מלכתחילה תמכו בהתלהבות בגדוד העברי, ואף על פי כן נראה שהצטרפו אליו רק אחרי שניסו לשווא לשוב לארץ־ישראל בדרכים אחרות.)[35]

לבד מנאומים ופעולות ארגוניות בלטו הגולים גם בעיתונות היהודית באמריקה. הם פרסמו מאמרים רבים בכתבי־עת ביידיש, בייחוד באלו שנטו לציונות. לעיתונות העברית באמריקה היתה זו אחת מתקופות הפריחה הנדירות בתולדותיה, בין השאר תודות למאמציהם של הגולים. בין השנים 1914–1924 הופיעו באמריקה למעלה מ־40 עיתונים בעברית, ובכלל זה עיתון יומי; נתפרסמו בהם בקביעות מאמרים מפרי עטם של בן־צבי, בן־גוריון, הרב פישמן, בן־יהודה, רעייתו חמדה, בנו איתמר בן־אבי, שיינקין, ישראל בלקינד ואחרים. אלה כתבו כמעט רק על

33 גאולה בת־יהודה, הרב מיימון בדורותיו, ירושלים 1979, עמ' 202.

34 בן־צבי (לעיל, הערה 32), עמ' 194; Edwin Samuel, *A Lifetime in Jerusalem*, Jerusalem 1970, p. 60

35 טיוטת מכתב מאת בן־גוריון ובן־צבי בניו־יורק אל מפלגת העבודה הסוציאליסטית בלונדון, 1918, ובו ביקשו ממנה לפנות אל הממשלה הבריטית כדי שיוכלו לחזור לארץ־ישראל שנכבשה בידי הבריטים, ארכיון יד בן־צבי ירושלים, תיק 1/4/20/24.

הציונות וארץ־ישראל. בן־צבי ובן־גוריון ישבו שעות ארוכות בספרייה הציבורית בניו־יורק לצורך איסוף חומר לספר על ארץ־ישראל.

הפליטים היו פעילים גם בהסתדרות העברית, ארגון שנוסד ב־1916 כדי לעודד את התרבות העברית וספרותה בארצות־הברית. אליעזר בן־יהודה הפיץ את בשורת התרבות העברית בין הגויים. בין השאר נשא דברים בפגישתה השנתית של החברה המזרחית האמריקנית (American Oriental Society) שהתקיימה ב־1916 בספריית הקונגרס, על הנושא "הערות לקסיוגרפיות הקשורות לשפה העברית".[36]

מלבד כמה יוצאים מן הכלל, שהבולט בהם היה הרב פישמן, לא שאפו הפליטים לחזק את החיים היהודיים באמריקה. מקצתם נטלו חלק בארגון הקונגרס היהודי האמריקני, אבל עשו כן בתקווה שיהפוך למכשיר בידי הציונות. טענתם של בן־צבי ואחרים כי "הגולים מארץ־ישראל השפיעו רבות על... מהלכיו" של הקונגרס היו מוגזמות בעליל.[37] ברישום של דיוני הקונגרס יש אזכורים מעטים, אם בכלל, על פעילותם של אנשי ארץ־ישראל.[38] הגולים נסעו נסיעות ארוכות ונאמו לפני אנשים רבים, ולנגד עיניהם לא עמדה אלא ארץ־ישראל ובדרך כלל נמנעו ממעורבות שלא היתה קשורה במישרין לארץ־ישראל.

למרות להיטותם ויכולתם של אנשי ארץ־ישראל – ועל אף נכונותה לכאורה של יהודי ארצות־הברית להאזין לבשורה שהביאו עמם – לא התנהלו העניינים כשורה כבר מן ההתחלה. אחרי ששככה קבלת הפנים הראשונית הנלהבת, נוכחו חברי מפלגת "פועלי ציון" מארץ־ישראל לדעת, כי יהודי אמריקה מגלים מידה מפתיעה של אדישות, ואף עוינות, לבשורה שהביאו עמם. הם ציפו להתנגדותו של הזרם המרכזי של הפועלים היהודים שנטו להיות אנטי־ציונים, אך התאכזבו לגלות כי "פארווערטס", העיתון היידי היומי הגדול ביותר באמריקה, אינו מבטא אהדה אפילו לסבלם ולמצוקתם של העובדים בארץ־ישראל הטורקית.[39] אפילו מפלגתם שלהם לא שיתפה פעולה. בביקור בקליוולנד, זמן קצר אחרי שהגיע לארצות־הברית, מצא בן־צבי כי "עניינם של החברים [במפלגה] בעבודה הנעשית בארץ־ישראל... אינו גדול".[40] כמה ימים אחר כך, בקנטון (Canton), אוהיו, העיר בן־צבי באכזבה ש"לא נשאלו שאלות חשובות", וכי דבר לא יצא מן האספה שלפניה נאם.[41] בן־גוריון הגיע לקנטון כמה חודשים אחר כך, ונחל אף הצלחה פחותה מזו: ארבעה אנשים באו לשמוע את דבריו, ושניים מהם היו ממתנגדי הציונות.[42] בשנתיים של מסע גיוס נמרץ לאורכה ולרוחבה של צפון אמריקה הצליחו השניים לגייס רק כ־100 צעירים לתנועת "החלוץ". לתדהמתם גילו השניים כי מפלגת "פועלי ציון" האמריקנית היתה בעלת אוריינטציה פילנטרופית

36 העברי, 12 במאי 1916; טופס בקשה של בן־צבי להתקבל לגדוד העברי, ארכיון בן־צבי, תיק 1/1/146. וכן מקורות רבים אחרים, ובכללם העיתונות היומית האמריקנית ביידיש ובעברית מאותם הימים.

37 בן־צבי, "החלוץ וההתנדבות לגדוד העברי בארצות־הברית", בתוך: יהודה ארז (עורך), ספר העליה השלישית, תל־אביב 1964, עמ' 205; ראה גם: פנחס רוטנברג, תחיית הלאומיות של העם היהודי, חיפה 1942, תרגום לעברית של חיבור שהופיע במקורו ביידיש, ניו־יורק 1917; ברל לוקר, מקיטוב עד ירושלים, ירושלים 1970, עמ' 29–30.

38 ראה, למשל, *American Hebrew*, 29 December 1916; העברי, 1916–1917, בכמה מקומות.

39 ראה: בן־צבי, מאמר טיוטה ביידיש, 1915, ארכיון יד בן־צבי תיק 1/5/4/33.

40 רשומה ביומן, כ"א באלול תרע"ה [1915], מצוטטת אצל בן־צבי (לעיל, הערה 32), עמ' 177.

41 שם, כ"א באלול תרע"ה [1915], מצוטט אצל בן־צבי (לעיל, הערה 32), עמ' 177.

42 מכתב מאת בן־גוריון מיונגסטאון (Youngstown), אוהיו, אל ה' אהרנרייך (H. Ehrenreich), מזכיר "פועלי ציון" בניו־יורק, י"ט בטבת תרע"ו [1916], בתוך: בן־גוריון (לעיל, הערה 8), א, עמ' 328–329.

שהיתה דומה לזו של הציונים הבורגנים שמהם ביקשו תמיד להסתייג. וגרוע מכך: האמריקנים היו שבעי רצון ממצב עניינים זה![43]

למעשה נרתעה מפלגת "פועלי ציון" האמריקנית מאידיאולוגיה סוציאליסטית באמריקה הבורגנית של תקופת המלחמה. באותם ימים בא האידיאולוג הציוני־מרקסיסטי בר בורוכוב לאמריקה. חבריו ממפלגת "פועלי ציון" סירבו לאפשר לו לפרסם דברים בעיתון המפלגה בשפה היידית "אידישער קעמפפר", והוא נאלץ לפרסם את דבריו בעיתון אנרכיסטי. גם בן־גוריון ובן־צבי, שהיו פחות דוקטרינרים מבורכוב, התלוננו כי ה"קעמפפר" אינו מייחד כמעט שום מקום לפעילותם.[44] עד 1918 גדלו "אי־ההסכמות" בין השניים ובין מנהיגי מפלגת "פועלי ציון" האמריקנים כל כך, עד שהשניים התפטרו ברוגזה מן התפקידים (השוליים) שמילאו במפלגה. במכתב לאשתו לעתיד, רחל ינאית, כתב בן־צבי כי הוא "מתפלל ליום שיוכל לנער את אבק אמריקה מעל רגליו".[45]

אנשי ארץ־ישראל באו כדי ללמד ולא כדי ללמוד. שלא כיהודי אמריקה – ואפילו אלה שזה מקרוב באו – לא חשו רובם "בבית" באמריקה. העיתונאי מקס ליפסון (Max Lipson) טען, כי כל ימי שהותם באמריקה נותרו הפליטים "בלא ניחומים... צללים חסרי שורשים, עטופים עצבות ומלאי געגועים הביתה".[46] לא היתה להם שפה משותפת עם האמריקנים, והם והלכו ונעשו ביקורתיים יותר ויותר. הסטריאוטיפים של הגלות פרי רוחם של ראשוני הציונות, אלה שכף רגלם לא דרכה מעולם באמריקה, החלו להתעורר. ב־1916 אמר הרב פישמן כי אמריקה היא מקום שאדם נאלץ לעבוד בו קשה מדי וזמן רב מדי עד כי הוא מאבד את יכולתו לעסוק ברוחניות.[47] בן־צבי אמר כי ייתכן שבגלל קשיי העבודה והפרנסה היתה תנועת העבודה האמריקנית "שטחית ומכנית יותר" מן התנועות האידיאולוגיות של רוסיה. העובדים באמריקה עסקו בשאלת שכרם והזניחו את התפתחותם הרוחנית.[48] הפליטים נתקלו גם בדעות קדומות. הרב פישמן, למשל, לא התאושש מעולם מן הטיפול הנוקשה שזכה לו מידיו של פקיד הגירה בעקבות סירובו להסיר את כובעו.[49] בורוכוב השווה את מצבם של השחורים באמריקה לזה של יהודי רוסיה, ו"אוהל הדוד תום" היה אחד הרומנים היחידים שמשכו את תשומת לבו של בן־גוריון.[50]

ככל שחלף הזמן פחת כוח המשיכה של הקהילה היהודית האמריקנית בעיני אנשי ארץ־ישראל. אט־אט קלטו הגולים את חוסר העניין של יהודי אמריקה בעלייה לארץ ואת התלהבותם מאמריקה

43 ראה בן־גוריון (קולומבוס, אוהיו), אל אהרנרייך, א' בשבט תרע"ו [1916], שם, עמ' 333; בן־צבי (לעיל, הערה 32), עמ' 165, וכן מכתב מניו־יורק אל הד"ר ויקטור ג'קובסן (Victor Jacobsen) בקופנהגן, 31 בדצמבר 1916, העתק בארכיון יד בן־צבי תיק 1/4/13/42. יצחק בן־צבי ודוד בן־גוריון, אויפֿגאַבן אין יעצטיגן מאָמענט, ניו־יורק תרע"ח [1918; יידיש].

44 יעקב זרובבל, עלי חיים, תל־אביב 1960, עמ' 401; הוועד הארץ־ישראלי של פועלי ציון האמריקנים, פרטי פגישה, יום חמישי, 15[?] 1918 [?], ארכיון יד בן־צבי תיק 1/4/4/9.

45 מכתב מניו־יורק, 19 במארס 1918, ארכיון יד בן־צבי, תיק 1/1/12/13. ראה גם: מכתב גלוי של בן־גוריון אל הנהלת מפלגת "פועלי ציון" באמריקה, ה' בשבט תרע"ח [1918], בן־גוריון (לעיל, הערה 8), א, עמ' 335–336; Zeev Tzahor, "David Ben-Gurion's Attitude Toward the Diaspora", *Judaism* 32 (Winter 1983), p. 12

46 "העולים והשבים", העברי, 20 ביוני 1919.

47 "מהכא להתם", שם, 14 בינואר 1916.

48 בן־צבי (לעיל, הערה 32), עמ' 182.

49 "מהתם להכא", העברי 7 בינואר 1916; בת־יהודה (לעיל, הערה 33), עמ' 193.

50 לוקר (לעיל, הערה 37), עמ' 65.

ושאיפתם להתבולל בה. אנשי ארץ־ישראל הגיעו למסקנה כי החופש האמריקני רע ליהודים. ב־1917 טען מנחם שיינקין, כי היהודים האמריקנים הם "קלי דעת ואדישים".[51] עוד ב־1915, מיד לאחר שהגיע לאמריקה, חשב בן־צבי כי יהודי אמריקה "חלושים" מכדי לחיות בארץ־ישראל.[52] שוב ושוב קוננו הרב פישמן, שיינקין ואחרים כי הציונות באמריקה אינה "רצינית" בהשוואה לציונות באירופה, ועל אחת כמה וכמה בהשוואה לציונות שבארץ־ישראל.

בן־צבי התלונן כי האמריקנים הפכו את הציונות ל"ספורט".[53] אמנם כעבור זמן הודה כי תנועת "החלוץ" נולדה באמריקה באותם ימים, אבל טען כי הגיעה לבשלות רק לאחר זמן, באירופה.[54] איש מן המבקרים לא התרגל לאופיה הפילנטרופי של הציונות האמריקנית. שיינקין היה הציני מכולם וירה את חיצי לעגו כלפי הציונים האמריקנים, שאינם אלא "פרנסים הממונים על הצדקה" של אחיהם היהודים הסובלים, ו"מבקשים גאולה בפרוטות". הוא גם לעג ל"נשים המעודנות אשר [נמלאו שביעות רצון] בספקן חומרי רפואה ובגדים לעניים בארץ־ישראל".[55] אפילו אהרון אהרונסון, שהיה המערבי והבורגני ביותר מבין הפליטים, התלונן על הדמגוגיה השטחית של הציונים האמריקנים, וכינה את מנהיגה הציוני המפורסם של אמריקה, הרב סטפן ס' וייז (Stephen S. Wise) "תרנגול שחצן".[56]

אם חשו עצמם אנשי ארץ־ישראל כזרים באמריקה בעת שהגיעו אליה, הם חשו כך ביתר עוצמה כשעזבו אותה. ב־1918 ביטא איתמר בן־אבי, בנו של בן־יהודה, את תחושתם של רוב בני ארצו המגורשים: "כמה חולה געגועים אני למולדתי... כאן בגלות המרה הזאת, הגלות שאליה הובאתי בניגוד לרצוני".[57] אהרון אהרונסון טען כי החיים באמריקה אין בהם שמץ מן ה"יופי וההשראה המאפיינים את החיים שמנהלים בני עמי בארץ־ישראל".[58]

לא הכול היה שחור באמריקה. ב־1917 הודה מנחם שיינקין כי על אף תוצאותיה ההרסניות של ההתבוללות "הרבה שרד באמריקה, ...פעמים רבות [עדיין] מגלים אנשים צעירים נטייה טבעית לדת וללאומיות".[59] הפליטים נתעודדו מן התמיכה שזכה לה הגדוד העברי באמריקה. שיינקין היה נרעש למראה הלא צפוי של "נערים יהודים אמריקנים בעלי מוח יהודי, נשמה יהודית ולב יהודי... אשר לא התמסרו כליל לעסקים". בהזדמנות אחרת אמר כי אנשי הגדוד העברי הנוסעים לארץ־ישראל הם ממשיכיו של בר־כוכבא, כפי שחיל המשלוח האמריקני נשלח לצרפת כדי לשלם את חובם של האמריקנים ללפייט (Lafayette).[60] בן־צבי חש כי הגדוד העברי החזיר ליהדות אמריקה את נעוריה, והיה נלהב כל כך עד שאחר כך אף כינה את עצמו חבר הגדוד העברי האמריקני.[61]

51 "חדש וישן", העברי, 24 באוגוסט 1917.

52 רשומה ביומן, ניו־יורק, כ"ח בתמוז תרע"ה [1915], מצוטטת אצל: בן־צבי (לעיל, הערה 32), עמ' 170.

53 שם, עמ' 186.

54 "אמריקה שהקדימה את אירופה", דבר, 3 בפברואר 1928.

55 "לעבודת הישוב בארץ", העברי, 20 בנובמבר 1918; "על גאולתינו ופדות נפשינו", התורן, 11 באפריל 1919.

56 אהרונסון אל ברנרד פלקסנר (Bernard Flexner) בניו־יורק, 26 בינואר 1919, אהרונסון (לעיל, הערה 11), עמ' 494–491.

57 העברי, 4 בספטמבר 1918.

58 אהרונסון (לעיל, הערה 23), עמ' 4.

59 "כוחות יצירה", העברי, 2 בפברואר 1917.

60 "הגדוד העברי" בתוך: חרמוני (לעיל, הערה 4), י, עמ' 151. "בר־כוכבא הנני!", שם, עמ' 163–166.

61 בן־צבי מניו־יורק אל רחל ינאית, מאי 1918, בתוך: בן־צבי, הגדודים העבריים – אגרות יצחק בן־צבי, ירושלים 1968, עמ' 10–12; בן־צבי (לעיל, הערה 32), עמ' 193, 197.

גם בארץ־ישראל עשו החיילים היהודים־האמריקנים רושם מצוין. מנהיג הפועלים ברל כצנלסון, למשל, ראה בהם ציונים טובים בעלי מסירות נפש גדולה.[62] ואולם הצהרות חיוביות כל כך על אמריקה ועל אמריקנים היו בעלות תוקף רק כשהגיבו האמריקנים בחיוב להטפה הציונית של אנשי ארץ־ישראל.

זמן קצר אחרי המלחמה חזרו ארצה רוב אנשי ארץ־ישראל שתכננו מראש לעשות כן. כמעט כולם ששו לחזור, ורק מעטים התגעגעו לחיים באמריקה או ליהודים שם. הם לא היו כפויי טובה כלפי אמריקה על המקלט הזמני שהעניקה להם, ועדיין קיוו להמשך התמיכה הכספית של יהודי אמריקה במפעל הציוני. במשך זמן־מה היו מקצתם אף משוכנעים, כי "המוני" יהודים "מתכוונים לעלות לארץ בעתיד הקרוב".[63] אבל רבים מהם חזרו בתחושה של כישלון והחמצה. ב־1921 כתב דוד בן־גוריון לברל כצנלסון כי ההזדמנות "שתלינו בה תקוות כה רבות לצורך עבודתנו בארץ־ישראל ובתפוצות אבדה, והכל הפך [עכשיו] לעיי חורבות".[64]

כללו של דבר, קשה לומר כי כקבוצה השיגו אנשי ארץ־ישראל הרבה בפעילותם הענפה באמריקה. הם לא הצליחו לעורר תנועת עלייה המונית לארץ־ישראל. אמנם, כמה מאנשי הגדוד העברי התיישבו בארץ, ורבים יותר היו נשארים אילו אפשרו זאת ממשלת המנדט והיישוב היהודי בארץ. ואולם רבים עמדו לחזור לאמריקה בלא קשר לנסיבות.[65]

ועם זאת היו גם אמריקנים שעלו לארץ בעקבות מסעות הגיוס של אנשי ארץ־ישראל. הבולטת שבהם היתה גולדה מאירסון (מאיר), שפגשה את בן־גוריון ובן־צבי במסגרת מסעותיהם על פני אמריקה.[66] היו גם יורדים מן הארץ, שישבו באמריקה זמן רב וחזרו לארץ־ישראל בעקבות ביקוריהם של אנשי ארץ־ישראל בעת המלחמה.[67] ואולם יהדות אמריקה, רובה ככולה, נשארה אדישה לעלייה. הרנסנס בתרבות העברית שהתעורר בחלקו בהשפעת הפליטים, הגיע לקצו מיד אחרי המלחמה. עד 1924 כבר נסגרו רוב כתבי־העת שיצאו לאור בעשור שהחל ב־1914, והעיתון היומי "הדואר" הפך לשבועון חסר אמצעים. גם העיתונות היידית, שאנשי ארץ־ישראל העניקו לה תנופה רבה כל כך, הגיעה באותם ימים לשיאה והחל מאמצע שנות העשרים ירדה ירידה מתמדת, בשעה שיהודי אמריקה פנו ללא שוב אל האנגלית. הציונות האמריקנית שפרחה פריחה דרמטית בשנות המלחמה נידרדרה לשפל ממושך. אפילו התרומות לארץ־ישראל פחתו אחרי השטף האידיאולוגי של תקופת המלחמה, והיהודים, בדומה לשאר האמריקנים, שבו לחיים נורמליים. ב־1920 היה רופין פסימי באשר לסיכויים לגייס בארצות־הברית סכומים ניכרים עבור הציונות.[68] יש להודות אפוא כי אנשי ארץ־ישראל ניחנו בראייה בהירה דיה, ואפילו במידה של

62 מכתב אל שרה שמוקלר, רחל קצנלסון וחוה קצנלסון, ז' באב תרע"ח [1918], ראה: אניטה שפירא, ברל, תל־אביב 1980, א, עמ' 136. ראה גם בן־צבי (לעיל, הערה 37), עמ' 207; יוסף שפרינצק כפי שצוטט בהעברי, 4 בספטמבר 1918.

63 בן־צבי מניו־יורק אל רחל ינאית בירושלים, 31 בינואר 1918, ארכיון יד בן־צבי, תיק 1/1/2/12.

64 מכתב של בן־גוריון מ־15 ביוני 1921, בן־גוריון (לעיל, הערה 8), ב, עמ' 69–70.

65 ראה: שמעון רובינשטיין, "הנסיונות לישב משוחררי הגדודים העבריים על קרקעות הממשלה (1919–1923)", האומה, 43 (אייר תשל"ה [1975]), עמ' 1–12 וכן: שם, 44 (אלול תשל"ה [1975]), עמ' 1–10.

66 גולדה מאיר, חיי, תל־אביב 1975, עמ' 42–43.

67 ביניהם היה דוב בר אברמוביץ, רב מסנט לואיס ומייסד של המזרחי באמריקה.

68 רשומה ביומן, 11 במארס 1920, ראה: רופין (לעיל, הערה 14), עמ' 185.

ראיית העתיד, כשקבעו את עמדתם השלילית על אמריקה והיהודים בה. האיזון שניסו למצוא בין האורות לצללים של אמריקה לא היה מנותק מן המציאות.

ועם זאת נראה שאנשי ארץ־ישראל – הן הפליטים והן אלה שנשארו בארץ בזמן המלחמה – לא העמיקו להתבונן באמריקה בכלל, וביהדות אמריקה בפרט. בן־צבי טען כעבור זמן לאמור שב"שלוש שנות גלותי... למדתי להכיר מקרוב את היהודים החיים באמריקה, את חייהם הפרטיים ואת חיי הקהילה שלהם. למדתי גם רבות על החיים בכלל ברפובליקה האטלנטית".[69]

ואולם זר לא יבין זאת. אנשי ארץ־ישראל נתאכזבו מאמריקה שלא ענתה על ציפיותיהם המוקדמות, ומצבה של יהדות אמריקה בתקופה שלאחר המלחמה היה עגום. אנשי ארץ־ישראל הושפעו במידה רבה מאמונתם הציונית כי אין תוחלת לחיים יהודיים בתפוצות, ולפיכך לא יכלו אפילו להעלות על דעתם כי ייתכן שבאמריקה, שלא כמו באירופה, קיים פוטנציאל לחיים יהודיים. הם היו מסכימים עם מקס נורדאו, עמיתו של תיאודור הרצל, שטען ב־1918 בביטחון, כי יום אחד יפנו הגויים האמריקנים כנגד היהודים, כפי שנהגו הגויים בכל מקום.[70] אבל לאושרם החיים היהודיים באמריקה בעשורים שאחרי המלחמה הגדולה לא זרמו באפיק טרגי כחיים היהודיים באירופה.

אנשי ארץ־ישראל לא הבינו את האופי האידיאליסטי של החיים האמריקניים, או את העוצמה הטמונה ביהדות אמריקה. עד מהרה שכחו שבימיה הראשונים של המלחמה חשו שאמריקה היא ארץ ההבטחה, בעקבות התמיכה הכספית האמריקנית, וכן ההצלה על סיפונה של האנייה "טנסי", והעזרה הדיפלומטית האמריקנית. רישומה של אותה תחושה מיוחדת נותר בקרב אלה שישבו בארץ זמן ממושך יותר מאשר בקרב הפליטים באמריקה. ב־1917 שקלו רופין ומרדכי בן־הלל הכהן ברצינות את האפשרות של מנדט אמריקני בארץ־ישראל אחרי המלחמה, והאמינו כי המנדט הזה יהיה הטוב ביותר מבחינתו של היישוב היהודי.[71]

אך גם בקרב אנשי ארץ־ישראל – בין השאר בשל השפעתם של הגולים ששבו לארץ – הלך והועם זוהרה של אמריקה. למרות – ואולי בגלל – התנסותם באמריקה, הוסיפו אנשי ארץ־ישראל להעדיף את הרצינות האירופית ואת המחויבות האידיאולוגית שלה על פני הפתיחות והמעשיות המאפיינות את אמריקה. הם הוסיפו לראות באמריקה את ה"גאָלדענע מדינה" ארץ העושר, אף כי עתה היו מודעים הרבה יותר להיבטים הבעייתיים של הנדבנות האמריקנית: בורות, סחר־מכר, עריצות העושר ודלדולה של הרוח.

יהודי ארץ־ישראל לא האמינו, ואולי לא יכלו להאמין, שהחיים היהודים באמריקה יחזיקו מעמד בסביבה החופשית של ארצות־הברית. בעיני אלה ששללו את הגולה היתה המסירות לאמריקה הבל ורעות רוח.

האנשים והנשים שעתידים היו לקבוע את מדיניותו של היישוב לשנים ארוכות, ולא יכלו שלא לפנות לאמריקה וליהודיה בבקשת עזרה, עיצבו את רשמיהם המוצקים על ארצות־הברית בזמן ששהו בה בימי מלחמת העולם הראשונה. רשמים אלה היו שליליים ברובם, והתוצאה היתה הרת אסון הן ליישוב והן ליהדות אמריקה. יהודי אמריקה – כמו אמריקנים אחרים בתקופה שלאחר

69 בן־צבי (לעיל, הערה 32), עמ' 180.

70 "הלאומיות היהודית", אצל: ב' נתניהו (עורך), כתבים ציוניים, ירושלים 1960, ד, עמ' 37. ראה גם: צחור (לעיל, הערה 45), עמ' 13.

71 ראה, למשל, רופין (לעיל, הערה 14), רשומה מיום 27 בנובמבר 1917, עמ' 174; קוק (לעיל, הערה 8), ג, ט"ו בסיון תרע"ז [1917], עמ' 198–200.

המלחמה – פנו פנימה, אל עצמם, ואילו אנשי ארץ ישראל העדיפו, ככל שניתן הדבר בידם, לפנות לא לאמריקה אלא למקומות אחרים. "אמריקה", כתב בן־גוריון לברל כצנלסון ב־1921, "תקצר את חיינו".[72]

72 מכתב של בן־גוריון מיום 15 ביוני 1921, בתוך: בן־גוריון (לעיל, הערה 8), ב, עמ' 69.

חלק שלישי

ארץ הקודש במדיניות האמריקנית

דגל הכוכבים והפסים מתנופף מעל גג הבניין הראשון של הקונסוליה האמריקנית
בעיר העתיקה בירושלים ליד שער יפו (DeHass, *Buried Cities*)

אמריקה וארץ הקודש בתקופה העות'מנית

משה מעוז

מן המפורסמות הוא כי העניין האמריקני באימפריה העות'מנית בכלל ובארץ־ישראל בפרט היה מצומצם במשכו ובהיקפו, בייחוד בהשוואה למעורבותן באזור של צרפת, רוסיה ובריטניה, בין השאר עקב השתתפותה המאוחרת יחסית של ארצות־הברית בקהילה הבין־לאומית, והמרחק הגיאוגרפי העצום המפריד בינה ובין המזרח התיכון. אך אלה אינם הגורמים היחידים. עד המאה העשרים לא היו לממשלת ארצות־הברית מטרות אסטרטגיות או שאיפות מדיניות לגבי האימפריה העות'מנית, וגם האינטרסים הכלכליים שלה במזרח התיכון היו שוליים בהשוואה לאלה של המעצמות. דווקא בשל היעדרם של אינטרסים מדיניים אמריקניים באימפריה העות'מנית נכונו, במשך תקופה ארוכה, יחסים ידידותיים בין שתי המדינות, שהתבססו על כבוד הדדי ואמון. מבחינתה של האימפריה העות'מנית החלה ארצות־הברית את מעורבותה באזור בידיים נקיות, שלא כמעצמות הנוצריות האחרות, שהיתה להן היסטוריה ארוכה של התערבות מדינית וכלכלית באימפריה, או של פלישות צבאיות.

כמה דוגמות עשויות לתת בידינו את הפרספקטיבה הנכונה: בשעה שהכריזו שלוש־עשרה המושבות האמריקניות על עצמאותן ב־1776 ושאפו לכונן קשרים עם המעצמות השוכנות מעבר לים, כבר היה הצאר הרוסי עסוק בניסיון לסלק את העות'מנים משטחים שמצפון לים השחור, לקבל זכויות שיט וזכויות מסחר מיוחדות בדרכי הים ובמחוזות טורקיים, ולהשיג חסות דה־פקטו על הנתינים היוונים־האורתודוקסים באימפריה. ב־1772, במסגרת המערך הצבאי הרוסי, שוגרה שייטת של הצי הרוסי למזרח הים התיכון, ונטלה חלק בשני קרבות נגד כוחות עות'מניים באזור שמצפון לארץ־ישראל וסמוך לה.

דוגמה נוספת היא ההשוואה בין אמריקה לצרפת מבחינת יחסיהן עם האימפריה העות'מנית: בשנת 1799 שלח הנשיא ג'ון אדמס (John Adams) שליח אמריקני לטורקיה, כדי לחתום על חוזה ידידות ומסחר; ולעומת זאת, שנה קודם לכן נחת צבא צרפתי באלכסנדריה, כבש את מצרים העות'מנית, והמשיך משם לכיוון ארץ־ישראל כשהוא כובש ערי מפתח בדרך התקדמותו.

בארץ־ישראל עצמה שרר במשך רוב רובה של המאה התשע־עשרה ניגוד בולט בין השפעתה של ארצות־הברית לזו של המעצמות האירופיות. בשנות הארבעים המוקדמות של המאה התשע־עשרה, קודם שנוסדה הקונסוליה האמריקנית בארץ־ישראל, כתב הקונסול הבריטי ווד (Wood)

באחת מאיגרותיו בנימה שחצנית־מה, ש"לא זו בלבד שההשפעה הבריטית... היא בעלת החשיבות הגדולה ביותר, אלא שאפשר לומר שהמדינה מנוהלת בידינו ממש".[1] בסוף שנות הארבעים של אותה המאה התלונן קונסול בריטי אחר בקנאה ומתוך הטיה כלשהי של העובדות, כי "הצרפתים הצליחו להשליט מערכת של טרור בכל רחבי סוריה, ולמעשה הפכו באמצעותו לשליטיה של סוריה".[2] אשר לרוסים, היסטוריון של ארץ־ישראל המודרנית ציין כי "ההתפשטות הרוסית היתה המרשימה ביותר מבין האומות האירופיות. הם הקימו [בירושלים] קונסוליה גדולה; קנו אדמות, בנו בתים עבור ההגמון והקונסול, וכן אכסניה לעולי הרגל".[3] לעומת זאת, היסטוריון ערבי מקומי מספר כי כאשר נפתחה לראשונה הקונסוליה האמריקנית בירושלים, סירב המושל הטורקי להצדיע לדגל האמריקני המונף ולירות בתותחי המצודה.[4]

הקונסולים האמריקנים בירושלים לא היו נלהבים במיוחד מתפקידם וממעמדם. בשנות השישים והשבעים של המאה התשע־עשרה התחלפו הללו לעתים מזומנות, והרבו להתלונן על מזג האוויר ועל תחלואיהם.[5] אין ספק שלא יכלו להתלונן על תעסוקת יתר, שכן חובותיהם הרגילות – טיפול בענייניהם של האזרחים האמריקנים – לא היו רבות. בשנות החמישים המאוחרות של המאה התשע־עשרה לא עלה מספרם של האזרחים האמריקניים בארץ־ישראל על "אצבעות יד אחת", כדברי מקור ערבי.[6] בשנת 1870 נרשמו בקונסוליה 12 אזרחים אמריקנים;[7] בשנת 1882 כבר נרשמו בה 184 אזרחים, ובשנת 1891 – 317.[8]

גם העניינים הכלכליים שבהם טיפלה הקונסוליה האמריקנית לא היוו מעמסת יתר, וזה היה המצב באימפריה העות'מנית כולה במשך כל המאה התשע־עשרה: "שנים היה המסחר מתנהל בעצלתיים".[9] הסחורות שייצאה ארצות־הברית אל האזור וייבאה ממנו היו אופייניות ליחסי הסחר שלה עם העות'מנים. לדברי הקונסול האמריקני מריל (Merrill): "רוב כלי השיט הנושאים את דגל ארצות־הברית המגיעים הנה [לביירות], נושאים מטעני נפט".[10] כלי שיט אמריקניים שעזבו את נמלי הים התיכון נשאו עמם חזרה בעיקר צמר, שמן, תאנים ואופיום. גם כשחל גידול הדרגתי ואיטי בהיקף המסחר בנמלי מזרח הים התיכון היתה ארצות־הברית האחרונה בתפוקת סחר החוץ בנמל יפו בין השנים 1904 ל־1910.[11]

היחסים בין ארצות־הברית לאימפריה העות'מנית אין למדוד אותם בטונות של מטען, וגם לא במספר האזרחים האמריקנים ששהו באימפריה, או בגודלן של הקונסוליות האמריקניות; וודאי שלא על פי מעמדם המדיני הרשמי של האמריקנים, או על פי מידת השפעתם על השלטונות העות'מניים. המעורבות האמריקנית באימפריה העות'מנית בכלל, ובארץ־ישראל בפרט, צריכה

1 PRO, FO 78/499, בריטניה, ווד (Wood) אל פונסונבי (Ponsonby), ביירות, 17 בפברואר 1841.

2 שם, שם, 78/1385. מור (Moore) אל קלרנדון (Clarendon), ביירות, 19 בפברואר 1858.

3 F. E. Manuel, *The Realities of American-Palestine Relations*, Washington 1949, p. 13

4 'Arif al-'Arif, *Ta'rikh al-Quds*, Egypt 1951, p. 262

5 מנואל (לעיל, הערה 3), עמ' 13.

6 אל־עריף (לעיל, הערה 4), עמ' 262.

7 מנואל (לעיל, הערה 3), עמ' 38.

8 שם, עמ' 69.

9 J. L. Grabill, *Protestant Diplomacy and the Near East*, Minneapolis 1971, p. 37

10 Selah Merrill, *East of the Jordan*, London 1881, p. 5

11 D. Trietsch, *Pälastina Handbuch*, Berlin 1921, pp. 209-210

להימדד בהקשר האנושי הרחב יותר שבו מילאו הקונסולים ונושאי המשרות הרשמיות תפקיד של "משתתפים", "עוזרים" או "מגינים". מעורבותם האישית של אמריקנים רבים נבעה בעיקר ממניעים הומניטריים ומאמונות או רגשות דתיים, כמו גם מתשוקה מדעית לידע, או מסקרנות סתם. האמריקנים שהיו מעורבים בארץ־ישראל העות'מנית התעניינו בעיקר ב"ארץ הקודש", במקומות הקדושים ליהדות ולנצרות, באתרים התנ"כיים והארכיאולוגיים, ולא פחות חשוב – באנשיה של ארץ הקודש, ובייחוד בבני ישראל.

מבקרים אמריקנים, כעמיתיהם האירופים, באו לארץ־ישראל כדי לבקר במקומות הקדושים ולסייר באתרים השונים. ביניהם היו גם מלומדים וחוקרים ידועים שהעלו תרומות חשובות למחקר התנ"כי והארכיאולוגי ולידע הגיאוגרפי שלנו אודות ארץ־ישראל. הבולט מכולם הוא אדוארד רובינסון (Edward Robinson), שעסק במחקרו בשנים 1839 ו־1852. כותב דברי הימים ערבי מנצרת תיאר אותו כ"חוקר המדקדק כחוט השערה",[12] וגיאוגרף ישראלי תיארו כ"אבי המחקר של ארץ־ישראל".[13] בין תגליותיו היתה "קשת רובינסון" בכותל המערבי בירושלים, שנקראת על שמו. השפעה דומה על חקר ארץ־ישראל מיוחסת למבקר ולחוקר הלויטננט לינץ' (Lynch), מן הצי האמריקני, שחקר את הירדן בשנת 1848, והניח את הבסיס למיפוי עומקו של ים המלח. על שמו נקרא מיצר בים המלח, וחוקרים רבים בני ימינו נדרשו למחקרו. הוא מוזכר גם בכמה מקורות ערביים בשל קשריו עם עקיל אגא, ראש השבט הבדווי המפורסם שליווה אותו ואת אנשיו.[14]

גם המיסיונרים הפרוטסטנטים האמריקנים גילו עניין בארץ־ישראל. משנות העשרים המוקדמות של המאה התשע־עשרה ועד אמצע שנות הארבעים של המאה ניסו המיסיונרים כמה פעמים לבסס לעצמם מעמד של קבע בירושלים על ידי הוועד האמריקני של השליחים למדינות מחוץ לארצות־הברית (American Board of Commissioners for Foreign Missions), וגם ייסדו כמה בתי ספר מיסיונריים בארץ־ישראל. אולם ניסיונותיהם נתקלו בהתנגדות חזקה של הכנסיות המזרחיות, בגישה שלילית של הדרוזים, ובהתנגדות עיקשת של היהודים. גם המיסיון האנגליקני בארץ־ישראל עמד בדרכם של המיסיונרים האמריקנים, ובסופו של דבר נאלצו להודות בעליונותם של עמיתיהם הבריטים.

בחלקים אחרים של האימפריה העות'מנית התנהלה העבודה המיסיונרית בלא הפרעה, ולמעשה אף התרחבה במאה התשע־עשרה. המיסיונרים הוגבלו בפעילותם על ידי חוקים עות'מניים נוקשים, שאסרו על המרת דת של מוסלמים. לכן פעלו כמעט אך ורק בקרב הנוצרים חברי הכנסיות המזרחיות, ובייחוד בקרב הארמנים באנטוליה והנוצרים הערבים בסוריה. בעשורים האחרונים של המאה התשע־עשרה תרמו המיסיונרים האמריקנים – על ידי רשת החינוך שפרשו ובתי הדפוס שלהם – להתפתחותו של רנסנס תרבותי ולהתעוררות לאומית בקרב פרוטסטנטים אמריקנים ונוצרים ערבים בלבנון. יעיל במיוחד היה הקולג' הפרוטסטנטי בביירות והוא הפך למרכז חשוב של התחייה התרבותית הערבית בקרב צעירים נוצרים וערבים מוסלמים. בו בזמן עודדה הפעילות המיסיונרית האמריקנית גם מגמות של פירוד ומחלוקת בקרב הקהילות הנוצריות, על ידי הנעת נוצרים רבים להגר לאמריקה. פעילותם של המיסיונרים הביאה גם להכתמת שמם

12 As'ad Manṣur, *Ta'rikh al-Naṣira*, Egypt 1924, p. 81

13 יהושע בן־אריה, ארץ ישראל במאה ה־י"ט – גילויה מחדש, ירושלים 1970, עמ' 69.

14 מנצור (לעיל, הערה 12), עמ' 74.

של המוסלמים הטורקים בעיני הציבור האמריקני, וגררה את הממשל האמריקני למעורבות מדינית מוגברת בטורקיה, מעורבות שהביאה בסופו של דבר להרעת היחסים בין שתי המדינות.

באותו הזמן התפתח מצב דומה למדי סביב מעמדו של היישוב היהודי בארץ־ישראל. הקונסולים האמריקנים, שפעלו הן בהשפעת אמונתם הפרוטסטנטית והן בלחצם של יהודי אמריקה, עזרו לפליטים יהודים, אמריקנים ולא־אמריקנים כאחד, להתיישב בארץ־ישראל ולהגשים את שאיפותיהם הלאומיות. הם פעלו לביטול ההגבלות ששמו הטורקים על ההגירה וההתיישבות היהודית בארץ־ישראל, וסייעו ליהודים למצוא עבודה ולקנות אדמה. ועם זאת זרעה מעורבותם של הקונסולים האמריקנים מחלוקות בין יהודי אירופה ליהודי אמריקה ועוררה את האנטגוניזם בין "היישוב הישן" למתיישבים הציונים שזה מקרוב באו.[15] היהודים גם פנו לבקש חסות אצל הקונסולים האמריקנים שעודדו מצדם פניות כאלה, ובעקיפין תרם הדבר להגירתם של יהודי רוסיה מארץ־ישראל לארצות־הברית.[16]

יתרה מזו. ההתערבות האמריקנית בארץ־ישראל למענם של היהודים הביאה למתיחות ביחסים שבין מקצת הפקידים האמריקנים לפקידי הממשל הטורקיים בירושלים ובאיסטנבול, וכמה מן הקונסולים האמריקנים בארץ־ישראל ואנשי ממשל בכירים במחלקת המדינה בוושינגטון מתחו ביקורת על המדיניות הזאת.[17] בעשור הראשון של המאה העשרים פרח אפוא האינטרס הכלכלי האמריקני באימפריה העות׳מנית, ואילו האהדה האמריקנית הרשמית כלפי היהודים בארץ־ישראל פחתה והלכה.

בתקופת נשיאותו של וודרו וילסון (Woodrow Wilson), שבה ונתעוררה העמדה האוהדת וההומניטרית של האמריקנים כלפי יהודי ארץ־ישראל. ממשלו עזר למנוע את גירושם של מאה אלף יהודים מארץ־ישראל העות׳מנית, והקל מאוד על מצבה של הקהילה היהודית בארץ. וילסון תמך גם בהצהרת בלפור משנת 1917 ופתח תקופה חדשה ביחסי אמריקה וארץ הקודש.

מקורות למחקר

מחקרים שפורסמו בעשורים האחרונים דנים בהיבטים ספציפיים של הנושא, או בנושא הרחב יותר של האינטרסים והמדיניות האמריקניים במזרח התיכון. פרנק מנואל חקר את המעורבות האמריקנית בארץ הקודש במאה התשע־עשרה בספרו *Realities of American-Palestine Relations*, והוא היחיד שדן בסוגיה בכללותה. מנואל השתמש במקורות שאפשר לסווגם על פי שלוש קטגוריות: (א) איגרות קונסולריות אמריקניות, דו"חות רשמיים, מזכרים, רשומות ומסמכים של דיפלומטים ומדינאים אמריקנים; (ב) ספרי זיכרונות ודיווחים של דיפלומטים, מיסיונרים, נוסעים ומבקרים אמריקנים (וגם כמה אירופים); (ג) זיכרונות ודיווחים אישיים של יהודים בארץ־ישראל, כמו גם דו"חות שהתפרסמו בכתבי־עת בעברית בשלהי המאה התשע־עשרה.

המקורות האלה הם בעלי חשיבות רבה לחקר הנוכחות האמריקנית בארץ־ישראל העות׳מנית של המאה התשע־עשרה, בייחוד מפני שהחומר – הרשמי והלא־רשמי כאחד – עוסק במה שקשור

15 מנואל (לעיל, הערה 3), עמ' 45.

16 על פי דברי הקונסול האמריקני בירושלים, היגרו בערך 3,000 אנשים, רובם צעירים בשנת 1913 מהמותצריפליק (mutasarriflik) בירושלים לארצות־הברית. 35 אחוזים מתוכם היו יהודים, 35 אחוזים מוסלמים, והיתר נוצרים. ראה: Charles Issawai, *The Economic History of the Middle East, 1800-1914*, Chicago 1966, p. 272

17 הקונסול מריל, לדוגמה, טען כי היהודים "הופכים לנטל ולאיום על ממשלתנו". מנואל (לעיל, הערה 3), עמ' 94.

ליהודים בארץ הקודש. הדו"חות הקונסולריים והדיווחים הרשמיים האחרים מציירים תמונה כללית של מדיניותה ועמדותיה של ארצות־הברית כלפי הרשויות העות'מניות וכלפי האוכלוסייה היהודית. הדיווחים וספרי הזיכרונות של יהודי התקופה מלמדים על התייחסותן של הקהילות היהודיות השונות בארץ־ישראל לארצות־הברית, ועל תקוותיהם וציפיותיהם באשר לפעולותיה.

יש להדגיש כי רבים מן המקורות הללו מציגים גישה צרה וחד־צדדית, ולעתים אף משוחדת, כלפי המציאות בארץ־ישראל העות'מנית. מצד אחד תיארו מחברים אמריקנים ויהודים בדרך כלל נושאים ובעיות שונות כפי שראו אותם בתפקידיהם הרשמיים, או על פי עמדותיהם האישיות ואמונותיהם הדתיות. ומן הצד האחר, לא העריכו נכונה פעמים רבות את עמדותיהם ושאיפותיהם של הממשלה הטורקית, של הרוב המוסלמי, ושל הנוצרים חברי הכנסיות המזרחיות. רבים מן הקונסולים האמריקנים, המיסיונרים הפרוטסטנטים, המנהיגים היהודים, והנוסעים שבאו מן המערב לא ידעו ערבית ולא טורקית. יתרה מזו, הם לא הכירו את המסורת המוסלמית, לא את אורח החיים המזרחי, ולא את הרקע ההיסטורי של ארץ־ישראל העות'מנית. מלומד פרוטסטנטי שפרסם בשנת 1832 את הספר *Palestine, or the Holy Land*, כתב, למשל, את הדברים האלה:

> כיוון ששלוש מאות השנים האחרונות של ההיסטוריה של ארץ־ישראל לא היו יותר מרצף של קטטות, התקוממויות, מעשי טבח, והחלפת שושלות שזעזעו מדי פעם בפעם את האימפריה העות'מנית באירופה ובאסיה, אנו מדלגים עליהן ברצון, וכך נימנע מחזרה חדגונית של שמות ותאריכים שאין בהם שמץ עניין לקורא כלשהו.[18]

רבים מן המיסיונרים, הנוסעים והדיפלומטים האמריקנים התבטאו בהכללות דומות בנוגע לאמונה המוסלמית ולאימפריה העות'מנית. מקצתם כתבו על ה"אופי הלא מוסרי" של מייסדו של האיסלם, על ה"פוליגמיה שלו, ההיתר שנתן לעבדות ועל הפטליזם שלו".[19] כמו כן סברו כי "האיסלם נוטה להגלות אוכלוסיות מעל אדמתן... להרס עושרן",[20] וציינו את "עוינותו של מוחמד כלפי הנצרות".[21]

אפילו לויטננט לינץ', בעל המבט החודר, שגילה אהדה כלפי מנהיגים מוסלמים מקומיים וכלפי מערכת המשפט העות'מנית ("הצדק נעשה בזריזות ובפשטות האופייניות למזרח"[22]) דבק במושגי המערב בדבר ה"חובה המוטלת על האדם הלבן". כשהגיע לראשונה לחופי ארץ־ישראל, כתב: "לראשונה, אולי... הונף הדגל האמריקני בארץ־ישראל. יהי רצון שיהיה זה האות המבשר את תחייתם של האנשים שהם כעת כה אומללים". בשעה שהפליג מן הארץ נדרש ל"פנטיות של הטורקים", ובסיום דבריו כתב:

> שלטונו של האיסלם, אותה רוח קדים פוליטית המייבשת את כל העומד בדרכה, מאבד במהירות את האנרגיה הפראית שהיתה סימן ההיכר האופייני שלו, וקמעה קמעה נעשה העולם מוכן לפירוקה הסופי של האימפריה העות'מנית.

18 Michael Russell, *Palestine, or the Holy Land*, Edinburgh 1832, p. 325

19 גרביל (לעיל, הערה 9), עמ' 116.

20 A. L. Tibawi, *American Interests in Syria, 1800-1901*, Oxford 1966, p. 270

21 שם, עמ' 264.

22 ויליאם פ' לינטש, מסע מחקר אל הירדן וים המלח, תל־אביב 1984, עמ' 102.

> כל שנחוץ כדי להבטיח את שיבתם של היהודים לארץ־ישראל הוא הרס המעצמה שרבצה במשך מאות שנים כחלום בלהות על העולם המזרחי.[23]

השקפות דומות ניתן למצוא גם במקורות יהודיים שונים בני התקופה שהתייחסו לשלטונות העות'מניים, לאוכלוסייה המוסלמית ולמיעוטים הנוצרים.

אין בכוונתי לרמוז כאן כי תצפיותיהם של המחברים היו חסרות בסיס, או שהכללותיהם נעדרות גרעין של אמת. תולדותיו של השלטון העות'מני בארץ־ישראל ובאזורים אחרים רצופים התקוממויות ומהומות, והוא התאפיין בתקופות ארוכות של שלטון מדכא, פנטיות אנטי־נוצרית ובאלימות שמקורה במנהיגים מוסלמים ושליטים עות'מנים, כגון מעשי הטבח בנוצרים בשנת 1860 בדמשק והטבח בארמנים בשנים 1894–1895 ו־1915.

ואולם כשבוחנים את צדה האחר של המטבע – את העמדה המוסלמית והעות'מנית – מגלים שכוחות נוספים פעלו בזירה. אמנם מסורת האיסלם גרסה עליונות דתית ומדינית על הנוצרים והיהודים, אבל במאה התשע־עשרה עשו העות'מנים מאמץ גדול כדי לקדם רפורמה ומודרניזציה, וביקשו ליצור קהילה פוליטית חדשה, שבה יוכלו מוסלמים ולא־מוסלמים להיות חברים שווים. אין להתעלם גם מתהליך התפוררותה של האימפריה העות'מנית שהיווה רקע לחוסר הסובלנות והאלימות המוסלמית. תהליך זה היה קשור להשפעתן ומעורבותן של המעצמות האירופיות, מעורבות שהביאה את העות'מנים לידי תסכול ולצורך להגן על עצמם מפני לחצה הצבאי של אירופה ופלישתה של התרבות המערבית וכלכלתה.

כדי להבין את מלוא משמעותם של הגורמים הללו חייב החוקר העוסק ביחסי אמריקה וארץ הקודש להשתמש, כאמור, במכלול המקורות האפשריים: במקורות עות'מניים וערביים, בדו"חות של הקונסולים האירופים, ברשומות של הכנסיות המזרחיות, בתזכירים של ארגונים מקומיים, וכן במסמכים ממקורות פרטיים.

יש לצפות כי המסמכים יבטאו גישות צרות, מגמתיות או משוחדות. הנטייה האנושית להאדרה עצמית ולביקורת של אחרים היא תופעה רווחת ברבים מן המקורות. מסמכים משפחתיים נוטים להעצים את חלקם של בני המשפחה בהיסטוריה המקומית ולהטיל דופי ביריביהם; ורשומות של הכנסיות המזרחיות מלאות אנטגוניזם כלפי קבוצות מיסיונריות ומגיניהם, הקונסולים של מדינות המערב. האיגרות ששלחו הקונסולים האירופים מלמדות כי פעמים רבות היו ביקורתיים לגבי עמיתיהם בקונסוליות אחרות. יש שלא היו מודעים לגוונים של אורחות החיים הרווחים במקום, ומדי פעם בפעם גילו מידה של התנשאות כלפי השלטונות הטורקיים. לעומת זאת, מן הדו"חות של הפאשות הטורקים עולה נימה של שביעות רצון עצמית, וניכר שהתאמצו להשביע את רצונם של הממונים עליהם.

אף על פי כן, ערכם של רוב המקורות האלה לא יסולא בפז, לא רק מפני שהם מאמתים ומאזנים את העולה ממקורות אחרים, אלא גם מפני שהם מציגים ספקטרום רחב יותר של עמדות וזרמים, ממלאים פערים חשובים ברשומות היסטוריות, ומאפשרים כתיבה של כרונולוגיה שלמה יותר של האירועים. המקורות העות'מניים והערביים יכולים לעזור רבות בהשגתן של מטרות אלה.

רוב המקורות העות'מניים נמצאים במחוזות שהיו כפופים בעבר לשלטון העות'מני במזרח התיכון ובדרום מזרח אירופה, ובעיקר בארכיון הלאומי של טורקיה, שהוא אחד הגנזכים ההיסטוריים העשירים ביותר בעולם. ארכיון זה כולל יותר מארבעים מיליון מסמכים הנוגעים

23 שם, עמ' 119.

לתקופה המתחילה בייסודה של האימפריה העות'מנית במאה הארבע־עשרה, והם מסווגים לכמה קטגוריות. המסמכים הרלוונטיים לענייננו נמצאים ב־*Mühimme Defterleri*, כלומר בהנחיות ובצווים של הווזירים הגדולים (1559–1906); וב־*Irade Defterleri* (1832 ואילך), הכולל מסמכים שונים על ענייני פנים וחוץ, כמו גם צווים (*irades*) שהוצאו בידי גופים מחוקקים מיוחדים. המסמכים הנוגעים לענייננו נמצאים ב־*Hariciye*, ענייני חוץ ומיעוטים; *Imtiyaz ve Mukavelat*, פריווילגיות מתוקף הקפיטולציות וחוזי חוץ; ו־*Mesail Mühimme*, "בעיות חשובות", כגון אלה הנוגעות לקהילה הפרוטסטנטית. רשומות חשובות נוספות הן ה־*Kilise Defterleri*, רשומות הכנסייה בין השנים 1869–1921, ו־*Gayri Müslim Cemaalara ait Defterleri*, רשומות הנוגעות לקהילות לא מוסלמיות בשנים שבין 1830 ל־1918.

כנראה, אוספים אלה כוללים רק מסמכים מעטים הנוגעים לנוכחות האמריקנית בארץ הקודש או באימפריה העות'מנית. ארצות־הברית אינה רשומה אפילו בתת־הסיווגים השונים של מדינות או ב"בעיות מיוחדות". הסיבות להשמטה זו צוינו למעלה. במחקרנו על סוריה וארץ־ישראל באמצע המאה התשע־עשרה לא נתקלנו במסמכים בעלי משקל העוסקים בפעילות האמריקנית. ההתייחסות היחידה המלמדת על נוכחות אמריקנית נוגעת להשפעתם השלילית של המיסיונרים בסוריה.

הדעת נותנת כי נמצא יותר מסמכים הנוגעים לארצות־הברית בתקופה מאוחרת יותר, משום שאז התעוררה בעיית סמכותם החוקית של הקונסולים לגבי אזרחים יהודים אמריקנים ושאלת בני החסות בארץ־ישראל. מחקר מדוקדק עשוי להאיר את עינינו באשר להבנה העות'מנית את סעיף IV לאמנה האמריקנית־הטורקית בתחום המסחר והתובלה הימית (1830), ובייחוד באשר להשלכותיה לגבי ארץ־ישראל בשנות השמונים של המאה התשע־עשרה. (סעיף זה דן בהתדיינות המשפטית ובחילוקי הדעות בין נתינים עות'מנים לאמריקנים, וכן בעבירות של אזרחים אמריקנים הנעשות בשטחי השלטון העות'מני.) מקורות מעניינים נוספים הם דו"חותיהם של מושלים טורקים בארץ־ישראל אודות נושאים קונסולריים אמריקניים הנוגעים לאזרחים אמריקנים, הגירה יהודית, וקניית קרקעות בידי בני חסות אמריקנים.

גם בישראל ניתן להשיג מידע חשוב על השלטון העות'מני. ארכיון מדינת ישראל כולל רשומות של מפקד התושבים (Nüfus) בשנים 1884–1917, וכלולים בהן גם נתינים זרים; כמו כן נמצאים בארכיון רשומות של מושל (מותצריף) ירושלים בשנים 1906–1908, הכוללות מסמכים על הגירה והתיישבות יהודית, ודו"חות על מבקרים זרים, ובכללם אמריקנים. מקורות אחרים שעשויים להיות בעלי חשיבות הם רשומות המועצה המחוזית (mejlis-i idare) בירושלים בשנים 1910–1915, הדנות בעניינים אדמיניסטרטיביים; וכמו כן, מסמכים של הנוטריון הציבורי ביפו החל משנת 1896, השופכים אור על חיי הכלכלה והעסקים באזור.

מקורות בעלי ערך גדול אפילו יותר לחקר ההתפתחויות הכלכליות, החברתיות והפוליטיות בארץ־ישראל העות'מנית, נמצאים ברישומי (sijill) בית הדין המוסלמי (שרעי) בירושלים וביפו. צילומים של חלק מן המקורות האלה נמצאים במכון ללימודי אסיה ואפריקה באוניברסיטה העברית בירושלים. התעודות מירושלים הן מתקופת השלטון העות'מני כולו בארץ־ישראל, בשעה שהרשומות מיפו אינן כוללות אלא מסמכים מתחילת המאה התשע־עשרה.

הרשומות המוסלמיות הכתובות בכתב־יד בטורקית עות'מנית ובערבית מייצגות מעין משרד רישום ציבורי: הן כוללות צווים ותקנות ממשלתיים וכן הליכים משפטיים ונוטוריוניים שהובאו לפני הקאדי. יש בהן ענייני בעלות על שטרי חוב ואישורים להעברת בעלות על רכוש, ופעולות

משפטיות אחרות כגון תביעות אזרחיות הנוגעות למכירה ואבדן רכוש ושאלות של מעמד אישי. גם ענייני אישות של חברי כנסיות פרוטסטנטיות שונות שלא זכו להכרה רשמית נידונו לעתים קרובות לפני בית הדין המוסלמי ביפו.

מעטים הם המסמכים הערביים בדפוס מארץ־ישראל העות'מנית של המאה התשע־עשרה, ובהם התייחסויות מעטות בלבד לנוכחות האמריקנית באזור. אחד מהם, למשל, מתייחס למר צ'סוד (Chasseaud), סגן הקונסול האמריקני בביירות, שנתמנה לקונסול האמריקני בסוריה כולה, ובכלל זה ארץ־ישראל, בשנת 1836, בתקופת השלטון המצרי. איברהים פשה שלח צו בעניין זה למושל המקומי בארץ והורה לו לנהוג יפה בקונסול. המסמך מופיע בקובץ שערך המלומד הלבנוני הדגול אסד רוסתום, "מקורות ערביים לתולדות סוריה בתקופת מוחמד עלי".[24] רוסתום גם ערך קובץ המסכם את המסמכים המתייחסים לאותה תקופה ונמצאים בארכיון המצרי.

שני האוספים – בדומה לקובצי מסמכים אחרים, רשומות מקומיות, היסטוריה של ערים, ביוגרפיות של אישים מוסלמים וכתבי־עת של התקופה – מספקים מידע חשוב על התנאים החברתיים, הפוליטיים והכלכליים באזור, והם חשובים עד מאוד לחקר התקופה. אשר לפעילות האמריקנית, רוב המקורות נדרשים בעיקר לפעילות המיסיונרית בלבנון ובסוריה. ההתייחסויות לנוכחות האמריקנית בארץ־ישראל מעטות ונוגעות לעבודתם של רובינסון ולינץ', לייסודה של הקונסוליה האמריקנית בירושלים ולמושבות האמריקניות ביפו ובירושלים. ההתייחסויות לרובינסון ולינץ' הן חיוביות, בשעה שההתייחסות לקונסוליה ולמושבה ביפו משקפת את התנגדותה העזה של האוכלוסייה המוסלמית כלפיהן.[25] ואולם אין לראות במיעוט המקורות ביטוי לגישה עוינת של האוכלוסייה המוסלמית בארץ־ישראל כלפי האמריקנים באשר הם. המוסלמי הפשוט של אותם הימים הבחין בקושי בין אמריקני לרוסי, בריטי או צרפתי. ההמון, שלא ידע סובלנות דתית מהי, ראה בכולם כופרים, ואילו המוסלמים הלא־קיצוניים ראו בהם "איפרנג'" ("פרנקים", אירופים). ניתן להניח בבטחה כי עד מלחמת העולם הראשונה לא היתה רוב רובה של האוכלוסייה המוסלמית בארץ־ישראל מודעת לנוכחות האמריקנית בארץ הקודש. רק אז החלו הלאומים הערבים המוסלמים, בייחוד בסוריה, לגלות עניין בארצות־הברית בתורת גורם בפוליטיקה של האזור, וכן בדוקטרינה של וילסון שגרסה זכות הגדרה עצמית למיעוטים לאומיים.

אין ספק כי לנוצרים המקומיים היה מגע קרוב עם האמריקנים בארץ־ישראל יותר מאשר למוסלמים, אבל מנהיגיהם הדתיים גילו עוינות כלפי המיסיונרים הפרוטסטנטים, בריטים או אמריקנים. יש סיכוי טוב למצוא מקורות רבי ערך על הפעילות האמריקנית בארץ הקודש בארכיונים של הפטריארכים השונים – יווני־אורתודוקסי, יווני־קתולי, ארמני, ולטיני – וכן בארכיונים של ארגונים מיסיונריים קתוליים. הארכיון הפרנציסקני בטרה סנטה, ירושלים, למשל, כולל כמה אוספים של כתבי־יד ומסמכים, ובהם פירמנים (צווים) ומסמכים משפטיים בטורקית ובערבית. אוסף עשיר של פירמנים עות'מניים נמצא גם בפטריארכים הארמני והיווני־אורתודוקסי של ירושלים, ואוסף נוסף נמצא במצרים, במנזר סנטה קתרינה שלרגלי הר סיני. רוב המסמכים בארכיונים אלה דנים במעמדן של הקהילות הנוצריות השונות ובאתרים המקודשים בירושלים ובבית לחם, בהתארגנות הפנימית, בגביית מסים וכדומה. הדעת נותנת שההתייחסויות לנוכחות האמריקנית הן מעטות ועוינות.

24 Asad Rustum, *al-uṣul al-arabiyya li-ta'rikh Surriyya fi'ahd Muhammad Ali*, Beirut 1930-1934, p. 97

25 מנצור (לעיל, הערה 12), עמ' 74, 81, 144; אל־עריף (לעיל, הערה 4), עמ' 262.

מידע מפורט ומאוזן יותר באשר למוסדות האמריקניים בארץ־ישראל במאה התשע־עשרה ניתן למצוא בארכיון של הטמפלרים הגרמנים בשטוטגארט, גרמניה, ובארכיון מדינת ישראל בירושלים, הכולל את הרשומות של המושבה הגרמנית בחיפה. חברי הקבוצה הזאת הגיעו מווירטמברג (Württemberg) והתיישבו ביפו, בחיפה ובירושלים בשנות השישים המאוחרות של המאה התשע־עשרה. ביפו התיישבו בשרידיה של המושבה האמריקנית, שאותה קנו מאדמס (Adams) וסייעו גם במימון מסעם של האמריקנים חזרה לארצם. על פי מכתבו של אדמס למנהיג הטמפלרים, הופמן (Hoffmann), היו האמריקנים שרויים בסכנת כיליון. גם בחיפה היה קשר בין הטמפלרים הגרמנים ובין האמריקנים: מר שומכר (Schumacher), מנהיגה של המושבה הגרמנית במקום, שירת גם כמשנה לקונסול האמריקני בעיר.[26]

מקורות גרמניים נוספים שעשויים לספק מידע בעל ערך על הפעילות האמריקנית בארץ הקודש הם הארכיון של משרד החוץ הגרמני בבון (משנת 1867 ואילך), הכולל, בין השאר, תיקים הנוגעים ל"הגנת הנוצרים בארץ־ישראל" ול"פרוטסטנטים בטורקיה"; והארכיון של הקונסוליה הפרוסית־גרמנית בירושלים (1842–1917), הנמצא בארכיון מדינת ישראל וכולל מידע רב על נושאים מדיניים, חברתיים, כלכליים ודתיים מגוונים, כפי שנרשם בידי קונסולים גרמנים ושליחים קונסולרים בערים שונות בארץ־ישראל.

גם לאיגרות קונסולריות של קונסוליות אירופיות אחרות בארץ־ישראל – הקונסוליה הבריטית, הצרפתית, הרוסית, האוסטרית והאיטלקית – נודע ערך רב לחקר ארץ־ישראל העות'מנית. ואולם כמותו ואיכותו של החומר המתייחס לנוכחות האמריקנית תלוי במידת־מה בעמדותיהם המדיניות והאישיות של הקונסולים עצמם. כצפוי, איגרותיהם של הקונסולים הבריטים בתחום העניינים הקשורים לארצות־הברית הן בדרך כלל אינפורמטיביות ואוהדות, והן גם מהוות את המקור המהימן והאובייקטיבי ביותר לגבי ההתפתחויות הפנימיות בארץ־ישראל במאה התשע־עשרה, מכיוון שברחבי הארץ היתה פרושה רשת גדולה של משרדים קונסולריים בריטים שהיו מעורבים מעורבות פעילה בענייניה של ארץ־ישראל העות'מנית. רשומות מקוריות וייחודיות של הקונסוליה הבריטית בירושלים נמצאות בארכיון מדינת ישראל, ואוסף שלם של האיגרות הקונסולריות הנוגעות לארץ־ישראל שנשלחו בידי משרד החוץ בלונדון נמצא במיקרופילם במכון ללימודי אסיה ואפריקה באוניברסיטה העברית (שם נמצאים גם מסמכים של הקונסוליות של צרפת, איטליה ואוסטריה).

אוספים חשובים נוספים של מקורות על ארץ־ישראל העות'מנית המתייחסים להיבטים שונים של האינטרס האמריקני בארץ הקודש נמצאים במכונים ובספריות נוספות בישראל, בייחוד במכון ליהדות זמננו באוניברסיטה העברית, בארכיון הציוני המרכזי, במכון בן־צבי ובארכיון אהרונסון. רבים מן המקורות הללו משקפים את מערכת היחסים המורכבת בין יהודי ארץ־ישראל לנציגים האמריקנים הרשמיים והלא־רשמיים – מערכת יחסים שהיוותה גורם מרכזי בתפקידה של אמריקה בארץ הקודש.

26 א' כרמל, המושבות הגרמניות בארץ־ישראל בסוף התקופה העותומנית, ירושלים 1973, עמ' 12.

מסמכים הנוגעים לאמריקה וארץ־ישראל בארכיון הלאומי של ארצות־הברית

מילטון א' גוסטפסון

בראשית המאה התשע־עשרה ייסדה ארצות־הברית קונסוליה במנילה שבפיליפינים, אך בשנת 1898, לאחר שכבש צבאה את איי הפיליפינים, נעלמו מסמכיה של הקונסוליה הזאת. היה מי שטען שמסמכים אלה מוחזקים במחסן בארכיון הלאומי האמריקני הנקרא "החדר הפיליפיני", חדר מלא קופסאות של מסמכי צבא לא ממוינים, שרבים מהם כתובים ספרדית. ואולם לרוע המזל דומה הטענה הזאת לטענה בדבר מסמכי המודיעין הנאצי המוחזקים ב"עליית הגג של הארכיון", או לגרסה המוטעית אודות שבועת החנינה של רוברט אי לי (Robert E. Lee), שאבדה מזמן. לכל הטיעונים הללו אין שחר. בארכיון הלאומי האמריקני לא קיים כלל "חדר פיליפיני", וככל הידוע אין חדר כזה בשום מקום אחר. בארכיון הלאומי האמריקני גם אין פינה עמוסת מסמכים הנוגעים ליחסי אמריקה–ארץ־ישראל.

נכסיו של הארכיון הלאומי, המסמכים בעלי הערך של הממשל הפדרלי האמריקני, סווגו לקטגוריות על פי מוצאם או מקורם האדמיניסטרטיבי. בתוך כל קטגוריה המסמכים מאורגנים, עד כמה שאפשר, בסדר המקורי של תיוקם. כיוון שהמסמכים תויקו כדי לאפשר פעילות משרדית יעילה, ולא על פי העניין המחקרי של חוקרים בעתיד, רק מעטים מאוד מהם מסווגים על פי נושאים.

שני מחקרים על הארכיון הלאומי מסייעים בזיהוים של מסמכים הקשורים לארץ־ישראל. הראשון הוא מידע על הפניות בארכיון (Reference Information Paper) שהושלם בידי אליזבת בוק (Elizabeth Buck) ופורסם במאי 1955 תחת הכותרת "מסמכים על המזרח התיכון בארכיון הלאומי" (Materials in the National Archives Relating to the Middle East). הפרסום מסווג על פי נושאים – ממשל ומדיניות, יחסים דיפלומטיים, ענייני צבא, גיאוגרפיה, כלכלה ותנאים סוציאליים – וכל נושא מסווג על פי מדינות. ואף על פי שקיים דיון במונחים כלליים לגבי עדויות המתייחסות לאירן, עירק, לבנון, סוריה וטורקיה, יש התייחסות בכל נושא גם לארץ־ישראל; וזאת התחלה טובה.

פרויקט המחקר החשוב השני בוצע ב־1958 בידי נתן ריינגולד (Nathan Reingold), ארכיונאי באגף המסמכים התעשייתיים (Industrial Records Division). המחקר בוצע כדי לאפשר כתיבת מאמר על מסמכים בארכיון הלאומי האמריקני הנוגעים להיסטוריה יהודית אמריקנית לקראת הפגישה השנתית של החברה לחקר תולדות ישראל באמריקה (American

(Jewish Historical Society) בשנת 1958. ריינגולד ביקש מכל אגפי הארכיון הלאומי לספק לו מידע מפורט על מסמכים הנוגעים להיסטוריה יהודית אמריקנית. גם הדו"חות האלה, שניתן למצוא אותם בתיק היעץ הקבוע (permanent reference file) של כל אגף, עשויים להיות לעזר. בין השאר התעניין ריינגולד במסמכים הנוגעים ליהודים כקבוצה, נושאים יהודיים וארגונים יהודיים, וכמה מן התשובות לשאלותיו בתחומים אלה מלמדות על המצוי בארכיון.

בהמשך אתאר את המסמכים הנוגעים ליחסי אמריקה–ארץ־ישראל, תקופה אחרי תקופה; לגבי כל תקופה, אתאר כמה מקבוצות המסמכים, והסדרות הכוללות מסמכים רלוונטיים, וכמו כן אציין דוגמות של מסמכים ספציפיים שיש בהם, לדעתי, עניין מיוחד.

התקופה שלפני מלחמת העולם הראשונה

ההתכתבות של מחלקת המדינה (חטיבה 59) בתקופה שבין 1789 ל־1906 מחולקת לשלושה קבצים עיקריים: דיפלומטי, קונסולרי ו"שונות". ההתכתבות הדיפלומטית כוללת ארבע תת־סדרות: הוראות לשליחים ולשגרירים של ארצות־הברית, איגרות ששלחו, פניות לרשויות זרות, ופניות שלהן; כל תת־סדרה כזו מסווגת לפי מדינות, וכל מדינה – לפי סדר כרונולוגי של ההתכתבות. החומר זמין גם במיקרופילם. כמובן שהאיגרות מאת הציר האמריקני בטורקיה הן המעניינות ביותר, שכן ארץ־ישראל היתה חלק מן האימפריה הטורקית. ניתן למצוא את התכתובות האלה, מן השנים 1818–1906, על גבי שבעים ושבעה גלילי מיקרופילם (M46). קיימת במיקרופילם גם רשימת מסמכים המפרטת כל מסמך על פי תאריך ומספר וכן משפט או שניים על הנושא הכלול בו.

התכתובת הקונסולרית כוללת אף היא סדרה של הוראות לקונסולים, המסווגות בסדר כרונולוגי, ומכתבים ששיגרו הקונסולים, מסווגים על פי ערים, וכל עיר – על פי הסדר הכרונולוגי של ההתכתבות. גם כאן יש רשימות העוזרות למצוא את הנדרש. בייחוד חשובות האיגרות ששלחו הקונסולים האמריקנים בירושלים, ואותן ניתן למצוא על גבי תשעה גלילי מיקרופילם (T471). הן מתייחסות לתקופה שבין 1856 ל־1906. האיגרות מאת הקונסולים של ארצות־הברית בביירות משנת 1836 עד 1906 נמצאות על גבי עשרים ושלושה גלילי מיקרופילם (T367).

התכתובת הקונסולרית כוללת מידע אדמיניסטרטיבי שיגרתי: מינויים וחילופי קונסולים ועוזריהם; כניסתם לתפקיד ועזיבתם את המשרה; דו"חות של הקונסולים; בקשות למכשירי כתיבה נוספים ולהגדלת תקציבים; ועניינים משרדיים שונים נוספים. אך יש בה גם מידע רב אחר, כפי שמלמדות הדוגמות מן השנים 1871, 1881 ו־1891.

בשנת 1871 שלח הקונסול ריצ'רד בירדסלי (Richard Beardsley) חמישים ואחת תשדורות למחלקת המדינה. הוא דיווח על עניינים שונים: מעשי שוד שבוצעו כנגד מר ולש (Welsch), רולה פלויד (Rolla Floyd) וס"ג' גנגדון (C. J. Gangdon); מותו של אוליבר א' וורד (Oliver A. Ward); ביקורה של אניית המלחמה האמריקנית "גריירי" (*Guerrieri*) ביפו ביוני, ועליה יותר מ־150 אנשי צוות וקצינים שטיילו בארץ; נחיתתה ביפו באוגוסט של האנייה האמריקנית "שננדואה" (*Shenandoah*); וביקורו של מזכיר המדינה לשעבר, ויליאם ה' סיוורד (William H. Seward) בארץ־ישראל. כמו כן שלח הקונסול בירדסלי כמה דו"חות על עניינים פוליטיים וכלכליים, על התנאים בארץ־ישראל, על שחיתותם של בתי המשפט ועל הקושי לחולל שינוי במצב.

בשנת 1881 שיגר הקונסול ג'"ג וילסון (J. G. Willson) למחלקת המדינה 23 תשדורות. הוא

דיווח על גנבות מתיירים אמריקנים; על מעשה ההתאבדות של ג'שוע ו' שרף (Joshua W. Sharp); על תנאי החקלאות והמסחר במחוז הקונסולרי שלו ועל השיפורים שהונהגו; ועל בואם לארץ־ישראל של שמונה־עשר אנשים משיקגו, "הנתונים להשפעתו של דחף דתי חזק", בני תרבות ועשירים למראה, ואף על פי כן בעלי השקפות דתיות מוזרות, לדעתו. מבקר נוסף, מר דייוויס (Davis) מבוסטון, ביקש להקים מושבה של מהגרים מניו־אינגלנד בארץ־ישראל. וילסון ניסה למנוע את הקמתן של מושבות דתיות בארץ שלא הסבירה פניה לזרים. כמו כן דיווח על מהגרים יהודים בארץ־ישראל, על ההגבלות שהטיל ה"שער העליון" על ההגירה הזו, ועל האפשרות של הגירה יהודית לחלקים אחרים של האימפריה העות'מנית. הקציר של שנת 1880 היה טוב והניב כמות גדולה של תבואה, ולכן הגיע מחירם של החיטה, הקמח והשעורה לכדי מחצית ממחירם בשנה שקדמה לה. מחיר הנפט עלה ב־50%, בגלל "גחמותיהם של הסוחרים", אך עד מהרה חזר לרמתו הרגילה. המוצרים האמריקניים בשוק היו, לפי וילסון, "נפט, בשר בקר משומר, קתלי חזיר ולעתים מכונות תפירה, רובים ואקדחים".

ב־1891 שלחו שני הקונסולים האמריקנים בסך הכול 41 מכתבים למחלקת המדינה, שכללו דו"חות על רחובות ודרכים; על טביעתה של אניית קיטור רוסית סמוך ליפו והצלתם של אזרחים אמריקנים הודות לאומץ לבם של יורדי הים, אנשי יפו; על מקרים של כולרה; ועל יהודים ומושבות יהודיות בארץ־ישראל. לאחר שנתמנה סלה מריל (Selah Merrill) לתקופת כהונה שנייה בתפקידו, ביקש למנות את דוד פיינשטיין בתורת מתורגמן ומורה דרך (dragoman) שני, משום ש"חלק ניכר מנתיני ארצות־הברית כאן הם יהודים מרוסיה או פולין שקיבלו אזרחות אמריקנית. רבים מהם לא היו מעולם בארצות־הברית ואינם דוברים אנגלית". הקונסול נזקק לאדם שיבין לא רק אנגלית, גרמנית ועברית, אלא גם, ובייחוד, יידיש, ה"ז'רגון היהודי", שאותו כינה "השפה הברברית המדוברת בפי רוב אזרחינו האמריקנים הנמנים על הקבוצה הזאת". מריל דיווח כי קודמו בתפקיד, הנרי גילמן (Henry Gillman), התרשל ברישום אזרחים אמריקנים. עד 1 בינואר 1891 דיווח גילמן על 317 אמריקנים הגרים במחוז ירושלים. שנה אחר כך דיווח מריל על 375 אמריקנים. הדיווח כלל שם משפחה, שם פרטי, גיל, עיסוק, מקום הלידה, מקום ההתאזרחות, מספר ותאריך הדרכון. לדוגמה, האזרחים שנרשמו ממספר 214 עד 229 ברשימה היו בני משפחתו של לואיס לוי (Louis Levy), בן 80, שנולד ברוסיה; בנו לזרוס (Lazaros), בן 38, מכונאי, אשתו רחל וששת בניהם בני 2 עד 17; בן אחר, אשתו ושלושת ילדיהם; ובן שלישי, 22, ואשתו בת 18, בלא ילדים. בין הרשומים היה פורמן א' בלדווין (Furman O. Baldwin), בנו בן ה־15 של אדוארד בלדווין, שניסה להתאבד עשר שנים אחר כך.

כל התכתובות בשנים הללו (1789–1906), שאינן נכללות בקטגוריות של תכתובת דיפלומטית או קונסולרית, מקוטלגות ב־1,533 כרכים תחת הכותרת "שונות". תכתובות אלה מסודרות בסדר כרונולוגי, בלא התייחסות למקום, שם או נושא – חומר חשוב שלא נחקר עד כה. ועל אף שקיים רישום מודפס של המכתבים עד 1820, לא נעשה עיבוד שיטתי של כשמונים כרכים של רישומים ומפתחות שיקל על מציאת מכתבים בנושא מסוים. המכתבים, שלרבים מהם צורפו נספחים, עשויים לספק כמה גילויים לא צפויים.

בשנת 1840, למשל, כתבו ג"ס לוי (J. C. Levy) ואחרים מצ'רלסטון, דרום־קרוליינה, כמה מכתבים ובהם הם מוחים על היחס כלפי יהודי דמשק ורודוס. בשנת 1876 ביקש הוועד הבין־לאומי של החברה לארץ־ישראל להגנה על נוצרים ויהודים בארץ הקודש (International Committee of the Society of Palestine for the Protection of Christians and Jews in the Holy

Land), שמקום מושבו בפריס, מארצות־הברית וממעצמות אחרות להגיע להסכמה בין־לאומית כדי להבטיח את ביטחונם של נוצרים ויהודים בארץ־ישראל, על ארגוניהם האזרחיים והדתיים. נראה שהממשל תייק את המכתב ולא נקט פעולה כלשהי. בשנת 1905 תויק מכתב מאת ג'וליוס גולדמן (Julius Goldman) לאוסקר שטראוס (Oscar Straus), הכולל מכתב תלונה של נרסיס לבן (Narcisse Leven), בנוגע ל"פעולותיו של איברהים סבאג, המעורב בסכסוך על אדמה עם האגודה להתיישבות יהודית (יק"א)". ואף על פי שבהעדר עדויות נוספות קשה לקבוע את העובדות לאשורן, המכתבים כוללים מידע רב באשר למשא־ומתן שניהלה האגודה להתיישבות יהודית בנוגע לאדמות. לאחר שביקרו שטראוס וגולדמן אצל מזכיר המדינה, פוטר סבאג ממשרתו כמתורגמן ומורה הדרך של כבוד בקונסוליה האמריקנית בביירות.

בשנת 1906 אימצה מחלקת המדינה האמריקנית שיטת תיוק חדשה על פי נושאים, שנקראה "תיוק מספרי" (numerical file). בתוך פחות מחמש שנים נוצרו כמעט 26,000 קופסאות תיקים נפרדות. כמה נושאים שסווגו בתיקים היו ספציפיים כל כך, עד שכללו מסמך אחד בלבד; נושאים אחרים היו כלליים כל כך, עד שהאוסף בנושא אחד כלל אלפי מסמכים. מערכת של עזרה בחיפוש, הכוללת תזכירים פנימיים של מחלקת המדינה, נבנתה הן בזמן התיוק והן אחר כך. הכרטיסים המתויקים תחת השם Palestine בכרטסת המפתח כוללים הפניות למסמכים בכמה עשרות קופסאות תיקים נפרדות.

תיק מספר 25487, לדוגמה, כולל מסמך אחד בלבד, דו"ח בן ארבעה עמודים (מ־23 ביוני 1910) על הקמת תחנת הניסיונות החקלאית היהודית, בניהולו של אהרון אהרונסון, ובמימונם של יעקב שיף (Jacob Schiff), ג'וליוס רוזנוולד (Julius Rosenwald) ואחרים.

תיק מספר 13653 הוא דו"ח (מ־15 באפריל, 1908) על סיור ממונע בארץ־ישראל של צ'רלס ג' גלידן (Charles J. Glidden), אמריקני שנסע כ־750 מיל ברחבי ארץ־ישראל. הצלחת הטיול שלו מלמדת על קיומו של שוק ייצוא חדש של מכוניות בעלות מרכב גבוה. הדו"ח מצטט מיסיונר אמריקני אחד שראה בהגעתו של גלידן סימן לתחילתו של העידן המלהיב ביותר "מאז הכתרתו של דוד כמלך היהודים".

מסמכים רבים, המתויקים בתיקים שונים, מתייחסים לסלח מריל, הקונסול האמריקני בירושלים במשך שש־עשרה שנה, בשנים 1882–1885, 1891–1893 ו־1898–1907. זמן קצר לאחר שהועבר מירושלים לג'ורג'טאון שבגיניאה הבריטית, בשנת 1907, התפטר מריל מן השירות הקונסולרי. תיק 2931 כולל מכתבים רבים מאת אנשים בארצות־הברית ובארץ־ישראל שכתבו נגד העברתו של מריל. רק מכתב אחד הביע ביקורת: אמיל גונתר (Emil Guenther) מפילדלפיה הביע את שמחתו על העברתו של מריל לג'ורג'טאון, וכתב, כי המושבה האמריקנית בירושלים תהיה אסירת תודה על כך.

אנשי המושבה האמריקנית הזאת, קבוצה של נוצרים־סוציאליסטים, חסידיו של הורשיו ספפורד (Horatio Spafford), היו מתנגדים נחרצים של הקונסול מריל, והאנטגוניזם ההדדי בין הצדדים מתועד בכמה תיקים. במכתב אחד נטען, כי האזרחים האמריקנים היושבים במושבה היו "קרבנות של קנאות דתית עיוורת". אלכסנדר יום פורד (Alexander Hume Ford) פרסם כתבה על המושבה ב־*Appleton's Magazine*, ומתח בה ביקורת על מריל, ועקב כך החליטה מחלקת המדינה להעבירו מירושלים.

תיק מספר 2985 נוגע לפרויקט אחר שבו תמך מריל, הייצוא של חברת מי נהר הירדן (River Jordan Water Company). מריל דיווח כי הקולונל קליפורד א' נדאוד (Clifford E. Nadaud)

ייסד בית חרושת חדש, ו"מעביר אלפי טונות של מי הירדן, הנהר המקודש של ארץ־ישראל, לאמריקה הרחוקה". תרומתו של מריל לפרויקט היתה אישור – באמצעות החותמת הקונסולרית – לאותנטיות של הסחורה בחביות המים. מחלקת המדינה התנגדה לכך, והקולונל נדאוד לא הצליח להשיג מונופול על ייצוא מי נהר הירדן.

מלבד מסמכי מחלקת המדינה יש גם מסמכים שתויקו במקורם בכל אחד ממשרדי השירות הדיפלומטי או הקונסולרי הנפרדים, ולאחר מכן נמסרו לארכיון הלאומי האמריקני (חטיבה 84). למרות ההוראות המדויקות שנתנה מחלקת המדינה, לא היו נוהלי התיעוד והשמירה של מסמכים בשגרירויות ובקונסוליות במאה התשע־עשרה אחידים. התיעוד במשלחת הדיפלומטית (שהפכה לאחר מכן לשגרירות) בקונסטנטינופול, היה מאורגן למדי. רבים מן התיקים שהועברו משם הם עותקים של תיקי מחלקת המדינה, אך כמה סדרות כוללות מסמכים ייחודיים הנוגעים ליחסי אמריקה וארץ־ישראל.

עשרים וחמישה הכרכים של "מכתבים שהתקבלו בנציגות מן הקונסוליות האמריקניות בטורקיה" כוללים שבעה כרכים של מכתבים מביירות מן השנים 1832–1880; כרך אחד של מכתבים מירושלים מן השנים 1845, 1854, 1857–1879 ו־1882; וכרך אחד הכולל מכתבים מן הסוכנות הקונסולרית ביפו, מן השנים 1832–1836. תשעה־עשר כרכים של "מכתבים מקונסוליות וצירויות שונות אל הנציגות" שנכתבו בין 1890–1912, מסודרים בסדר כרונולוגי. מסמכי הנציגות כוללים גם כרך אחד של תכתובות של מחלקת הצי וקציני הימייה על אניות בים התיכון, 1831–1881, ועשרים ושישה כרכים של "דואר נכנס, שונות" מן השנים 1830–1911.

המסמכים של הקונסוליה הכללית בקונסטנטינופול כוללים שמונה כרכים של תכתובת עם הקונסולים בירושלים, שהיו כפופים לקונסטנטינופול, מן השנים 1879–1910.

מסמכים אלה, שתויקו בסוכנויות הקונסולריות בחיפה וביפו ובקונסוליה בירושלים, אינם מאורגנים כל כך. המסמכים מחיפה, מ־1872 עד 1917, מתפרסים על פני 1.2 מטרים של תיקים, בשבעה־עשר כרכים, ארבע קופסאות וחמש מעטפות. המסמכים מיפו, מ־1866 עד 1917, מתפרסים אף הם על פני שנים־עשר מטרים, בשלושים כרכים ומעטפה אחת. המסמכים מירושלים, מ־1856 עד 1935, מגיעים לעשרים וארבעה מטרים, וכוללים התכתבות עם קונסוליות אחרות, הקונסוליה הראשית והנציגות בקונסטנטינופול, ועם מחלקת המדינה. כן נמצאים מכתבים מאזרחים פרטיים, חמישה כרכים של מסמכי בית המשפט הקונסולרי, ומגוון של חומר אישי – צוואות, תעודות נישואין, בקשות לדרכונים, רישום של מבקרים ורישום של ילדים שנולדו לאזרחים אמריקנים.

מידע ביוגרפי על סגל הקונסוליות בארץ־ישראל נמצא בין מכתבי בקשת העבודה ומכתבי המלצה למשרות במחלקת המדינה ושירות החוץ (חטיבה 59). התיקים מסודרים בסדר אלפביתי של שמות המועמדים, וכוללים מכתבים של המועמדים (אלה שהתקבלו ואלה שנדחו), מכתבי המלצה ומכתבי התנגדות למינויים או ביקורת על פעולותיהם לאחר שנתמנו לתפקידם.

התיק של ג'והן וורן גורהם (John Warren Gorham), הקונסול האמריקני הראשון ששירת בירושלים, נצר למשפחה ותיקה ומכובדת ממסצ'וסטס, מגלה, כי הנשיא פרנקלין פירס (Frank-lin Pierce) ביקש למנותו ואדוארד אוורט (Edward Everett) המליץ עליו. לאחר שנתיים דיווח רופא אמריקני שישב בביירות, כי במהלך ביקורו בירושלים היה גורהם "שיכור כמעט כל הזמן... דבר המשפיל את בני ארצנו".

הנרי גילמן, הקונסול בירושלים בין 1886 ל־1891, כתב לראשונה למחלקת המדינה בספטמבר

1885, בשעה שהגיש את מועמדותו למשרת הקונסול במרסיי. הוא היה המפקח והספרן של הספרייה הציבורית בדטרויט. באפריל 1886, לאחר שלא קיבל תשובה על בקשתו, שב וכתב וציין, שקרא בעיתון שמישהו נעצר משום שגנב דברי דואר ממשרד הדואר בוושינגטון, וייתכן כי מכתבו הראשון אבד בדרך זו. הוא הוסיף כי יסכים לקבל משרה קונסולרית טובה ביפן, והציג את עצמו כדמוקרט מאז ומתמיד. שלוש שנים לאחר שמונה לשרת בירושלים, כתב "אזרח פטריוטי", בעילום שם, לנשיא בנג'מין הריסון (Benjamin Harrison), וטען כי גילמן "אינו מוכשר ואינו כשיר" והמליץ על העברתו מתפקידו. ב־1891 מונה סלה מריל לתקופת כהונה שנייה בירושלים.

דו"חות הביקורת הקונסולריים (חטיבה 59) הם מקור חשוב נוסף של מידע ביוגרפי על פקידים קונסולרים, וכן על התנאים המסחריים והכלכליים במחוזות הקונסולריים. החל משנת 1906 ביקרו מבקרים של שירות החוץ דרך קבע בכל משרד, והדו"חות שלהם כוללים הערכות אישיות על כוח האדם, נהלים אדמינסטרטיביים של המשרד, והערכה באשר למידת מאמציו של הקונסול להרחיב את קשרי המסחר. החוקרים תיארו את המשרד, צירפו תמונות ומפות של העיר, דיווחו על נהלי תיעוד, העריכו את יחסיו של הקונסול עם פקידים מקומיים וקהילת העסקים, תיארו את מנהגיו האישיים של הקונסול, וניתחו את החשיבות הכלכלית, התעשייתית והפוליטית של כל משרד. הקונסול התבקש לתאר ולספק נתונים סטטיסטיים על סוג המוצרים והיקף הייבוא למחוז שלו; על לאומיותם של הסוחרים; על היקף המסחר בין המחוז שלו לארצות־הברית ומדינות תעשייתיות אחרות; על מספרן של החברות העוסקות בייבוא וייצוא במחוז שלו ושמותיהן; בנקים מקומיים; אפשרויות פוטנציאליות למסחר אמריקני; מספר האזרחים האמריקנים היושבים במחוז ועיסוקם; טיבן של חברות זרות העוסקות בתעשייה, מכרות, מסחר, ביטוח, בנקאות וחקלאות; ויוקר המחיה במחוז הקונסולרי. דו"חות הביקורת נותנים בידינו תיאור של החיים החברתיים במחוז הקונסולרי, וכוללים מידע אישי ומקצועי על כל קונסול, מידע המאפשר להעריך את אמינות התכתובות שלו ומסמכים אחרים הנוגעים אליו.

שלושה דו"חות ביקורת מתייחסים לירושלים בין השנים 1907–1913, וחמישה אחרים בין השנים 1922–1931. בשנים 1907–1913 נעשו שלוש בדיקות בקונסוליה בחיפה, וב־1907–1912 – שלוש בדיקות בקונסוליה ביפו.

בין מסמכי הבדיקה המתייחסים לירושלים יש דו"ח שכתב הקונסול מריל, ובו ציין, שרק שני כלי שיט הגיעו למחוז שלו בשנת 1906, שתי יכטות קטנות שעל סיפונן היו "תמהונים דתיים הגרים כאן במושבה". מריל דיווח כי משרדו עוסק בעיקר בעזרה לאזרחים אמריקנים שנקלעו לצרה. בשנת 1910 נמצא בבדיקה, כי בזמן שירותו של מחליפו של מריל, תומס וואליס (Thomas Wallace), הורע המצב מאוד. הדו"ח כלל רשימה של יהודים אמריקנים שלא היו רשומים בקונסוליה כאזרחים אמריקנים, והציע כי הקונסול הבא ירשום אותם כראוי. בשנת 1913, בארגונו הנמרץ של ויליאם קופין (William Coffin), השתפר המצב כל כך, עד שקופין קודם למשרה אחרת. מחליפו היה אוטיס גלייזברוק (Otis Glazebrook), ששירת כקונסול בירושלים בתקופה הקשה בין 1914 ל־1920.

במאה התשע־עשרה היתה מחלקת הצי של ארצות־הברית הסוכנות הפדרלית הנוספת היחידה, חוץ ממחלקת המדינה, שהתעניינה בארץ־ישראל. קצין צי אמריקני, לויטננט ויליאם פ' לינץ' (William F. Lynch), היה החוקר החשוב הראשון של נהר הירדן וים המלח. הדו"ח המקורי של לינץ', בכתב ידו, מתויק ב"שונות" באוסף הרישומים של הצי, במשרד התיעוד והספרייה של הצי

(חטיבה 45). בנובמבר 1847 הפליג לינץ' מברוקלין לקונסטנטינופול, וקיבל מן השולטן אישור לפעילות משלחתו. הוא הגיע לעכו, ולאחר שחצה את הארץ לרוחבה הגיע אל הכינרת. מן הכינרת הפליגו הוא ומשלחתו בירדן אל ים המלח. הדו"ח של לינץ' כולל התכתבויות בנוגע למשלחת החקירה, רשימות שרשם בזמן ההפלגה, ודיווחים של חברי המשלחת על הציפורים והצמחייה של האזור ועל הגיאולוגיה שלו. כמו כן יש בדו"ח טבלאות הכוללות תצפיות אסטרונומיות, רישום הטמפרטורות והלחצים הברומטריים בבקעת הירדן. חברי המשלחת גם בדקו את הרכבם של מי ים המלח ורשמו תצפיות מטאורולוגיות נוספות; הדו"ח כולל מפה של הדרך ושל המחנות שחנתה בהם המשלחת, ותרשימים של הירדן וים המלח. עוד מידע על פעילותה של משלחת החקירה האמריקנית המוקדמת הזאת לארץ־ישראל ניתן למצוא במאמרו של יהושע בן־אריה בגיליון האביב של שנת 1973 של *Prologue: The Journal of the National Archives*.

מלחמת העולם הראשונה והסכם השלום

אחרי 1910 נקראה שיטת התיוק המרכזית של מחלקת המדינה (חטיבה 59) "התיוק העשרוני" (decimal file), תיוק על פי נושאים הדומה לשיטת התיוק המספרית שלא השתמשו בה זמן רב. ואולם כאן נקבעו הנושאים מראש, על פי סכמת מיון עשרונית. הספרה הראשונה מייצגת קטגוריה בסיסית; לדוגמה, 3 מתייחסת לשמירה על אינטרסים, 6 ליחסים מסחריים, 7 ליחסים והסכמים פוליטיים, 8 לעניינים פנימיים של המדינה. בתוך כל קטגוריה הנושאים מוגדרים על ידי מספר עשרוני, והמספרים המסמלים מדינות משמשים לזיהוי נושאים המתייחסים למדינות השונות. למשל, 67 הוא המספר של טורקיה, 67N הוא המספר של ארץ־ישראל; המספר 867N.01 מתייחס לממשלת ארץ־ישראל, ותיק 867.4016 מתייחס לבעיות הגזעים בטורקיה. תיק 763.72 עוסק בקשרים פוליטיים בין אוסטרו־הונגריה (63) לסרביה (72), והפך בסופו של דבר לתיק של מלחמת העולם הראשונה. רוב המסמכים הקשורים למלחמה נמצאים בתיק 763.72. הם רוכזו ב־518 גלילים של מיקרופילם (M367), ועוסקים בתקופה שבין 1910 ל־1929. כל הרשומות בתיקים 867 ו־867N לתקופה שבין 1910 ל־1929 נמצאים גם הם במיקרופילם (M353, 88 גלילים).

כל מסמך מזוהה על ידי מספר תיק עשרוני, ואחריו קו נטוי (/) ומספר המסמך או הנספח הספציפי, הממוספרים בסדר עוקב בכל תיק החל מ־1906 ועד 30 ביוני 1944. כלי העזר העיקרי למציאת מסמכים באמצעות שיטה זו הוא רשומה, שהיא רשימת המסמכים בכל תיק, ואותה ניתן למצוא ב־654 גלילים של מיקרופילם (M973). חוץ מזה יש גם כרטסת המשמשת למציאת תיקים בנושאים הרלוונטיים.

מסמכים הנוגעים לתגובתה של אמריקה על הצהרת בלפור נמצאים בתיק "סיום המלחמה" (763.72119) ובתיק ממשלת ארץ־ישראל (867N.01). תיק גדול אחר (367N.11) כולל מסמכים הקשורים להגנת אזרחי אמריקה בארץ־ישראל.

אחד התיקים העשרוניים הגדולים והחשובים ביותר עוסק בממשלת ארץ־ישראל (867N.01) ומכיל כ־300 מסמכים עד סוף שנת 1922, רובם דו"חות מירושלים ובריטניה, וכן תכתובת ציבורית רבה המתייחסת להצעת המנדט הבריטי על ארץ־ישראל. בין המסמכים נמצא את החלטתו של בית המחוקקים של מדינת קונטיקט, התומכת בפיתוחה של ארץ־ישראל לקראת הקמתה של מדינה יהודית, ופנייה של ציר בית הנבחרים אדולף ג' סבת (Adolph J. Sabath) לקבלת עותק של דו"ח על התנועה המהפכנית לכינונו של שלטון גזעני בעולם של קיצונים יהודים.

הציונים האמריקנים היו מעורבים לא רק בתנועה להקמת מדינה יהודית בארץ־ישראל, אלא גם בפעולות לטובת אחיהם שברוסיה. מסמכים הנוגעים לציונות מתויקים בשני תיקים. התיק הנוגע לעניינים פוליטיים ברוסיה כולל דו"ח מדהים הנקרא "בולשוויזם ויהדות" (861.00/5399), המסתמך על המסמך המזויף וחסר היסוד "הפרוטוקולים של זקני ציון". הדו"ח אומר, כי ההכרה במדינה יהודית בארץ־ישראל, השגת מדינה יהודית ברוסיה בהנהגת הבולשוויקים, והקמתן בעתיד הקרוב של מדינות יהודים בגרמניה ובאוסטריה – הן רק הצעד הראשון לקראת שלטון יהודי בעולם.

מסמכים של שירותי הביטחון האמריקניים הנוגעים לציונות נמצאים יחד עם תעודות של משרד היועץ המשפטי ומשרד ראש השירות המיוחד במחלקת המדינה (חטיבה 59). בין התיקים העוסקים בנושאים האלה נמצאים, לדוגמה, דו"חות של הסוכן המיוחד ויליאם ייל (William Yale) מאוקטובר 1917 ועד מארס 1919, על סיוריו ברחבי המזרח התיכון, בייחוד בסוריה, בארץ־ישראל ובסעודיה. תיק אחר כולל כמה עותקים של "הפרוטוקולים של זקני ציון".

מסמכים שנשמרו בקונסוליה בירושלים אחרי 1912 (חטיבה 84), תויקו גם הם על פי נושאים בשיטה שונה מעט משיטת התיוק העשרוני. הקטגוריות העיקריות – הספרה הראשונה – זהות, אבל במערכת הזאת חסרות הספרות המציינות את המדינות השונות. תיק 800 מתייחס אפוא לעניינים פוליטיים ותיק 801 – לממשלת ארץ־ישראל. תעודות בתיקי הקונסוליה נכרכו על פי השנים, בסך הכול – שלושים וחמישה כרכים הכוללים חומר על התקופה שבין 1914 ועד 1921, מהם שמונה כרכים לשנת 1916, שלושה כרכים לשנת 1917 ולשנת 1919, ואף לא כרך אחד לשנת 1918, משום שבאותה שנה היה משרד הקונסול בירושלים סגור.

זמן קצר לאחר שהצטרפה ארצות־הברית למלחמה הזמין אדוארד מ' הואס (Edward M. House), לבקשתו של הנשיא וילסון, קבוצה של מומחים כדי שיאספו חומר על בעיות גיאוגרפיות, אתנולוגיות, היסטוריות, כלכליות ופוליטיות באירופה ובאזורים אחרים של העולם, בתורת הכנה לוועידת השלום שעתידה היתה להתכנס בקרוב. ועדת מומחים זו, שנודעה בשם "החקירה" (the inquiry), ניהלה חקירות מספר, רבות מהן קשורות למזרח התיכון, ואספה חומר רב על גבולות לאומיים.

האוסף הגדול ביותר של מסמכי ה"חקירה" הוא סדרה של דו"חות ומחקרים מיוחדים (חטיבה 256). רשימה של הדו"חות האלה נמצאת בנספח 2 של רשימת המצאי של "מסמכים של הוועדה האמריקנית למשא־ומתן לשלום" (American Commission to Negotiate Peace), שאספה סנדרה ק' רנגל (Sandra K. Rangel) ופרסמה בשנת 1974. בין התעודות המתייחסות לארץ־ישראל נמצא: "דו"ח על הגיאוגרפיה, ההיסטוריה, האתנולוגיה, הדתות, הכלכלה, חיי היום־יום והממשל של ארץ־ישראל" שכתב לואיס ביילס פטון (Lewis Bayles Paton); "ארץ־ישראל" שכתב דוד מגי (David Magie); "ארץ־ישראל והלאומיות היהודית" (ללא שם המחבר); ו"גבולותיה של ארץ־ישראל" שכתב אהרון אהרונסון. בין הדו"חות המעניינים האחרים יש גם "דו"ח על הציונות" שכתב א"ג' קמפבל (O. J. Campbell), פרופסור באוניברסיטת פרינסטון.

התיקים הכוללים התכתבויות של ה"חקירה" מסודרים בסדר אלפביתי על פי שם המכותב. בתיק של קמפבל, למשל, יש ביקורת אנונימית על הדו"ח שכתב על הציונות, ועל פיה יש לגנוז את הדו"ח ולהשעות את קמפבל "מכל קשר עם ה'חקירה'". תיק ההתכתבות הקשורה לוועד הציוני (Zionist Committee) כולל חליפת מכתבים בין ישעיה באומן (Isaiah Bowman) לנלי שטראוס (Nellie Straus), המזכירה של הסתדרות ציוני אמריקה.

בדצמבר 1918 התמזגה ה"חקירה" עם מחלקת המודיעין של הוועד האמריקני למשא־ומתן

לשלום, ו־23 חברי ה"חקירה" ליוו את הנשיא וילסון ואת שאר חברי המשלחת האמריקנית לוועידת השלום בפריס. תעודות של הוועדה האמריקנית לוועידת השלום (חטיבה 256) מרוכזות ב־537 כרכים, הנמצאים גם במיקרופילם (M820). התעודות מסודרות על פי מיון עשרוני שקבעה מחלקת המדינה. כלי העזר ההכרחי לחקר תעודות אלה הוא כרטסת שהכין שנים אחר כך צוות ועידת השלום (Peace Conference Section) של האגף לתקשורת ותיעוד (Division of Communications and Records) של מחלקת המדינה. לכל מסמך יש כרטיס (לעתים לכל פסקה מפרוטוקול הישיבה), הכולל מידע על הנושא, מספר עשרוני של התיק, תאריך, סוג המסמך ומספר זיהוי של המסמך.

תשעים כרטיסים מתייחסים ל"ארץ־ישראל", רובם – למסמכים בתיק 185.5137 העוסק ב"הסכם השלום עם טורקיה; סעיפים פוליטיים; סוריה, ארם נהריים, ארץ־ישראל". החומר הזה כרוך בשלושה כרכים. כדי להדגים את הכרטסת המפורטת: תיק 180.03101/48 הוא הפרוטוקול של פגישת "חמש הגדולות" (Big Five) מיום 27 בפברואר 1919, שבה הציגו נציגי ההסתדרות הציונית את העניין הציוני. תיק 180.03401/101 הוא פרוטוקול של פגישת "ועדת הארבעה" (Council of Four) מיום 20 במארס 1919, שבה נדונה שאלת ארץ־ישראל (עמ' 5 פסקה 1, עמ' 7 שורה 9 ועמ' 9 פסקה 1).

תיק 185.112/1 כולל את ההמלצות הסופיות של אגף המודיעין של המשלחת האמריקנית הנוגעות לארץ־ישראל: יש לייסד מדינה נפרדת, בחסותה של בריטניה שיוענק לה מנדט מטעם חבר הלאומים; "היהודים יוזמנו לחזור לארץ־ישראל ולהתיישב בה", ו"מדיניותו של חבר הלאומים תהיה להכיר בארץ־ישראל בתורת מדינה יהודית מיד כאשר תהיה מדינה יהודית בפועל".

תיק 867N.00 כולל עצומה אנטי־ציונית, חתומה בידי 299 נכבדים מיהודי אמריקה, הדוחים את רעיון הפיכתה של ארץ־ישראל למדינה יהודית. במזכר המצורף לעצומה הזאת סיכם ו"ל וסטרמן (W. L. Westermann; איש שירות החוץ האמריקני שהיה קשור לוועדת קינג־קריין [King-Crane]) וקבע, כי הטיעון של חותמי העצומה נגד הציונות אינו משכנע, והשקפותיהם של הציונים ושל האנטי־ציונים בנוגע לעתידה של ארץ־ישראל אינן שונות כל כך זו מזו. מה שחשוב הוא, כך חשב, שהצהרת בלפור פוגעת בזכויותיהם של רוב הערבים בארץ־ישראל, שאינם רוצים שארצם תהפוך לבית לאומי של היהודים, והיא נוגדת את שאיפותיהם. מסמכיה של ועדת קינג־קריין לחקירת המצב בארץ־ישראל וסוריה נמצאים בתיק 181.91, הכולל התכתבויות הנוגעות למשימתה של הוועדה, דו"חות, והפניה למסמכים שקשורים לנושא ונמצאים בתיקים אחרים.

כאשר חזר הנשיא וילסון לארצות־הברית באמצע ועידת השלום, נפגש עם משלחת יהודית, שבראשה עמד השופט ג'וליאן ו' מאק (Julian W. Mack) משיקגו. המשלחת ביקשה ממנו להבהיר למה התכוון בהצהרתו, שממנה ניתן היה להבין כי הממשל והעם האמריקני הסכימו שיש ליצור בארץ־ישראל את הבסיס להקמת קהילייה (commonwealth) יהודית. כפי שעולה מן הפרוטוקול של ישיבת שאר חברי המשלחת לוועידת השלום, רוברט לנסינג (Robert Lansing), הנרי וייט (Henry White) וטסקר בליס (Tasker Bliss), ב־12 באפריל 1919 (184.00101/49), עוררה הצהרתו של וילסון תדהמה בפריס. ההצהרה פורסמה בעיתונות המצרית, והנציגים האמריקנים ביקשו להכחישה נמרצות, משום שחשו שהצהרתו של וילסון מרחיקת לכת יותר מהצהרת בלפור. וילסון טען שלא אמר בדיוק את המילים שיוחסו לו, ואיש לא טען שאמרן, אך אמר את עצם הדברים, וכל כוונתו היתה שארצות־הברית מסכימה לעמדה הבריטית. בעקבות התשובה העמומה הזאת החליטו הנציגים האמריקנים שמוטב לא לפרסם תגובות נוספות בעניין.

בגלל המעורבות האמריקנית במלחמת העולם הראשונה כוללים גם מסמכים של סוכנויות אחרות של הממשלה הפדרלית בתקופה זו חומר המתייחס לארץ־ישראל. בין המסמכים הצבאיים נמצאים, למשל, תיקי הביון (G–2) של המטה הכללי של חיל המשלוח (American Expeditionary Force General Headquarters) – שהם חלק מתעודות ה־AEF (חטיבה 120) – הכוללים דו"חות מודיעין על סוריה וארץ־ישראל. נוכחותו של הצי האמריקני בחלק המזרחי של הים התיכון מתוארת בסרט של הצי, הנמצא במחלקה האור־קולית של הארכיון: "הצי שלנו במזרח הקרוב". הסרט, שהופץ בשנת 1922, מראה משחתות מלחמה אמריקניות מבקרות בנמלי האזור, ואת חברי הצוות מבקרים במסגדים וכנסיות בבית לחם ונהנים ממירוצי גמלים בדמשק.

הציונות עניינה גם את משרד המשפטים. התיקים המרכזיים (חטיבה 60), למשל, כוללים מכתב מן השופט מאק אל התובע הכללי, מ־18 בנובמבר 1918, המוחה על פרסום מסמך ובו האשמות חמורות כנגד הסתדרות ציוני אמריקה. מבלי לתאר את המסמך, טוען מאק כי "המקור הרוסי הוא זיוף ברור". נראה כי התכוון ל"פרוטוקולים של זקני ציון". התובע הכללי השיב כי אין לו מושג באיזה מסמך מדובר, וביקש מידע נוסף.

המחלקה הקרטוגרפית של הארכיון כוללת למעלה מ־1.5 מיליון מפות ותרשימים וכ־2 מיליון צילומי אוויר. אמצעי העזר של המחלקה כוללים ספר הדרכה לתעודות הקרטוגרפיות בארכיון הלאומי ופנקס הפניות ובו רשימה של המפות של המזרח התיכון.

ועידת השלום בוורסאי בשנת 1919 היתה אחד האירועים החשובים ביותר שבהם היתה לחוות הדעת של המומחים לגיאוגרפיה ולקרטוגרפיה השפעה ניכרת על ניהול מדיניות החוץ של ארצות־הברית. המסמכים של "החקירה" כוללים למעלה מ־1,100 מפות, שהתחקיר והביצוע שלהן הופקדו בידי קבוצה של מומחים ידועי שם במדעי החברה. המפות מציגות כמעט כל תופעה הניתנת להצגה בעזרת מפה ועשויה להיות רלוונטית לחלוקה הטריטוריאלית החדשה של העולם לאחר המלחמה, מתוך דגש מיוחד על התפוצה האתנית, הדתית והלשונית של האוכלוסיות, וכן גבולות פוליטיים קיימים והצעות לגבולות עתידיים. בין המפות הנוגעות לארץ־ישראל נמצאת מפה בסיסית המלווה בהערות ומציינת את הגבולות המוצעים למדינה היהודית והסורית ואת מיקומן של המושבות החקלאיות של היהודים.

אוסף מפות גדול אחר הוא האוסף של מחלקת המלחמה בממשל האמריקני (חטיבה 77), הכולל מפה צבאית של מסלול ההתקדמות של הגנרל אלנבי בארץ־ישראל בחודשים אוקטובר– דצמבר 1917, וכן מפות דרכים משנת 1918 של אזור חיפה, נצרת ויפו.

תקופת המנדט

קבוצת המסמכים החשובים ביותר הנוגעים לארץ־ישראל בתקופה שבין 1922 ל־1939 הם המסמכים הכלולים בתיק העשרוני של מחלקת המדינה (חטיבה 59). ואף על פי שהמסמכים בכל תיק עשרוני ממוספרים כסדרם, חולק כל תיק לשניים בסוף 1929 ובסוף 1939 כדי לשפר את תהליך העברתם לארכיון הלאומי.

כל המסמכים עד 1929 בתיק שמספרו 867N נמצאים על גלילי המיקרופילם 79–88, ורשימת המצאי נמצאת בגליל 3 של M353. החלק העיקרי של התיק, ממשלת ארץ־ישראל (867N.01), כולל 509 מסמכים על התנועה הציונית, מדיניות המנדט הבריטי ועל ההסכם בין בריטניה הגדולה לארצות־הברית בנוגע לשטח המנדט הבריטי בארץ־ישראל משנת 1924. בשנת 1922, כשהחל

המנדט הבריטי על ארץ־ישראל, מלמדים הדו"חות של הקונסול בירושלים, שרובם מתויקים בתיק "התנאים הפוליטיים בארץ־ישראל" (867N.00), כי "המהומות שציפו להם בעת אשרור המנדט לא התקיימו". אחר כך נפתח תיק נפרד (867N.404, הכותל המערבי) להתכתבויות העוסקות בהתנגשויות שבין יהודים לערבים־מוסלמים בעקבות אירועים והפרות סדר בכותל המערבי בירושלים.

תיק עשרוני 867N, המתייחס לתקופה שבין 1930–1939, נמצא ב־22 קופסאות. חלקיו העיקריים הם: עניינים פוליטיים בארץ־ישראל (867N.00), 550 פריטים; ממשלת ארץ־ישראל (867N.01), 117 פריטים; בעיות בין־עדתיות בין יהודים לערבים (867N.404 הכותל המערבי), 52 פריטים; התיישבות יהודית בארץ־ישראל (867N.25) 8 פריטים; הגירה לארץ־ישראל (867N.55), 183 פריטים; ו־179 פריטים בתיק העיתונות (867N.9111), הכולל דיווחים דו־חודשיים ובהם סקרים על העיתונות המקומית בירושלים, ריאיונות עם בעלי תפקידים ציבוריים והבעת דעות אישיות. רשימת המצאי לתיק 867N לתקופה זו נמצאת במיקרופילם, גלילים 418–419 של M973.

המסמכים של המשרד הקונסולרי בירושלים (חטיבה 84) לתקופה שבין 1922 ל־1935 הם ברובם העתקים של המסמכים השמורים בתיק המרכזי בוושינגטון, אך כלולה בהם גם התכתבות ענפה עם אזרחים פרטיים בעניין עידוד המסחר. את התכתובת הזאת אין למצוא בשום מקום אחר. המסמכים מארבע־עשרה השנים הללו כרוכים ב־110 כרכים, מארבעה כרכים לשנת 1923 ועד שבעה־עשר כרכים לשנת 1934. התכתובת הפנימית של התקופה הזאת כרוכה בשישה כרכים. כמו כן קיימים חמישה כרכים של התכתבויות שונות ושל מסמכים הנוגעים לנכסים ולבית הדין הקונסולרי לשנים 1891–1935.

משנת 1925 ואילך החל האגף לענייני מסחר של מחלקת המדינה לשמור בארכיון נפרד את דו"חות המסחר הקונסולריים (חטיבה 59). התיקים אלה, לשנים 1925–1950, מסודרים בסדר כרונולוגי על פי שנים, ובכל שנה בסדר אלפביתי על פי הקונסוליות הנדונות. לתקופה שבין 1925 עד 1942, יש כ־230 מטר של מסמכים, ו־681 גלילים של מיקרופילם לתקופה שבין 1943–1950. לשנת 1939, למשל, קיימים שני תיקים עבים של דו"חות מסחריים מן הקונסוליה בירושלים, בכלל זה דו"חות כלכליים דו־שבועיים, כשלושה דפים כל אחד, המבוססים על דיווחי הממשלה, העיתונות המקומית ותצפיות אישיות, וכן סקירה שנתית של המסחר והתעשייה במחוז הקונסולרי. בין הדו"חות המיוחדים יש למשל דו"ח בדבר "השוק למכונות וציוד משרדי בארץ־ישראל בשנת 1938", ו"יוקר המחיה של האמריקנים בארץ־ישראל".

סדרה דומה של דו"חות קונסולריים העוסקים בפוליטיקה נדרשת לשנים 1925–1935. גם הם מסודרים כרונולוגית על פי שנים, ובתוך כל שנה בסדר אלפביתי על פי הקונסוליות הנידונות. הדו"חות מירושלים משנת 1929 כוללים בין היתר את הדו"ח בדבר "מאורעות אוגוסט 1929 בארץ־ישראל", "משבר פוליטי בארץ־ישראל" ו"השביתה הערבית הכללית".

מן הימים ההם יש גם מסמכים רבים של המודיעין הצבאי הקשורים לארץ־ישראל. מסמכי הביון הצבאי, שהם חלק מ"מדור המודיעין הצבאי, המטה הכללי של מחלקת המלחמה" (Military Intelligence Division, War Department General Staff; חטיבה 165), כוללים בעיקר דו"חות ששיגרו הנספחים הצבאיים בטורקיה ובבריטניה. לעומת זאת, התיק הכללי המסומן ב־HH–2657, תנאים פוליטיים בארץ־ישראל, ותיק 2658, תיק כללי על ארץ־ישראל, כוללים גם דו"חות מודיעין על הודו. קיים גם תיק אזורי, 1933–1944, בעניין ארץ־ישראל, הנמצא

בשש־עשרה קופסאות, וכולל דו"חות מודיעין שסיווגם בוטל, והם מסודרים על פי נושאים לפי ובשיטת התיוק העשרונית G–2. מסמכי המודיעין הימי, שהם חלק ממסמכי משרד מפקד הצי (Office of the Chief of Naval Operations; חטיבה 38), מסודרים על פי מספור אלפאנומרי, ובתוכם – על פי מספור סדרתי. אין כאן מפתח נושאי, אבל קיימות רשימות של המסמכים בתיקים השונים. תיק C–10–F 20402, למשל, כולל דו"חות על התנאים הפוליטיים בארץ־ישראל ועל תכניות החלוקה בשנים 1930–1938.

מסמכי הסנט של ארצות־הברית (חטיבה 46) ושל בית הנבחרים (חטיבה 233) מהווים אוסף מיוחד של מסמכים בארכיון הלאומי. בתורת מסמכים של הזרוע המחוקקת של הממשל חלים עליהם חוקים שונים מאלה החלים על מסמכים אחרים בארכיון הלאומי, שהם מסמכים של הזרוע המבצעת. כל המסמכים של בית הנבחרים, למשל, שלא פורסמו, מוגבלים לצמיתות, ואי־אפשר לעיין בהם בלא אישור של מזכיר בית הנבחרים.

בשנת 1922 אישר הקונגרס הצעת החלטה משותפת שתמכה בהקמת בית לאומי לעם היהודי בארץ־ישראל, ומסמכי ועדת יחסי החוץ של הסנט כוללים מספר רב של עצומות בעניין זה. מועדון רוטרי של סו סנט מארי (Sault Ste. Marie) במישיגן, למשל, שלח אל הסנט עותק של החלטה שקיבל, ובה הביע התנגדות לרדיפת היהודים בארצות זרות; סניפים של הליגה הלאומית לארץ־ישראל (Palestine National League) משיקגו, מניו יורק, מינגסטאון, מסנט. פול וממילווקי שלחו מסרים ובהם הביעו התנגדות לאימוץ החלטת הקונגרס.

אפילו למשרד החקלאות היה עניין בארץ־ישראל. בשנים 1939 ו־1940 סייר וולטר ק' לאודרמילק (Walter C. Lowdermilk), ראש מחלקת המחקר בשירות שמירת הטבע (Social Conservation Service), וקיים תצפיות על השימוש באדמה, שימור הקרקע והמים בארץ־ישראל, עבר הירדן וסוריה. באחד ממכתביו (חטיבה 114), הביע את רצונו לבחון את "הבעיות של שינויי מזג אוויר ושל החקלאות, העתיקה והמודרנית, בחלק זה של העולם". הוא קיווה שיהיה ביכולתו לקבוע "מה יהיה גורלה ועתידה של החקלאות" בארץ־ישראל, אבל נתקל בתנאים קשים.

> כל סיורינו מתקיימים תחת שמירה. ליווי של מכונית משורינת, שצוידה במכונות ירייה והיתה מאוישת בצלפים חמושים ברובים הבהיר לנו את חומרתו של המצב בארץ־ישראל, אף שהיינו חסרי סבלנות כלפי כל ניסיון לעכבנו מלערוך סיורים רבים ככל האפשר. הייתם משתעשעים לו ראיתם אותנו מלווים בשני אנשים חמושים ברובים כשביקשנו לקחת דגימת קרקע או לצלם טרסה.

מסמכי המשרד לייבוש הקרקע (Bureau of Reclamation; חטיבה 115) כוללים תיק הפניה לחומר רקע על ארץ־ישראל, המסייע להשוואה בין פרוייקטים אמריקניים ובין הניסיון שנצבר בארץ־ישראל. התיק כולל עותק של דו"ח מדצמבר 1927 שכותרתו "התיישבות חקלאית בארץ־ישראל", שכתבה ועדת ייעוץ בראשותו של אלווד מיד (Elwood Mead), ודו"ח מאת א"ת סטראהורן (A. T. Strahorn), "מחקר על טיב הקרקעות בארץ־ישראל", משנת 1927, ובו כמה צילומים המוחזקים כיום במחלקה האור־קולית של הארכיון. אלה הם צילומים של קציר, מחלבות, תעלות השקיה ותחנות שאיבה בארץ־ישראל. התיק כולל גם קטעים מעיתונים וכתבי־עת אמריקניים על השקיה וייבוש קרקעות בארץ־ישראל.

בין מסמכי ועד הספנות האמריקני (United States Shipping Board; חטיבה 32) יש מכתבים ותזכורות משנות העשרים של המאה הזו, המתייחסים להצעת המכירה של הספינות *Mount Clay*,

לחברת הספנות "קו אמריקה–ארץ־ישראל בע"מ" *President Arthur*־ו *President Fillmore* (American Palestine Line, Inc.), לשם הסעת יהודים לארץ־ישראל ולסחר חופים.

מלחמת העולם השנייה ואחריה

המסמכים המתייחסים לתקופה שבין 1940–1944 מסודרים בשיטה העשרונית של מחלקת המדינה ומספרם 867N (חטיבה 59), והם מכונסים בשלוש־עשרה קופסאות. עיקר החומר נמצא בשלושה תיקים: תיק "בעיות מדיניות בארץ־ישראל" (867N.00), ובו 113 פריטים, בכללם דו"ח מיום 31 במאי 1944, שכתב ויליאם ייל (William Yale) על ההצגה המוקדמת של מסמכים בעניין ארץ־ישראל לפני ועדת התכנון שלאחר המלחמה; תיק "ממשלת ארץ־ישראל" (867N.01), ובו 695 פריטים, בכללם רשימת מצאי על פני שמונים ושבעה דפים; וכן תיק "נהלים המסדירים את זכות המגורים, המסחר ואפשרויות התנועה בארץ־ישראל" (867N.111), ובו 54 פריטים. בתיק זה יש, למשל, מסמך המפנה למברק מטהרן הנמצא בתיק אחר (890G.111/46), ומדווח כי שלטונות עירק סירבו לאשר אשרות מעבר מאירן לארץ־ישראל ל־700 ילדים ו־100 מבוגרים יהודים מפולין; הוצע כי ממשלת ארצות־הברית תספק אמצעי תחבורה אוויריים, במחיר מסחרי, כדי שיוכלו לטוס ישירות מאירן לארץ־ישראל. תיקים גדולים אחרים מן השנים 1940–1944 הם "בעיות צבא בארץ־ישראל" (867N.20) ובו 165 פריטים שרובם עוסקים בהקמת צבא יהודי בארץ־ישראל; "בעיות העדה היהודית בארץ־ישראל" (Race Problems of Jews in Palestine; 867N.4016), 50 פריטים; ותיק מספר 867N.55, "הגירה לארץ־ישראל", 70 פריטים. רשימת התוכן לתיק 867N לשנים 1940–1944 נמצאת על גבי מיקרופילם בגלילים 597 ו־652 ב־M973.

בתיוק העשרוני לשנים 1945–1949 נמצאים המסמכים הקשורים לארץ־ישראל בעיקר בשני תיקים. תיק מספר 867N מרוכז בשלושים־ושמונה קופסאות, ועוסק בעיקרו בסכסוך הערבי–הציוני לגבי מעמדה העתידי של ארץ־ישראל. תיק מספר 501.BB, "ארץ־ישראל" (Palestine), כולל מסמכים הקשורים לשאלת ארץ־ישראל באומות המאוחדות, ונמצא בחמש־עשרה קופסאות. הביקוש למסמכים אלה גדול כל כך, עד שחוקרים המבקשים לעיין בהם צריכים להירשם ברשימת המתנה.

מעטים הם המסמכים של הקונסוליות של מחלקת המדינה בארץ־ישראל מתקופת מלחמת העולם השנייה (חטיבה 84). המסמכים של הקונסוליה בביירות הם מן השנים 1936–1949, אך המסמכים מחיפה, תל־אביב וירושלים הם משנת 1948 ואילך בלבד. מסמכים של הקונסוליה בירושלים, למשל, מן השנים 1948–1953, היקפם כשני מטרים בלבד.

משרד המידע על אודות המלחמה (Office of War Information; חטיבה 208) תכנן והוציא אל הפועל בזמן מלחמת העולם השנייה תוכניות להפצת מידע בארצות־הברית ומחוצה לה על התקדמות המלחמה והמדיניות האמריקנית, פעולותיה ומטרותיה. בין המסמכים של המחלקה לפעולות מעבר לים מפוזרים דו"חות של משרדי המחלקה וחומר תעמולה מגוון הקשור להתיישבות המחודשת של היהודים בארץ־ישראל, ולעמדה האמריקנית בשאלת ארץ־ישראל. בין המסמכים של המחלקה לפעולות פנימיות, שקיבלה עליה רבים מתפקידיו של המשרד לדו"חות הממשלה (Office of Government Reports) ושל המשרד לעובדות ומספרים (Office of Facts and Figures), נמצא תיק גדול הכולל גזרי עיתונות מכמה מאות עיתונים מכל רחבי ארצות־הברית.

סוכנות אחרת הקשורה למלחמה, המשרד לשירותים אסטרטגיים (Office of Strategic Services), יצרה כרטסת מורכבת כדי לקטלג את המסמכים שברשותה (חטיבה 226). למעלה מ־900,000 כרטיסים המסודרים על פי מדינות, וכל מדינה על פי מספר הנושא: 0 – כללי, 1 – פוליטי, 2 – כלכלי, 3 – צבאי, 4 – ימי, 5 – תעופתי, 6 – חברתי ופסיכולוגי, תעמולה, עיתונות, תנועת אוכלוסיות וכו׳, 7 – פעולות חתרניות. כל כרטיס כולל סיכום טוב של המסמך ומציין את מספר העמודים ואת תאריך חיבור המסמך. התעודות של המשרד לשירותים אסטרטגיים משקפות את התקוות ואת הפחדים של יהודים וערבים בקשר לארץ־ישראל. כמה אלפי כרטיסים הקשורים לארץ־ישראל עומדים לרשותו של החוקר, אבל אסור להעתיק אותם; יש לבדוק כל מסמך בנפרד, כדי לוודא שאכן ניתן לבטל את סיווגו. דו"חות המודיעין הנמצאים במסמכי המשרד לשירות אסטרטגי כוללים מגוון רחב של נתונים על יחידים, קבוצות, פעולות פוליטיות, מידע כלכלי ונושאים חברתיים ופסיכולוגיים.

אחד מכרטיסי הסימוכין בתיק 1.1 "ארץ־ישראל" (Palestine) מתייחס למסמך 26607 C, מזכר בן תשעה עמודים על הבעיה היהודית–הערבית ושאלת ארץ־ישראל, שכתב פרנסיס קטנה (Francis Kettaneh), ב־12 בינואר 1943. והנה תמצית הדברים:

> המוסלמים ידידותיים כלפי ארצות־הברית, אך התעמולה הגרמנית שכנעה אותם כי ארצות־הברית, הנשלטת בידי יהודים, תומכת בתנועה הציונית בארץ־ישראל. ניסיונה של אנגליה במלחמה האחרונה לפייס את היהודים ואת הערבים כאחד, לא עוררה אלא איבה בשתי הקבוצות. התכנית הציונית של ארץ־ישראל יהודית, והתכנית של גיב (Gibb) להקמת פדרציה של מדינות ערביות, אינן בנות ביצוע. שטחה של ארץ־ישראל אינו מתאים ליישובה של אוכלוסייה גדולה, וגם המוסלמים וגם הנוצרים מתנגדים שמדינה יהודית תשלוט על המקומות הקדושים להם בארץ־ישראל. עדיף לתת ליהודים מושבה באפריקה שבה לא ינשלו איש מאדמתו.

מסמך 77600 C הוא דיווח על שיחה עם משה שרתוק [שרת], איש הסוכנות היהודית, ב־1 ביוני 1944.

> שרתוק חש כי הבריטים משתמשים במלחמה כתירוץ לדחיית התיישבות בארץ־ישראל. יהודים אחראים לא יפעילו לחץ בנושא הזה בשעה זו, ויעשו כל שביכולתם לתמוך בבעלות הברית, אך הם מעוניינים בעלייה בלתי מוגבלת. אם תקום אי־פעם פדרציה ערבית, תצטרף אליה ארץ־ישראל [היהודית] אם תכיר הפדרציה במעמדה של ארץ־ישראל כמדינה יהודית. שרתוק סירב להכיר באינטרסים הרוסיים בארץ־ישראל, ולמעשה נראה היה כי הוא חושש מהם. כמו כן הכחיש בתוקף את הטענה שלאחר המלחמה יבקשו יהודים רבים לעזוב את ארץ־ישראל ולחזור לארצות מוצאם.

סיכום המסמך 61726 S, דיווח בן חמישים־ושישה עמודים מ־2 במארס 1944 שכותרתו "מעמדו של הספר הלבן על ארץ־ישראל וסיכויי ביצועו":

> הספר הלבן מ־17 במאי 1939 הוא פשרה שלא סיפקה לא את היהודים ולא את הערבים... יוקרתם של הבריטים בקרב הערבים גבוהה, אך אף מנהיג ערבי לא אימץ את המדיניות הבריטית, וההתנגדות היהודית היא עזה. בסוף המלחמה יהיה צורך לערוך הסכם תלת־צדדי לשינוי המצב.

במסמך מספר 32990 C, בן ארבעה עמודים, מ־9 באפריל 1943, נאמר כי "יש לצפות שעם תום המלחמה הזאת תפרוץ בארץ־ישראל מלחמת אזרחים. היהודים והערבים חמושים היטב, וכבר פרצו ביניהם מעשי איבה. יחסן של בריטניה וארצות־הברית לשאלה נידון עתה".

זרוע המחקר והניתוח של המשרד לשירותים אסטרטגיים הכינה אלפי דו"חות במהלך המלחמה, על מגוון נושאים, והם מסודרים על פי מספר הדו"ח. לאחר המלחמה הועברו אנשי הזרוע הזאת למחלקת המדינה, וסדרת הדו"חות הממוספרים שהוכנה במשרד המודיעין והמחקר ב־1961 הועברה לארכיון הלאומי (חטיבה 59). כרטסת המסודרת על פי מדינות ונושאים משמשת כלי עזר לחיפוש. בין הדו"חות: "מעמדו וסיכוייו של הספר הלבן" (1666), מ־2 במארס 1944; "בעיות של עלייה יהודית לארץ־ישראל" (2409), מ־4 באוקטובר 1944; "מטרותיו של הארגון הצבאי הלאומי ופעולותיו" (2612), 13 באוקטובר 1944; וכן "מטרותיה ופעולותיה של קבוצת שטרן [לח"י] בארץ־ישראל" (2717), 1 בדצמבר 1948.

קיים שפע רב של מסמכים צבאיים מתקופת מלחמת העולם השנייה, ואפשר למצוא מסמכים הנוגעים לארץ־ישראל בתיקים רבים ושונים. מסמכי המטכ"ל (חטיבה 319) כוללים מסמכים של משרד עוזר הרמטכ"ל, מודיעין, G–2, 1939–1945, בסך הכול יותר מ־2,800 מטר של תיקים ויותר מ־1,000 גלילים של מיקרופילם. מסמכי המודיעין (ID), 1942–1954, כוללים קובץ של דו"חות מודיעין על בעיית ארץ־ישראל. הכרטסת של תיק זה, שהוא עדיין מסווג, משמשת כלי עזר בסיסי לחיפוש. בכל כרטיס רשומים בין 1 ל־20 דו"חות מודיעין על פי נושא, תאריך ומקור (אחת מכמה סוכנויות הביון).

בין המסמכים של מחלקת התכנון המבצעי של המטה הכללי במחלקת המלחמה (Operations Plans Divisions of the War Department General Staff; חטיבה 165) נמצא תיק מספר 091 לארץ־ישראל, 1942–1945, הכולל דו"חות ממקורות שונים על הנושאים האלה: "הצהרה משותפת של הממשלות האמריקנית והבריטית בנוגע לארץ־ישראל"; "ועדת חירום להצלת יהודי אירופה"; "דו"ח הנדסה אסטרטגית מספר 70 – ארץ־ישראל ועבר הירדן"; וכן "בקשה לאישור חופשות מלאות או חלקיות של קצינים וחיילים בארץ־ישראל".

מסמכים של מזכיר הצי ג'יימס ו' פורסטל (James V. Forrestal) כוללים תיק התכתבות כללית לשנים 1940–1947, וגם כרטסת על פי נושאים בתורת כלי עזר בחיפוש. תיק מספר 45–2–81, למשל, כולל תזכיר מפורסטל לצוותו מיום 25 באפריל 1947. פורסטל ביקש סיכום קצר של חומר רקע עובדתי על ארץ־ישראל. הוא ידע שיש הרבה ספרים ודו"חות ארוכים בנושא, אך ביקש תקציר שיסקר את הצהרת בלפור ואת "הצהרת גריידי (Grady)" [דו"ח ועדת מוריסון–גריידי מ־1946]. בתשובה קיבל תזכיר בן שישה עמודים שכתב סגן אדמירל אדמונד ט' וולדרידג' (Edmund T. Wooldridge). הדעת נותנת שזהו המסמך האוהד היחיד בעניין האינטרסים של היהודים בארץ־ישראל שקרא פורסטל אי־פעם.

מסמכי משרדו של מזכיר משרד ההגנה (חטיבה 330) כוללים תיק של האגף למעקב אחר ההתכתבות של המזכיר האדמיניסטרטיבי (Correspondence Control Section of the Administrative Secretary). תיק זה כולל מכתבים ותזכירים שנכתבו בקיץ 1948 בדבר התוצאות האפשריות של מעורבות צבאית של ארצות־הברית כחלק מכוח הפיקוח על שביתת הנשק של האומות המאוחדות במזרח התיכון.

בין מסמכי הסנט של ארצות־הברית בארכיון הלאומי (חטיבה 46), כלול תיק הוועדה ליחסי חוץ הכולל תכתובת רבה של הקונגרס ה־78 וה־79, 1942–1946, בעניין הצעת החלטה שהגישו

הסנטורים רוברט טאפט (Robert Taft) ורוברט וגנר (Robert Wagner), החלטה המצדדת בהשבתה של ארץ־ישראל לעם היהודי.

כיום כבר לא מפיקים יומני חדשות קולנועיים, אך ניתן להחיות את ההיסטוריה על ידי יומני החדשות שהפיקו חברות מספר פעמים בשבוע בין השנים 1929–1967, והם מופקדים כעת בארכיון הלאומי. בין האירועים הבולטים בעולם שהונצחו ביומנים הללו נמצא גם את סיפורם של הפליטים היהודים שניסו לפרוץ את המצור הימי הבריטי ולהיכנס לארץ־ישראל ב־1946, וכן את סיפור מלחמות ישראל–ערב. החומר האור־קולי כולל גם סרט דוקומנטרי *March of Time* (מצעד הזמן), שכותרתו – "בעיית ארץ־ישראל". הסרט נוצר בשנת 1945 בידי המוסדות היהודיים הלאומיים ומנסה לתאר את תולדות התנועה למען הקמתה של מדינה יהודית בארץ־ישראל מאז מלחמת העולם הראשונה.

בכלל התיעוד המוקלט באוסף המתנות של הארכיון הלאומי (חטיבה 200) נמצאים נאומים של הנשיא אייזנהאואר בסעודת יובל ב־20 באוקטובר 1954, במלאת שלוש מאות שנים לבואם של היהודים הראשונים לאמריקה; על המשבר במצרים, 31 באוקטובר 1956; על המזרח התיכון, 5 בינואר 1957, ועל בעיית המזרח התיכון, 20 בפברואר 1957. נאומים מעניינים אחרים הם נאומה של גולדה מאיר במועדון העיתונות הלאומי, 1 במארס 1974, וכן ריאיונות עם אבא אבן, אז שגריר ישראל בארצות־הברית, ב־21 בספטמבר 1953, וב־14 במארס 1955. נוסף על כך קיימות הקלטות וידאו של חדשות CBS החל מ־1 באפריל 1974 ואילך.

אחד האוספים הגדולים ביותר במחלקת המפות של הארכיון הלאומי כולל מפות שהופקו במשרד הגיאוגרף של מחלקת המדינה. באוסף ישעיה בוומן יש סדרת מפות שעניינן ארץ־ישראל, הכוללת את המפות האלה: אדמות בבעלות יהודית, 1937; ארץ־ישראל, מאפייניה של ארץ חקלאית, מפה המראה גבעות, אדמת בור, עמקים ואת אוכלוסיית ירושלים וחיפה על פי ההשתייכות הדתית ב־1943; כמות המשקעים השנתית בארץ־ישראל ב־1943; ארץ־ישראל: הצעת ועדת החלוקה [ועדת פיל], 1938; ועוד. בין המפות באוסף של המשרד לשירותים אסטרטגיים כלולות מפות כלליות של המזרח הקרוב, וכן מפות ספציפיות של ארץ־ישראל, כל מפה על פי תת־חלוקה פוליטית.

תיקים רבים שהיו תיקים פנימיים של מחלקת המדינה הועברו לארכיון ומוחזקים בו בנפרד. אחד מהם כולל את תיקי הארגון הבין־לאומי (International Organization Files) של הרברט א' פירסט (Herbert A. Fierst) ותיקים, על פי נושאים, של העוזר המיוחד למנהל המשרד לענייני האומות המאוחדות (Office of United Nations Affairs; חטיבה 59). רשימה של כותרות התיקיות היא כלי העזר העיקרי למשתמש בתיקים האלה. אחת התיקיות "הגירה לישראל" (Imigration to Israel), כוללת מסמך אחד בלבד, שמן הראוי היה שיהיה בתיק המרכזי. זהו מזכר שכתב רוברט מק־קלינטוק (Robert McClintock) ב־3 ביוני 1948, ובו הוא מציין, שלאור החלטתה של מועצת הביטחון מ־29 במאי לגבי ארץ־ישראל, צריכה ארצות־הברית למנוע את הגירתם של "לוחמים" בכוח לארץ־ישראל (Palestine) או לכל ארץ אחרת באזור. הוא מציע להנחות את הגנרל קליי (Clay) בגרמניה שלא יאפשר לאנשים כאלה לצאת ממחנות העקורים. תיק פירסט כולל גם ארבע תיקיות של "ועדת החקירה האנגלו־אמריקנית לארץ־ישראל [מ־1946]" (Combined Anglo-American Committee on Palestine).

קבוצת תיקים נוספת שיש בה עניין מיוחד לידיעת יחסי אמריקה–ארץ־ישראל כוללת אחת־עשרה קופסאות של אוסף רסק–מק־קלינטוק. תיק אחר של מחלקת המדינה שיש בו עניין מיוחד

הוא הדו"ח על יחסי אמריקה–ארץ־ישראל, כולל אחד־עשר קופסאות של תיק רסק–מק־קלינטוק מן השנים 1947–1949. במהלך תקופה זו היו דין רסק (Dean Rusk) ורוברט מק־קלינטוק אחראים על השאלה הארץ־ישראלית באומות המאוחדות. כל אחד מהם החזיק תיק שכלל התכתבויות, תזכירים, מברקים, טיוטות וחומר נוסף הקשור לשאלת ארץ־ישראל, כולם מסודרים בסדר כרונולוגי. בכללם, למשל, התכתבות עם השופט ג'וזף מ' פרוסקאור (.Joseph M Proskauer), נשיא הוועד היהודי האמריקני (American Jewish Committee).

בתיק יש דוגמה מצוינת להערות פנימיות או תזכירים שרבים מהם כוללים מידע חשוב יותר מן המכתבים הרשמיים שאליהם הם מצורפים. ב־1 במארס 1948, למשל, הציג השופט פרוסקאור את עמדתו בשאלת החלוקה לפני תת־מזכיר המדינה רוברט לובט (Robert Lovett). נימת מכתבו מודגמת בציטטה הקצרה הזאת:

> נניח, לצורך הדיון, שמועצת הביטחון אינה יכולה להפעיל כוח כדי לכפות את החלוקה; עדיין יהיה ביכולתה להפעיל כוח כדי להפסיק את האלימות של אלה המשתמשים בכוח כדי למנוע את החלוקה. נניח, לצורך הדיון, ששום כוח של האומות המאוחדות לא יוכל לכפות על ערבי פלסטיני להסכים לחלוקה; עדיין כוח כזה יכול בלא ספק למנוע ממנו ומחבריו הערבים להשתמש באלימות המאיימת על שלום העולם. אני יודע שזהו "כאב ראש", אבל הדרך היחידה להיפטר מ"כאב הראש" הזה היא לעמוד נוכח המציאות כפי שהיא ולפעול בהעזה.

אל טיוטת התשובה צירף מק־קלינטוק הערה פואטית קצרה ללובט, המלמדת על דעתם האמיתית על הצעתו של פרוסקאור הרבה יותר מתשובתם הרשמית.*

Subject: Same Old Thing	הנושא: אותו עניין נושן.
Assuming, arguendo,	נניח, לצורך הדיון,
That a headache is an ache	שכאב ראש הוא כאב
Which will throb diminuendo	אשר ילך ויפחת
Once partition's not at stake,	כשהחלוקה תרד מעל הפרק.
Will there be no fresh crescendo	האם גם אז שאול ישאל
of Proskauerings to take	פרוסקאורינגס את שאלות התם?
Assuming, arguendo,	נניח, לצורך הדיון,
One can keep and eat the cake.	שניתן לאכול את העוגה ולהשאירה שלמה.

* הערת העורך: "ההערה הפואטית" של מק־קלינטוק נסמכת על הנוסח של מכתב מפרוסקאור ללובט מ־1 במארס 1948 המוזכר כאן. הנוסח המקורי של חלק זה ממכתב פרוסקאור הוא כדלקמן:

Assuming, arguendo, that the Security Council cannot use force to implement partition, it still remains true that it can use force to stop the violence of those who are using force to block partition. *Assuming, arguendo*, that no United Nations force can coerce a Palestinian Arab into agreeing to partition, it can surely, nonetheless, stop him and his fellow Arabs from using violence that threatens world peace. I know *there is a headache in this thing*, but the only way to get rid of that kind of headache is to face up to the situation and act boldly.

הרברט הובר וארץ הקודש:

מחקר ראשוני[1]

מבוסס על מסמכים מתוך ספריית הנשיא הובר

וילאם ד' בלנקס

במבט ראשון עשויים הספרייה והארכיון של הנשיא הרברט הובר (The Herbert Hoover Presidential Library and Archives) להיראות כמקור שאינו עשיר במיוחד בחומר הנוגע ליחסים בין אמריקה לארץ הקודש. הובר לא מילא תפקיד ציבורי בתקופת העלייה היהודית ההמונית לארץ־ישראל ובעשור רצוף המאבקים שהוביל לייסודה של מדינת ישראל ב־1948. ואולם לעתים קרובות אנו שוכחים את העובדה שהובר נשאר דמות ציבורית פעילה מאוד עד סמוך למותו ב־1964. החל מכניסתו לחיים הציבוריים ועד בערך 1962, ניהל הובר התכתבות ענפה מאוד בנושאים רבים הקשורים למדיניות הפנים ומדיניות החוץ של ארצות־הברית. די ברפרוף קל על פני המסמכים מן התקופה שאחרי נשיאותו כדי לסחרר את ראשו של הקורא הממוצע. ההשתאות רבה לא רק לנוכח רוחב היריעה ומגוון ההתעניינויות של הובר, אלא גם לנוכח מספרם העצום של האנשים והארגונים שביקשו את עזרתו והדרכתו לגבי בעיות ונושאים רבים.

בין הסוגיות הרבות שהעסיקו את הובר בשנים שבהן כיהן כנשיא ארצות־הברית (1928–1932) ועד ייסודה של מדינת ישראל, היתה ארץ־ישראל כבית לאומי ליהודים, ומאוחר יותר – גורלם של ערביי ארץ־ישראל. ב־1929 החל להתעניין בארץ־ישראל, בעוד שהתעניינותו בגורלם של ערביי ארץ־ישראל לבשה צורה בדמותה של "תוכנית הובר" לחידושה ושיפוצה של מערכת ההשקיה בעמק הפרת והחידקל ויישובם מחדש של ערביי ארץ־ישראל בעירק (המטרה היתה לפנות מקום בארץ־ישראל ליישובם של יהודים שנעקרו ממקומותיהם). "תוכנית הובר" פורסמה לראשונה ב־1945, אולם ישנם סימנים לכך שהובר בחן את הנושא מוקדם יותר.[2]

1 הצגתי את הדברים במכוון כ"מחקר ראשוני" בגלל הסיבות האלה: ראשית, המחקר מוגבל למסמכים ולחומר הארכיוני המצוי בספריית הנשיא הובר שבאייווה (West Branch ,Iowa). שנית, כוונתי במאמר היא רק להציע נושאים שיהוו בסיס למחקר נוסף.

אני מביע בזאת את תודתי למר רוברט ווד (Robert Wood), עוזר המנהל של ספריית הנשיא הובר, ולצוות הספרייה על עזרתם הרבה.

2 למרות שלא נמצא חומר מתאריך הקודם לשנת 1945, מבוססת ההנחה הזאת על הנקודות האלה: ראשית, קיומו של פתק ללא תאריך המציין שנוכחותה של אוכלוסייה ערבית בארץ־ישראל יוצרת מחסום ליישובם של פליטים יהודיים, וכן כי בעיה זו "ניתנת לפתרון". הפתק מתויק מיד אחרי מכתב משנת 1939 ששיגר הובר ללואיס ל' שטראוס (Lewis L. Strauss). במכתב זה הביע הובר את הערכתו לתזכיר – שגם הוא מצוי בתיק – בדבר הבעיה של מציאת מקום

מאמר זה עוסק בשני עניינים. הראשון – יחסו של הובר כלפי הפיכתה של ארץ־ישראל לבית לאומי יהודי; והשני – "תוכנית הובר". המאמר אינו כולל את כל ההצהרות הרבות שפורסמו על ידי הובר בנושאים אלה על פי בקשותיהם של ארגונים יהודיים־אמריקניים שונים (כגון, ארגון ותיקי המלחמה היהודים).

הובר וארץ־ישראל כבית לאומי יהודי

ההתבטאות הפומבית הראשונה של הובר על פעולות היהודים בארץ־ישראל באה בעקבות טבח היהודים והמהומות של הערבים בחברון ב־1929. א' טננבויים (A. Tannenbaum), שהיה חבר בהסתדרות ציוני אמריקה (Zionist Organization of America), פנה אל הובר וביקש ממנו הצהרה בעניין. בתשובתו ביטא הובר את ביטחונו שהשלטונות הבריטיים נוקטים צעדים נחרצים על מנת להחזיר את החוק והסדר לארץ־ישראל ובהמשך דבריו כתב (במזכר שצורף להצהרה):

> בעניין רב ובאהדה עקבתי אחר העבודה הנהדרת שמטרתה בנייתה מחדש של ארץ־ישראל, עבודה שנוטלים בה חלק חשוב מספר רב של יהודים אמריקנים המסייעים לאחיהם שמעבר לים. זוהי משימה היסטורית שהעם היהודי עמל עליה בהתמדה שאין דומה לה, בהקרבה ובעבודה קשה. ארץ הקודש שהיתה חרבה ומוזנחת במשך מאות בשנים נבנית עתה מחדש לא רק כמרכז רוחני רב השראה, אלא גם כארץ שלווה ומיושבת. לא ירחק היום שבו תהיה בארץ־ישראל אוכלוסייה גדולה ואפשרויות רבות לשגשוגם של החקלאים, התעשיינים, העובדים והמלומדים.[3]

הצהרה זו זכתה לתגובה מידית בעולם הערבי. למחרת פרסומה הגיע להובר מברק שנשלח מן הוועד הפועל של הקונגרס הסורי־פלסטיני שישב באותה עת בקהיר. במברק, שתורגם מערבית לאנגלית עבור הנשיא, באו לידי ביטוי שלוש נקודות:

> ראשית, פלסטינה היתה מאוכלסת במשך 14 מאות שנים ערבים בלבד. שנית, מסוכן הדבר ואינו מתקבל על הדעת לעשותה שוב יהודית בשעה שאוכלוסייתה הערבית מונה 800,000 איש, והיא מוקפת 30 מיליון ערבים ו־300 מיליון מוסלמים. הדבר הזה אינו צודק ובלתי אפשרי. שלישית, להפוך את פלסטינה לבית לאומי יהודי פירושו להביא על הארץ אי־סדר ואי־שקט נצחיים.

לבסוף דחק הוועד בהובר לשקול בעיון את תוכן המברק ו"ללמוד את הבעיה ביסודיות".[4]

לפליטים היהודים. הרברט הובר ללואיס ל' שטראוס, 28 באוגוסט 1939, "Admiral Lewis L. Strauss" folder, Post-Presidential Individual File, ספריית הובר.
שנית, מר הובר נהג שלא לצאת בהצהרה פומבית ורשמית מסוג זה לפני שיקול דעת נרחב לגבי העניין ובדיקה זהירה שלו. סימנים לתהליך כזה עולים ממכתב לאליהו בן־חורין בנובמבר 1945, זמן קצר לפני פרסום "תוכנית הובר". במכתב מודה הובר לבן־חורין על משלוח חוברת הקשורה לתוכניתו של הובר ("מערכת ההשקיה בעירק"). ולאחר מכן כותב: "עברתי עד כה על כ־15 ספרים! ואני מנסה לתמצת הצהרה מתאימה שלא תעלה על 200 מילים". הרברט הובר לאליהו בן־חורין, 14 בנובמבר 1945, "Jewish-Zionist" folder, Post-Presidential Subject File

3 הרבט הובר אל הסתדרות ציוני אמריקה, 29 באוגוסט 1929, "Countries-Palestine" folder, Presidential Papers, Foreign Affairs File

4 מברק מן הוועד הפועל של הקונגרס הסורי־פלסטיני אל הנשיא הובר, 30 באוגוסט 1929, שם.

בשנת 1931, בהודעה שהפנה ליושב ראש ועידת המגבית האמריקנית למען ארץ־ישראל (Conference on American Palestine Campaign), חזר הנשיא הובר והביע את תמיכתו בייסודו של בית לאומי יהודי בארץ־ישראל. רגשותיו באים לידי ביטוי בשתיים מתוך ארבע הפסקאות הכלולות במכתב:

> העובדה שהוועידה מתנהלת תחת חסותה של הסוכנות היהודית – המייצגת את התלכדות כלל יהודי אמריקה לטובת בית לאומי יהודי בארץ־ישראל – מבטיחה את הצלחת הוועידה ואת הצלחת המאמץ שייעשה בעקבות הוועידה למען העניין.
>
> פעמים אחדות בעבר הבעתי את התעניינותי העמוקה במטרה שאתם עסוקים בה, מטרה המגלמת בתוכה אצילות, אומץ ואידיאליזם. מטרה זו ראויה לא רק לאהדה, אלא גם להערצה ולתמיכה מלאה מצד כל בני האדם.[5]

ממש לפני שעזב את הבית הלבן כתב הובר ליושב ראש המגבית האמריקנית למען ארץ־ישראל, ושיבח את העובדה שבניו־יורק מתקיימת ועידה שמטרתה

> לתכנן את המשך הסיוע לקיומם של מוסדות שונים בבית הלאומי היהודי, מוסדות שהקמתם דרשה תמיכה כספית, עבודה והקרבה רבים כל כך. מאמציך הם בעלי משמעות כלל עולמית עבור היהודים, שתרמו תרומה אוניברסלית להתקדמות הרוחנית של האנושות...[6]

ההצהרה הבאה הקשורה לארץ הקודש ניתנה כעבור אחת־עשרה שנה, ב־1943. בהודעה לוועידה הכל אמריקנית למען ארץ־ישראל של המגבית היהודית המאוחדת (The United Jewish Appeal), כתב הובר, ש"בימים אלה של עריצות ורדיפות מאירה ארץ־ישראל כסמל זוהר של כוח ותקווה עבור היהודים, לא רק באירופה, אלא ברחבי העולם כולו".[7]

מהצהרות כאלה – ומחקר נוסף עשוי לגלות הצהרות נוספות – ברור שהובר חשב על ייסודה של ארץ־ישראל כבית לאומי יהודי הרבה לפני התחלת רדיפות הנאצים בגרמניה. ואולם ככל שבדקתי את הנושא נראה שבשלב הזה עדיין לא הביע הובר את דעתו על בעיית האוכלוסייה הערבית בארץ־ישראל, אוכלוסייה שתצטרך לחיות יחד עם האוכלוסייה היהודית או לעקור ממקומה עקב עלייתם של היהודים לארץ.

לבעיה הזאת, ולמעשה לבעיות האוכלוסייה הערבית בכל ה"סהר הפורה", נתן הובר את דעתו, הן כמהנדס והן כהומניסט, בנובמבר 1945, והתוצאה היתה תוכנית שנקראה "תוכנית הובר" או: "תוכנית הובר לעירק וארץ־ישראל".

תוכנית הובר ליישובם של ערביי ארץ־ישראל בעירק

התוכנית נתפרסמה לראשונה ב־19 בנובמבר 1945 בעיתון *New York World–Telegram*. הכותרת היתה "הובר דוחק ליישב מחדש את הערבים כדי לפתור את בעיית ארץ־ישראל"

5 הרברט הובר אל ד"ר סיירוס אדלר (Cyrus Adler), 25 בינואר 1931, שם.

6 הרברט הובר אל מוריס רוטנברג (Morris Rothenberg), 12 בינואר 1932, "Jewish-Zionist" folder, Post-Presidential Subject File

7 כפי שדווח בעיתון "ניו־יורק טיימס", 1 במאי 1943, שם.

("Hoover Urges Resettling Arabs to Solve Palestine Problem"), וכותרת המשנה: "טוען שפיתוח מערכת ההשקיה בעירק תוכל לספק אדמה טובה" וכן: "מאמין שהגירה ערבית עשויה לסיים את הסכסוך על ארץ המקלט ליהודים".[8]

העיתון ציין ש"לדעתו של נשיא ארצות־הברית לשעבר, הרברט הובר, יש פתרון הגיוני ומעשי לבעיית ארץ־ישראל". התוכנית, שבאה כתגובה לתחקיר שעשה העיתון, "ניגשת אל הבעיה מנקודת ראותו של מהנדס". העיתון מביע את תקוותו שהגישה הזאת תביא לצמצום ממדיה האתניים והמדיניים של הבעיה ותוביל ל"תהליך שממנו יפיקו תועלת רבה הן היהודים והן הערבים".[9]

מפאת חשיבותה של התוכנית הבאנו כאן את הצהרתו של הובר במלואה, כפי שנדפסה בעיתון וכפי שהיא מופיעה בכתביו שנתפרסמו:

קיימת תוכנית אפשרית לפתרונה של שאלת ארץ־ישראל, תוכנית שמעניקה גם מקלט מספק ליהודים. התוכנית ראויה, לכל הפחות, לעיון רציני מפני שהיא מציעה פתרון קונסטרוקטיבי והומני.

בעת העתיקה סיפקו מערכות ההשקיה של הפרת והחידקל מים עבור אוכלוסייה שמנתה, כפי הנראה, עשרה מיליון בני אדם שישבו בממלכות בבל ונינווה. הריסתן ואובדנן של מערכות ההשקיה הללו בעקבות פלישת המונגולים לפני מאות שנים, והזנחתן במשך הדורות, הם שהביאו להצטמקותה של האוכלוסייה לכדי 3,500,000 איש היושבים בעירק המודרנית. לפני 30 שנה השלים סר ויליאם וילקוקס (Sir William Willcocks), מהנדס בריטי מפורסם, מחקר על שיפוצה של מערכת ההשקיה הקדומה. הוא העריך שניתן לשקם 2,800,000 אקרים של אדמה מן הפוריות בעולם במחיר שלא יעלה על $150,000,000. ממשלת עירק קידמה במשהו את הנושא, אבל עקב מחסור במקורות כספיים הולמים ובגלל דחיות בשל המלחמה, התקדמה העבודה באיטיות רבה. לפני שנים מספר הועלתה ההצעה שהאזור הזה יפותח על מנת ליישב בו פליטים יהודים. ואולם הצעה זו לא סיפקה את שאיפתם של היהודים לבית לאומי משלהם.

הצעתי היא לסייע לעירק לסיים את מפעל פיתוח הקרקע האדיר הזה, מתוך כוונה שהאזור ייושב בערבים מארץ־ישראל. כך תתפנה ארץ־ישראל לגמרי ותוכל לשמש יעד לעלייה והתיישבות יהודית. רעיון העברת הערבים (transfer) מארץ־ישראל הועלה ב־1944 בידי מפלגת העבודה הבריטית, אבל לא הוצגה תוכנית מתאימה לגבי השאלה איך ולאן יפנו הערבים.

עם פיתוחה של עירק יהיה בה די מקום לאוכלוסייה גדולה בהרבה מזו של ערביי ארץ־ישראל; האדמה שם פורייה יותר מאשר בארץ־ישראל; ערביי ארץ־ישראל יחיו שם יחד עם אחיהם, דוברי הערבית ובעלי הדת המוסלמית; האוכלוסייה הערבית בארץ־ישראל תרוויח מקבלת אדמות טובות יותר תמורת הקרקע הנמצאת היום בידיה, ועירק תרוויח משום שהיא זקוקה נואשות לאוכלוסייה חקלאית.

מיליוני אנשים מועברים היום ממקום למקום. אם יוכשרו האדמות בעירק ויסופקו

8 "הובר דוחק ליישב מחדש את הערבים כדי לפתור את בעיית ארץ־ישראל", *New York World–Telegram*, November 19, 1945, שם.

9 שם, שם.

בתים באופן הראוי, תהיה תנועת ההגירה הזאת מודל היסטורי. יהיה זה פתרון הנדסי במקום סכסוך דמים.

יודע אני שהתוכנית מציבה אתגר הן למדיניות של המעצמות הגדולות והן לצדדים המעורבים בסכסוך. אולם למרות זאת אני מגיש אותה מתוך אמונה שהיא מציעה שיטה נבונה ומכובדת ליישוב הסכסוך.[10]

תגובותיהם של הציונים, העיקרים והנוצרים לתוכנית הזאת לא איחרו לבוא.

ב־21 בנובמבר 1945, שלחה להובר מועצת החירום של ציוני אמריקה (American Zionist Emergency Council), באמצעות אליהו בן־חורין, העתק של תגובתה הרשמית שהיתה עתידה להתפרסם ב־*World Telegram*. עיקרה של הצהרה זו היה ש"ההסתדרות הציונית מעולם לא דגלה בהעברתם של ערביי ארץ־ישראל לעירק או לכל מקום אחר. אדרבה, תמיד החזקנו בדעה, ועדיין אנו מחזיקים בה, שבתוך גבולות ארץ־ישראל יש די מקום עבור אוכלוסייתה הנוכחית, יהודים וערבים, וגם עבור כמה מיליונים נוספים של מתיישבים יהודים". ההתפתחויות של עשרים השנים האחרונות מוכיחות זאת בבירור; ועם זאת, "לכשיכשלו כל הפתרונות המקובלים זה זמן רב יהיה מקום לבחון גישות חדשות".[11] אולם מאמרי מערכת בעיתונות היהודית אמריקנית נקטו עמדה אוהדת מאוד, על פי אותו מכתב עצמו של אליהו בן־חורין להובר.[12]

התגובה העיקרית נמסרה להובר בידי בן־חורין שציטט אותה מתוך דיווח של סוכנות הידיעות היהודית (Jewish Telegraphic Agency) מקהיר. על פי מידע זה, קראה בגדד להחרים את כל הסחורות האמריקניות, ועיתוני עירק אף כינו את תוכנית הובר: "תוכנית אמריקנית שטנית" וכן: "מזימה ציונית חדשה".[13]

ב־13 בדצמבר דיווח בן־חורין להובר, שחבר בית הנבחרים כריסטיאן א' הרטר (Christian A. Herter) ממסצ'וסטס כלל את הצעתו של הובר ברשומות הקונגרס (Congressional Record).[14]

על פי קטעי העיתונות שבספריית הובר לא אהדה העיתונות האמריקנית את תוכנית הובר במיוחד. העיתון "ניו־יורק טיימס" למשל, התעלם ממנה לחלוטין. במכתב שכתב לאלישע פרידמן, ב־25 בנובמבר, טען הובר "אני משוכנע שיש לתוכנית יתרונות רבים", והביע את תקוותו ש"מכתב תקיף ל'ניו־יורק טיימס' (שלא טרח אפילו להזכיר את התוכנית) עשוי לעזור בתור התחלה".[15] ואכן, פרידמן כתב שתי טיוטות של מאמר, שהיוו כפי הנראה בסיס למאמר שנמסר לפרסום ב"טיימס".[16] פרידמן כתב עוד מאמר על התוכנית ושלח אותו ל"הרפרס מגאזין"

10 Herbert Hoover, *Addresses upon the American Road, 1945-1948*, New York 1949, pp. 16-17. בספר זה נושאת התוכנית את השם "על שאלת ארץ־ישראל".

11 אליהו בן־חורין אל הרברט הובר, 21 בנובמבר 1945, "Jewish-Zionist", folder, Post-Presidential Subject File. בן־חורין היה במשך זמן רב חבר במועצת החירום של ציוני אמריקה.

12 שם, שם.

13 אליהו בן־חורין אל הרברט הובר, 27 בנובמבר 1945, שם.

14 אליהו בן־חורין אל הרברט הובר, 13 בדצמבר 1945, שם. על פי בן־חורין ההצהרה נמצאת בעמ' A5551 של רשומות הקונגרס, נספח, מתאריך 28 בנובמבר 1945.

15 אליהו בן־חורין אל אלישע מ' פרידמן, 25 בנובמבר 1945, שם.

16 אלישע מ' פרידמן אל הרברט הובר, 12 ו־31 בדצמבר 1945, שם. הטיוטה השנייה, שהוכנה ב־31 בדצמבר, היתה בחלקה תשובה לביקורת שנמתחה על תוכנית הובר בידי חליל תותה, ופורסמה ב"ניו יורק טיימס" ב־24 בדצמבר 1945. על פי המכתב המצוטט להלן נדפסה הטיוטה השנייה בטיימס כ"מכתב לעורך".

(*Harper's Magazine*), ואולם המאמר נדחה על ידי העורך.[17] למרות תגובות צוננות אלה לא אמר הובר נואש. כמה ימים אחר כך כתב הובר לפרידמן לאמור: "במידה ואצליח למצוא מוציא לאור שיהיה מוכן לפרסם את התוכנית שהצעתי לגבי ארץ־ישראל, האם תהיה מעוניין לכתוב ספר קצר על התוכנית?" הובר גם הציע לספק לפרידמן מידע הנדסי שהיה ברשותו.[18] תגובה חיובית אחת לתוכנית הובר היתה של פרשן רדיו בשם אלמר פיטרסון (Elmer Peterson), מתחנת הרדיו KFI, לוס־אנג'לס. בשידור רדיו של התחנה דיבר פיטרסון בזכות התוכנית. על פי שִׁכתוב חלקי של השידור טען פיטרסון, כי אפשר לגייס סכום של מאה מיליון דולר באמצעות הלוואה מן האומות המאוחדות.[19]

חלק נכבד מן המידע הטכני הכרוך בתוכנית סופק בידי יועץ הנדסי נודע לענייני השקיה, פ' ג'וליוס פוס (F. Julius Fohs) מיוסטון, טקסס. בדצמבר 1945 כתב פוס להובר שהוא עמל על הכנת מפרט טכני "המספק מידע על עירק והמזרח התיכון, והוא יישלח אליך מיד כשאסיים את הכנתו".[20]

העבודה על ההיבטים ההנדסיים נמשכה עתה במלוא הקצב. במכתב הנושא את התאריך 15 בינואר 1946, כתב פרידמן, ש"ההסתדרות הציונית נוקטת עמדה רשמית, על פיה יש מקום בארץ־ישראל לכל האוכלוסייה הנוכחית, כמו גם לאוכלוסייה נוספת בסדר גודל דומה מאירופה". עם זאת הציע במכתב גישה שעשויה לקדם את הגשמת תוכנית הובר. הרעיון היה לכנס "קבוצה אחראית של מדענים, אנשי מקצוע ואזרחים בעלי מעמד" אשר "יבחנו את ההצעה הזאת באופן בלתי תלוי בכל גוף אחר".[21]

ב־20 בינואר כתב פוס להובר מכתב ובו חמש הצעות. בין השאר הציע להקים ועדה מקצועית, לגייס $25,000 "כדי להתחיל להריץ את העניין", ולערוך בדיקות נוספות של אפשרויות לבניית מפעלי השקיה ומפעלים הידרואלקטריים באזור.[22] הפגישה הראשונה של הוועדה המקצועית התקיימה בערב ה־4 בפברואר, בביתו של ויליאם פונדילר (William Fondiller), סגן הנשיא של מעבדות המחקר של חברת בֶּל. בפגישה הוכנו תוכניות להזמנת מספר מדענים לפגישה נוספת, והובעה התקווה שניתן יהיה להשיג תרומות מן "החברה הכלכלית למען הפליטים" (Refugee Economic Corporation).[23]

הצעד הבא – וכנראה האחרון – במסגרת המהלך הזה עולה מ"זיכרון דברים של פגישה במועדון הסגל של ניו־יורק (N.Y. Faculty Club), 4 במארס 1946".[24] מטרת הפגישה, שבה שימש פונדילר יושב ראש (שמות שאר המשתתפים רשומים בזיכרון הדברים), היתה להקים "ועדה שתעבוד בצוותא עם מר הרברט הובר על עיקרי הצעתו לפתרון בעיית ארץ־ישראל על ידי יישוב

17 אליהו בן־חורין אל הרברט הובר, 8 בינואר 1946, "Jewish-Zionist" folder, Post-Presidential Subject File

18 הרברט הובר אל אלישע מ' פרידמן, 14 בינואר 1946, שם. לא נמצאה בספריית הובר עדות כל שהיא שנמצא מוציא לאור או שהוכן אי־פעם כתב יד כזה.

19 אליהו בן־חורין אל הרברט הובר, 18 בינואר 1946, שם.

20 פ' ג'וליוס פוס אל הרברט הובר, 20 בדצמבר 1945, שם. העתק ללא תאריך של הדוח הטכני ניתן למצוא בתיק זה שבספריית הובר.

21 אלישע מ' פרידמן אל הרברט הובר, 15 בינואר 1946, שם.

22 פ' ג'וליוס פוס אל הרברט הובר, 20 בינואר 1946, שם.

23 אלישע מ' פרידמן אל הרברט הובר, 5 בפברואר 1946, שם.

24 ויליאם פונדילר אל הרברט הובר, 6 במארס 1946, שם.

מחדש של ערביי ארץ־ישראל בעירק". אחרי סקירתו של בן־חורין וקריאת הדוחות הטכניים שהוכנו בידי פוס, הוחלט שקולונל ג"ר אלישר (J. R. Elyachar) מחיל המודיעין של הצבא האמריקני, יפעל כדי לאסוף מידע נוסף. כמו כן הוחלט שהוועדה תיפגש בקרוב עם הובר "כדי ללמוד איזה מידע אסף הובר בחקירתו שלו בעניין".[25]

לרוע המזל, זיכרון הדברים הזה הוא האזכור האחרון הכלול בחומר המוחזק בספריית הובר ונוגע ליישומה של תוכנית הובר. התוכנית מוזכרת אמנם שוב, אולם רק בהתכתבות מאוחרת, אחרי פרסום תוכנית החלוקה של האו"ם ואחרי ייסודה של מדינת ישראל (שהביאה לבריחתם של המוני ערבים מן האזורים שבשליטת הכוחות הישראליים).[26] מעניין במיוחד הוא מכתבו של בן־חורין ממאי 1949, מכתב שבו דיווח על מאמציו הנמשכים למימוש התוכנית. הוא מציין שקיבל מכתב מאלינור רוזוולט, שכתבה: "אני סבורה כי תוכניתך מצוינת ומסרתי אותה לנשיא". היא הוסיפה, כי התברר שכל מאמץ נוסף להגשמת התוכנית חייב להיעשות על ידי הבית הלבן ולא על ידי משרד החוץ.[27]

ההתכתבות הזאת חותמת למעשה את האזכורים המצויים בספריית הובר הן בעניין "תוכנית הובר" והן בעניין ארץ־ישראל כבית לאומי יהודי.

25 שם, שם.

26 ראה מכתבים של אליהו בן־חורין אל הרברט הובר, 9 בפברואר 1948, 6 באוגוסט 1948 "Ben-Horin, Eliahu", folder, Post-Presidential Individual File

27 אליהו בן־חורין אל הרברט הובר, 11 במאי 1949, שם.

התייחסויות עות'מניות לאינטרסים אמריקניים בארץ הקודש

יעקב מ' לנדאו ומִים כֶּמַאל אֶקֶה

עד שלב מאוחר יחסית של המאה התשע־עשרה היו האינטרסים של ארצות־הברית באימפריה העות'מנית מצומצמים למדי. רק בשנת 1830 נשלח הנציג הדיפלומטי האמריקני הראשון אל "השער העליון". על חשיבותה המעטה של טורקיה בעיני קובעי המדיניות האמריקנית (גם במאה העשרים), אפשר ללמוד מן העובדה שהיא מוזכרת שלוש פעמים בלבד, פחות משורה בכל פעם, בספר זיכרונות המלחמה של רוברט לנסינג (Robert Lansing), מזכיר המדינה האמריקני, המחזיק 383 עמודים.[1] גם האינטרסים הכלכליים של ארצות־הברית באימפריה העות'מנית היו מצומצמים, דבר שבא לידי ביטוי בתנועת ייבוא וייצוא מוגבלת למדי.[2]

לגבי האימפריה העות'מנית כך – קל וחומר לגבי ארץ־ישראל. כמחוז נחשל באימפריה העות'מנית לא זכה אזור זה במשך זמן־מה אפילו לנציגות קונסולרית (הנציג הקונסולרי הראשון של ארצות־הברית בירושלים התמנה ב־1832). לארץ־ישראל לא היתה חשיבות כלכלית של ממש – לא היו בה מפעלים תעשייתיים, אוכלוסייתה היתה קטנה יחסית, והעוני פשה בכל, אבל היתה לה בלא ספק חשיבות דתית ותרבותית. ואף על פי כן, במשך רוב המאה התשע־עשרה קיימו בה קבוצות מאורגנות של אמריקנים פעילות מתמשכת, מיסיונרית או ארכיאולוגית, מועטה בלבד. רק שלטונו של הסולטן עבד אל־חמיד השני (1876–1909), ועלייתם לשלטון של "הטורקים הצעירים" (1908/9–1918), העניקו משמעות כלשהי למשולש "ארץ הקודש–ארצות־הברית–האימפריה העות'מנית".

המקורות העיקריים לחקר התקופה שלאחר 1918 אינם בידינו, מפני שארכיוני המדינה הטורקיים עדיין אינם פתוחים לציבור. על כל פנים, הרפובליקה הטורקית החדשה, שנוסדה רשמית ב־1923, היתה עסוקה בעניינים בוערים הרבה יותר מענייני ארץ־ישראל, וודאי וודאי יותר משאלת מעורבותה של ארצות־הברית שם. התקופה שלאחר מלחמת העולם הראשונה היא אפוא מחוץ לתחומו של הדיון הזה.

* את רשימת הקיצורים לשמות הארכיונים המופיעים בהערות ניתן למצוא להלן בעמ' 177.

1 *Memoirs of Robert Lansing*, Indianapolis–New York 1935

2 ראה: J. A. De Novo, *American Interests and Policies in the Middle East, 1920-1939*, Minneapolis 1963, pp. 38ff.

אפילו תחת משטריהם של עבד אל־חמיד השני ו"הטורקים הצעירים", היו השלטונות הטורקיים, הן בתוך ארץ־ישראל והן מחוצה לה, עסוקים במעקב אחרי פעולותיהן של רוסיה הצארית, צרפת, בריטניה הגדולה, אוסטרו־הונגריה, גרמניה ואיטליה הרבה יותר מאשר אחרי פעולותיה של ארצות־הברית. עניינן של המעצמות האלה בארץ־ישראל היה, ככלות הכול, גלוי לעין הרבה יותר מזה של ארצות־הברית. נראה שעקבות מדיניותה העקבית של ארצות־הברית, שלא להתערב בענייניה הפנימיים של האימפריה העות'מנית, נצטמצמה האפשרות להיווצרותם של חיכוכים של ממש בין שתי המדינות; החיכוכים התמקדו באותם מקרים שנגעו לכמה מאות האמריקנים שהתגוררו בארץ־ישראל.[3] האמריקנים הללו היו רובם ככולם נוצרים; יהודים אמריקנים מעטים החלו להגיע מאוחר יותר. הנוצרים עסקו בדרך כלל בפעילות מיסיונרית ופילנטרופית, כפי שעולה יפה כל כך מעדות הראייה של ברטה ספפורד וסטר (Bertha Spafford Vester), שמשפחתה הקימה את המושבה האמריקנית בירושלים ב־1881.[4] המתיישבים המעטים האלה, שרובם באו לארץ־ישראל על דעת עצמם והתפרנסו בכוחות עצמם, נקלעו לעתים קרובות לעימות עם השלטונות.

כמה שנים אחר כך הגיעו לארץ־ישראל כמה ארכיאולוגים אמריקנים. מקצתם נשבו בקסמה של ארץ הקודש בביקורים קודמים בארץ, ועתה באו כדי לערוך בה מחקר שיטתי יותר. בשנת 1900 הוקם בירושלים בית הספר האמריקני לחקר המזרח (The American School for Oriental Research); אוניברסיטת הרוורד החלה בחפירותיה הארכיאולוגיות בשומרון שמונה שנים אחר כך,[5] ומוסדות נוספים החרו החזיקו אחריהם. ואף על פי שהשלטונות העות'מניים התייחסו בחשדנות לפעילויות הללו, לא הפריעו להם ישירות. במקום זאת העדיפו לשים מכשולים בדרכם על ידי שימוש באמצעים הידועים של הביורוקרטיה העות'מנית, כגון עיכובם של הרישיונות הדרושים לצורך חפירות ארכיאולוגיות.

ואולם נראה ששני הנושאים העיקריים במערכת היחסים המשולשת – "האימפריה העות'מנית – אמריקה – ארץ הקודש" – היו מצד אחד פעילותם של המיסיונרים הנוצרים, ומן הצד האחר – פעילותה של הקהילה היהודית.

מאז המאה התשע־עשרה פעלו מיסיונרים אמריקנים באימפריה העות'מנית פעילות ממוסדת.[6] את רוב מאמציהם החינוכיים והרפואיים ריכזו בביירות, ואילו בארץ־ישראל היתה פעילותם ספורדית למדי. אמנם כבר ב־1820 באו לירושלים,[7] אך בעיקר פעלו בגליל, פעולות קצרות ולא קבועות.[8] כללית היו המיסיונרים האמריקנים, פרוטסטנטים ואחרים, חופשים לעסוק במלאכתם.

3 Thomas A. Bryson, *American Diplomatic Relations with the Middle East, 1784-1975: A Survey*, Metuchen, N.J. 1977, בייחוד פרק 4.

4 ברטה ספפורד וסטר, ירושלים שלנו: קורות המושבה האמריקאית בירושלים 1881–1949, תרגם וערך אלי שילר, ירושלים [1993].

5 דה נובו (לעיל, הערה 2), עמ' 43; R. W. Stookey, "The Holy Land: The American Experience. I. The Christian American Concern", *Middle East Journal* 30, no. 3 (Summer 1976), pp. 351-368

6 ראה את המאמר המעמיק: E. M. Earle, "American Missions in the Near East", *Foreign Affairs* 7, no. 3 (April 1929), pp. 398-417

7 A. H. Lybyer, "America's Missionary Record in Turkey", *Current History* 19, no. 5 (February 1924), pp. 802ff.

8 A. L. Tibawi, *American Interests in Syria, 1800-1901*, Oxford 1966, pp. 188-190; J. L. Grabill, *Protestant Diplomacy and the Near East*, Minneapolis 1971, passim

השלטונות התערבו בנעשה רק כשנקראו לפתור סכסוכים שהתגלעו בין הקהילות הנוצריות השונות. ב־1824, למשל, כשמחו הקתולים נמרצות על הפצתם של ספרי ״התנ״ך הפרוטסטנטי״ בשפה הערבית, פרסמו השלטונות צו האוסר לייבא את ספרי התנ״ך שנדפסו באירופה ולהפיצם; ואולם לא אכפו את האיסור הזה במלואו.[9]

לבד מזאת גילו השלטונות העות׳מנים סובלנות גדולה כלפי המיסיונרים, ובשנת 1864 אפילו פטרו את מוסדות המיסיון מתשלום מכס וממסים מסוימים.[10] כמובן שהסובלנות הזאת היתה מותנית בהגבלת פעולותיהם של המיסיונרים ל״כופרים״ בלבד. ואכן, לפחות במשך שלושת הרבעים הראשונים של המאה התשע־עשרה הקפידו המיסיונרים האמריקנים להגביל את מאמציהם ליהודים, או לנוצרים שנמנו על עדות אחרות. גם כאשר הובא לידיעת השלטונות כי מתקיימת פעילות מיסיונרית בקרב מוסלמים, נמנעו לעתים מלהתערב, משום שהעריכו כי הממשל האמריקני אינו מעודד רשמית פעולות כאלה.[11]

העות׳מנים העדיפו להתמודד עם הטרדותיהם של זרים בשיטותיהם המסורתיות: לחץ והטרדה מקומיים וחוקים מגבילים. החוק העות׳מני בנוגע לחינוך הכללי, למשל, חוק שנכנס לתוקפו ב־1869, בא כדי לצמצם את כוח המשיכה של בתי הספר המיסיונריים, שמספרם היה גדול ביותר. הללו הגיבו באי־שביעות רצון, בייחוד על אותו סעיף בחוק שדרש, כי כל בתי הספר הפרטיים באימפריה יגישו לשלטונות בקשה לקבלת רישיון.[12] מובן מאליו כי היה צורך לכפות את החוק הזה בכל רחבי האימפריה ולא בארץ־ישראל לבדה.

במידה רבה השתנה המצב בזמן שלטונו של עבד אל־חמיד השני, שהיה ער מאוד לכל ניסיון, אמיתי או מדומה, לערער את היציבות ברחבי האימפריה. אין זה מופלא אפוא כי המיסיונרים האמריקנים נתקלו באותם ימים בהתנגדות עזה. בייחוד עוררה התנגדות אהדתם לארמנים, שנתפסה בטרקלינים ממשלתיים מסוימים כהסתה למרד וכעידוד של נטיות בדלניות.[13] בארץ־ישראל הופנו חשדות דומים כלפי התנועות הלאומיות של היהודים והערבים, ואפשר שהאמריקנים אכן היו מעורבים מעורבות כלשהי בתנועות האלה, בעיקר בתנועה הלאומית היהודית.

החל משנות השמונים של המאה התשע־עשרה, בעקבות הפוגרומים במזרח אירופה והחרדה מפני התפשטותה של האנטישמיות, גברה תנועת ההגירה היהודית לארץ־ישראל העות׳מנית. ואף על פי שרובם של המהגרים היהודים היו חסרי אזרחות, ניסו (בדומה למיעוטים אחרים באימפריה העות׳מנית) להשיג מעמד של בני חסות. מעמד כזה אפשר להם לבקש – ולקבל – את תמיכתה של אחת מן הממשלות הזרות שהיה להן ייצוג דיפלומטי באימפריה. ארצות־הברית היתה אחת מן המדינות הללו, ואחרי מינויו של אוסקר ס׳ שטראוס (Oscar S. Strauss) לציר של ארצות־הברית באיסטנבול ב־1887, נעשתה ארצות־הברית מעורבת מאוד בהגנתם של היהודים. שטראוס וקונסול ארצות־הברית בירושלים, הנרי גילמן (Henry Gillman), היו (לעתים) הדוברים הבולטים והמתמידים ביותר בנושא הזה, מתוך כלל הדיפלומטים והקונסולים הזרים, והפקידות

9 טיבאווי (לעיל, הערה 8), עמ׳ 26–29, 42.

10 שם, עמ׳ 171.

11 לפרטים ראה: J. A. Field, *America and the Mediterranean World, 1776-1882*, Princeton 1969, בייחוד פרק 8.

12 ראה: R. W. Stookey, *America and the Arab States: An Uneasy Encounter*, New York 1975, pp. 16-19

13 דה נובו (לעיל, הערה 2), עמ׳ 21; R. R. Trask, *The United States Response to Turkish Nationalism and Reform, 1914-1939*, Minneapolis 1971, p. 11

העות'מנית נעשתה חשדנית מאוד כלפיהם.[14] יהודים אמריקנים ואחרים הוטרדו בידי פקידי ממשל טורקים בארץ־ישראל, ואלה ניסו לגרש ולהכשיל את מאמציהם לרכוש קרקעות – אפילו כשלא נאסר הדבר על פי החוק. זה היה מנהגה של האדמיניסטרציה העות'מנית לפני נפילת האימפריה: להניח לפקידות המקומית לחבל בחיי היום־יום, בלא קשר להבטחות הכלליות שיצאו ישירות מאיסטנבול.

יתרה מזו. הגידול במספרם של האזרחים שרכשו אזרחות אמריקנית ושל אמריקנים אחרים (רובם יהודים) שישבו בירושלים ובמקומות אחרים בארץ הקודש מאז העשורים האחרונים של המאה התשע־עשרה, היה מקור קבוע של חיכוכים בין נציגי הממשל האמריקני ובין השלטונות המקומיים והמרכזיים. החיכוכים הללו היו למעשה רק אחד מן הביטויים של ההסתייגות העות'מנית מנוכחות זרה (על זכויות היתר האקס־טריטוריאליות שנלוו אליה, והקשר המשוער שלה לקבוצות חתרניות) בחלקים שונים של האימפריה, ובייחוד בארץ־ישראל.

לאחר שהצטרפה טורקיה למלחמת העולם הראשונה, קיבלה עליה ארצות־הברית לייצג את האינטרסים הצרפתיים, הבריטיים והרוסיים באימפריה העות'מנית, ומצאה את עצמה מעניקה חסות לאלפי יהודים נוספים בארץ־ישראל ובאזורים אחרים של האימפריה העות'מנית. מעתה היו לשלטונות העות'מניים מגעים רבים יותר עם הנציגים האמריקנים. בתחילה, בשל עמדתה הניטרלית של אמריקה במלחמה, היו היחסים בין הצדדים טובים למדי. הנציגים האמריקנים ניצלו את האווירה הטובה הזאת, והשתדלו לרכך את מדיניות היד הקשה שנקטו השלטונות העות'מניים כלפי הקהילה היהודית בארץ־ישראל, מדיניות שכללה את גירושם של הציונים שסירבו להפוך לנתינים עות'מנים. ואולם משנכנסה ארצות־הברית למלחמה לצד בעלות הברית, הצטמצם מאוד תפקידה זה, והיחסים בין הצדדים נותקו ב־20 באפריל 1917.[15]

שלטונו של עבד אל־חמיד השני (1876–1908)

כיוון שהרעיון ליישב את היהודים שנרדפו במזרח אירופה בארץ־ישראל קנה לו חסידים רבים יותר ויותר בקרב יהודי ארצות־הברית, הורתה הממשלה הטורקית לנציגותה בוושינגטון לעקוב אחרי התנועה הציונית הגדלה ומתפתחת. הממשלה באיסטנבול ביקשה לדעת אם התופעה החדשה הזאת היא תנועה בדלנית נוספת, כמו זו של הארמנים, ועלולה לאיים על שלמותה הטריטוריאלית של האימפריה העות'מנית. ב־1896 שימש בוושינגטון השגריר העות'מני עלי פרוק ביי, שהתגאה בידע העדכני שלו בענייני התנועה הציונית.[16] הוא טען כי התוודע אל הפעולות הקולוניאליות הציוניות בזמן שאביו שירת כמֻתַצַרִף (מושל המחוז) של ירושלים. לפני כן שירת עלי פרוק בפריס (1888), לונדון (1892) וסנט. פטסבורג (1894), ועל פי עדותו למד להכיר במהלך שירותו הדיפלומטי את מטרותיה של התנועה הציונית ואת פעולותיה באירופה. בוושינגטון החל עלי פרוק לאסוף מידע מכלי ראשון על התנועה הציונית בארצות־הברית, וכפי שעולה מדיווחיו המפורטים השמורים בארכיון בארמון יילדיז, עקב לא רק אחרי פרסומים בכלי התקשורת, ובכלל זה

14 ראה למשל: F. E. Manuel, *The Realities of American-Palestine Relations*, Washington D.C. 1949, ch. 2

15 שם, עמ' 122–129; דה נובו (לעיל, הערה 2), עמ' 102.

16 על עלי פרוק ביי ראה: DBHE, SAD, no. 22, עמ' 263. ראה גם להלן נספח א.

העיתונות הציונית, אלא גם שלח סוכני חרש שיחדרו אל התנועות הציוניות וילמדו על עמדות מנהיגיהן.

בד"וח מיום 22 באפריל 1898 כתב עלי פרוק לעבד אל־חמיד, כי הציונות מבקשת "לייסד ממשלה עצמאית בארץ ישראל".[17] לא רק השאלה של יצירת בעיה לאומית נוספת בטריטוריה העות'מנית הדאיגה את השגריר העות'מני. מאחר שרוב התנועות הלאומיות בטורקיה – כגון בבלקן ובמזרח אנטוליה – נתמכו בידי מעצמות אירופיות, חשד עלי פרוק שהציונים הם "חיל חלוץ נוסף של השפעה פוליטית מערבית באימפריה העות'מנית".[18] הוא טען כי "כפי שעולה ברורות ממסעו של הקיסר הגרמני לירושלים, מכינים קתולים, פרוטסטנטים, [יוונים] אורתודוקסים ויהודים את הקרקע עבור המעצמות, להגדיל את תחום השפעתן המדינית והדתית בתחומי הטריטוריה העות'מנית".[19] ואף על פי שלא היה יכול לציין איזו מעצמה או מעצמות עומדות מאחורי התנועה הציונית – לפרקים טען שתנועת הבונים החופשיים היא שעומדת מאחוריה – היה עלי פרוק משוכנע שיש לבלום בכל מחיר את המפעל הציוני.[20]

עלי פרוק קבע, כי הגיעה העת שהוד מעלת הסולטן "ינקוט צעדים מסוימים כדי לתקן את המשגה שעשו קודמיו, שהתירו לקהילות לא־מוסלמיות להתיישב בארץ־ישראל". הוא הודיע לסולטן כי בביקורו האחרון בארץ־ישראל ראה כיצד עושקים הציונים את הארץ וגורמים סבל לאוכלוסייה המוסלמית המקומית. כדי לתקן את המצב הזה הציע שהממשלה תקל על הגירתן של קהילות מוסלמיות לארץ־ישראל, דבר שיותיר אזורים מועטים בלבד להתיישבותם של הציונים. ובאשר ליהודים שכבר ישבו בארץ־ישראל, הציע השגריר העות'מני לשחד אותם או לאלצם לעזוב את הארץ. הוא גם המליץ להשגיח בקפדנות על בתי ספר יהודיים וארגונים ציוניים, כדי להבטיח שיעברו תהליך של "עות'מניזציה".[21]

דבריו של עלי פרוק נפלו על אוזניים קשובות. עבד אל־חמיד חשד שהציונים מבקשים להקים ממשלה משלהם בארץ־ישראל.[22] הוא חשב כי מהגרים ומתיישבים יהודים בארץ־ישראל פוגעים באינטרסים עות'מניים, משום שהם עלולים לעורר מה שכונה "בעיה יהודית", שנתפסה כמסוכנת בייחוד בתקופה זו שבה היו על ממשלת טורקיה להתמודד בביתה עם צרות שגרמו הארמנים.[23] על פי עצתו של עלי פרוק החליט עבד אל־חמיד לתמוך ביסודות הנאמנים לממשל הטורקי בארץ־ישראל על ידי הגירה מכוונת של מוסלמים לארץ. "איננו יכולים לראות בעין יפה את ההגירה היהודית" הכריז הסולטן, "אנו יכולים לפתוח את גבולותינו רק לפני אלה המשתייכים לדתנו שלנו".[24] וככה כשנסו טורקים מוסלמים מקווקז לטורקיה – עקב הדיכוי ההולך וגובר שהשליטו שם הרוסים – יישב אותם עבד אל־חמיד מחדש בחורן.

17 BBA, YEE, ÇII/35-37/54/136, 22 באפריל 1898. אותו הדוח נשלח גם אל "השער העליון": DBHE, 332/17, no. 60, 23 באפריל 1898.

18 M. Feinstein, *American Zionism (1884-1904)*, New York 1965, p. 199

19 DBHE, 332/17, no. 9550/63, 29 באפריל 1898. ראה גם להלן, נספח ב.

20 BBA, YEE, ÇII/67/54/136, 20 במאי 1898; תופיק פאשה (איסטנבול) אל עלי פרוק (ושינגטון), לא מתוארך, DBHE 332/17, no. 27849/21.

21 ראה הערה 19 לעיל.

22 Abdülhamid II, *Siyasî Hatiratim*, Istanbul 1975, pp. 76-77

23 C. R. Atilhan, *Ittihat ve Terakki'nin Suikastleri*, Istanbul 1973, pp. 200-201

24 עבד אל־חמיד (לעיל, הערה 22), עמ' 37.

העות'מנים פקחו אפוא עין על התנועה הציונית מראשיתה, וגיבשו מדיניות שתוכל להתמודד עמה בהצלחה. עבד אל־חמיד עצמו הניח את הבסיס לתגובתה של האימפריה העות'מנית לציונות. הוא היה נחוש בדעתו כי הממשלה הטורקית חייבת לעשות כמיטב יכולתה למנוע הגירת יהודים לארץ־ישראל והתיישבותם בה.[25] הוא ביקש מן הקבינט הטורקי לדון דיון יסודי במצב, ולהציע מדיניות מפורטת להתמודד עם התופעה הציונית, הן באימפריה עצמה והן מעבר לים. התוכנית שגובשה בידי מועצת השרים וקיבלה את אישורו של הסולטן כללה שלוש דרכי פעולה: משרד החוץ נתבקש לשכנע את יהודי הגולה שלא לתמוך ברעיון הציוני; משרד הפנים היה אמור למצוא דרכים למנוע מן היהודים את הכניסה לארץ־ישראל; והמחלקה לרישום קרקעות היתה אמורה למנוע מהם רכישת קרקעות בארץ־ישראל וסביבותיה.

לאחר שעודכן עלי פרוק במדיניות האנטי־ציונית של מדינתו, לא היסס למסור את עיקרי המדיניות הטורקית לאמצעי התקשורת האמריקניים. הוא קיווה שהפרסום יניא את יהודי ארצות־הברית מלהתערב בנעשה בארץ־ישראל, ושאף לשכנעם כי תוכניותיו של הרצל לגבי היהודים הן לא מעשיות ולא רצויות. בדרך זו קיווה השגריר העות'מני להביא להקטנת מספר היהודים האמריקנים התומכים במטרה הציונית ולגזול מן הציונים את מקור כוחם העיקרי.

קודם כול סתר עלי פרוק את ההצהרות האופטימיות בדבר היחסים בין הטורקים לציונים, הצהרות שמקורן היה בקונגרס הציוני. מעניין לציין כי רבות מהצהרותיו אלה של עלי פרוק לעיתונות נשאו אופי של איום. עלי פרוק אמר לאמצעי התקשורת האמריקניים כי "היהודים בטורקיה חופשים, מאושרים ומשגשגים, וכך היו מאז ומעולם", וטען כי "אין זה נבון לעודד אותם [את הציונים] להקשות על הממשלה הטורקית בניסיון להביא למימושם של רעיונות שווא", והמשיך: "חוששני כי התוצאה היחידה של ניסיון כזה עשויה להיות פגיעה בבני דתם השלווים והמאושרים שבטורקיה". עלי פרוק הוסיף כי ההרמוניה והאושר השוררים בין השלטונות העות'מניים לנתיניהם הארמנים נפגעו בשל מספר מורדים ש"היו טיפשים דיים להקשיב לעצתם המקיאוולית של אנשים מבחוץ, וכעת מצטערים [הארמנים] על מעשיהם שלא השיגו תוצאה כלשהי". הצהרתו המפורשת של הציר העות'מני היתה יעילה למדי. ב־17 ביוני 1898 דיווח העיתון היהודי *The Jewish Messenger* בהקלת־מה, כי לנאומו של עלי פרוק היתה "השפעה מבורכת על הדון קישוטים שלנו".[26] שנה אחר כך, התלונן ג' בלוסטון (J. Bluestone), נשיא הפדרציה הציונית בניו־יורק, כי "ככל שעובר הזמן נעשה קשה יותר ויותר לגייס חברים חדשים, וקשה אפילו לשמור על החברים הוותיקים".[27] הדעת נותנת שהתעמולה הטורקית היתה אחד מן הגורמים למצב הזה.

הציר הטורקי גם ניסה לכרות ברית עם כמה קבוצות אנטי־ציוניות. במאי 1898 יצר עלי פרוק קשר עם מחומד ווב (Mahomed Webb), נשיא הפדרציה של המוסלמים באמריקה, וביקש ממנו לעזור לח'ליף במאבק האנטי־ציוני שלו. ווב פנה לריצ'רד גוטהייל (Richard Gottheil), יושב

25 התנגדותו של עבד אל־חמיד לציונות מוזכרת רבות בדו"חות בני התקופה: A. Osmanoğlu, *Babam Abdülhamid*, Istanbul 1960, p. 46; F. Okyar, *Üç Devirde Bir Adam*, Istanbul 1980, p. 95; H. Ertürk, *Iki Devrin Perde Arkasi*, Istanbul 1964, pp. 44-45; R. Patai (ed.), *The Complete Diaries of Theodor Herzl*, I, London 1960, p. 378

26 ראה להלן, נספח ד. ראה גם: DBHE, 332/17, no. 9597/81, 23 ביוני 1898, וכן: מספר 9796/34, 5 במאי 1899.

27 פיינשטיין (לעיל, הערה 18), עמ' 150.

ראש הפדרציה של ציוני אמריקה, כדי לשכנע אותו לחדול ממאמציו למען ארץ־ישראל,[28] אך לא הצליח בכך.

עלי פרוק עדיין קיווה לגייס יהודים לטובת המערכה שניהל במגמה לפגוע בתהליך צמיחתה של הציונות באמריקה, וזכה לשיתוף פעולה של יסודות רפורמיים שלא גילו אהדה כלשהי לתנועה הציונית.[29] הרפורמים טענו כי היהודים הם קהילה דתית ולא לאום, ומוטב שיקלטו את התרבויות של הלאומים שבתוכם הם חיים וייטמעו בהם, במקום להגר לארץ־ישראל מתוך תקווה לייסד שם מדינה עצמאית. יהודים רפורמים רבים חששו כי הצלחתו של המפעל הציוני עלולה לפגוע במעמדם באמריקה, שבה ישבו בשלווה וברווחה ולא העלו בדעתם לעזבה. עלי פרוק דיווח כי רב מוושינגטון בשם סטודן (Stoden) אמר לו, כי חלקים נרחבים בקהילה היהודית באמריקה נמנים על התנועה הרפורמית ואינם רוחשים אהדה כלשהי לציונות.[30]

בתוך גבולותיה של האימפריה העות'מנית פגעו השלטונות במהגרים יהודים בכוח על ידי סדרה של "הגבלות כניסה" לארץ־ישראל. עוד ב־1882 אסרו השלטונות המקומיים, על פי הוראת משרד הפנים באיסטנבול, על היהודים הזרים, מלבד עולי רגל, לבקר בארץ הקודש.[31] ואולם יהודים רבים נכנסו לארץ־ישראל כעולי רגל והאריכו לשהות בה מעבר למועד המותר על פי האישור שהיה בידם.[32] ראוף פאשה, המתצרף של ירושלים, הבין כי הפרצה הזאת שמה לאל את תוכניותיו של משרד הפנים, ופנה לאיסטנבול בבקשת עצה. בשנת 1884 החליטו השלטונות כי מכאן ואילך לא יוכלו עולי רגל יהודים להיכנס לארץ־ישראל אלא אם יש בידם אשרה שאושרה בידי קונסוליה עות'מנית. באשרה נרשמה דתו של המבקש והצהרה חתומה, שלפיה המבקש "נוסע לארץ־ישראל כדי לקיים בה עלייה לרגל, ולא כדי לסחור בה ולא להתיישב בה".[33] כשהגיעו לארץ נדרשו המבקרים היהודים להפקיד סכום כסף במזומן, ערובה שיעזבו את הארץ בתוך 30 יום.[34]

מלבד ההגבלות על הכניסה לארץ נתנה הממשלה העות'מנית את דעתה גם לשאלה של מכירת קרקעות. החוק העות'מני משנת 1867 היה ליברלי מדי, ולא יכול למנוע מן היהודים לקנות קרקעות בארץ־ישראל. למעשה אִפשר החוק הזה לנתינים זרים להיות בעלי רכוש עירוני או חקלאי בכל רחבי האימפריה, חוץ מאדמות חג'אז, בדומה לנתינים עות'מנים.[35] הממשלה העות'מנית הבינה כי הפרצה הזאת בחוק מאפשרת לציונים לקנות אדמות בארץ־ישראל ללא הגבלה, ולפיכך חוקקה ב־5 במארס 1883 חוק שאסר על מכירת אדמות ליהודים זרים.[36] ואולם איסור זה לא נגע ליהודים עות'מנים. מעתה היו אלה היהודים העות'מנים שביצעו את העסקאות עם בעלי האדמה הערבים עבור החלוצים הציונים, ורשמו את הרכוש על שמם. בנובמבר 1892

28 ראה להלן, נספח ג.

29 ראה: D. Philipson, *The Reform Movement in Judaism*. London 1931, pp. 361–362

30 ראה להלן, נספח ב והערה 19 לעיל.

31 אלרידג' (Elridge) אל דופרין (Dufferin, ביירות), 24 באוקטובר 1882, PRO, FO 195/1410

32 וינדהם (Wyndham) אל גרנוויל (Granville), 22 בינואר 1883, PRO, FO 78/3506, no. 48 (עם נספחים).

33 BBA, YEE, CII/275–276/54/136, 24 בינואר 1899; שטראוס אל ביארד (Bayard), ושינגטון, 23 בפברואר 1888, FRUS (1888), no. 1068

34 מור (Moore) לווייט (White), ירושלים, 5 במארס 1887, PRO, FO 195/1581, no. 9

35 Atif (ed.), *Arazi Kanunname–yi Hümayûn şerhi*, Istanbul 1319 [1903]. לתרגום אנגלי של חוק הקרקעות העות'מני ראה: אנג'ל (Angell) אל שרמן (Sherman), איסטנבול, 5 בינואר 1898, FRUS (1898), no. 78 (עם נספחים).

36 ז'יי (Jay) באיסטנבול אל מחלקת המדינה, 25 באפריל, 1906, FRUS (1906), no. 1370

קיבל המתצרף של ירושלים, אַבראהים חקי פאשה, הוראה מן המשרד לרישום קרקעות באיסטנבול להפסיק את מכירת הקרקעות לכל היהודים, ובכלל זה לנתינים עות'מנים.[37]

משראו הארגונים הציוניים כי כל הדרכים להתיישבות בארץ־ישראל נחסמו בפניהם, מצאו דרך אחרת לעקוף את ההגבלות. על פי הקפיטולציות (התנאים שקבעו את זכויותיהם המיוחדות של נתינים זרים), יכלו אזרחיהן של מעצמות זרות שתמכו באימפריה העות'מנית לסייר באימפריה, להתיישב בה ולרכוש בה אדמות ללא הגבלה.[38] משבאו אפוא מתיישבים יהודים לארץ־ישראל השתדלו מיד להשיג חסות של מעצמה זרה על מנת לזכות בזכויות שזכו בהן זרים אחרים בטורקיה.[39] כשהתעלמו השלטונות הטורקיים מזכויותיהם, יכלו המתיישבים היהודים לפנות לנציגיהם של המעצמות המגינות, ואלה היו נכונים להתערב לטובתם ב"שער העליון".

החלטתה של ארצות־הברית לקבל תחת חסותה את המתיישבים היהודים נבעה מיחסה הכללי כלפי המיעוטים בטורקיה.[40] יתרה מזו. האמריקנים ראו חובה קדושה לעצמם להפיץ את ערכי החופש והדמוקרטיה מחוץ לארצם, כפי שנהגו בתוכה.[41] על פי התפיסה הזאת היו המיעוטים באימפריה העות'מנית זכאים להגנה מפני הדיכוי שנהגו בהם השליטים הטורקים, ומפני קנאותה של האוכלוסיה המוסלמית. עשרות שנים לפני כן הסתפקו האמריקנים בהבטחת תנאים טובים יותר לארמנים במזרח אנטוליה.[42] בשנות השמונים של המאה התשע־עשרה הניעו הפוגרומים, שפשטו במזרח אירופה ובייחוד ברוסיה, את היהודים לברוח לאימפריה העות'מנית. בתגובה שללו מהם השלטונות הרוסיים את נתינותם הרוסית (מה שלא מנע מן הרוסים מלנסות ולנצל את נוכחותם של היהודים האלה בארץ־ישראל לצורכיהם שלהם). בשנת 1884, כשפנו המתיישבים היהודים אל השגרירות האמריקנית באיסטנבול בבקשת עזרה, הודה השגריר האמריקני, הגנרל לואיס וולס (Lewis Wallace), מחברו של 'בן חור' כי האנשים האלה, המורעבים והמנושלים מנכסיהם, עוררו את חיבתו. "המתיישבים היהודים האלה", כתב, היו "זקנים ברובם, עניים למדי, שברחו מן הדיכוי ברוסיה ופנו לארץ־ישראל, המקום המקודש ביותר, כדי להעביר שם את שארית ימיהם בתפילה ולמצוא בה את מנוחתם האחרונה". כדי להציל את היהודים האלה מ"לחץ המסים" של האימפריה העות'מנית העניק להם ואלאס תעודות שזיכו אותם בחסות אמריקנית.[43]

השלטונות לא הצליחו להסתיר את חשדותיהם. הציר העות'מני בוושינגטון, מאברויאני ביי, הזהיר את מחלקת המדינה שלא להעניק הגנה לאנשים שהפכו אזרחים אמריקנים רק כדי "להביא

37 דיקסון (Dickson) לקלייר־פורד (Clare–Ford), ירושלים, 30 בדצמבר 1892, PRO, FO 195/1765, no. 35

38 על הקפיטולציות ראה: J. B. Angell, "The Turkish Capitulations", *American Historical Review* 6 (January 1901), pp. 254-259; N. Souse, *The Capitulatory Regime of Turkey*, London 1933, ועל נקודת המבט העות'מנית, ראה: M. İskender & Ali Reşad, *Kapitülasyonlar*, Istanbul 1330 [1914]; Freşneli Mehdi, *Imtiyazat–i Ecnebiyye*, Samsun 1325 [1909]

39 לפירוט השיטות שבאמצעותן השיגו המתיישבים היהודים תעודות חסות, ראה: J. Finn, *Stirring Times: Records from Jerusalem Consular Chronicles*, I, II, London 1878; A. M. Hyamson (ed.), *The British Consulate in Jerusalem*, I-II, London 1939-1941

40 E. M. Earle, "Early American Policy Concerning Ottoman Minorities", *Political Science Quarterly* 42 (September 1927), pp. 340ff.

41 F. R. Dulles, *America's Rise to World Power (1898-1954)*, New York 1963, p. 1

42 על המעורבות האמריקנית במזרח התיכון לטובת הארמנים, ראה ברייסון (לעיל, הערה 3), עמ' 20, 27–33, 48–49.

43 ולס (Wallace), איסטנבול, אל פרלינגהויזן (Frelinghuysen), ושינגטון, 24 בינואר 1884, (עם נספחים), FRUS (1884), no. 414

לתסיסה באימפריה העות'מנית".[44] הטורקים חששו כי פעילותם החשאית של המהפכנים הארמנים, שעוררה פעמים רבות את האוכלוסייה המוסלמית המקומית לנקוט פעולות תגמול, תביא את ארצות־הברית, ששימשה מעצמת מגן, ללחוץ על "השער העליון" להנהיג רפורמות במזרח אנטוליה. מהלך כזה עלול היה להביא את מזרח אנטוליה להיפרד מעל האימפריה העות'מנית ולהכריז על עצמה מדינה ארמנית עצמאית.[45] כאשר ביקשו מנהיגי הציונות חסות אמריקנית, חשו ב"שער העליון" כי היהודים מנסים לחקות את הטקטיקה הארמנית. כדי למנוע אפוא היווצרות של "שאלה יהודית" לצד ה"שאלה הארמנית", הבהירו העות'מנים לארצות־הברית, כי על סמך סעיף 5 של חוק הלאומיות (1867), "נתין עות'מני שרכש אזרחות זרה בלא שקיבל קודם לכן רשות מן הממשלה האימפריאלית, יוסיף להיחשב מכל הבחינות נתין עות'מני" הכפוף לזכויות ולחובות ככל יתר הנתינים העות'מנים.[46]

לקראת סוף שנות השמונים של המאה התשע־עשרה בדקה מחלקת המדינה האמריקנית כיצד ניתן ליישב את העניין עם השלטונות העות'מניים, בהיעדר הסכם התאזרחות בין שתי המדינות. התובע הכללי של ארצות־הברית טען, כי "התאזרחות בארצות־הברית שלא על מנת להתיישב בה בקביעות, אלא כדי להתיישב בארץ אחרת ולהשתמש באזרחות האמריקנית להשתמטות מחובות ואחריות שאחרת היו מוטלים על המתאזרח, צריכה להיחשב בעיני ממשלת ארצות־הברית כהתחזות, ואין היא מטילה על הממשלה אחריות כלשהי לספק לאדם כזה הגנה".[47] ואף על פי כן הזדרזה מחלקת המדינה להודיע לנציג האמריקני באיסטנבול, כי בלא קשר לשאלה כיצד הושגה החסות האמריקנית, אין הממשל מוכן לאשר מהלך שיגרום לאפליה בין אזרחים אמריקנים שונים בטורקיה. מזכיר המדינה האמריקני, ביארד (Bayard), הנחה את הציר האמריקני באיסטנבול, אוסקר שטראוס, להודיע לווזיר הגדול, כי אחד מעקרונותיו הבסיסיים של הממשל האמריקני הוא מניעת אפליה, בגלל "אמונה או גזע", בין אזרחיה. ההשקפות הטורקיות על התאזרחות ותקנות הדרכונים המתייחסות לאנשים הנהנים מחסותה של ארצות־הברית, נחשבות אפוא מעצם עובדה זו (*ipso facto*), למבוטלות.[48]

גישתה של מחלקת המדינה האמריקנית לנושא ההתאזרחות נבעה מן החשיבות שייחסה ארצות־הברית לשמירת זכויות היתר שלה במסגרת הסדר הקפיטולציות. על פי הסכם המסחר משנת 1830 הבטיחה הממשלה העות'מנית לארצות־הברית מעמד של "אומה מועדפת ביותר". כתוצאה מזה היתה ארצות־הברית זכאית לזכויות ולהעדפות שמהן נהנו יריבותיה האירופיות ביחסיהן המסחריים עם טורקיה. ואולם ארצות־הברית, בדומה לשאר המעצמות, עמדה לפני דילמה. אילו הסכימה מחלקת המדינה להודות כי כמה ציונים השיגו מעמד של בני חסות על ידי העמדת פנים שקרית ואמריקה מסרבת להגן על זכויותיהם, היתה בכך משום הודאה שבשתיקה כי התפיסה

44 מאברויאני ביי אל גרשם (Gresham), 20 באוגוסט 1893, FRUS (1893), לא ממוספר (עמ' 709–710).

45 מאברויאני ביי אל גרשם, 26 באוקטובר 1893 (מצורפים קטעי עיתונות ארמניים), שם, עמ' 711–715.

46 שם, עמ' 714.

47 שטראוס (איסטנבול) אל ביארד (ושינגטון), 28 בפברואר 1888 (עם נספחים), FRUS (1888), no. 1069

48 ביארד (ושינגטון) אל שטראוס (איסטנבול), 5 במרס 1888, שם, מספר 1070. המדיניות הזאת נעשתה, פחות או יותר, מדיניותה הקבועה של ארצות־הברית כלפי שאלת ההתאזרחות והחסות האמריקנית על היהודים בארץ־ישראל. ראה גם השגרירות האמריקנית (איסטנבול) אל שר החוץ העות'מני, 19 בינואר 1898, DBHE, *Tercüme*, *Mütenevvia-Siyasî*, 129/1, no. 311; אדי (Adee, ושינגטון) אל ליישמן (Leishman, איסטנבול), 25 באוקטובר 1904, FRUS (1904), no. 716

הטורקית בדבר הקפיטולציות נכונה – היינו, שזהו מוסד מיושן המנוצל לרעה ומן הראוי אפוא לבטלו. כשהבהיר הווזיר הגדול, סעיד פאשה, לאמריקנים את ההשלכות של החלטתם,[49] הסיקו השלטונות האמריקניים כי יתקשו לוותר על מדיניות "הדלת הפתוחה" באימפריה העות'מנית, ששווקיה, על אף שהיו מוגבלים בהיקפם, היו חיוניים לקליטתם של עודפי הייצור האמריקני.[50] בסופו של דבר החליטה ארצות־הברית, מתוך בחירה או שמא בלית ברירה, לנקוט עמדה המעודדת התיישבות יהודית בארץ־ישראל.

בעקבות סירובה של ארצות־הברית להתפשר בסוגיה זו היה "השער העליון" חייב למצוא דרך אחרת למנוע את כניסתם של פליטים יהודים לארץ־ישראל. ב־21 בנובמבר 1900 פרסם "השער העליון" חוזר מיוחד שכותרתו היתה "התנאים לכניסתם של מבקרים יהודים (במקור: Hebrew) לארץ הקודש".[51] על פי התקנות האלה לא נדרשו עוד היהודים להפקיד סכום כסף במזומן בתורת ערובה שיעזבו את הארץ בתוך חודש; במקום זאת נדרשו כל היהודים, לרבות נתינים עות'מנים, להפקיד את מסמכיהם האישיים בידי השלטונות המקומיים בעת כניסתם לארץ־ישראל, ובתמורה קיבלו אישור שהתיר להם לשהות בארץ־ישראל עד שלושה חודשים. את האישור הזה, שנודע בשם "הפתקה האדומה" בשל צבעו, החזיר המבקר בעת יציאתו מן הארץ, וכך יכלו השלטונות לפקח על תנועת היהודים המבקרים בארץ־ישראל. כדי שיוכלו לגרש מן הארץ עולי רגל שתוקף אישור השהייה שלהם פג, ערכו השלטונות מדי חודש רישומים מפורטים. פקידי ממשלה שנכשלו בביצועם של ההסדרים הללו היו צפויים לעונש כבד, ואילו יהודים, שסירבו לנהוג על פי התקנות האלה, לא הורשו להיכנס לארץ והוחזרו אל האניות שהביאו אותם לארץ־ישראל.

ואולם קביעתן של הגבלות חדשות עדיין לא הבטיחה את מימושן בפועל. השגריר האמריקני הצטרף לעמיתיו האירופים בלחצם על "השער העליון". הוא טען כי מחלקת המדינה אינה יכולה לראות בעין יפה את התקנות החדשות, משום שזכותם של אזרחים אמריקנים לטייל ברחבי האימפריה העות'מנית ולהתיישב בה מעוגנת בהסכמים מיוחדים שנחתמו בין הטורקים ובין האמריקנים.[52] האימפריה העות'מנית, שהלכה ונחלשה מאז ראשית המאה השמונה־עשרה, לא יכלה להתייצב כנגד מחאתן המשותפת של המעצמות, ולווזיר הגדול לא נותר אלא להוציא הוראה חדשה ולפיה יוטלו הגבלות הכניסה לארץ־ישראל רק על יהודים שיגיעו לארץ־ישראל בקבוצות

49 וייט (White, איסטנבול) אל סליסבורי (Salisbury, לונדון), Therapia, 10 בספטמבר 1891, PRO, FO 83/1723, no. 394

50 על האינטרסים המסחריים האמריקניים במזרח ראה: T. Y. Ismael (ed.), *The Middle East in World Politics*, Syracuse, N.Y. 1974, pp. 116-118; ברייסון (לעיל, הערה 3), עמ' 44, טוען גם הוא כי ממשלת ארצות־הברית נתנה קדימות לאינטרסים המסחריים שלה.

51 דיקסון (Dickson, ירושלים) אל בונסן (Bunsen, לונדון), 29 בדצמבר 1900, PRO, FO 78/5479, no. 71 וכן אוקונור (O'Conor, איסטנבול) אל לנסדאון (Lansdowne, לונדון), 27 בדצמבר 1901, שם, מס' 34. גרימסקום (Grimscom, איסטנבול) אל היי (Hay, ושינגטון), 31 בינואר 1901, FRUS (1901), no. 316. ראה י' פרידמן, "משטר הקפיטולציות ועמדתה של טורקיה כלפי הגירה והתיישבות, 1856–1897", קתדרה 28 (יולי 1983), עמ' 47–62.

52 ראה את המסמכים השונים שנשלחו בידי השגרירויות השונות אל משרד החוץ העות'מני. השגרירות האמריקנית, 19 בינואר 1898, DBHE, *Tercüme Müteneviia-Siyasî*; השגרירות הצרפתית (איסטנבול), 24 בספטמבר 1898, שם, 129.2, מספר 56.86; השגרירות האיטלקית, 20 באפריל 1899, שם, מס' 17.19 ומס' 27.33; השגרירות הגרמנית, 16 בינואר 1901, שם, מס' 67.108; השגרירות האוסטרית, 17 באפריל 1900, שם, מס' 17.21; השגרירות הרוסית, 7 בדצמבר 1898, שם, מס' 54.

גדולות, בשעה שמשפחות יחידות לא יוטרדו.[53] כיוון שיהודים מארצות זרות יכלו להיכנס לארץ־ישראל ללא קושי, ניסתה ממשלת טורקיה לעצור בעדם עוד ביוני 1900, וביקשה מן המעצמות להורות לחברות הספנות שלהן שלא להעלות על סיפונן נוסעים יהודים שבכוונתם להתיישב בארץ־ישראל. המעצמות דחו על הסף את הבקשה הזאת, ובעייתו של "השער העליון" בסוגיית העלייה היהודית נותרה בעינה.[54]

באשר לאיסור על מכירת קרקעות הבהירה מחלקת המדינה האמריקנית ל"שער העליון", כי אם "תימנע מאזרח אמריקני הזכות לקנות או למכור אדמות משום שהוא חייב להחזיק באמונה דתית כלשהי, תראה ממשלה זו חובה לעצמה להגן [עליו] כנגד אפליה לא קבילה זו".[55] ב־1893 הצליחו המעצמות לחלץ ויתור נוסף מן "השער העליון" בנוגע לרכישת קרקעות. יהודים מארצות זרות השוהים בארץ־ישראל באופן חוקי הורשו לקנות אדמה בארץ־ישראל, בתנאי שלא ישתמשו בה לצורך הקמתן של מושבות חדשות.[56]

השלטונות העות׳מניים עייפו מן המעורבות האמריקנית בענייני ארץ־ישראל בשמם של המתיישבים היהודים. ב־28 באוגוסט 1893, כשהבין הציר הטורקי בוושינגטון, מאברויאני, כי מאמצי ממשלתו היו לשווא, טען לפני מחלקת המדינה האמריקנית, כי "שאלת הציונות היא עניין פנימי של האימפריה העות׳מנית, ועל האמריקנים עצמם לפעול על פי עקרונותיה של 'דוקטרינת מונרו' (Monroe Doctrine), כלומר, אל לאיש להתערב ישירות או בעקיפין בענייניהם של אחרים".[57] מחאות כאלה לא הצליחו לשנות את הגישה האמריקנית כלפי הציונים בארץ־ישראל. עלי פרוק, שהיה מחליפו של מאברויאני בוושינגטון, תלה באוסקר שטראוס, הציר האמריקני באיסטנבול, את האחריות לעמדתה של ארצות־הברית כלפי הציונות. שטראוס, היהודי, פעל, לדבריו, למען הגשמת מטרותיהם של בני עמו בארץ־ישראל, ומנע השלמה של ארצות־הברית עם המדיניות העות׳מנית שביקשה להגביל את התיישבותם של יהודים אמריקנים בארץ־ישראל.[58] כאשר קיבל הסולטן מברק מן הציר שלו בוושינגטון בעניין פעילויותיו של שטראוס, הזדרז עבד אל־חמיד לבקש מארצות־הברית להחליף את הציר האמריקני. שאלת עלייתם של היהודים לארץ־ישראל והתיישבותם בה, שהיתה מטרד קבוע במסגרת היחסים בין הטורקים לאמריקנים במשך כל שנות שלטונו של עבד אל־חמיד, עשויה להסביר במידת־מה את סירובו העיקש של הסולטן להעניק למשלחת האמריקנית באיסטנבול מעמד של שגרירות, למרות מאמציהם החוזרים ונשנים של האמריקנים בעניין הזה.

53 וייט (איסטנבול) אל מור (Moore, ירושלים), 3 במאי ו־6 באוקטובר 1888, PRO, FO 195/1607; קינג (King, איסטנבול) אל ביארד (ושינגטון), 22 באוקטובר 1888, FRUS (1888), no. 1095; השגרירות הגרמנית אל משרד החוץ העות׳מני, 28 בספטמבר 1898, DBHE, *Tercüme Mütenevvia-Siyasî*, 129/2, no. 1497.

54 אוקונור (איסטנבול) אל סלסבורי (לונדון), PRO, FO 78/5479, no. 218 וכן סליסבורי (לונדון) אל וייט (איסטנבול), 9 בנובמבר 1891, שם, מס׳ 239; השגרירות הגרמנית אל משרד החוץ העות׳מני, 28 בספטמבר 1898, DBHE *Tercüme Mütenevvia-Siyasî*, no. 1497, ו־18 ביולי 1900, שם, מס׳ 52.1624; השגרירות הרוסית אל משרד החוץ העות׳מני, 2 ו־16 באוגוסט 1900, שם, מס׳ 52.545.

55 גרשם (ושינגטון) אל טרל (Terrel, איסטנבול), 5 ביולי 1893, FRUS (1893), no. 14. דוגמות אחרות להתערבות אמריקנית לטובת יהודים הקונים אדמות ניתן למצוא ב־FRUS (1897), מספר 59, 8 בדצמבר 1897, ומספר 76, 28 בדצמבר 1897; ג׳יי (Jay, איסטנבול) אל מזכיר המדינה (ושינגטון), 25 באפריל 1906, שם, (1906), מס׳ 1370.

56 ניקולסון (Nicolson, איסטנבול) אל דיקסון (ירושלים), 23 ביולי 1893, PRO, FO 195/1789, no. 278 (עם נספחים); אנג׳ל (Angell, איסטנבול) אל שרמן (Sherman, ושינגטון), 5 בינואר 1898 (מצורף חוק הקרקעות העות׳מני), FRUS (1898), no. 78.

57 מאברויאני אל גרשם, 22 בדצמבר 1893, FRUS (1893), לא ממוספר [107?].

58 ראה להלן, נספחים ה, ו.

תקופת "המשטר החוקתי", 1914–1908

בקיץ של שנת 1908 הפילו "הטורקים הצעירים" את שלטונו האבסולוטי של עבד אל־חמיד השני, שלטון שנמשך 32 שנה, והשיבו על כנה את החוקה משנת 1876. הם האמינו כי פרלמנטריזם הוא נוסחת פלא שלא זו בלבד שתרסן את התנועות הלאומיות המתבדלות, אלא גם תשים קץ להתערבות הזרה בעניינים העות'מניים לטובתם של המיעוטים. מכיוון שכל הקבוצות האתניות יקבלו ייצוג בפרלמנט, טענו "הטורקים הצעירים", יבואו מצוקותיהן כמו גם שאיפותיהן לידי ביטוי בערוצים הולמים ובדרכי שלום. ואם יהיו המיעוטים שבעי רצון מזכויותיהם הפוליטיות, לא תהיה למעצמות הזרות עילה ללחוץ למען הפעלת רפורמות באימפריה. "הטורקים הצעירים" טיפחו תקוות גדולות שהמעצמות האירופיות ישבחו את הישגם המפואר, ויתחילו להתייחס למדינה החוקתית החדשה בכבוד הראוי לה.

חיש מהר התפכחו "הטורקים הצעירים" מאשליותיהם. בניגוד לציפיותיהם, ראו המעצמות באי־יציבותו של השלטון החדש בחודשים הראשונים להיווסדו הזדמנות בלתי חוזרת לקדם את תביעותיהן נגד האימפריה העות'מנית. כך סיפחה אוסטרו־הונגריה את בוסניה־הרצגווינה באוקטובר 1908, והיוונים פרשו את שלטונם על כרתים, ובולגריה הכריזה על עצמאות מוחלטת מן "השער העליון". עד סוף 1913 איבדו השליטים החדשים את השליטה על לוב לטובת האיטלקים, וחשוב מכך, לאחר סדרה של תבוסות צבאיות נאלצו למסור את כל שטחי הבלקן שהחזיקו בהם – למעט אדריאנופול – לסרבים, ליוונים ולבולגרים.

גם בזירה הפנימית לא התגשם חזונם של "הטורקים הצעירים" בדבר "אחדות הגזעים" (אתחאד אל־ענאצר). אחרי פרץ ההתלהבות שבא בעקבות ההכרזה על החוקה, היו הסיעות השונות בפוליטיקה הפנימית העות'מנית להוטות לקדם את שאיפותיהן הלאומיות הנבדלות. יוונים, אלבנים, ערבים, כורדים וקווקזים ייסדו ארגונים לאומיים כדי להפיץ את תביעותיהם, והתמודדו בנפרד בבחירות של 1908, והעלו, קבוצה קבוצה, "תוכניות לאומיות" משל עצמן. קבוצות אתניות אחדות הביעו את שאיפותיהן באופן גלוי ובולט במיוחד. ב־1909 התקוממו הארמנים באדנה (Adana), ושנה אחר כך התקוממו גם האלבנים.

"הטורקים הצעירים", ממורמרים בעקבות הניסיון המר של שנות שלטונם הראשונות, הגיעו למסקנה כי שלמותה של האימפריה העות'מנית תלויה בשימורו של המעמד הטורקי השליט. הם כוננו את "הוועד לאחדות וקדמה" שהפך ל"מפלגת הטורקים" ושאף להבטיח את ההגמוניה של "הטורקים הצעירים" בחיים הפוליטיים. תומכי "האחדות" לא היססו לעוות ולשנות את גבולותיהם של מחוזות הבחירה ולהשתיק את האופוזיציה, ולא פעם עשו זאת באמצעים אלימים. הם גם הנהיגו מדיניות של "עות'מניזציה" מקיפה כדי להטמיע את הקבוצות האתניות בתוך התרבות העות'מנית. במסגרת מדיניות זו שמרו על המערכת הריכוזית של קודמיהם, אך ביטלו את זכויות היתר הרבות שהעניק עבד אל־חמיד השני לאוכלוסיות מוסלמיות לא־טורקיות. לראשונה מזה שלושים שנה אולצו האלבנים לשלם מסים, והמתיישבים הלא־מוסלמים נדרשו לשרת בכוחות המזוינים, אף על פי שמעולם לא נדרשו לעשות זאת לפני כן. לפי דו"חות מהימנים של בני התקופה שבו תומכי "האחדות" והשתמשו בשיטות הדיכוי של עבד אל־חמיד השני.[59] אחד ממנהיגיהם הבולטים של

59 FO ‏PRO, (1909) *Turkey: Annual Report*, בייחוד עמ' 7; M. Selahaddin, *Bildiklerim: İttihad ve Terakki Cemiyeti'nin Maksad-i Tesis ve Suret-i Teşkili ve Devlet-i Aliyye Osmaniye'nin Sebeb-i Felaket ve Inkisami*, Cairo 1334 [1918], pp. 141-143

"הטורקים הצעירים", טלעט ביי (שכעבור זמן נקרא "פאשה"), וכיהן כשר הפנים ואחר כך כווזיר הגדול, הודה, כי שלטונם של "הטורקים הצעירים" הפך ל"עריצות נאורה".[60]

שטראוס – ששימש כציר האמריקני בטורקיה זו התקופה השלישית – צדק כשהעריך, על פי הנסיבות הפוליטיות בטורקיה, ש"תומכי 'האחדות' ראו בציונים מי שמטרתם הסופית הקמת מדינה עצמאית".[61] ואכן יונוס נאדי ביי, אחד ממנהיגיהם של "הטורקים הצעירים", כתב ב"רומלי", עיתון בלקני מקומי, כי הציונות "פירושה ייסוד מדינה יהודית (במקור: Israelitish) בארץ־ישראל". הוא הדגיש, כי "הציונות אינה תעתועי דמיון, אלא עובדה נוראה ומסוכנת, ומוטלת עלינו חובה פטריוטית קדושה ביותר לפעול בכל כוחנו כדי לשים מחסום בדרכו של הרוע הזה".[62] עוינותם של תומכי "האחדות" כלפי הציונות חרגה מעבר לאי־רצונם להתמודד עם שאלה לאומית נוספת באימפריה העות'מנית. כפי שניסח זאת כאזם נאמי, מנהיג אחר של "הטורקים הצעירים", הציונים "יהפכו להיות מכשיר למימושה של מדיניות זרה". ועם זאת, לא יכול היה נאמי לומר למי שייכת אותה "אצבע זרה ובלתי נראית".[63]

כשביקר דוד וולפסון, נשיא ההסתדרות הציונית העולמית, באיסטנבול, ביולי–אוגוסט 1909, נאמר לו כי מהגרים יהודים יתקבלו בזרועות פתוחות בכל רחבי האימפריה העות'מנית להוציא את ארץ־ישראל, שכן ללא ספק עתידה להתעורר בה "בעיה יהודית". הווזיר הגדול היה נחוש בדעתו בעניין הזה. טלעט הדגיש כי ארץ־ישראל סגורה לפני הגירה יהודית, וכי בעשרים וחמש השנים הבאות לא ישנה "השער העליון" את ההגבלות הקיימות.[64] ב־28 בספטמבר הורה טלעט למושלי המחוזות להבטיח כי מדיניותו של עבד אל־חמיד השני באשר להתיישבות יהודית ולרכישת אדמות תישמר בקפדנות.[65]

הארגונים הציוניים יצאו במתקפת הסברה שנועדה להפיג את חשדותיהם של "הטורקים הצעירים". האיש שלהם באיסטנבול, הד"ר ויקטור יעקובסון, ועוזרו האישי ולדימיר ז'בוטינסקי, הצהירו כי אין לציונים כוונה כלשהי לנתק את ארץ־ישראל מן האימפריה העות'מנית. אדרבה, טענו, הציונים מבינים כי עצם קיומו של מרכז יהודי בארץ־ישראל אינו יכול להיות מובטח אלא אם יהיה בתוך גבולותיה של האימפריה העות'מנית ובהגנתה. תחת שלטונו האבסולוטי של עבד אל־חמיד דרשו הציונים ערבויות בין־לאומיות וביקשו להשיג מעמד מיוחד, משום שחששו שיום אחד עלול העריץ להרוס את כל מה שבנו היהודים בארץ־ישראל. ואולם כעת, כשהאימפריה חופשית והחוקה אושרה מחדש, אין הציונים מבקשים ביטחונות נוספים. אין הם מבקשים אלא שיותר ליהודים לעלות לארץ־ישראל ולהתיישב בה.[66] עמדה זו הודגשה שוב ושוב בידי מקס

60 Mithat Şükrü [Bleda], *İmparatorluğun Çöküsü*, Istanbul 1979, p. 88. לפרטים על מדיניות הטורקיזציה ראה: J. M. Landau, *Pan-Turkism in Turkey*, London 1981, ch. 2

61 *The Jewish Chronicle*, 7 October 1910. למחקר עדכני יותר על הנושא כולו ראה: J. M. Landau, "The 'Young Turks' and Zionism", in: V. D. Sanua (ed.), *Fields of Offerings: Studies in Honor of Raphael Patai*, Rutherford, N.J. 1983, pp. 197-205

62 *Rumeli*, 6 April 1911. לתרגום האנגלי של המאמר הזה, ראה נספח א אצל לואת'ר (Lowther) אל גריי (Grey), איסטנבול, 22 בפברואר 1911, PRO, FO 371/1245

63 לואת'ר אל גריי (איסטנבול), 22 בפברואר 1911 (נספח א), PRO FO 371/1244

64 וולפסון (Wolffsohn) אל קאהן (Kahn), 10 באוגוסט 1909, אצ"מ W/16.

65 ראה: M. K. Öke, *Siyonizm ve Filistin Sorunu (1880-1914)*, Istanbul 1982, p. 111

66 A. Cohen, *Israel and the Arab World*, London 1970, p. 73. ראה גם: תופיק פאשה אל ריפעת פאשה, 10 במאי 1911, DBHE, 332/17, no. 6978/288

נורדאו בקונגרס הציוני התשיעי (המבורג, דצמבר 1909), וחזר עליה גם דוד וולפסון בקונגרס הציוני העשירי (באזל, אוגוסט 1911).

הציונים האמריקנים, ביודעין או שלא ביודעין, מילאו תפקיד חשוב בשכנועם של "הטורקים הצעירים" בנאמנותם של הציונים לסולטן. כמו עבד אל־חמיד השני עקבו גם תומכי "האחדות" אחרי התפתחותה של הציונות בארצות־הברית. תיקים של משרד החוץ העות'מני כוללים סדרה של מסמכים המתייחסים לפעילותם של ציונים אמריקנים. ביניהם נמצא גם תזכיר העוסק ביחסים שבין הממשלה העות'מנית להנהלה הציונית, ונכתב בידי מנהיגיה של הפדרציה הציונית בבוסטון.[67] התזכיר נכתב מתוך כוונה לשלול שמועות ש"הכוחות הציוניים מנוצלים לחיזוק השפעתן של ממשלות זרות בארץ־ישראל ולקידום האינטרסים האנוכיים שלהן". בייחוד מעניין לציין כי מקצת מן המשפטים בטקסט הציוני־אמריקני הודגשו בקו, כנראה בידי שר החוץ העות'מני. אפשר שהעות'מנים החלו להתרכך ולהאמין ש"הצלחתה של הציונות תתרום בהכרח לעושרה של האימפריה כולה ולשגשוגה".

שלא כמו מקצת המעצמות האירופיות, לא היו לממשלה האמריקנית תביעות טריטוריאליות מן האימפריה העות'מנית. להוציא חיכוכים קצרים שאירעו מדי פעם בפעם בשל תמיכתם של המיסיונרים האמריקנים בארמנים בטורקיה, שמרו שתי המדינות על יחסים ידידותיים שהיו מבוססים בעיקרם על קשרי מסחר. עצם הדבר שיהדות אמריקה התנגדה לרוסים, והרוסים (שלטשו את עיניהם לכיבושה של איסטנבול) היו אויביהם בנפש של העות'מנים, הביא לקירובם של שני הצדדים. הקונסול העות'מני בבוסטון דיווח בסיפוק־מה, שארצ"ות־הברית השעתה את הסכמי הסחר שלה עם רוסיה בשל יחסה הגרוע של זו כלפי היהודים. עם זאת, אפשר שהממשלה העות'מנית פירשה זאת גם כהוכחה למידת השפעתם של הארגונים היהודיים בארצות־הברית.[68]

"הטורקים הצעירים" חשו כי הם נדחקים לבידוד הולך וגובר. מלחמות איטליה ומלחמות הבלקן לימדו אותם לקח בל יישכח – המעצמות האירופיות, ובכלל זה גרמניה, לא הגיבו כשנלקחו מחוזות של האימפריה העות'מנית. תומכי "האחדות" היו זקוקים נואשות לגיבוי במדיניות החוץ שלהם בפורומים בין־לאומיים. כאשר הלך וקרב מועד המלחמה באירופה נראה היה כי ארצות־הברית עומדת לתפוס תפקיד מרכזי יותר בפוליטיקה העולמית. אפשר אפוא שהעות'מנים קיוו לגייס את תמיכתם של האמריקנים, מתוך שימוש בלובי היהודי ככלי להשפעה על מחלקת המדינה האמריקנית, בתמורה להקלות מסוימות בעניין הגירת יהודים. יתרה מזו. העות'מנים היו זקוקים למקורות כספיים כדי לבצע רפורמות כלכליות שהיו הכרחיות הן להחייאתה של האימפריה והן כדי לשוב ולהשתלט על המחוזות האבודים של מקדוניה – בעיקר סלוניקי ואדריאנופול – מחוזות שהיו עבור הטורקים סמל של חירות לאחר התפקיד החשוב שמילאו במהפכה של 1908. לאחר שנדחו בידי המעצמות האירופיות היו העות'מנים מוכנים לחפש עזרה כספית במקומות אחרים, ועתה לא הוציאו מכלל אפשרות את הציונים ואת האמריקנים.

בשמם של תומכי "האחדות" העלה הד"ר נאזם ביי את הרעיון ליישב פליטים יהודים במקדוניה, כדי לחזק שם את היסודות הנאמנים ל"שער העליון".[69] ואולם עם הריסתה של מקדוניה בעקבות מלחמות הבלקן של 1912–1913, ירד הרעיון הזה לצמיתות מן הפרק. למרות זאת, נראה שתומכי

67 ראה להלן, נספח ח.

68 Directorate General of Political Affairs, 6 February 1329 [19 February 1914], DBHE, 332/17, no. 15829/1328

69 ראה: Sam Lévy, "Les méfaits du Comité union et progrès (ii) Immigration – Le problème des

"האחדות" היו נחושים בדעתם להציע לציונים הזדמנות להפגין את נאמנותם לאימפריה העות'מנית. הם העלו את הרעיון לכוון את ההגירה היהודית לארם נהריים, שגם בה, כמו במקדוניה, נזקקו לתמיכתם של יסודות נאמנים לשלטון המרכזי כנגד השפעתם הבדלנית של התושבים המקומיים (ערבים, כורדים) ושל המעצמות האירופיות (בריטניה, גרמניה).[70]

קודם שהיה אפשר להוציא אל הפועל את התוכניות האלה פרצה מלחמת העולם הראשונה ושינתה את סדרי העדיפויות המדיניים של טורקיה. התפשטותם של מעשי האיבה סיפקה הזדמנות בלתי חוזרת לתומכי "האחדות" לנער מעליהם את ההתערבות הזרה, ולדכא תנועות לאומניות מחרחרות ריב. השעיית הקפיטולציות נטלה מן המעצמות האירופיות – גם מגרמניה ומאוסטרו־הונגריה, בעלות בריתה של טורקיה במלחמה – את זכויות היתר האקס־טריטוריאליות שנהנו מהן במשך ארבע מאות שנה.[71] מערכות החסות שהיו תוצר של משטר הקפיטולציות בוטלו אף הן, וכך ניצבו אזרחיהן של המדינות האירופיות האויבות לטורקיה לפני הברירה, לקבל את האזרחות העות'מנית, או להיות מיועדים לגירוש בכוח מתחומי ממלכת הסולטן.[72]

בתחילה כמעט לא הושפעו היהודים מן ההתפתחויות הללו. ב־1913 ניסו ותומכי "האחדות" לייסד "ברית מוסלמית־יהודית" שיחברו בה יחדיו טורקים, ערבים ויהודים כדי להשתחרר מן האימפריאליזם הנוצרי. בצורה זו קיווה הממשל הטורקי להגיע להבנה הן עם ההסתדרות הציונית העולמית והן עם הערבים המתנגדים לציונות. עם הכרזתו של ה"ג'יהאד", מלחמת קודש, כפי שראו המוסלמים את מלחמת העולם הראשונה, הגיע לקצו ירח הדבש הקצר בין הטורקים ובין היהודים. עם מינויו של ג'מאל פאשה למפקדו של ה"גייס הרביעי", מינוי שעשה אותו לשליט האבסולוטי של סוריה וארץ־ישראל, הואץ התהליך הזה.

ג'מאל פאשה וימיה האחרונים של האימפריה, 1914–1918

אחרי רציחתו של מחמוד שוכת פאשה (1913), נעשה ג'מאל פאשה החבר הבכיר של הטריאומווירט ששלט באימפריה עד סוף המלחמה. ג'מאל, ששימש בעבר מפקדן של אדנה (1909) ובגדד (1911), ומפקדה הצבאי של איסטנבול (1913), הוכיח את עצמו כאדמיניסטרטור יעיל. הפטריוטיזם הנלהב שלו, שהוזן מן החרדה הנוראה שהאימפריה עומדת להיהרס, הפך אותו, כמו את מרבית תומכי "האחדות", לאויבם המושבע של כל היסודות הבדלניים. כששמשל באדנה דיכא במהירות מרידה

---

nationalités", *Mécheroutiette* 36 (November 1912), pp. 7–20. כתב־עת זה פורסם בפריס בידי הפורשים מן הוועד לאחדות וקדמה (Committee of Union and Progress).

70 לפרטים נוספים, ראה אקה (לעיל, הערה 65), עמ' 126–130.

71 *Records of the Department of State Relating to Political Relations Between the United States and Turkey, 1910–1929*, NAMC, no. 365/8. הודעה על ביטול הקפיטולציות נמסרה לארצות־הברית ב־10 בספטמבר 1914 בידי השגריר העות'מני בוושינגטון, רסתם ביי. ב־16 בספטמבר הודיעה מחלקת המדינה לטורקים כי ארצות־הברית אינה מקבלת ביטול זה. במברק מתאריך 10 בספטמבר 1914, מסר מורגנתאו לוושינגטון כי "מעט מאוד ניתן לעשות כדי לשכנע את הממשלה העות'מנית לחזור בה מהחלטתה".

72 ה"ואלי" [המושל] של ביירות, בכיר סמי אל הקונסול הכללי, מר הוליס (Hollis), 11 באוקטובר 1914, NAMC, 365/8; הוליס אל מחלקת המדינה, 30 באוקטובר 1914. הוליס האמין כי "...אם ננקוט עמדה בלתי מתפשרת בעניינים אלה, ואם נודיע לטורקים כי לא נסבול שום מעשי הבל מצדם וכי יש בדעתנו להגן... על זכויותיהם של אזרחינו ובני חסותנו כאן... בנחישות ומתוך הפגנת כוח... תשוב בינתם של הפקידים הטורקים ... הטורקים הם... ברברים... הורסי הציוויליזציה... אסור [לנו] לאפשר להם טורקיזציה של סוריה".

ארמנית, וכשמשל בבגדד חשף את רוב ההתארגנויות הסודיות של ערביי סוריה.[73] על פי כמה מסמכים טורקיים בני התקופה לא היה ג'מאל אכזרי כפי שמצטיירת דמותו ברוב המקורות האירופיים.[74] ואולם לא היה נכון לסבול גילוי כלשהו של אי־ציות ופריקת עול. כשהיה מפקדה הצבאי של איסטנבול נלחם כנגד לחצים פנימיים וחיצוניים על ידי עריפת ראשיהם של המסיתים לרצח של מחמוד שוכת פאשה. אחד מהם היה חותנו של הסולטן ובן חסות צרפתי. בשל עוז רוחו קודם ג'מאל פאשה לתפקיד השר לעבודות ציבוריות, ואחר כך נתמנה שר הצי. כשפרצה המלחמה ביקשו שני החברים האחרים בטריאומווירט, אנוור וטלעת, להרחיקו ממאבק הכוחות בבירה, והציעו לו אפוא את השליטה על אזור גיאוגרפי אחר: סוריה וארץ־ישראל.[75]

קודם שנתמנה למפקדו הכללי של "הגייס הרביעי" לא היו לג'מאל פאשה עמדות נחרצות בנושא הציוני. הדעת נותנת כי בהאדין ביי, הקאימקאם, קצין המחוז הראשי של יפו, וחסן ביי, מפקדו של האזור הזה – שניהם מתנגדים חריפים של ההתיישבות היהודית בארץ־ישראל – שכנעו אותו כי הציונות היא תנועה בדלנית שמטרתה סילוק השלטון הטורקי מארץ־ישראל.[76] כאשר הגיע ג'מאל לירושלים הודיע לרב הראשי ולנכבדי העיר האחרים שבאו לקבל את פניו, כי הציונות היא תנועה מהפכנית ואנטי־טורקית, תנועה שהשלטון אינו יכול להשלים עם קיומה, ויעשה הכל כדי לעקרה מן השורש.[77]

מיד כשהתחוורו כוונותיו של ג'מאל פאשה שלח המשרד הארץ־ישראלי ביפו (Palestine Office) על ידי הוועד הארץ־ישראלי (Palestine Committee) באלכסנדריה, השלוחה שלו במצרים, דיווחים לעולם, ובהם נאמר כי האוכלוסיה היהודית בארץ־ישראל סובלת מדיכוי חמור.[78] הארגון הציוני באלכסדריה טען, כי השלטונות הצבאיים עוסקים ב"הרס שיטתי של כל עבודות המודרניזציה שלנו",[79] והוכרז על ג'יהאד נגד היהודים, ג'יהאד שהביא למקרי טבח רבים ולפוגרומים.[80] הטענות האלו הצליחו לעורר את דאגתה של אמריקה.

ואכן, במהלך המלחמה נעשתה ארצות־הברית, בגלל כוחה המדיני והכלכלי, המדינה היחידה (מלבד גרמניה) שהיתה מסוגלת להפעיל לחץ כלשהו על ה"שער העליון". ציוני אמריקה נענו מיד לצורך להציל את המפעל היהודי בארץ הקודש וייסדו את "הוועד הפועל הזמני לעניינים ציוניים כלליים" (Provisional Executive Committee for General Zionist Affairs), שבראשה

73 עדותו של ג'מאל עצמו היא התיאור הטוב ביותר של רעיונותיו ופעולותיו. ראה: Cemal Paşa, *Hatiralar*, B. Cemal (ed.), Istanbul 1977. התרגום האנגלי עבר עריכה משמעותית, ראה: Ahmed Cemal Pasha, *Memoirs of a Turkish Statesman: 1913-1919*, London 1922

74 ראה בייחוד את הדו"חות של קציניו F. R. Atay, *Zeytindaği*[3], Istanbul 1981, pp. 13, 65-67, 90-91; A. F. Erden, *Birinci Cihan Harbinde Süriye Hatiralari*, Istanbul 1954, pp. 104-114, 271-272.

75 התיאור הטוב ביותר של מאבקי הכוחות בין תומכי האחדות נמצא בספר: R. Esath, *İttihat ve Terakki tarihinde esrar perdesi*, Istanbul 1975; וכן: G. Vardar, *İttihat ve Terrakki içinde dönenler*, S. N. Tansu (ed.), Istanbul 1960

76 I. Friedman, *Germany, Turkey, and Zionism, 1897-1918*, Oxford 1977, pp. 212-213. על בהאדין וחסן ביי ראה: *Reports of the Executive of the Zionist Organization to the XII Zionist Congress, II. Palestine Report*, London 1921, pp. 21-23

77 הוועד הפועל הציוני המצומצם אל הוועד הזמני להנושאים הציוניים הכלליים, פברואר 1915, אצ"מ, 23.52.

78 הוועד הארץ־ישראלי באלכסנדריה (Alexandria Palestine Committee) אל מחלקת המדינה, 25 בינואר 1915, NAMC, 353/43

79 שם, אותו כותב אל אותו מכותב, 27 בינואר 1915.

80 שם, מאת השליח הדיפלומטי האמריקני בקהיר אל מחלקת המדינה, 13 בפברואר 1915.

עמד לואיס ד' ברנדייס.[81] ב־6 באוקטובר 1914 עגנה אניית הקרב האמריקנית צפון־קרוליינה בנמל יפו, והביאה $50,000 שנועדו להקל את מצוקתה הכלכלית של הקהילה היהודית החדשה בארץ־ישראל, מצוקה שנגרמה עקב המלחמה.[82] דיווחים ציוניים רשמיים מדגישים כי החל מאוקטובר 1915 הובאו לארץ־ישראל יותר מ־4 מיליון פרנקים ב־13 אניות אמריקניות.[83] הקהילה היהודית בארץ־ישראל היתה אסירת תודה לממשלת ארצות־הברית לא רק בשל עזרתה הכלכלית, אלא גם משום שרק התערבויותיהם החוזרות ונשנות של הנציגים האמריקנים מנעו את הגשמת תוכניותיו של ג'מאל פאשה.

למזלם של יהודי ארץ־ישראל שימש באותו זמן באיסטנבול השגריר הנרי מורגנתאו האב (Henry Morgenthau Sr.), יהודי, שליבו נטה לטובת בני עמו. הקונסול הבריטי בירושלים תיאר אותו כ"חבר הקהילה הרפורמית היהודית, שלא חיבב במיוחד אף אחד משני המחנות שעיינו זה את זה: לא את הציונים בעלי המחשבה החופשית ולא את האורתודוקסים הריאקציונרים".[84] באפריל 1914 ביקר מורגנתאו בארץ־ישראל כדי לבחון מקרוב כיצד ניתן לטפל במצבם הכלכלי הירוד של בני דתו.

את עמדתו של מורגנתאו בעניין הציונות יש לבחון בהקשר של השקפותיו המדיניות הכלליות על האזור. בעיני מורגנתאו, כפי שהוא מודה בגילוי לב בזיכרונותיו, היתה האימפריה העות'מנית "מורכבת מהמון כה גדול של עבדים חסרי יכולת הבעה, בורים ואכולי עוני, וממעל להם ניצבת אוליגרכיה קטנה ומושחתת שעושה בהם שימוש ציני לקידום האינטרסים האישיים שלה".[85] מורגנתאו העריך שביטול הקפיטולציות, צעד שבאמצעותו קיוו "הטורקים הצעירים" להשתחרר מן האפוטרופסות החיצונית ולשוב ולייסד את "טורקיה למען הטורקים", הוא הציר המרכזי של המדיניות הטורקית כלפי האוכלוסייה הלא־מוסלמית שלה.[86] השגריר טען, כי זה מאות שנים חיים הטורקים כטפילים, פשוטו כמשמעו, על גבם של העמים האלה והעמיסו עליהם עבודה יתרה ונטל קשה מנשוא. "הם הטילו עליהם מסים עד כדי חיסול כלכלי, גנבו את בנותיהם היפות ביותר ועשו אותן פילגשים בהרמונותיהם, והרסו אותן ללא רחם כאשר פסקו להיות להם לתועלת".[87] כעת נתנה בידיהם המלחמה הזדמנות להפוך את האימפריה כולה לטורקית על ידי טביחתם של כל היסודות הלא־מוסלמיים.

ואף על פי שלא נתן ביטוי פומבי לדעותיו עד נובמבר 1918, חשב מורגנתאו כי יש לשחרר את כל המיעוטים באימפריה העות'מנית מעול הטורקים ולאפשר להם לייסד מדינות משלהם.[88] על ארצות־הברית מוטלת משימה תרבותית לחנך את העמים האלו ולהכשירם לבניית מוסדות פוליטיים משלהם.[89] באשר לטורקים, סבר מורגנתאו, כי ארצות־הברית ובעלות הברית צריכות לפעול במשותף כדי לסלקם מאירופה וממערב אנטוליה.[90]

81 על פעילותו של הוועד הפועל הזמני לעניינים ציוניים כלליים, 1914–1919, ראה: אצ"מ, תיקים Z 3.758–63.

82 פרידמן (לעיל, הערה 76), עמ' 194.

83 *Palestine Report* (לעיל, הערה 76), עמ' 17.

84 חיימסון (לעיל, הערה 39), כרך 2, עמ' 584–585.

85 H. Morgenthau, *Secrets of the Bosphorus*, London 1918, p. 8

86 שם, עמ' 76–75. 87 שם, עמ' 184. 88 ניו־יורק טיימס, 7 בנובמבר 1918.

89 שם, 24 במאי ו־18 באוקטובר 1919; 7 בינואר 1922.

90 שם, 10 בינואר ו־28 ביולי 1923. על התגובה העות'מנית לדעות האלה ראה *İkdam* (עיתון יומי באיסטנבול), 24 בדצמבר 1919, עמ' 1.

כל עוד שמרה ארצות־הברית על יחסים דיפלומטיים עם האימפריה העות'מנית, חש מורגנתאו כי מוטלת עליו החובה לעזור למיעוטים השונים, ליוונים, לארמנים וליהודים, ביחסיהם עם טורקיה. באשר למיעוט היהודי, עודד את ארגוני הצדקה היהודיים בארצות־הברית לתרום כסף למתיישבים הציונים בארץ־ישראל, והשתדל אצל השלטון המרכזי באיסטנבול כדי שיקל את המגבלות שהוטלו על העלייה וההתיישבות היהודית. השמועה גם אומרת שעשה שימוש בהשפעתו הרשמית כדי להביא לסגירתו של העיתון "פלסטין", עיתון יומי ערבי אנטי־ציוני שיצא לאור ביפו.[91] הציונים ידעו כי יש להם "אוזן קשבת" ואוהדת באיסטנבול.[92] במבט לאחור ניתן לומר, כי משימתו האמיתית של מורגנתאו החלה עם הגעתו של ג'מאל. מורגנתאו תיאר אותו כמין "מרקוס אנטוניוס שרצה לשלוט בסוריה ובארץ־ישראל שלטון עצמאי כאציל שודד מימי הביניים. רצונו היה להיעשות מעין תת־סולטן, לנהל בית משפט משלו, ולהחזיק 'סלאמלק' משלו. הוא רצה להיות שליט המפרסם ברבים את פקודותיו, כופה ללא הפרעה את ה'צדק' שלו, ומתעלם לעתים תכופות מרצונם של השלטונות בקונסטנטינופול". מורגנתאו הוסיף ואמר, כי כרוב תומכי "האחדות", סלד ג'מאל מן המיעוטים ושאף להפוך את האימפריה כולה לטורקית.[93]

המאבק הקשה בין המנהיג הטורקי לשגריר האמריקני, שהיה נחוש בדעתו לסכל את שאיפותיו של ג'מאל, נמשך כשנתיים והיה רצוף קנוניות רבות. כשנכנסה טורקיה למלחמת העולם הראשונה פקדה ממשלתה, שחששה ממרידה, להעביר את כל הגברים אזרחי "מדינות האויב" היושבים ברחבי האימפריה לטורקיה עצמה. הודות להתערבותם של נציגיו של מורגנתאו אצל "השער העליון" החליטה הממשלה העות'מנית להרשות ליהודים שהחזיקו באזרחות זרה להפוך לאזרחים עות'מנים.[94] כמו כן הסכימה לוותר על דמי ההתאזרחות.[95] כפי שהודיע מורגנתאו בגאווה למחלקת המדינה האמריקנית, "'השער העליון' אפילו הורה", כתוצאה ממאמציו באיסטנבול, "לשליט [ירושלים] לנהוג ביהודים הזרים בנדיבות ולא לגרשם".[96]

ג'מאל, שהגיע לירושלים בדצמבר 1914, היה מוטרד מנדיבות זו. בעידודו של בהאדין הוציא ביולי 1915 פקודה לגרש באנייה את כל היהודים שסירבו לקבל אזרחות עות'מנית. מי שסירבו לעזוב את הארץ ולהתיישב מחוץ לטורקיה יגורשו לאורפה (Urfa) ברכבת.[97] מורגנתאו מחה על הגירוש לפני "השער העליון", אך ב־14 ביולי קיבל הודעה בעל־פה, שמכיוון שהקפיטולציות בוטלו אין היהודים רשאים עוד לבקש חסות זרה.[98] ב־27 ביוני גירשו השלטונות 300 יהודים בריטים וצרפתים.[99] מורגנתאו לא נרתע. יחד עם עמיתו הגרמני באיסטנבול, ונגנהיים (Wangenheim), הגיש תלונה נוספת ל"שער העליון".[100] בפעם הזאת הצליח במשימתו, וטלעט

91 הקונסוליה הבריטית בירושלים (מקגרגור, McGregor) אל השגרירות באיסטנבול (מלט, Mallet), 30 באפריל 1914, PRO, FO 371/2134

92 רופין אל יעקובסון, 21 ביוני 1914, אצ"מ, L2/34II.

93 מורגנתאו (לעיל, הערה 85), עמ' 112–114.

94 מחלקת המדינה, לנסינג אל יעקב שיף, 21 בנובמבר 1914, NAMC, 353/43

95 שם, השגרירות האמריקנית באיסטנבול אל מחלקת המדינה, 31 בדצמבר 1914.

96 שם, אותו כותב אל אותו מכותב, מארס 1915.

97 שם, מאת אותו כותב אל אותו מכותב, 2 ביולי 1915, כולל קטע מתוך עיתון יומי בשפה הערבית מביירות, אל־אתחאד אל־עת'מאני.

98 שם, "השער העליון" אל השגרירות האמריקנית, 14 ביולי 1915.

99 שם, השגרירות האמריקנית אל מחלקת המדינה, מברק מתאריך 30 ביולי 1915.

100 פרידמן (לעיל, הערה 76), עמ' 214.

הורה לג'מאל להפסיק את הגירושים. עתה יכול היה השגריר האמריקני לדווח למזכיר המדינה, שכל ההליכים החוקיים לגבי יהודים שביקשו לקבל אזרחות עות'מנית נכנסו לתוקפם ונתקבלו בסיפוק רב בידי הנציגים הציונים בארץ־ישראל.[101]

ג'מאל, זועם על הכשלת מאמציו בידי השגריר האמריקני, החליט, בעידודו של בהאדין, שנעשה יועצו המדיני, לפתוח במערכה אנטי־ציונית חריפה. הוא הורה להחרים את הדגלים הציוניים, ואסר על השימוש בבולים של הדואר העברי ושל הקרן הקימת לישראל.[102] ב־13 בינואר 1915 קיבל בנק אנגלו־פלסטינה ארכה של 10 ימים להפסיק את פעילותו. מי שהחזיק בהמחאות של הבנק ושטרות כסף שבמחזור היה צריך להציגם לפני השלטון המקומי.[103] זמן קצר לאחר פרסומה של ההוראה הזאת עגנה אנייה אמריקנית ביפו והביאה עמה סיוע חיוני להקלת מצבה של הקהילה היהודית. מפקד יפו, חסן ביי, החרים את הכסף, וטען, כי מכיוון שבנק אנגלו־פלסטינה הפסיק לפעול, כל הכסף הציבורי חייב לעבור דרך משרדו.[104] מיד קראו היהודים למורגנתאו שישתדל למענם אצל ממשלת טורקיה. כשמחה הנציג האמריקני לפני "השער העליון", מצא כי טלעט נוח להשפעה.[105] למעשה, טלעט סיפר לו כי ביקש מירושלים ש"יינתן ליהודים טיפול טוב יותר".[106] מורגנתאו לא הסתפק בתשובה זו, ופנה מיד לשר המלחמה. בנוכחותו שלח גם אנוור מברק לחסן ביי ביפו, ודרש "להעניק ליהודים טיפול הוגן ומתחשב".[107]

ג'מאל נאלץ להיכנע ללחצם המרוכז של טלעט ואנוור. כמה ימים לאחר מכן נפתח בנק אנגלו־פלסטינה מחדש.[108] חשוב מזה, נראה כי בערך באותו הזמן נעשה ג'מאל פייסני מעט יותר כלפי המפעל הציוני. זה היה אחרי שחזר ממסעו הלא־מוצלח לתעלת סואץ, מסע שבמהלכו נכשל ניסיון עות'מני־גרמני לפלוש למצרים, ועתה ניצב מול צמיחה גוברת של לאומנות ערבית בסוריה.[109]

מערכת היחסים במסגרת המשולש "אמריקנים–עות'מנים–ציונים" השתפרה גם ברמה מדינית גבוהה יותר. באמצע דצמבר 1916 שאל טלעט את אברם אלקוס (Abram Elkus), מחליפו של מורגנתאו בטורקיה, בקשר לסיכויים לקבלת הלוואה מאמריקה. שגריר ארצות־הברית, שהיה אמנם יהודי במוצאו, אך בשום אופן לא ציוני, ענה, כי הוא עשוי להצליח לעניין את היהודים האמריקנים לתת תמיכה כלכלית כזו, בתנאי שטורקיה תשעה את ההגבלות שהטילה על העלייה היהודית לארץ־ישראל. ריכארד ליכטהיים (Richard Lichtheim), נציגה של ההסתדרות הציונית העולמית באיסטנבול, לא המעיט בערכם של גישושים מוקדמים אלה. הוא חשב כי מוקדם מדי לייחס להם ערך מעשי כלשהו, אך היה משוכנע כי הבעיה היהודית תהיה חלק בלתי נפרד מכל דיון על עזרה כלכלית אמריקנית לטורקיה.[110]

101 השגרירות האמריקנית אל מחלקת המדינה, 8 ביולי 1915, NAMC, 353/43

102 שם, U.S.S. *Tennessee* אל משרד הצי, 10 בפברואר 1915, "דוח על התנאים בארץ־ישראל תוך התייחסות לציונות".

103 שם, השגרירות האמריקנית בלונדון אל מחלקת המדינה, 27 בינואר 1915.

104 *Palestine Report* (לעיל, הערה 76), עמ' 24.

105 השגרירות האמריקנית אל מחלקת המדינה, 22 בפברואר 1915, NAMC, 353/43

106 שם, אותו כותב אל אותו מכותב, 4 בפברואר 1915.

107 שם, שם.

108 שם, 22 בפברואר 1915.

109 פרידמן (לעיל, הערה 76), עמ' 221–222.

110 שם, עמ' 282–283.

כאשר הורעו היחסים בין ארצות־הברית לגרמניה, בעלת בריתה של טורקיה, התכוננה מחלקת המדינה האמריקנית להעריך מחדש גם את קשריה הדיפלומטיים עם האימפריה העות'מנית. לאחר ניתוק היחסים עם גרמניה בפברואר 1917, הודיע מזכיר המדינה, לנסינג לאלקוס, כי ארצות־הברית אינה מעוניינת לנתק את יחסיה עם טורקיה – אך גם צירף הוראות מיוחדות למקרה של ניתוק היחסים.[111] מלבד מאמציה הנמשכים של הממשלה העות'מנית להגביל את הפעילות המיסיונרית האמריקנית באימפריה, התייחסו הטורקים יפה לאינטרסים של ארצות־הברית. לטורקים לא היה כל רצון להיכנס לעימות עם ארצות־הברית; הם אפילו השתעשעו ברעיון להשתחרר מן החוזה עם גרמניה ולכרות חוזה שלום נפרד עם בעלות הברית.[112] ואולם הגרמנים, שלא היו מוכנים לאפשר לטורקיה לחמוק מן הברית עמם, הפעילו לחץ כבד על הממשלה העות'מנית, וב־20 באפריל 1917 ניתקו הטורקים באי־רצון ניכר את היחסים הדיפלומטיים עם ארצות־הברית. עיתון יומי טורקי פירש את ניתוק היחסים כ"סמל לאחדות" עם מעצמות הציר.[113] העיתון טען, כי ההטעיה הבריטית היא שהובילה את "הדוד סם" לתוך המלחמה נגד רצונו. ארצות־הָברית "נפלה ברשת הבריטית" ו"הפכה לכלי בידי לונדון האימפריאליסטית בתוכניותיה במזרח התיכון".[114]

הכוחות הבריטיים התקדמו בהתמדה בשטחה של ארץ־ישראל בשנים 1917 ו־1918. ג'מאל איבד את תחום שלטונו וכמעט שנשכח בבירה הטורקית. נפילתו גם מסמנת את הירידה בחשיבותה של ארץ־ישראל בעבור העות'מנים. בעקבות ההזדמנויות החדשות שנוצרו עם התפוררותם המהירה של צבאות הצאר בסוף 1917, פנה אנוור לתוכנית החביבה עליו – לייסד אימפריה פאן־טורקית במקום השטחים העות'מניים שאבדו, ובכלל זה ארץ־ישראל. לאחר סדרה של שיחות עם ציוני גרמניה הבטיח טלעט, כי מעתה והלאה תתמוך ממשלתו בעלייה יהודית לארץ־ישראל ובהתיישבות בה. כיוון שהארכיונים הטורקיים של הימים ההם עדיין סגורים לפנינו, לא ניתן לדעת אם ניסה טלעט לשוב ולזכות בארץ־ישראל באמצעים דיפלומטיים או שמא ניסה להבטיח את תמיכתה המוסרית והחומרית של יהדות העולם בטורקיה שלאחר המלחמה. יהיו אשר יהיו מניעיו,

111 דה נובו (לעיל, הערה 2), עמ' 105–106.

112 A. B. Kuran, *Osmanli imparatorluğu'nda inkilâp hareketleri ve millî mücadele,* Istanbul 1959, pp. 672–675

113 *Tasvir–i Efkâr*, 22 באפריל 1917.

114 שם, 7, 22, ו־26 באפריל, וכן, 17 ביוני 1917.

רשימת קיצורים המשמשים בהערות

אצ"מ	הארכיון הציוני המרכזי, ירושלים
BBA	Başbakanlik Arşivleri; ארכיוני משרד ראש הממשלה, ארכיון לאומי, איסטנבול
DBHE	Dişişleri Bakanliği Hazine–yi Evrak; ארכיוני משרד ראש הממשלה, סדרת תיקי משרד החוץ, איסטנבול
FO	Foreign Office; ארכיוני המדינה, לונדון, סדרת משרד החוץ
FRUS	Papers Relating to the Foreign Relations of the United States; סדרת פרסומים המכילה מסמכים על יחסי חוץ של ארצות־הברית
NAMC	National Archives Microfilm Collections; אוספי מיקרופילם של הארכיונים הלאומיים, וושינגטון
PRO	Public Record Office; ארכיוני המדינה, לונדון
SAD	Sicill–i Ahval Defteri; ארכיוני משרד ראש הממשלה, רישומי תיקים, איסטנבול
YEE	Yildiz Esas Evraki; ארכיוני משרד ראש הממשלה, סדרת תיקי יילדיז, ארכיון לאומי, איסטנבול

האימפריה העות'מנית עמדה על סף התפוררות, וטלעט, יחד עם החברים האחרים של הטריאומווירט העות'מני, נמלט לגרמניה, קודם שהספיק להוציא את תוכניותיו אל הפועל.

סיכום

מאז התרחשותם של המאורעות המתוארים במאמר הזה עברו כמה עשורים, ולפיכך קשה להכריע בשאלה כיצד בדיוק – ויותר מכך, מדוע – פעלו והגיבו הצדדים כפי שהגיבו. המדיניות הגבוהה היתה קשורה לעניינים המקומיים ככל שנגעו הדברים לניסוחה של המדיניות העקרונית ולתהליך קבלת ההחלטות, אך היחסים המדויקים ביניהם אינם ברורים. ואף על פי כן ניתן להבחין בכמה מגמות כלליות.

נראה שהמעורבות האמריקנית בארץ הקודש באותם ימים היתה חד־משמעית. מאפייניה העיקריים קשורים במידה מועטה בלבד לאינטרסים כלכליים, שכן באותה תקופה היו האינטרסים הללו בעלי חשיבות כלשהי, אך מוגבלים בתחומם. גם ההשפעה הציונית על המדיניות האמריקנית לא היתה בעלת חשיבות רבה; לא היתה לה עוצמה של ממש, והנציגים האמריקנים באיסטנבול, שטראוס ומורגנתאו, היו שניהם לא ציונים (מורגנתאו נעשה כעבור זמן אפילו אנטי־ציוני). הגורם המרכזי למעורבות האמריקנית היה למעשה השקפת העולם האמריקנית: הגישה האמריקנית הנורמטיבית גרסה תמיכה בממשל השומר על זכויות האדם, והתנגדה למשטרים מזרחיים החושדים ולוחמים דרך קבע בכל דבר זר. בזמן מלחמת העולם הראשונה נוצר במזרח התיכון מצב קריטי במיוחד; במשך תקופה ארוכה למדי היתה ארצות־הברית המעצמה היחידה שדגלה בזכויות האדם ולא היתה מעורבת במלחמה עם האימפריה העות'מנית. לפיכך ראתה אמריקה את עצמה באופן טבעי כמגינה לא רק על אזרחיה ובני חסותה אלא גם על הפליטים, חסרי הבית והנרדפים כולם, והיה בכך משום הגשמה של הפילוסופיה שטופחה ופותחה במשך דורות והיתה טבועה במסורת האמריקנית. באשר לארץ־ישראל קיבל הממשל האמריקני עידוד מסוים מן הקהילה היהודית האמריקנית לפעול למען הגנת זכויותיהם של היהודים. ואולם קודם כל פעלו כאן מניעיו של הממשל עצמו, להבטיח – מכוחה של המסורת האמריקנית – את שלומם וביטחונם של היישובים היהודיים בארץ־ישראל, ולמעשה – להגן על חייהם של היהודים.

קשה יותר להבין בדיוק את התגובה העות'מנית למעורבות האמריקנית ההולכת וגדלה בארץ־ישראל. נראה כי במידה רבה יש לייחס אותה לתפיסה הסטריאוטיפית של הטורקים את המיעוטים היושבים בקרבם. הדעת נותנת כי באותו הזמן היתה אנטישמיות מעטה, אם בכלל, בדרגים הגבוהים של הממשלה העות'מנית. ניסיונם המר של המנהיגים האלה עם מספר קבוצות מיעוטים באימפריה על שאיפותיהן הלאומיות וחשדם העז בקיומה של התססה מצדם של מתבדלים ארמנים, גרמו להם לראות את היהודים בארץ־ישראל ראייה דומה. תחילה היה זה עבד אל־חמיד השני, ואחריו – "הטורקים הצעירים", שחשדו בהסתדרות הציונית העולמית בקשירת קשר להקמת ישות מדינית נבדלת – כפי הנראה, מדינה – בארץ־ישראל. הם הסיקו זאת מניסיונות התבדלות קודמים של קבוצות אחרות, בין אם היו הניסיונות הללו מוצלחים ובין אם לאו. השלטונות המרכזיים באיסטנבול שיערו כי חוד החנית של הניסיונות האלו יופנה כלפי האימפריה העות'מנית, ואילו אחדים מנציגיהם בעולם חשו כי העולם המוסלמי כולו הוא המטרה. מכל מקום, התערבותה של ארצות־הברית בשמם של היהודים בארץ־ישראל, אף שנעשתה מתוך כוונות טובות, התפרשה באימפריה העות'מנית כשלב נוסף בתהליך הקמתה של מדינה יהודית נפרדת.

קיימים מסמכים המוכיחים כי זאת היתה התפיסה השלטת בתוך הממסד העות'מני. ואולם עד עתה אין בידינו שום מסמך המעיד כי מנהיגים עות'מנים חשדו שארצות־הברית עצמה מטפחת תוכניות לפירוקה של האימפריה – כפי שראו הטורקים את מדיניותן של כמה מדינות אחרות. עם זאת, אופיו של תהליך קבלת ההחלטות בהנהגה העות'מנית מוביל להשערה, כי קרוב לוודאי שהגיבה באופן שיתן מענה לשתי הסכנות: בדלנות יהודית־ציונית והתערבות אמריקנית.

נספח א

מאת עלי פרוק, הנציגות העות'מנית בוושינגטון,
אל ארמון יילדיז, איסטנבול, 15 ביוני 1896

כיוון שהשקפתם של היהודים לגבי לארץ־ישראל מקורה ביהודי גרמניה, ומכיוון שהאב המייסד של תנועה זו הוא תיאודור הרצל, דוקטור וינאי, רואים כעת הציונים במינויו של אוסקר שטראוס, יהודי גרמני במוצאו ששינה את אזרחותו, למשרת הציר האמריקני באיסטנבול – הזדמנות לא צפויה שיש בה לזרז את הגשמת רעיונותיהם. לשם כך הפעילו מערכת תעמולה נמרצת, שכללה כינוסים [פומביים] בניו־יורק, בפילדלפיה ובשיקגו.

כדי למנוע את הפיכתו של הנושא לשאלה [בין־לאומית] וכדי לחסל את תקוותיהם ולפגוע בפעולותיהם בעיני הציבור הרחב, נחפזתי להוציא מיד הודעה לעיתונות ואותה העדפתי להציג בצורת שאלות ותשובות שכתבתי בעצמי, כדי שלא ליצור את הרושם שהשגריר העות'מני חיפש במתכוון ריאיון שכזה...*

* תרגומים לטורקית צורפו לנוחותו של הסולטן. המסמכים המקוריים נשלחו למשרד החוץ העות'מני ונמצאים ב־DBHE 332/17, no. 9597/81.
מקור: BBA, YEE, ÇII/85-86/54/136. מתורגם מטורקית.

נספח ב

מאת עלי פרוק, השגרירות העות'מנית בוושינגטון,
אל ארמון יילדיז, איסטנבול, 27 באפריל 1898

הוועד הוושינגטוני, ארגון אח ל"אגודת איזמיר הסודית למען יהדות וציונות" (Izmir Secret Association of Judaism and Zionism), כפי שלמדתי ממברק שנשלח מאיסטנבול, כולל 135 חברים תחת מנהיגותו של אדם בשם 'אומיל' (Omil, כך במקור), ואדם בשם 'ליוונין' (Livonin, כך במקור) המשמש מזכיר. התשלומים הנגבים מיהודי אמריקה, יהודים המאמינים ברעיון של הארץ המובטחת, בסך של לפחות דולר אחד לשנה לאדם, נאספים תחילה בידי הוועד הניו־יורקי, המשמש מרכז לכל הוועדים ברחבי ארצות־הברית, ואחר כך נמסרים לבנק של הוועד הלונדוני. בראש הוועד הניו־יורקי, היושב בשדרות מדיסון 209, עומד ריצ'רד גוטהייל; וממלא מקומו הוא הד"ר ס' וייס. בריאיון שנערך עם הרב סטודן, רבה הראשי של וושינגטון, הדגיש הרב

שהוא נמנה על הזרם הרפורמי של היהדות, וטען כי אינו שותף לרעיונות שמפיצים אלה שאינם נמנים על אותו זרם. על מנת לגלות פרטים על מהלכיו והחלטותיו של הכינוס העומד להתקיים ב־10–11 במאי, לא זו בלבד שאשלח לשם סוכן, אלא גם נתתי את ההוראות הנחוצות לקונסול שלנו בניו־יורק לפעול בסודיות גמורה בעניין הזה. כפי שציינתי בדו"ח קודם, ה־12 במספר, הוד מעלתו האימפריאלי צריך לבחון ביסודיות את ההצעות לגבי ארץ־ישראל ולנקוט מספר צעדים כדי לתקן את המשגה שנעשה בידי קודמיו, השליטים שאפשרו לקבוצות לא־מוסלמיות להתיישב בארץ־ישראל. על סמך מה שראיתי במו עיני בעת ביקור שקיימתי לאחרונה בארץ־ישראל, אני מיצר על העובדה שחלקיה הטובים של הארץ נגזלים בידי המושבות הגרמניות והיהודיות. על ידי עידוד הגירתם של חקלאים מוסלמים, הממשלה צריכה להשתדל להותיר פחות שטחים ליהודים ולאנשים אחרים. תכניות הלימודים של בתי הספר היהודיים צריכות להיבדק, ושפת הלימודים בכל המקצועות, מלבד לימודי הדת, צריכה להיות טורקית. פעילותו של נסים בכר, מנהלו של בית הספר "כל ישראל חברים" בירושלים, כמו גם של מר בלוך ושל מר שייד, פקידיו של הברון אדמונד דה־רוטשילד בירושלים, צריכה להיות תחת פיקוח מתמיד, מפני שהם עשויים לנסות להשיג את תמיכתה של האוכלוסייה היהודית המקומית באידיאלים הדמיוניים שלהם על ידי הצעת סכומי כסף או מתנות אחרות שלא ניתן לסרב להן. כמו כן יש לדאוג שלא למכור לעולם [ליהודים] את האדמות שבסביבת חארם אל־שריף, ואת האדמות שבאזור מסגד אל־אקצה בפרט והר ציון בכלל, אדמות שהם משתוקקים לרכוש מזה זמן רב.

מקור: BBA, YEE, ÇII48-49/54/136. מתורגם מטורקית.

נספח ג

מאת עלי פרוק, הנציגות העות'מנית בוושינגטון,
אל תופיק פאשה, שר החוץ, איסטנבול, 12 במאי 1898

בהתייחס לדו"ח שלי מיום 27 באפריל שנה זו, מספר 9550/63, הנני מתכבד להביא לידיעת הוד מעלתך כי סוכן החרש ששלחתי לניו־יורק כדי שיהיה נוכח בדיונים ובהרצאות שעמדו להתקיים ב־10 וב־11 בחודש הזה במושב הוועד היהודי של העיר הזאת [ניו־יורק], הודיע לי כי הכינוסים נדחו לתאריך לא מוגדר, מסיבות שלא הצליח לברר. לפיכך ביקשתי ממר מחמד א"ר ווב, ראש הקהילה המוסלמית בניו־יורק, לגשת לדירתו של הפרופ' ריצ'רד גוטהייל, נשיא הוועד, ולשאול אותו בדרך ידידותית ודיסקרטית לסיבת הדחייה הזאת. הפרופסור שרואיין בידי בן דתנו האמריקני הצהיר, כנראה, כי המלחמה הספרדית־האמריקנית היא שגרמה לדחייה הזאת, ואפשר שהוועידה החשובה לא תתכנס כל עוד יימשכו מעשי האיבה האלה...

מקור: DBHE, 332/17, no. 9557/66. מתורגם מטורקית.

נספח ד

מאת עלי פרוק, הנציגות העות'מנית בוושינגטון,
אל ארמון יילדיז, איסטנבול, 23 ביוני 1898

במכתבי הקודם מיום 16 ביוני 1898, הנוגע לפדרציה של הציונים האמריקנים... כתבתי כי הצהרותיי נתקבלו באהדה על ידי דעת הקהל האמריקנית, וזו הסכימה עמי לגמרי בעניין זה. בנסיבות אלה אפילו העיתונים הממומנים בידי הארגון הציוני לא העזו לצאת בפומבי להגנת זכויות היהודים. לפיכך יש ביכולתי להבטיח להוד מעלתו האימפריאלי כי במכה ניצחת זו סתמתי את הגולל על החלום הארץ־ישראלי של הציונים, חלום שהלך ונעשה לשאלה רצינית, וגרמתי לתומכיו של החלום הזה אכזבה וייאוש. ככל שיעבור הזמן תתברר חשיבותם ונחיצותם של שירותיי הצנועים בעניין זה, ויזכו, ללא ספק, להערכה הולמת, כפי שמלמד בבירור עיתון יומי ניו־יורקי, *The Jewish Messenger*, ששינה את עמדתו כלפי הציונות וביקר את בני דתו השוגים ב"חלומות בהקיץ". עיתון זה, לא זו בלבד שפרסם את הצהרתי במלואה – העתק ממנה אני מצרף לדיווח ששלחתי אל משרד החוץ – אלא פרסם גם דברי פרשנות לאמור: פעולותיהם [של הציונים], אשר מסתירים את מטרותיהם האמיתיות תחת כנפיהן המגינות של המעצמות, עלולות להוביל לאסון; רובם המכריע של היהודים באמריקה ובאירופה אינם אוהדים כלל את הציונות ואת רעיון המדינה היהודית; עתידה של ארץ־ישראל אינו רלוונטי כפי שממלכת אלף השנים אינה רלוונטית; לדבריו של השגריר הטורקי עשויה להיות השפעה מבורכת על הדון קישוטים הללו, וכמה עצות פשוטות עשויות בהחלט להועיל.

מקור: BBA, YEE, ÇII/98/54/136. מתורגם מטורקית.

תוספת לנספח ד

טורקיה זועמת על רעיון ארץ־ישראל החופשית

השגריר עלי פרוק (Farouk, כך במקור) ביי אומר, כי היהודים שם אינם מדוכאים כעת, וכי הסתה עלולה לגרום רק נזק. וושינגטון, 13 ביוני –

שגריר טורקיה מסר לכתב העיתון *The World* את ההצהרות האלה בנוגע לתעמולה היהודית החדשה המטיפה ליהודים לרכוש אדמות בארץ־ישראל ולהשתלט עליה... תעמולה המנוצלת בידי "ידידי הגטו" (Friends of the Ghetto). הסיבה... היא שכמעט חמשת אלפים יהודים דנו בשאלה זו ובנושאים דומים בשבוע שעבר בניו־יורק. ומטרתם פוגעת קשות בריבונות הטורקית. הציר הטורקי אמר: "לגבי ההסתה הזאת בקרב חוגים יהודיים רמי דרג השואפים להתיישב בארץ־ישראל עלי לומר, כי הגיעו לאוזניי כמה שמועות לא ברורות אודות תנועה שכזו, אך עדיין אינני מבין מהי מטרתה האמיתית. נאמר לי שהיא מבקשת לאחד מחדש את היהודים בארץ־ישראל על מנת ליצור בה עבורם מולדת חופשית.

"היהודים מתלוננים כי הם מדוכאים כמעט בכל ארצות אירופה, לעתים פחות ולעתים יותר.

אינני יכול לשפוט אם זוהי האמת אם לאו, אך אני יודע לבטח כי בטורקיה היו היהודים מעולם, והנם גם כעת, חופשים, מאושרים ואמידים. רבים מהם מחזיקים בעמדות חשובות בממשל, ואין מפריעים להם בחייהם הפרטיים ובענייניהם האישיים".

"אין זה נבון לעודד אותם במצב עניינים זה להקשות על הממשלה הטורקית על ידי ניסיון להביא למימושם של רעיונות שווא. חוששני כי ניסיון כזה עלול להביא רק לפגיעה בבני דתם השלווים ומאושרים שבטורקיה".

"שנים רבות ישבתי עם אבי בארץ־ישראל, כשהיה המושל העות'מני בארץ־ישראל ומקום מושבו היה בירושלים, ואני יודע כי היהודים שבעי רצון ושמחים בחלקם שם. לא יהיה זה נבון לטפח בלבם של אנשים אלה תקוות שווא שעלולות להביא [אותם] ליחסים לא ידידותיים עם ממשלה שמבקשת היום רק לעזור להם".

"תנועה זו של היהודים כלפי ארץ־ישראל קיבלה את השראתה מכתביו של הד"ר תיאודור הרצל מווינה שיצאו לאור לפני קצת למעלה משנה. היא זכתה לתשומת לב מרובה בכל רחבי אירופה, ונעשתה לאחד מן הכוחות הפועלים בפוליטיקה [העולמית]".

מקור: *The World*, 14.6.1898

נספח ה

מאת עלי פרוק, הנציגות העות'מנית בוושינגטון,
אל תופיק פאשה, שר החוץ, איסטנבול, 23 ביוני 1898

עם מינויו של מר שטראוס, יהודי (Israélite) ממוצא גרמני, למשרת השגריר של ארצות־הברית בקונסטנטינופול, ראו חסידי הרעיון היהודי הגדול שעריסתו בגרמניה, כי השעה כשרה לקדם את רעיונם האוטופי וכינסו בימים האחרונים כמה אספות, ונשאו בהן נאומים וקיבלו החלטות בנוגע לארץ־ישראל. מכיוון שהתנועה הזאת נוטה ללבוש צורה פוליטית יותר ומדאיגה יותר ולהיהפך ל"בעיה", סברתי כי מן הראוי לנקוט אמצעי מניעה. במגמה לרפות את ידיהם של "ידידי הגיטו" ולמנוע את פעילותם ותעמולתם פרסמתי בעיתונים האמריקניים העיקריים הודעה רשמית שהשאירה רושם טוב על היהודים (Israélites) הניטרלים והלא־מחויבים, וההודעה אף זכתה לפרשנות אוהדת בכל העיתונות האמריקנית. כך הכיתי את ה"ציונות" מכה ניצחת ומועילה שממנה לא תתאושש בנקל וכמעט חיסלתי את התנועה הצעירה. העיתון *The Jewish Messenger* מניו־יורק, ביטאונה החשוב ביותר של השמיות האמריקנית, העתיק את הודעתי בשלמותה והעיר, שהוד מעלתך ודאי יעריך את השפעתה. אני מקווה כי לאחר שהוד מעלתך יבדוק את גזרי העיתון שיש לי הכבוד לצרף בזאת, יהיה שבע רצון מהתנהגותי הנבונה והנמרצת.

מקור: BBA, YEE, ÇII/98/36. מתורגם מטורקית.

תוספת לנספח ה

טורקיה לא תמכור את ארץ־ישראל

הציר העות'מני בוושינגטון אומר שהתנועה הציונית חסרת תועלת משום שהסולטן אינו זקוק כלל לכסף.

ידיעה מיוחדת ל־*The Press*

וושינגטון, 24 באפריל – הציר הטורקי, עלי פרוק ביי, מוטרד מאוד מן ההבלטה הניתנת כאן לתעמולה היהודית השואפת לקנייתה ולכיבושה של ארץ־ישראל בידי אומה יהודית חופשית. השגריר התיר ל־*The Press* לפרסם את דעותיו בנושא הזה.

"נראה כי במדינה זו נפוץ הרעיון המוטעה כי בתוכנית זו, המסעירה כיום חוגים יהודיים רמי דרג, ומציעה לקנות את ארץ־ישראל, מעורבים שיקולים כספיים בלבד. שמתי לב כי דיווחי העיתונות כולם אינם עוסקים אלא בעובדה, כי ביכולתם של היהודים לגייס מיליונים ללא הגבלה, ובעזרת המיליונים הללו מובטחת מכירתה של ארץ־ישראל".

"אני יכול להבטיח לעם האמריקני כי אין זה מצב העניינים. 'השער העליון' אינו חפץ למכור חלק כלשהו של ארצו הערבית, וההחלטה זו לא תשתנה, ואין זה משנה כמה מיליונים של זהב מוצעים לו. ההצהרה הזאת היא תשובתה הרשמית של קוסטנטינופול לנציגים דיפלומטים טורקים רבים שנתבקשו להשמיע את דעת הממשלה בעניין הזה".

"נראה כי בקרב העם האמריקני רווחת הדעה כי ממשלתנו זקוקה לסיוע כלכלי. זוהי טעות חמורה. מאז מלחמת קרים לא היתה טורקיה במצב טוב כל כך מן הבחינה הפיננסית. החוב החיצוני שלנו יורד מדי שנה וכעת הוא חסר חשיבות. הכנסותינו גדלות בקצב מהיר כל כך עד כי יש בדעתנו לשנות את המערכת הפיננסית שלנו כדי לעמוד בדרישות הגדלות. לכן נעשית קנייתה של ארץ־ישראל שאלה מדינית ולא שאלה של מילוי אוצר המדינה".

"התעמולה הזאת לייסד מולדת חופשית לגזע היהודי בתוך גבולותיה של הארץ המובטחת הישנה, נחלתו ההיסטורית של אברהם, היא בעיני רעיון שווא גמור. אנני יכול להבין מדוע היהודים, הנמצאים תחת הריבונות הטורקית, צריכים לחוש חוסר נחת יותר מאזרחיהן של מדינות אחרות".

"אני יודע כי הם טוענים שהם מדוכאים ונרדפים בכמה ארצות, אך לא זה המצב בארצנו. העם היהודי תחת שלטון הסולטן הטורקי אמיד מאושר ושמח בחלקו. רבים מן היהודים מחזיקים במשרות גבוהות בממשל, ולעולם אין מפריעים להם בענייניהם הפרטיים והאישיים".

"הממשלה הטורקית חושבת שאין זה מעשה נבון לשנות את מצב העניינים הזה, שינוי שיביא בלא ספק לבלבול מדיני וכלכלי. אל תחשבו שאני עצמי עוין את התוכנית. אין אני נותן אלא ביטוי לעמדות הרשמיות של משרד החוץ בקונסטנטינופול".

"ואולם איני חושב שזה הוגן לעודד, בשתיקה, תקוות שווא, תקוות שהגשמתן לא תמיט אלא צרות ומבוכה על אומה שמעולם לא רדפה את הגזע היהודי. אם תומכיה של התוכנית יקשיבו לעצתי זו, יחסוך הדבר לבני דתם שבאירופה ובאסיה צרות ואכזבות כעבור זמן".

"התנועה לטובת קנייתה של ארץ־ישראל קמה לפני כשנה, ובעקבות פרסום כתביו של מר

תיאודור הרצל מוינה החלה להתחזק במדינה זו. נערכו לא פחות משישה קונגרסים ציוניים מאז החל מסע הצלב הזה".

מקור: *The Press* (כפי הנראה, 25 באפריל 1898).

נספח ו

מאת עלי פרוק, הנציגות העות'מנית בוושינגטון,
אל ארמון יילדיז, איסטנבול, 24 בינואר 1899

אף על פי שאפשר לפטור בקלות את רעיון יישובם של היהודים בארץ־ישראל כחלום בהקיץ, בחנה ממשלת הוד מעלתו האימפריאלית – שקיבלה דיווח על איסוף כספים ופעולות סודיות אחרות שנעשו בידי אנשים חורשי רעות – את הנושא היטב, ולאחר מכן הורתה לנציגותה, כי בשום מקרה לא יורשו פליטים יהודים ממוצא זר להיכנס לארץ־ישראל. הנציגות מצדה דיווחה למחלקת המדינה, במכתב מיום 9 בספטמבר 1898, על ההגבלות העות'מניות האלה ושכנעה אותה, אם כי במאמץ ניכר, בדבר צדקתן [של ההגבלות הללו], ובאותו הזמן פרסמה אותן בעיתונות ולא הותירה בסיס כלשהו להתנגדות. יתרה מזו. כאשר ביקר הוד מעלתו קיסר גרמניה בסוריה ובארץ־ישראל, הוריתי, על פי הנחיות "השער העליון", לכל הנציגים העות'מנים במדינה זו, שלא לספק אשרה לאותם אנשים מפוקפקים שביקשו לבקר בארצות הנזכרות לעיל. כשהיתה מחלקת המדינה מוחה בשמם של אותם יהודים שלא קיבלו אשרה, הייתי אומר למזכיר המדינה, שהוא יודע ודאי שנאסרה כניסתם של כל היהודים הזרים לארץ־ישראל, ולא נותר לו אלא לוותר. במקרה אחד פנה אלי מזכיר המדינה החדש ומחה על שאדם מסוים, שסירבנו לספק לו אשרה, אינגו יהודי, ואף לא טיפוס מפוקפק, אלא אישיות מכובדת מאוד; הוריתי לקונסול בניו־יורק לספק לאותו אדם את הניירות הדרושים משום שמזכיר המדינה האמריקני, בהצהירו כי אדם זה אינו יהודי, הסכים למעשה לנהלים הטורקיים.

מסר שקיבלנו לאחרונה משר החוץ [העות'מני] הורה לבטל את ההגבלות הקודמות, כלומר, את הסירוב לתת אשרה לאנשים מפוקפקים; אבל ההגבלות לגבי כניסתם של יהודים לארץ־ישראל נשארו בתוקפן. ואולם במכתב ששלח לאחרונה הודיע לי מזכיר המדינה, ששר החוץ הסכים שההגבלות יחולו רק על יהודים שבאו לארץ־ישראל בהמוניהם, [במקור בצרפתית: en masse]. לפיכך הוא [מזכיר המדינה] ביקש ממני לתת הוראות מתאימות לקונסולים לגבי הנפקת אשרות. אנא הטה חסד לנפש עלובה הלכודה במצב בעייתי זה. כל המאמצים, שנהגיתי לקצור את פירותיהם, עומדים לרדת לטמיון עקב התערבותו של כבוד שר החוץ. למרות זאת, הודעתי למזכיר המדינה כי אני ממתין להוראות מן "השער העליון". בו בזמן שלחתי מברק שמסביר את המצב לשר החוץ, ביקשתי הוראות, וכמו כן ביקשתי שלהבא יעדכן אותי לגבי שיחותיו עם השר האמריקני. עברו שבועיים ושר החוץ לא ענה לי. לפיכך, אני מוחה לפני המרומם מכל אדם, הוד מעלתו האימפריאלי. כיוון ששר החוץ רך מדי, נכנע ללחצן של השגרירויות [הזרות] מכאן, ולגסותם של החמסנים הקרויים מתורגמנים מכאן, הוא האחראי לא רק לנזק שנגרם ליוקרתה של הממשלה האימפריאלית אלא גם לאבדנם של הישגים רבים מן העבר. לכן, על מנת שלא לחזור

על המשגים האלה בעתיד, האם לא יהיה זה רצוי כי השיחות בין השר לנציגים הזרים יתנהלו בנוכחותם של עדים, או האם ניתן לדחוק בשר למסור דיווח אחרי הריאיון, דיווח שבו יתאר את עיקרי השיחה.

בדיווח שלי מיום 11 באוקטובר 1898 (מספר 80), הזכרתי כי מר שטראוס, השגריר האמריקני באיסטנבול, הוא אחד מתומכיה הנלהבים של שאלת ארץ־ישראל (כך!) [שאיפות הציונים בארץ־ישראל]; וכי יש להשגיח מקרוב על פעולותיו. הזמן שעבר מאז הוכיח עד כמה צדקתי. לאחרונה מסרו לנו מקורות מהימנים כי הוא ממשיך בפעולותיו העיקשות והמזיקות מתוך כוונה לסייע לציונים בארץ־ישראל.

מחובתי להוסיף ולציין, כי עד כמה שהדבר נוגע לתוצאות הסופיות של מדיניות זו, אין כלל הבדל בין יהודים הנכנסים [לארץ־ישראל] בקבוצות של 30 או ביחידות, מכיוון שאף מבקר יהודי לא יכריז בגלוי שהוא פליט [שבא להתיישב קבע בארץ־ישראל]. שיקולים בלתי אחראיים [gafilâne] שכאלה מצדו של שר החוץ יביאו ללא ספק לתוצאות מזיקות.

מקור: BBA, YEE, ÇII/275-276/54/136. מתורגם מטורקית.

נספח ז

עלי פרוק, הנציגות העות'מנית בוושינגטון,
אל תופיק פאשה, שר החוץ, איסטנבול, 5 במאי 1899*

היהודים בארצות־הברית, כמו בשאר חלקי תבל, מוסיפים להשתעשע באשליה כי ארץ־ישראל יכולה להיקנות בידיהם במגמה להקים [שם] מדינה יהודית. לפיכך ניצלתי את ההזדמנות כדי לקצץ בכנפיה של התעמולה המגוחכת הזאת הנמשכת במרץ בקרב היהודים האמריקנים לשם איסוף כספים למימושו של הרעיון הלאומי הזה.

כפי שיראה הוד מעלתך מקריאת קטע העיתון המצורף בזה, שנוסחו הועתק בעיתונים רבים, הסברתי, בין השאר, לנציג של העיתונות האמריקנית כדלהלן: אם היהודים חושבים כי המדינה העות'מנית נמצאת בקשיים פיננסיים, או כי במצב כלשהו תסכים הממשלה האימפריאלית לשקול את הצעותיהם, ותולים בכך את תקוותיהם, הם טועים קשות. מצבה של האימפריה משתפר משנה לשנה ומעולם לא היתה ל"שער העליון" שמץ של כוונה לתת את ידו לקומבינציות האבסורדיות שהציעו הציונים.

* המאמר מתוך *The Press*, "טורקיה לא תמכור את ארץ־ישראל" צורף שוב.
מקור: BBA, YEE, ÇII/98/36

נספח ח

נספח לאגרת של אברהם פרחי,
הקונסול הכללי העות'מני בבוסטון,
אל משרד החוץ העות'מני, איסטנבול, 7 באוגוסט 1913

תזכיר על היחסים בין הממשלה העות'מנית להנהלה הציונית

העיתון "דאס יידישע פאלק" מ־11 ביולי 1913, מודיע שהגימנסיה העברית בירושלים העמידה את עצמה תחת חסותה של ממשלת צרפת. דיווח זה בעיתון ציוני רשמי, חייב לעורר בלבו של כל ציוני נאמן חשש ומחאה. אנו רואים בצעד הזה של הגימנסיה איום על ביטחונם של החיים היהודיים בארץ־ישראל, מן הסיבות שנפרט להלן. ואולם תחילה ברצוננו לציין את היתרונות, שעל פי העיתון יצמחו לגימנסיה בעקבות מסירתה בידי הממשלה הצרפתית. שניים הם כביכול היתרונות:

1."הגימנסיה תהיה בלתי תלויה בממשלה הטורקית ובגחמות של שינויים מפלגתיים בממשלה".

2."תלמידי הגימנסיה יהיו זכאים להתקבל לבתי ספר גבוהים צרפתיים וטורקיים ללא בחינות מיוחדות – יתרון חשוב מאוד כל זמן שאין לנו אוניברסיטה עברית משלנו".

אלה היתרונות כפי שהם מובאים ב"דאס יידישע פאלק". שלא כמוהו, אנו איננו רואים בהם כל יתרון. בהשתחררות מן התלות בממשלה הטורקית אנו רואים טעות חמורה בשיקול דעת מדיני. ואשר ליתרון שבקבלה לבתי ספר צרפתיים אנו רואים בכך הודאה משפילה בדבר חוסר יכולת אקדמית של הגימנסיה. שכן – כדי לדחות על הסף את היתרון הזה – אם יש למצוא זכויות יתר מיוחדות בשביל תלמידי הגימנסיה בשעה שהם חפצים להיכנס למוסדות להשכלה גבוהה יותר, בין אם טורקיים ובין אם צרפתיים, איננו יכולים אלא לראות בכך, בהעדר כל שיקול דעת אחר, סימן, שתלמידי הגימנסיה אינם מסוגלים, או אינם רוצים, לעמוד במבחנים הרגילים המוטלים על המועמדים לקבלה בידי כל המוסדות להשכלה גבוהה, בין אם הם באירופה ובין אם הם באמריקה.

אך לדעתנו, מה שמוצג כיתרון הראשון של פעולתה של הגימנסיה הוא דבר חמור הרבה יותר, כלומר, שעל ידי שהיא מוסרת את עצמה לחסות הצרפתית הופכת הגימנסיה להיות בלתי תלויה בממשלה הטורקית. הדבר חמור מפני שהוא נוגע בשורשו של כל הבסיס היהודי בארץ־ישראל. אנו מוכרחים להודות כי הצהרה זו נותנת מקום ליותר משמץ של חשד שארגונים ציוניים וכוחות ציוניים מנוצלים לחיזוק השפעתן של ממשלות זרות בארץ־ישראל ולקידום האינטרסים האנוכיים שלהן. חשד זה קיבל לאחרונה חיזוק נוסף מכיוון אחר, בעקבות המידע שנמסר לנו בידי "הפועל הצעיר" מיום 20 ביוני 1913, ולפיו תהיה שפת ההוראה במוסד הטכנולוגי בחיפה גרמנית; אנו רואים זאת כחובתנו המוסרית, חובתם המוסרית של כל הציונים הנאמנים, למחות בכל כוחנו עד שיסולק לחלוטין החשד החמור הזה. שכן, **אין דבר מסוכן לשאיפות הציוניות יותר מלעורר חוסר אמון בקרב הממשלה העות'מנית והעם הטורקי. הממשלה העות'מנית והעם הטורקי היו מאז ומתמיד ידידותיים ונדיבים כלפי העם היהודי, ודבר זה, למרבה הצער, לא ניתן להיאמר בביטחון לגבי ממשלות זרות מסוימות, ממשלות שמנסות כעת להתרחב בשטחים הטורקיים, ומצפות בגלוי לעת שבה יוכלו לפרק את טורקיה באסיה, כפי שציפו, מתוך זלזול ציני בצדק ובהומניות, בפירוקה של טורקיה באירופה** [ההדגשה כאן ובהמשך היא במקור]. העם היהודי המיוצג בידי

התנועה הציונית חייב להתייחס לאיום לפרק את האימפריה העות'מנית באסיה – איום שהוצג בגלוי בעיתון הלונדוני *Spectator* ב־5 ביולי 1913 – בחשש שאינו משתמע לשתי פנים. לא רק עקב הידידות רבת השנים עם העם הטורקי, ולא רק עקב רצוננו ביציבות בין־לאומית ובצדק, אלא בעיקר, אם לדבר גלויות, משום שהרס המעצמה העות'מנית פירושו עיכוב הרסני של צמיחתו של העם היהודי בארץ־ישראל. יש כאן מוסד, שמוחזק או נתמך בידי התנועה הציונית, המוסר את עצמו, עד כמה שכוונתו תמימה, מתוך מגמה להגדיל את תחום ההשפעה הזרה בסוריה. איננו יכולים שלא לראות בזה אלא פגיעה חמורה במטרה הציונית ובעתיד היהודי בארץ־ישראל.

יתר על כן, פעולה כזו היא מעוותת בנסיבות הנוכחיות, שבהן, למרבה השמחה, יש סימנים טובים המלמדים שהמעצמה העות'מנית החלה להכיר ביתרונות המוצקים שתרוויח האימפריה מעידוד מאמץ ציוני אמיתי בארץ־ישראל. הציונים מביאים סכומי כסף גדולים לארץ ומוכנים לפתח את הפוטנציאל החקלאי והתעשייתי שלה. **ההצלחה הציונית תתרום בהכרח לעושרה ולשגשוגה של האימפריה כולה. שכן, יש להדגיש, כי פעולות הארגון הציוני מכוונות לא לניצולה של הארץ לטובת חברות וממשלות זרות, אלא לפיתוחה של קהילה יהודית פטריוטית, קהילה שתביא תועלת בכל דרך אפשרית לאימפריה ועליה להיות חלק בלתי נפרד ממנה.**

ועם זאת, כתמורה ליתרונות האלה לאימפריה העות'מנית, וכן כדי להפוך את המאמצים הציוניים הללו ליעילים ביותר, עלינו לדרוש, על בסיס הדמוקרטיה החדשה באימפריה, שהממסד הציוני בארץ־ישראל יקבל את מידת העצמאות הנדרשת לשם הגשמתם הפורייה של הפרויקטים החקלאיים והתעשייתיים שלנו, וכי יינתן כר פעולה נרחב להחייאת החיים היהודיים והתרבות היהודית: **כללו של דבר, אנו שואפים לפתח גוף מדיני יהודי בארץ־ישראל, ואולם גוף מדיני זה יהיה מחוז יהודי במסגרת האימפריה העות'מנית. אנו מאמינים כי זהו האידיאל המדיני הציוני.**

אנו חוזרים ואומרים, כי קידומו של התהליך הזה איננו משתלם לאמפריה העות'מנית פחות מלארץ־ישראל, ואנו מאמינים כי הכרחי שההסתדרות הציונית תקבל מעמד רשמי בקונסטנטינופול ותוכר על ידי הממשלה האימפריאלית כנציגה המדינית של העם היהודי; כמו כן הכרחי שהממשלה האימפריאלית תכיר רשמית בכל הארגונים היהודיים והמפעלים בארץ־ישראל בהנהגתה של ההסתדרות הציונית, ובתמורה תהיה ההסתדרות הציונית אחראית בפני הממשלה האימפריאלית על ניהולם של הארגונים והמפעלים היהודיים. וכך, בשעה שיהיה ברור שהאינטרסים היהודיים בארץ־ישראל הם קודם כל אינטרסים עות'מניים ולא אינטרסים של מעצמה זרה, אנו מאמינים שנסיר כל צל של חשד שהובע בטענות שהן, בלי ספק, לא נכונות.

זהו הזמן להכרזה רשמית וגלויה בדבר האינטרסים המשותפים לאימפריה העות'מנית ולהסתדרות הציונית. המסקנות מן ההבנה הרשמית שתושג בין הצדדים הללו, הבנה שיש בה הכרה הדדית של האינטרסים המשותפים והקניית מעמד מוגדר לנציגות האדמיניסטרטיווית של ההתיישבות היהודית בארץ־ישראל, תיתן, כך אנו משוכנעים, תנופה נמרצת לפיתוחה של הארץ, הן מן הבחינה הכלכלית והן מן הבחינה תרבותית; תסיר את הבסיס מן היומרות הזרות; ומעל לכול תביא, באמצעות ברית משתלמת ומתמשכת, לקירוב קשרי הדם ולחיזוק קשרי הידידות ארוכת הימים בין העם הטורקי לעם היהודי.

אנו מגישים שיקולים אלה, בכבוד רב, לוועד הפועל ולנציגים בקונגרס הציוני הקרוב, ומפצירים בקונגרס לנסח את העקרונות האלה בצורה מפורטת במסגרת תוכנית באזל.

ג' פרידמן M.D. (N. Friedman)
יעקב דה האס (Jacob de Haas)
אדולף הובארד (Adolf Hubbard)
הנרי הורוויץ M.A. (Henry Hurwitz),
יוליוס מאייר (Julius Meyer), בוסטון, מסטצ'וסטס
הוראס ו' קלן Ph.D. (Horace W. Kallen), מדיסון, וויסקונסין.
בוריס קצמן (Boris Kazmann), בטל קריק, מישיגן
הנרי מ' שפר Ph.D. (Henry M .Sheffer), מיניאפוליס, מיניסוטה

אוגוסט 1913.

מקור: DBHE , 332/17, no. 269

חלק רביעי

עמדות הדתות באמריקה הפלורליסטית

טקס הנחת אבן הפינה של הבניין המרכזי של "אגודת אחים אנשי אמריקה" בירושלים, 1933 בקירוב (הארכיון הציוני)

משמעותה של ארץ הקודש בעיני קתולים אמריקנים במאה התשע־עשרה[1]

רוברט ד' קרוס

"ככל שידיעתי מגעת לא היתה ארץ הקודש מוקד התעניינות עבור קתולים אמריקנים במשך המאה התשע־עשרה וראשית המאה העשרים" – כותב חוקר קתולי דגול של חיי הקתולים האמריקנים.[2] כמובן, אין הדברים תקפים לגבי כל הקתולים. פרופ' משה דייוויס הזכיר לנו, שתומס קנדי (Thomas Kennedy), שטען בזכות הצעת "חוק היהודים" (The Jew Bill) בבית המחוקקים של מדינת מרילנד בשנת 1818, הכריז: "אם נוצרים אנו, חייבים אנו להאמין שהעם היהודי ישוב ויחדש ימיו כקדם, והדעת נותנת, שלא רחוק היום שיתרחש בו המאורע הכביר הזה".[3] ואולם, אם לנסח את מסקנותיי בלא משוא פנים ככל האפשר, לפני 1917 לא הִרבו קתולים אמריקנים לעסוק בארץ הקודש. הם נטו הרבה יותר להשתמש במונח "מקומות קדושים" ולא הבחינו הבחנה ברורה בין מקומות קדושים בארץ־ישראל ומקומות קדושים רבים אחרים ברחבי העולם. וכשנתנו את דעתם על ארץ־ישראל, לא נראתה להם שאלת נוכחותם של היהודים, אם בהווה ואם בעתיד, חשובה במיוחד.

אין ספק שקתולים אמריקנים, הן ההדיוטות והן אנשי הכמורה, העריצו את התנ"ך ואת תיאורו מלוא ההשראה על ההתגשמות של אלוהים בבן אדם, הצליבה והתחייה של ישו. ייתכן גם שניתן לשחזר את המנטליות הקתולית־האמריקנית במאה התשע־עשרה, את מערך הנחותיהם המוקדמות (גם אם הובעו בבהירות לעתים נדירות בלבד), בדבר ארץ־ישראל, היהודים והבנייה מחדש של בית המקדש. אבל, כחברים בקהילה שהדגישה הן המשכיות בזמן והן אוניברסליות במרחב, לא נטו הקתולים, בניגוד לפרוטסטנטים וליהודים, להטריד את דעתם בהבחנה בין מה שהיתה ארץ־ישראל לפני אלפיים שנה ומה שנהייתה בהווה.

1 אימצתי את הגבולות הכרונולוגיים האלה בעיקר משום שמחקרי אודות הקתוליות אמריקנית התמקדו במאה התשע־עשרה. ספרה המצוין של ד"ר אסתר פלדבלום, *The American Catholic Press and the Jewish State 1917-1959*, New York 1977, מוכיח שבשנים דרמטיות אלה נעשו עמדותיהם של קתולים אמריקנים כלפי ארץ הקודש אינטנסיביות יותר. ליתר דיוק, ד"ר פלדבלום ממפה את עיקרי עמדותיהם של הקתולים האמריקנים בשנים שאחרי 1917. לדעתי, לפני 1917 לא היה, למעשה, לקתולים מערך עמדות ברור.

2 מכתב אל המחבר מ־11 במארס 1983 מאת ג'יי פ' דולן (Jay P. Dolan), לשעבר פרופסור להיסטוריה וראש מרכז קושווה (Cushwa) לחקר הקתוליות האמריקנית באוניברסיטת נוטר דם (Notre Dame).

3 Moshe Davis (ed.), *With Eyes Toward Zion*, I, New York 1977, p. 21

נראה שקתולים לא חשו בדרך כלל את הצורך שחשו פרוטסטנטים לחזור ולבנות בדמיונם, על ידי תוכניות מחקר או מאמצים מיסיונריים, את ארץ הקודש כפי שהתקיימה "בימי התנ"ך".[4]

הרבה מכל זה השתנה במאה העשרים. כדאי אולי לסקור בקצרה מה היו השינויים האלה ומה היתה השפעתם. כך נוכל להתבונן לאחור, אל המאה התשע־עשרה, מבלי להסיק שקיימת התייחסות קתולית אוניברסלית ונצחית על פי התפתחויות ונטיות מיוחדות שהן במהותן התפתחויות של המאה העשרים.

מערך מורכב אחד של שינויים מודגם, בלא ספק, על ידי העובדה שב־1908 הפסיקה רומא לראות בכנסייה הקתולית של אמריקה יעד של פעילות מיסיונרית. בעשורים שקדמו למועד זה פעלו מספר הולך וגדל של קתולים אמריקנים על סמך ההנחה שחובותיהם מפליגות מעבר ל"שמירת האמונה" של המהגרים (והפיכתם של האינדיאנים לנוצרים);[5] הם הוקירו את מחויבותם

4 בפרק המבוא של ספרה מספקת ד"ר פלדבלום כמה רמזים אודות מנטליות כזאת. לטענתי, מרבית הקתולים האמריקנים, ודאי עד הקונגרס הציוני הראשון, וקרוב לוודאי עד הצהרת בלפור – לא חשבו על ארץ־ישראל בהקשר של היהודים ולא חשבו על היהודים בהקשר של ארץ־ישראל. סקירתה הקצרה של ד"ר פלדבלום על הנחות והצהרות אנטי־יהודיות לאורך יותר ממאה שנים של מחשבה קתולית אינה מלמדת הרבה על העמדה הקתולית כלפי ארץ־ישראל; אם כי ייתכן שד"ר פלדבלום כלל לא התכוונה לטעון שלמדנו מכאן על עמדה כזאת.

בתוך היבול הגדול של ספרים ומאמרים מחקריים על ההיסטוריה של קתולים אמריקנים לא נמצא ולו ספר או מאמר אחד שכותרתם מלמדת על התמודדות עם שאלת עמדותיהם של הקתולים כלפי ארץ הקודש. ג'ון טרייסי אליס (John Tracy Ellis), שערך את הביבליוגרפיה המקיפה הראשונה בתחום זה, והאב רוברט טריסקו (Robert Trisco), האחראי לגרסה עדכנית ומורחבת של הביבליוגרפיה – אינם מכירים ולו מחקר רלוונטי אחד העוסק בנושא של יחס הקתולים האמריקנים לארץ הקודש. מחקריו של פרופסור דולן על חיי הקהילה הקתולית ועל "התחייה" (revivalism) אצל הקתולים, לימדו אותנו רבות על מרקם החיים של הקתולי האמריקני במאה התשע־עשרה. דולן כותב (במכתב שצוטט לעיל, הערה 2), כי לא ראה אצל הקתולים דבר שישווה ולו במעט לעניין שגילו הפרוטסטנטים בארץ הקודש. יחסם של הפרוטסטנטים לארץ הקודש תואר בידי רוברט הנדי (Robert Handy) בספרו, *The Holy Land in American Protestant Life, 1800-1948*, New York 1981:

אני עצמי גדלתי בבית אמריקני פרוטסטנטי. מגיל צעיר הייתי מעורה בגיאוגרפיה של ארץ הקודש יותר מאשר בגיאוגרפיה של מקום מגורינו, בלונג איילנד (Long Island), או בגיאוגרפיה של מקום הולדת הורי ומקום הולדתי, במערב התיכון; מפת התבליט של ארץ הקודש, שטרחנו לבנות בבית הספר של יום ראשון, היתה ללא ספק מקושטת בחן ומפורטת הרבה יותר מכל עבודה אחרת שעשינו על ארצות־הברית או אירופה בבית הספר הציבורי שבו למדתי; התנ"ך שהעניק לי אבי כשנעשיתי הבר בכנסייה ה"עדתית" (Congregational) שבה שימש ככומר, כלל כמה מפות צבעוניות של ארץ הקודש; והמזמורים ששרנו בבית הספר של יום ראשון, בכנסייה ובבית, הותירו בי רשמים חיים של ירושלים של זהב, העיר הקטנה בית לחם, וחופי הכינרת.

ערכתי סקר מהיר, שבוודאי אינו מספק, של מזמורי כנסייה אמריקניים קתוליים מן המאה התשע־עשרה. הרושם שלי הוא – ואין כאן יותר מרושם – שמזמורים אלה כוללים הרבה פחות אזכורים של ארץ הקודש בהשוואה למזמורי כנסייה דומים של אמריקנים פרוטסטנטים בני אותה תקופה. לפי פרופסור דולן, מקור נוסף בסוגיית יחסם של הקתולים האמריקנים לארץ הקודש עשוי להיות חקר בתי הספר של יום ראשון של הקתולים.

ייתכן שיש גם תועלת במעקב שיטתי אחר שפע כתבי העת ומאמרי ההגמונים בני המאה התשע־עשרה. באמצע שנות החמישים חיפשתי חומר על המאה התשע־עשרה ועברתי על כתבי העת *Catholic World, The American Catholic Quarterly Review, The American Ecclesiastical Review*, וכן כמה כתבי־עת נוספים. אינני זוכר התייחסויות לארץ הקודש בכתבי העת הללו. מכיוון שבאותו הזמן לא חיפשתי אחר אזכורים כאלו, ייתכן כי לא השגחתי בהם. אולם אני משוכנע, שאם היו אזכורים כאלו, הם לא היו מרובים.

5 ראה: Robert D. Cross, *The Emergence of Liberal Catholicism in America*, Cambridge 1958; וכמו כן: Father Thomas T. McAvoy, *The Great Crisis in American Catholic Church History, 1895-1900*, Chicago 1957

של הפרנציסקנים ל"פנינת מסעות המיסיון" בארץ־ישראל ותמכו בה; ב־1897 ייסד משרד הממונה (The Commissariat) על ארץ הקודש את המרכז האמריקני שלו בוושינגטון ומנזר הקבר הקדוש (The Most Holy Sepulchre) נחנך שם כעבור שנתיים; קהילות קתוליות התבקשו לאסוף תרומות מיוחדות ביום השישי שלפני חג הפסחא (Good Friday) כדי לתמוך בעבודתו של הממונה;[6] ככל שנעשו אמידים יותר יכלו קתולים אמריקנים לעלות לרגל למקומות קדושים בארץ־ישראל ולהגשים משאלה מסורתית.[7] עניינם במקומות הקדושים היה גדול דיו כדי שיקבלו עליהם ב־1888 "נדר אמריקני" בדבר הקמתה של בזיליקה בגן גת שמנים בירושלים. (מכיוון שהשלטונות הטורקיים הערימו מכשולים אין ספור לפני המבקשים לבנות את הבזיליקה, נחנכה במקום הזה כנסיית כל העמים [Church of All Nations] רק בשנת 1921. לכנסייה היו 12 כיפות לכבודם של העמים שהצטרפו בסופו של דבר למפעל, אף על פי שלמעשה, הקתולים האמריקנים הם שמימנו את רוב הוצאות המפעל.)[8]

ואולם אין להשוות את מאמציהם המיסיונריים המוקדמים של האמריקנים הקתולים במזרח הקרוב למאמציהם של הפרוטסטנטים.[9] למעשה, במאה התשע־עשרה היו קתולים אמריקנים מעטים בלבד בטוחים בעצמם דיים כדי לקבל על עצמם משימות המפליגות מעבר למשימה המתישה של יצירת בסיס איתן בחלקים שונים של אמריקה. ואחר כך, כדברי האב אייזק הקר (Isaac Hecker) והארכיהגמון ג'ון אירלנד (John Ireland), ביקשו להפוך את אמריקה כולה

6 ראה: *The Custody of the Holy Land*, Jerusalem 1981. חוברת זאת, שהוצאה לאור בידי המשמרת הפרנציסקנית (Franciscan Custody), הובאה לתשומת לבי באדיבותו של האח תומס קלרק (Thomas Clark) ממשרד הממונה בוושינגטון. תומס ג' קֶלי, בהרצאה שלא פורסמה, מתייחס בקצרה לשנים המוקדמות של פעולתו של הממונה בארצות־הברית. ראה: Thomas G. Kelly, "American Catholic Interest in the Holy Land", 1978. כתב היד של הרצאה זו הושאל לי בנדיבותו של רוברט ד' הנדי (Robert D. Handy) מן הסמינר התיאולוגי המאוחד בניו־יורק (Union Theological Seminary).

ביום שאחרי היווסדו של המנזר, ב־18 בספטמבר 1897, הקדיש העיתון "וושינגטון פוסט" עמוד שלם לחגיגה המפוארת של חנוכת המנזר שהשתתפו בה החשמן ג'יימס גיבונס (James Gibbons) ומשלחת מטעם האפיפיור. דרשה ארוכה, שכפי הנראה הודפסה במלואה, סיפרה על תולדות הנצרות במשך הדורות ועל התפשטותה על פני העולם. היא כללה אזכור קצר בלבד של ארץ הקודש: "ככל שיותר אמריקנים הצטרפו לעליות לרגל לשרידים הקדושים [כך], נעשה נחוץ לייסד בארץ זו מדרשה (college) שתעסוק בהכשרת אלה שישאו בנטל המלאכה [של שמירת המקומות הקדושים וסיוע לעולי הרגל]". ברור שהדובר הניח כמובן מאליו שמטרת הממונה לא היתה לארגן את העליות לרגל לארץ הקודש או לשנות את ה"תנאים" הבסיסיים שם, אלא לדאוג לזרם מתמיד של אנשי כמורה מתאימים לתפקיד השמירה על המקומות הקדושים.

במנזר נמצאו שחזורים של כמה מן המקומות הקדושים. באחד מן הכוכים היתה אבן שהועברה מן הקבר הקדוש בירושלים. אין זה מפתיע שאבן זו נודעה לאחר מכן בכינוי "ארץ הקודש", מקום שבו יכלו האדוקים לחוות אותה חוויה של יראה דתית כאילו נסעו לארץ־ישראל ממש. ספר השנה (*The Crusader's Almanac*) שיצא לאור בידי הממונה מאז 1897, לא חזה מסע צלב על מנת לכבוש מחדש את ארץ הקודש עבור הנצרות הקתולית.

7 יש לשים לב שמאז המאות הראשונות של הנצרות הזהירו אנשי כמורה קתולים מפני הענקת חשיבות מופרזת לעלייה לרגל, כפשוטה, לירושלים. כך למשל אמר סנט ז'רום (St. Jerome): "ניתן להגיע אל היכל השמים מבריטניה, כשם שניתן הדבר מירושלים." וסנט ברנרד מקְלֶירווֹ (St. Bernard of Clairvaux) אמר: "תא כלאך הוא ירושלים". ראה את המאמר "עליות לרגל" בתוך: *New Catholic Encyclopedia*, II, p. 372

8 Paschal Kinsel & Leonard Henry, *The Catholic Shrines of the Holy Land*, New York 1951, p. 157

9 לסקירת הקשר של מאמצים מיסיונריים של פרוטסטנטים אמריקנים ראה את הספר המקיף: James A. Field, *America and the Mediterranean World, 1776-1882*, Princeton 1969; במאה התשע־עשרה נאלצו קתולים אמריקנים לבקש עזרה מקתולים במקומות אחרים; כיום, מצבם של הקתולים האמריקנים שונה בתכלית. הם התבססו דיים כדי להיות נותני חסות מרכזיים לפרויקטים קתוליים ברחבי העולם.

לקתולית.[10] ואכן, עד המאה העשרים לא קיימו קתולים אמריקנים מסעות מיסיונריים רחבי היקף מעבר לים. רק ב־1911 הוקמה תנועת המיסיונרים מרינול (Maryknoll Missioners), ורק בשנת 1918 הצליחה לשלוח את נציגיה הראשונים. במשך יותר משני עשורים התרכזו הללו במזרח הרחוק, ומאז מלחמת העולם השנייה שלחו מיסיונרים גם לאמריקה הלטינית ולאפריקה.[11]

עוד שינוי חשוב, שונה בסוגו, היה קשור לכיבושה של ארץ־ישראל בידי הבריטים בשנים 1918–1917. לקתולים אמריקנים היו, אולי, סיבות טובות יותר מלפרוטסטנטים אמריקנים לשוב, אם כי ברגשות מעורבים, אל מסעי הצלב של ימי הביניים. אבל, ההבנה ההיסטורית של רבים מהם את מהלך מסעי הצלב ותוצאותיהם היתה מתוחכמת דיה, ולכן לא יכלו לכמוה להקים מחדש, כפשוטו, "ממלכה לטינית". ולמרות זאת, אין זה מפתיע, כפי שהראתה ד"ר אסתר פלדבלום, שהיו קתולים אמריקנים שהשתעשעו בעקבות הכיבוש הבריטי במחשבה, כמה ייטב מצבם של המקומות הקדושים תחת מנדט מערבי – נוצרי מערבי – לעומת מצבם תחת שלטונה של האימפריה העות'מנית חסרת האונים וההפכפכנית בסובלנותה.[12]

השינוי השלישי היה תוצאה של הצהרת בלפור, שהיתה ביטוי למדיניות סבירה והומנית בעיני החשמן ג'יימס גיבונס (James Gibbons), ויש להניח שכך גם בעיני קתולים אמריקנים רבים אחרים, כמו גם בעיני האפיפיור בנדיקט ה־15 (Benedict XV).[13] ואולם במהלך השנים הבאות התברר שיש ברצונם ובכוחם של היהודים להקים בית יהודי ואפילו "מדינה" יהודית. ככול שהלך וגדל מספר היהודים שהתיישבו בארץ־ישראל – כן הפכה התייחסותם של הקתולים האמריקנים לדו־משמעית. עבור הקתולים האמריקנים לפני 1917, לא היו היהודים או המוסלמים המתחרים החשובים, "האחרים" – וכמובן לא הממסד הטורקי והכפריים הערביים העניים וחסרי ההשפעה לכאורה – היו אלה דווקא היוונים־הקתולים והמרונים־הקתולים (המרונים־הקתולים היו מאוחדים

10 ראה את עבודותיהם של קרוס ומק'אבוי (לעיל, הערה 5). אף על פי שאיש מהם לא אמר את הדבר במפורש, מספקים שניהם הוכחות מרובות לכך שרוב הקתולים האמריקנים האמינו שמאמצי המסיונרים צריכים להיות מכוונים ליצירת כנסייה אמריקנית חזקה. האב מק'אבוי מציג בבהירות רבה את התחושה ששררה בכנסייה ברומא וכן בכנסייה הצרפתית, שלקתולים האמריקנים לא היה בעצם שום דבר בעל תועלת למסור לעולם. ייתכן שתחושה זו נבעה מן התפיסה בדבר קלות־דעת "אמריקנית" העומדת בניגוד ל"קתוליות". רק מעטים שבמעטים (כגון הארכי הגמון אירלנד) רמזו לאפשרות שהכנסייה האמריקנית תיטול את כתר המנהיגות במשימת הקתוליזציה של העולם. ראוי לתשומת לב הניגוד המפתיע בין התפיסה הזאת ובין ביטחונה של המנהיגות הפרוטסטנטית האמריקנית בדבר יכולתה "לנצר את העולם ברוח הנצרות הפרוטסטנטית עוד בדור הזה".

11 מן הבחינה הממסדית ניתן לייחס את התפתחותם של מסעות שליחות של קתולים אמריקנים לאזורים לא־קתוליים מחוץ לארצות־הברית לייסודם של מספר ארגונים. ביניהם ניתן למנות את הארגון המסיונרי האמריקני (The American Missionary Union), שנוסד ב־1893 בידי הפאוליסטים (Paulists), ולטר אליוט (Walter Elliott) ואלכסנדר דוייל (Alexander Doyle); את השלוחה האמריקנית של החברה להפצת האמונה (Society for the Propagation of the Faith) ב־1897; ואת יצירתה של הכנסייה הקתולית המורחבת (Catholic Church Extension) ב־1905. ואולם אף אחד מן המפעלים הללו לא משתווה בהיקפו או ביעילותו לפועלם של המרינולרים.

12 פלדבלום (לעיל, הערה 1) מדגישה את תחייתה של "הרטוריקה הצלבנית". ואולם ראוי לדעתי לנקוט משנה זהירות בהסקת מסקנות מעין אלה. מאז המאה התשע־עשרה, ובייחוד בתקופה הפרוגרסיבית (The Progressive era), השתמשו באמריקה במונח "צלבני" שימוש חסר הבחנה ולא מדויק. המונח שימש לתיאור כל תנועה רפורמית שניתן היה לייחס לה ולו קורטוב של מוטיווציה דתית. ג'ון טרייסי אליס, היסטוריון חשוב של הכנסייה הקתולית האמריקנית, כתב לי, שהוא מצא רק הוכחות מעטות לקיומה של מנטליות צלבנית, במובנה החמור, בקתוליות האמריקנית בסופה של המאה התשע־עשרה או תחילת המאה העשרים (מכתב למחבר, 31 בנובמבר 1983).

13 פלדבלום טוענת (לעיל, הערה 1) – אפשר שמתוך פרשנות מוטעית של המקור שלפניה – שהחשמן ג'יימס גיבונס פרסם "הצהרה סמכותית" ובה ביטא את שמחתו למשמע הבשורה שהאפיפיור נתן את ברכתו להצהרת בלפור. לא היה בכוחו של גיבונס (ואין ספק שלא היה זה ממנהגו) לדבר ב"סמכותיות" על עניין שכזה.

עם רומא, אבל שמרו בעקשנות על מנהגים ליטורגיים שונים).[14] כידוע דגלו מקצת מן הפרוטסטנטים בתפיסה דיספנסיונליסטית, כלומר, גישה המקדמת בברכה חידוש של "שלטון יהודי" כחלק מתוכניתו ההיסטורית של האל לגאולת האנושות. לעומת זאת, אינני מכיר אף זרם קתולי־אמריקני חשוב הדוגל בגישות דיספנסיונליסטיות.[15]

לאמיתו של דבר, חששו מספר קתולים שעליונות יהודית, שלא לומר שליטה יהודית, תפגע פגיעה משמעותית באפשרותם להמשיך לקיים פולחן דתי במקומות הקדושים. ייתכן שד"ר פלדבלום צודקת בראותה בחששות אלו ביטוי לרגשות עתיקי יומין, אנטישמיים בעיקרם. ואולם לעניות דעתי, העניין לא הוכרע, על כל פנים לא לגבי הקתולים האמריקנים. רוב מנהיגיהם, למשל, דחו בגלוי את הצעדים המרושעים שנקטו הקתולים בצרפת נגד דרייפוס.[16] אנסה אפוא להציע היפותיזה נגדית: בעקבות ההתפתחויות שהתרחשו אחרי 1917, קתולים־אמריקנים אכן חששו מפני הגירתם של יהודים לארץ־ישראל. ואולם הדעת נותנת שהיו חוששים לבאות לפחות באותה מידה, אילו למרבה האירוניה היתה הארץ מוצפת, בעקבות נצחונותיו של אלנבי, בזרם גואה של מהגרים קתולים־יוונים.

על מנת להבין את התייחסותם של קתולים־אמריקנים לארץ־ישראל הבה נבחן שני מסעות עלייה לרגל לארץ הקודש של אנשי כמורה קתולים בכירים. מסעותיהם אומנם מלמדים על יראת הכבוד שרחשו קתולים־אמריקנים לעניין העלייה לרגל לארץ הקודש, אבל הם מראים גם כמה שונה "ההקשר" שלהם מזה של עולי רגל פרוטסטנטים. ב־1867 קיים ג'יימס רוזוולט ביילי (James Roosevelt Bayley) מסע עלייה לרגל. ביילי היה ההגמון של נוארק (Newark), ואחר כך הארכיהגמון של בולטימור. שמו של ביילי מלמד שלא נמנה עם בעלי הייחוס הקתולי הקולוניאלי, כגון הקרולים (the Carrolls) או הספולדינגים (the Spaldings), ושמו מלמד גם שלא נמנה עם זרם המהגרים שהביא לכנסייה מספר רב מאוד של הדיוטות ואנשי כמורה עד 1900. כבעל ייחוס ינקי־יורקר (Yankee-Yorker) קיבל ביילי את חינוכו באקדמיות ובמכללות של ניו־אינגלנד. זמן קצר אחרי שנתמנה לכומר בכנסייה האפיסקופלית עבר לקתוליות רומית ולאמונתו החדשה הביא עמו את הסקרנות המיוחדת והלהיטות ל"ארץ הקודש" שטופחו בידי הפרוטסטנטים בניו־אינגלנד. אחרי מלחמת האזרחים, כשנאלץ ביילי, מחמת מחלה, ליטול פסק זמן מחובותיו כבישוף, שמח לנצל את ההזדמנות לבקר בארץ הקודש.

למעשה, הרשימות שרשם ביילי בזמן מסעו בארץ הקודש, והדרשה שנשא עם שובו לאמריקה, אינן שונות מרשימות ודרשות של עולי רגל פרוטסטנטים מניו־אינגלנד. תדהמתו לנוכח קשיי הקיום במקומות שביקר בהם וסלידתו מנטייתם של אנשי המקום לרמות ולהוליך שולל את המבקרים, לא מנעו ממנו לחוות רגשות דתיים נשגבים. הכניסה לירושלים בשעת עליית השחר היתה בעיניו חוויה מהממת; גם הביקור במעיין בנצרת, וההשתתפות בטקסים דתיים בירושלים בבוקר חג הפסחא היו חוויות שציפה להן זמן רב, והוא ייחס להן ערך רוחני רב. כששב ביילי

14 והרי פחות ממאה שנים קודם לכן תמכו קתולים־רומים באירופה (ואין לי שום הוכחה לגבי דעתם של קתולים־אמריקנים) במלחמת קרים נגד רוסיה. אחד הטעמים לכך היה חשש שהכנסייה האורתודוקסית, שנתמכה בידי המעצמה הרוסית, תפגע פגיעה של ממש בנוכחותם של קתולים־רומים במקומות הקדושים.

15 נראה שהרבה יותר מקובל היה הפירוש שניתן ללוקס כא, כד: "עד כי ימלאו עתות הגויים", ולפיו הכוונה היא "עד סופו של העולם". ראה את דברי עורך ה־*Civilità Cattolica* שצוטטו אצל פלדבלום (לעיל, הערה 1), עמ' 15; אולם השווה גם לדברי תומס קנדי שהובאו לעיל בתחילת המאמר.

16 ראה לדוגמה, קרוס (לעיל, הערה 5), עמ' 193.

לאמריקה חש חובה נעימה לחלוק את החוויות הללו עם הקתולים של נוארק. הוא קיווה, כך אמר, שלסיפורו תהיה השפעה מיטיבה על הצעירים. (הוא אף התכוון לערוך את סיפורו לפרסום, אלא שמעולם לא עשה כן.)[17]

בשנת 1883 חצה ג'ון ג'' קין (John J. Keane), שנתמנה זה מקרוב להגמון הרומי־קתולי של ריצ'מונד ווירג'יניה (Richmond, Virginia), את האוקיינוס האטלנטי לצורך ביקור הבכורה שלו (Ad limina). אחרי שירד מן האנייה בחוף מרסיי (Marseilles), עלה קין על ספינה שהפליגה לארץ־ישראל, ופנה ישר לירושלים. קין ביקש לקנות בירושלים אבן פינה בעבור הקתדרלה שתכנן לבנות בריצ'מונד. ואכן, הוא קנה מן הפרנציסקנים אבן שנחצבה בגן גת־שמנים שעל הר הזיתים, והבטיח להם שבמחוז הבישופות שלו תתקיים התרמה בתקופת התענית שלפני הפסחא (Lent) כדי לתמוך בעבודתם כשומרי המקומות הקדושים. לאחר מכן רכב קין על גב סוס לגליל, ליהודה ולשומרון ולבסוף הגיע ליפו. ביפו שב ועלה על אנייה והפליג למקום שהיה ככל הנראה המטרה העיקרית של מסעו מעבר לים – העיר הקדושה, "עיר הנצח" בפי הקתולים – רומא. ברור שקין ראה במסעו לארץ־ישראל עלייה לרגל קדושה. וסביר גם לחשוב שהוא נענה בחפץ לב לבקשתם של הפרנציסקנים לעודד את צאן מרעיתו שבריצ'מונד לעלות לרגל למקומות הקדושים בארץ־ישראל.[18]

אין ספק שהקתולים כולם, לרבות קתולים־אמריקנים, חשו יראת כבוד כלפי המקומות הקדושים בארץ־ישראל. אף על פי כן עלו מאמינים קתולים לרגל למקומות קדושים רבים לאורך תקופה שנמשכה לפחות 1,500 שנה: כך, למשל, הקתולים עלו לרגל לקומפוסטלה (Compostela), מקום שמת בו סנט ג'יימס (St. James), או ללוּרד (Lourdes) ופטימה (Fatima), מקומות בהם נגלתה הבתולה. אין דבר שימחיש עד כמה איבד הרעיון של "מקום קדוש" את משמעותו הגיאוגרפית הייחודית יותר מן האמונה הקתולית כי "הבית הקדוש" הועבר מארץ־ישראל ללורטו (Loreto) שבאיטליה. במאה התשע־עשרה עודד האפיפיור פיוס התשיעי נמרצות את עולי הרגל לפקוד את המקום הקדוש הזה.

בפני קתולים־אמריקנים עמדו "אפשרויות" מגוונות במיוחד לעלייה לרגל. כמהגרים, או צאצאי מהגרים, יכלו רבים מהם להתייחס בהערצה – ואכן התייחסו בהערצה – לאתרים קדושים בארצות מוצאם. ממש כשם שהאפיפיור ג'ון פאול (John Paul) התייחס ביראת כבוד מיוחדת לג'סנה גורה (Jasna Gora) שבצ'סטוחובה (Częstochowa). הקתולים לא חשו את הצורך העז, שחשו הפרוטסטנטים האמריקנים, לדלג על פני מאות שנים ועל פני אוקיינוסים כדי למצוא את הבית הרוחני האמיתי שלהם, את המקום הקדוש המיוחד והיחיד בארץ־ישראל. פרופ' משה דייוויס סיפר פעם אנקדוטה על יהודי וכורה אירי, שהתווכחו ביניהם מה שם יקראו לעיירה שייסדו יחד במערב האמריקני. היהודי העדיף את "ירושלים", ואילו האירי התעקש על "טיפררי" (Tipper-ary). לבסוף, התפשרו השניים על "טיפרושלים". אין ללמוד מכאן שהאירי (כנראה רומי־קתולי)

17 המסמכים של הארכיהגמון ג'יימס רוזוולט ביילי מצויים בארכיון של הארכיהגמון בבולטימור. חב אני תודה לארכיונאית הנזירה מ' פליסיטס פאוורס (M. Felicitas Powers), שסייעה בידי בעניין זה.

18 אינפורמציה זו לקוחה מתוך: Patrick H. Ahern, *The Life of John J. Keane*, Milwaukee 1955, pp. 55-56. לאחרונה יצאו לאור ביוגרפיות של אנשי כמורה בכירים ונכבדים כגון הארכיהגמון ג'ון אירלנד (John Ireland) וההגמון ג'ון לנקסטר ספולדינג (John Lancaster Spalding). מן הביוגרפיות של שני אנשי הכמורה הבכירים הללו עולה, שהם נסעו פעמים רבות לאירופה. לעומת זאת, אין שום סימן שאיש מהם ביקר אי־פעם בארץ הקודש. ג'ון טרייסי אליס, מחברה של הביוגרפיה המונומנטלית על החשמן גיבונס, כותב, שאין לו שום מידע לפיו ערך גיבונס אי־פעם מסע כזה (מכתב למחבר, 31 בנובמבר 1983).

היה אדיש למקומות הקדושים שבארץ־ישראל, או שדגל בזהות חילונית טהורה; נראה שהמונח ״מקומות קדושים״ היה אקלקטי יותר ממה שאנו מניחים בדרך כלל.[19] ״האדמה הישנה״ (או בפי המהגרים: ״the ould sod״), או לפחות חלקים ממנה, היתה בעיני רבים אדמה קדושה.

במידה שהיה לקתוליות מרכז גיאוגרפי קבוע ומיוסד היסטורית, היתה זאת העיר רומא. ״מקום בו שוכן האפיפיור, שם שוכנת הכנסייה״. למשפט מסורתי זה נודעה משמעות מיוחדת דווקא במאה התשע־עשרה. ככל שהצטמקו המדינות האפיפיוריות בלחצה של הלאומיות האיטלקית המתחזקת, כן הלכה וגברה הנטייה האולטרמונטנית (זו הדוגלת בסמכות העליונה של האפיפיור) ששלטה בקתוליות באירופה. כלומר, גבר כוחה של הגישה האומרת, כי הקתולים כולם צריכים להביע, בצורה שאינה משתמעת לשתי פנים, את תמיכתם באפיפיור ובמה שכונה בדרך כלל ״כוחו השלטוני״. להיות ״קתולי טוב״ פירושו היה, לתמוך בהחלטיות (ומתוך פחד, לדעת לא־קתולים), בזכותו של האפיפיור להנהיג את הכנסייה באמצעות שלטונו ברומא. היו אמנם קתולים־אמריקנים שסברו (תוך הסתכנות בנזיפה מצד רומא) שהאפיפיור אינו זקוק לריבונות מדינית ולמעשה סמכותו הרוחנית תגדל, אם לא תהיה כבולה על ידי אחריות חילונית למקום מסוים. (כך היה המצב – ולפי דעתם למרבה המזל – לגבי הכנסייה האמריקנית.) אך גם הם לא חלמו כלל על ארץ הקודש בתורת מרכז מתאים יותר מרומא עבור האמונה הנוצרית.[20] הם היו רומים־קתולים, ״רומים בלב ונפש״ כפי שציין בסיפוק כומר אחד.

ניתן לתמצת את עיקר טיעוני בציטוט של הקביעה שקבעה ד״ר פלדבלום: עד שנות העשרים של המאה העשרים התמקדו פרסומי סיורים של קתולים־אמריקנים ל״עולם הישן״ בביקור בעיר הנצח, רומא. ביקור בארץ־ישראל נרשם בדרך כלל בפרסומים הללו כ״אפשרות נוספת, למעוניינים״.[21]

19 *With Eyes Toward Zion*, I, pp. 26-27 (לעיל, הערה 3).

20 קרוס (לעיל, הערה 5), עמ׳ 85–86, 204.

21 פלדבלום (לעיל, הערה 1), עמ׳ 37.

אמריקנים שחורים וציון

אלברט ג' רבוטאו

ארץ כנען היא הארץ שלי,
תן לקדושי אלוהים לבוא אליה.
היה היה אדם רשע
והוא החזיק בהם בשבי מצרים.
ארץ כנען היא הארץ שלי,
תן לקדושי אלוהים לבוא אליה.
יום אחד אמר אלוהים למשה,
קום, לך אל ארץ מצרים,
ואמור לו: שלח את עמי.
ארץ כנען היא הארץ שלי,
תן לקדושי אלוהים לבוא אליה.

שיר נשמה של עבדים

מראשיתה של התקופה הקולוניאלית ועד ימינו היו האמריקנים בעיני עצמם עם מיוחד שנבחר בידי אלוהים למלא שליחות מיוחדת בהיסטוריה האנושית. "עיר על הגבעה", "האומה החדשה, הראשונה במעלה", "תקוותו האחרונה של העולם", "מבצר הדמוקטיה", "מנהיגת העולם החופשי" – כל אלה מבטאים את תחושת השליחות הלאומית של האמריקנים. ואולם הדימוי המקובל ביותר והמורכב ביותר, דימוי שקשר יחדיו את הדימויים האחרים, היה "עם ישראל החדש", בחירו של אלוהים. האמריקנים – כמו בני ישראל – שוחררו משעבודם בידי האל וחצו את הים בדרכם אל ה"ארץ המובטחת", ארץ זבת חלב ודבש. דור אחרי דור של פוליטיקאים אמריקנים, כמוהם כמטיפים דתיים, שבו שוב ושוב אל הנושא הזה, מג'ון וינטרופ (John Winthrop) ועד רונלד ריגן (Ronald Reagen).[1]

ואולם, כפי שמלמדות מילות שיר העבדים המצוטט בראשית הדברים, היו גם אמריקנים שעבורם היו החיים באמריקה חיי שעבוד ולא חיי חירות. כדברי וינסנט הרדינג (Vincent Harding), היתה זו אירוניה טרגית שבקרבו של "ישראל החדש, בחירו של אלוהים" חי "ישראל"

1 ראה: Conrad Cherry (ed.), *God's New Israel: Religious Interpretations of American Destiny*, Englewood Cliffs, N.J. 1971. זהו קובץ שימושי של מסמכים המדגימים את הנושא.

נוסף שחיכה לעבור ל"ארץ המובטחת" שלו.[2] ארץ הקודש היתה חשובה עבור אמריקנים שחורים, משום ששימשה דימוי לשחרור מסבל ומאי־צדק. האפריקנים המשועבדים וצאצאיהם ראו דמיון רב בין הסיפור התנ"כי ובין ניסיונם שלהם, דמיון שהטמיעו בתרבותם הדתית והפכוהו לפרדיגמה המנחה את ההיסטוריה שלהם ואת שאיפותיהם. הם ניסו – על ידי ההזדהות עם בני ישראל שביטאו בשיריהם, דרשותיהם ותפילותיהם – להבין את עברם, להגדיר את ההווה ולקוות לעתיד טוב יותר באמריקה, שדמתה בעיניהם למצרים יותר מאשר לארץ־ישראל.

ארץ הקודש כסמל

העבדים מצאו בתנ"ך פרספקטיבה היסטורית חדשה, שבה קבעו ממדים ישירים ומשיחיים – ממדים שנעדרו לחלוטין מן הקוסמולוגיות של אפריקה – את משמעותו של זמן מקודש. במסגרת ההתעוררויות הדתיות של המאות השמונה־עשרה והתשע־עשרה המחישו מטיפים אוונגליסטים בדרמטיות את סיפור גבורתו של אלוהים שהציל את עמו הנבחר, וסיפקו לנוצרים האפרו־אמריקנים מודל רב ערך להתבוננות תיאולוגית על מצבם שלהם באמריקה. עיון בדרשותיהם הראשונות של הכמרים השחורים, שנשאו דברים לנוכח שעבודם של השחורים, מלמד, שהכמרים ראו באירועים שבהם התערב אלוהים בהיסטוריה של עם ישראל תקדימים להתערבותו בהווה ובעתיד לטובתם של השחורים. "ההיסטוריה של העולם מלמדת אותנו", דרש אבשלום ג'ונס (Absalom Jones) בשנת 1808, "כי גאולתם של בני ישראל משעבודם אינו המקרה היחיד שבו עלה הרצון מלפני אלוהים להתגלות לטובת עמים מדוכאים וסובלים, כגואל של החפים מפשע ושל הקוראים בשמו".[3] לנוכח העבר התנ"כי לא היה סבלם של השחורים חסר משמעות וחסר תקווה. מצבם היה חזרה על סיפור שסופו הטוב היה ידוע ומובטח מראש.

העבדים ביססו על התנ"ך, ובעיקר על הברית הישנה, תיאוריה של ההיסטוריה שלפיה אלוהים שולט באירועים גיאופוליטיים (כגון עלייתן ונפילתן של אומות), ובסופו של דבר יוציא מתוק מעז, אף שלוח הזמנים שלו מעורפל. סיפור יציאת מצרים היה חשוב במיוחד ונעשה בעיני האמריקנים השחורים מיתוס ארכיטיפי.

אפילו מי שלא קיבלו חינוך פורמלי ולא ידעו קרוא וכתוב יכלו לספר את הסיפור בחיוניות רבה. משה, אהרון, פרעה, יהושע, ים סוף, המדבר, הירדן וארץ כנען נעשו דפוסים מוכרים בפולקלור של השחורים. הדרשות, התפילות והשירים שבו והחיו בדמיונם את סבלו ואת ניצחונו של עם ישראל. אפרו־אמריקנים הזדהו הזדהות אישית וחווייתית עם עם ישראל. במפגשי התפילה בדרום, בתקופה שלפני מלחמת האזרחים, החיו השחורים מחדש את הסיפורים ושרו אותם בעת שנעו במעגל ריקוד שנקרא "הצעקה" (the shout). באקסטזה הרגשית של התפילה נמוג מרחק המקום והזמן בין עם ישראל ובין הדרום האמריקני. העבדים עברו עם העברים בחרבה, בים סוף; ראו את מרכבות פרעה וכל חילו שוקעים במצולה; עמדו עם משה על הפסגה מנגד והביטו עמו

2 Vincent Harding, "The Uses of the Afro-American Past", in Donald R. Cutter (ed.), *The Religious Situation, 1969*, Boston 1970, pp. 829-840

3 Absalom Jones, *A Thanksgiving Sermon, Preached January 1, 1808, in St. Thomas's, or the African Episcopal Church, Philadelphia: On Account of the Abolition of the African Slave Trade, on That Day, by the Congress of the United States*, Philadelphia 1808, reprinted in Dorothy Porter (ed.), *Early Negro Writing, 1760-1837*, Boston 1971, p. 337

אל הארץ המובטחת; וצעדו עם יהושע סביב חומות יריחו. רק בהקשר של טקסי התפילה של השחורים – שבהם נעשו המקומות התנ"כיים אתרים מוכרים בגיאוגרפיה הרוחנית של האפרו־אמריקנים, אנשים שמעולם לא ראו בעיניהם את ארץ הקודש – ניתן להעריך נכונה את האינטנסיביות ואת המידיות של דימויי התנ"ך עבור העבדים וצאצאיהם.[4]

ההזדהות עם עַם ישראל העניקה לעבדים זהות קיבוצית בתורת עם מיוחד שנבחר בידי אלוהים. זהות זו עמדה בניגוד חריף לתעמולה הגזענית שהציגה אותם בתורת יצורים נחותים שהטבע וההשגחה האלוהית הועידו אותם להיות עבדים. קצין דת בצבא הצפון ששירת במלחמת האזרחים בדרום בשנת 1864 הבין נכונה את משמעותו של סיפור יציאת מצרים עבור העבדים: "אין חלק בתנ"ך שהם מכירים טוב יותר מסיפור גאולתם של בני ישראל", כך כתב, "משה הוא האידיאל שלהם ומייצג את הנשגב, האצילי והמושלם באדם. אני סבור שהם התרגלו לראות בישו לא גואל רוחני, אלא משה שני, שיוציאם מבית האסורים של שעבודם".[5]

"ארץ כנען" משמעותה היתה לא רק חירות אלא גם טריטוריה של חירות, כלומר – הצפון או קנדה. וכך כתב פרדריק דוגלס (Frederick Douglass): "מאזין קשוב יכול היה לגלות במילות השיר 'הו, כנען, כנען המתוקה / אני קשור לארץ כנען', יותר מתקווה להגיע השמימה. התכוונו להגיע לצפון, והצפון היה ארץ כנען שלנו".[6] גם בעלי העבדים ידעו שסיפור יציאת מצרים כמו גם התייחסויות אחרות לתנ"ך עשויים היו להיות מקור לאנלוגיות לא מחמיאות ואף מהפכניות. לא קשה היה לנחש מיהו פרעה בשיר העבדים "צבאותַי חצו את הים, צבאותַי חצו את הים / הו, צבא פרעה טבע בים".

ארץ הקודש ייצגה בתרבותם של העבדים את האמנציפציה, את הצפון החופשי ואת ניצחונו הסופי של הצדק על פני אי־הצדק. ואולם היא גם סימלה את הצלתם של הנוצרים מן החטא. "דרכו הארוכה של הירדן" למשל, ציינה את חיי האמונה הנוצרית, שדמו למסע שהחל בקבלת הנצרות – "מִטָּה בעמק הגלמוד", ונשלם במוות – "חציית הירדן" אל המנוחה והנחלה של ירושלים השמימית. הירדן, "עמוק, קריר ורחב", ייצג לא רק את המוות אלא גם את הטבילה. באמצעות הסימבוליקה של "טקס מעבר" נעשו מעיינות, נהרות וברכות על פני כל דרומה של ארצות־הברית סמלים של הירדן שבו הטביל יוחנן את ישו. חציית הירדן אל ארץ כנען ביטאה משמעויות מורכבות שהיו כרוכות זו בזו: אמנציפציה, בריחה, צדק, קבלת הנצרות, טבילה, מוות ושמים.

ירושלים או ציון היו מטרתו האחרונה של המסע הנוצרי. ואולם חיי הקהילה סביב הכנסייה היו בעיני הנוצרים השחורים, במידת מה, כמו החיים ב"ציון". החברות, התמיכה, והקתרזיס של הפולחן בכנסייה היו פרה־פיגורציה של השמחה בציון השמיימית, מקום האיחוד המחודש של ידידים ואוהבים שנפרדו זה מזה. הטיפולוגיה הזאת היתה בעלת עוצמה רגשית בייחוד עבור העבדים שנאלצו להיפרד מבני משפחתם כשנמכרו לעבדות, או עמדו תחת איום של פְּרֵדה כפויה. הנוצרים השחורים העניקו לכנסיותיהם שמות המלמדים על נוכחותה המתמדת של ארץ הקודש בדמיונם. ציון, ציון החדשה, הר ציון, גבעת ציון, ציון היפה, נוסע לציון, ירושלים, שלם, הר

4 לדיון נרחב בהזדהותם של השחורים עם ישראל באמצעות שירי הנשמה, ראה: Albert J. Raboteau, *Slave Religion: The "Invisible Institution" in the Antebellum South*, New York 1978, pp. 243-251

5 W. H. Kiphant, letter of 9 May 1864, Decatur, Ala., American Missionary Association (A.M.A.) Archives, Amistad Research Center, Dillard University, New Orleans

6 Frederick Douglass, *The Life and Times of Frederick Douglass*, rev. ed., Boston 1892, rep. London 1962, pp. 159-160

ביתני, הר הזיתים, בית לחם, גולגולתא, שילה, הר מוריה, הר פסגה, בית אל, ארץ־ישראל, הר כרמל, הר אררט, הר חורב, נצרת, הארץ המובטחת החדשה, ארץ כנען המתוקה, הר חברון, הר נבו, הר גלעד, הר סיני, יהודה, שומרון, לבנון, גת־שמנים – כל אלה שמות נפוצים של הכנסיות הבפטיסטיות של השחורים בארצות־הברית.[7] לא שמות בלבד היו אלה, אלא מקומות קדושים שאירועים גדולים התרחשו בהם, כביכול, אירועים שהוזכרו שוב ושוב בתפילות ובשיעורי הדת של יום ראשון, בקריאה בתנ"ך ובשירים.

עבדים אמריקנים שחורים האמינו כי אלוהים ישחרר אותם כמו ששחרר את עם ישראל. אחרי האמנציפציה הבינו המשוחררים כי ארץ כנען עדיין משתרעת הרחק באופק. בשנות השמונים והתשעים של המאה התשע־עשרה, כשנראה היה שהיחסים בין הגזעים הגיעו לשפל חדש, חזרו כמה מנהיגים שחורים לתוכנית ההתיישבות באפריקה כפתרון לבעיה הבין־גזעית באמריקה. התומכים בהגירה של אפרו־אמריקנים לאפריקה כגון אלכסנדר קרומל (Alexander Crummell) ואדוארד ווילמוט בליידן (Edward Wilmot Blyden) דימו את ליבריה לארץ המובטחת, ותיארו את ההגירה של האפרו־אמריקנים לאפריקה כסיום תקופת נדודיהם של בני ישראל במדבר.[8] דור אחד אחר כך השווה מרקוס גרווי (Marcus Garvey) את המערכה שניהל למען בית לאומי באפריקה למערכה הציונית לחידושו של בית לאומי ליהודים בארץ־ישראל.[9]

אבל אמריקנים שחורים מעטים בלבד נענו לקריאה להגר ל"ציון" האפריקנית; הרוב הגדול הוסיפו לחפש את "הארץ המובטחת" בארצות־הברית. הדימוי של הארץ המובטחת היה מושרש כל כך בדת האפרו־אמריקנית עד שאנשי כמורה שחורים השתמשו בו לעתים מזומנות בשעה שהתייחסו לשינויים במצבם של השחורים או בתנאי חייהם. האח ת'ורנטון (Thornton), למשל, שנשא ב־1862 דרשה לפני אחיו העבדים מאחורי קווי צבא האיחוד, תיאר את סיומה של העבדות ואת המשימה הבאה שעומדת על הפרק במילים האלה: "אסור להביט לאחור אל ארץ מצרים. ארבעים שנה נדדו בני ישראל במדבר משום שהיו חסרי אמונה. וכי מה אם איננו רואים את שדותיה הירוקים של ארץ כנען? גם משה לא יכול היה לראותם. והוא אפילו לא ידע כיצד יחצה את ים סוף. אם נהיה חופשים יותר בגופנו, יהיה עלינו לשחרר את עצמנו מכבלי החטא... עלינו לקרוע את שרשרת השטן ולחנך את עצמנו ואת ילדינו".[10] ב־1917 ניתח רוורדי ק' רנסום (Reverdy C. Ransom), כומר של הכנסייה האפריקנית־המתודיסטית־האפיסקופלית, את ההגירה המסיבית של שחורים דרומיים צפונה תוך שימוש בדימויים הקשורים לארץ הקודש: "...כבר יצאנו מן המדבר והחילונו במצעד הניצחון שלנו סביב חומות יריחו של הדעות הקדומות האמריקניות ושל ההזדמנות האמריקנית. מי ייתן שיציאתנו מן הדרום תהפוך לגאות הים של אלפים רבים פי כמה".[11] ארבעים שנה אחר כך סיכם מזכיר האיגוד הלאומי לקדום השחורים (National Association for the Advancement of Colored People; NAACP), וולטר וייט (Walter

7 Directory of Negro Baptist Churches in the United States, 2 vols. Chicago 1942

8 ראה למשל: Alexander Crummell, "Emigration, An Aid to the Evangelization of Africa", in A. Crummell, *Africa and America; Addresses and Discourses*, Springfield, Mass. 1891, pp. 407-429

9 Amy Jacques-Garvey (ed.), *Philosophy and Opinions of Marcus Garvey*, New York 1969, p. 34; *The Black Man* 3, no. 11 (November 1938), pp. 19-20; Israel J. Gerber, *The Heritage Seekers: American Blacks in Search of Jewish Identity*, Middle Village, N.Y. 1977, pp. 13-14

10 *American Missionary* 6, no. 2 (February 1862), p. 33

11 Editorial, "The Exodus", *The A.M.E. Church Review* 33, no. 3 (January 1917), p. 151

(White), את מעמדו של הקרב על שוויון הזכויות בספר שכותרתו 'עד כמה רחוקה הארץ המובטחת' (*How Far the Promised Land*), ומרטין לות'ר קינג נדרש למסורת ישנה ומוכרת בנאומו האחרון:

> ימים קשים עומדים לפנינו. אבל עכשיו לא אכפת לי. כי כבר הייתי בפסגת ההר. כמו כל אדם הייתי רוצה לחיות חיים ארוכים. יש ערך לחיים ארוכים. אבל עכשיו אינני מודאג. אינני מבקש אלא למלא את רצון האלוהים. ואלוהים הרשה לי לעלות אל ההר. והיבטתי משם. וראיתי את הארץ המובטחת. ייתכן שלא אבוא לשם עמכם. אבל הלילה אני רוצה שתדעו. אנו – כעם – בוא נבוא אל הארץ המובטחת.[12]

קינג ואחרים הרחיבו את סִמלה של הארץ המובטחת מדימוי של שחרור השחורים לדימוי של צדק לכל. תנועה זו מן הפרטיקולרי אל האוניברסלי היתה מובלעת בסמל הזה מלכתחילה. הסבל והשחרור של עם אחד, עם ישראל, ייצג את הסבל והשחרור של כל העמים מעבדות ומדיכוי. השחורים האמריקנים שהזדהו עם עַם ישראל השתמשו בסמל הכללי הזה של שחרור אנושי כדי לבטא את ההיסטוריה הפרטיקולרית של האפרו־אמריקנים, והסמל שב ונעשה אוניברסלי, כפי שבא הדבר לידי ביטוי בדבריו המפורסמים של קינג:

> יום יבוא, יום חדש. יום שבו יוכלו כל בני האלוהים – שחורים ולבנים, יהודים וגויים, פרוטסטנטים וקתולים – לשלב את ידיהם ולשיר עם הכושים את שיר הנְשמה העתיק, "חופשים, סוף־סוף! חופשים, סוף־סוף! תודה לריבונו של עולם, חופשים אנו, סוף־סוף".[13]

שירי הנשמה, יותר מכל דבר אחר, הם שעשו את חזונם של האמריקנים השחורים על הארץ המובטחת לחזון אוניברסלי. להקות וזמרים כגון: רולנד הייס (Roland Hayes), זמרי פיסק (The Fisk Jubilee Singers), מריאן אנדרסון (Marian Anderson), פאול רובסון (Paul Robeson) ואחרים ריגשו עמוקות קהלי שומעים בכל רחבי העולם, כששרו את שיריהם מלאי הרגש, "שירי הייסורים" כפי שכינה אותם דה־בואה (DuBois).[14] השירים הללו ביטאו חוויה אנושית אוניברסלית, דווקא משום ששימשו הד לכאבו של עם מסוים. השירים מסרו תחושה אותנטית של "איכות שנבעה מן ההזדהות עם החוויה", כדברי הוארד ת'ורמן (Howard Thurman).[15]

מפרטיקולריות לאוניברסליות, חזרה לפרטיקולריות, ושוב לאוניברסליות. הדימוי של "הארץ המובטחת" סובב במסלול מעגלי שלם כשתורגם לעברית שיר הנשמה "לך לך משה" והושר לפני קהל בישראל. וכך כתב פול רובסון: "שוב אפשר להתפעל משזירתן יחדיו של תרבויות: על פני מאות בשנים, נעות משפה לשפה, חוצות ימים והרים, פונות וחוזרות, ותמיד מתחדשות ומתעשרות".[16]

12 Stephen B. Oates, *Let the Trumpet Sound: The Life of Martin Luther King, Jr.*, New York 1982, p. 486

13 שם, שם.

14 W. E. B. DuBois, *The Souls of Black Folk*, Chicago 1903, reprinted in *Three Negro Classics*, New York 1965, pp. 371-387

15 Howard Thurman, *Deep River: Reflections on the Religious Insights of Certain of the Negro Spirituals*, New York 1945, p. 21

16 Philip S. Foner (ed.), *Paul Robeson Speaks: Writings, Speeches, Interviews, 1918-1974*, New York 1978, p. 392, reprinted from *Jewish Life* (November 1954)

אם, כפי שטוען קליפורד גירץ, סמליהן של תרבויות אכן מארגנים את חוויותיהם של בני האדם ומעניקים להן משמעות, הרי הדימוי של הארץ המובטחת היה "מפת משמעות" עבור האמריקנים השחורים במשך למעלה ממאה וחמישים שנה. ארץ הקודש היתה משמעותית לשחורים לא רק כסמל אלא גם כטריטוריה, כשטח הגיאופוליטי של ארץ־ישראל ואחר כך של מדינת ישראל.

ארץ הקודש כמקום

נראה כי האמריקני השחור הראשון שפרסם דו"ח על מסעו לארץ הקודש היה דוד פ' דור (David F. Dorr) שביקר בארץ ב־1853. ספרו 'איש שחור מסביב לעולם' (*A Colored Man Round the World*) הופיע ב־1858 בשם הבדוי A Quadroon.[17] ב־1866 ביקר בארץ־ישראל אדוארד וילמוט בליידן (Edward Wilmot Blyden), מהגר מליבריה שהתיישב באיי הודו המערבית, והיה מתומכיו הבולטים של רעיון ההגירה של האפרו־אמריקנים לאפריקה. התיאור של מסעו, 'מאפריקה המערבית לארץ־ישראל' (*From West Africa to Palestine*), שפורסם ב־1873, הוא עובדתי, מדויק ונעדר רומנטיקה. בליידן, שהיה אינטלקטואל, חש דחייה מן הפנטיות של עולי רגל מסוימים, ומחסידותם היתרה של אחרים, ש"כנראה היו שוקעים בקדושתו של המקום יותר מבעבודת האלוהים". ציפיותיו שלו מארץ הקודש התבססו על קריאת תיאורי מסע של אמריקנים ובריטים וקריאת דו"חות מדעיים. על פני פחות מ־50 עמודים המוקדשים לארץ־ישראל ציטט בליידן לא פחות מ־12 מחברים, קצתם בהרחבה, וביניהם: Edward Robinson (*Biblical Researches*, 1841); J. T. Barclay (*The City of the Great King*, 1858); Lt. W. F. Lynch (*Narrative of the United States' Expedition to the River Jordan and the Dead Sea*, 1849); Henry S. Osborn (*Palestine, Past and Present*, 1859); William M. Thomson (*The Land and the Book*, 1859); Walter K. Kelly (*Syria and the Holy Land*, 1844); J. L. Porter (*The Giant Cities of Bashan*, 1865). נראה כי בליידן היה מן הנוסעים המשכילים ביותר שביקרו בארץ הקודש! גם העניין שגילה באתרים קדושים מוסלמיים מבדיל את הדו"ח שלו מדו"חותיהם של אחרים. בליידן ייחד תשומת לב רבה לקדושתה של הארץ בעיני היהודים והמוסלמים ולא רק הנוצרים.[18]

בליידן היה מלומד, אך גם כומר פרסביטריאני, ובדומה לעולי רגל אחרים מצא עצמו יום אחד "מהלך ותנ"ך פתוח בידו, מנסה לזהות אתרים שונים".[19] המקום המרגש ביותר היה הכותל המערבי, שבו ראה

> ...יהודים, גברים ונשים, בני כל הגילים כמעט, ממקומות שונים על פני האדמה, זועקים זעקה משותפת של קינה על המקום הקדוש המושפל והשומם. רוב הזמן ישבו הנשים בשקט ודמעות זולגות מעיניהן. כמה מן הנערות הצעירות, כאילו נבוכות בשל העיניים

17 נרשם אצל: Yohai Goell & Martha B. Katz-Hyman, "Americans in the Holy Land, 1850-1900: A Select Bibliography", in Moshe Davis (ed.), *With Eyes Toward Zion*, New York 1977, p. 106. תיאורו של דור הוא כללי כל כך עד שבצדק ניתן לפקפק באמינותו של הדיווח.

18 Edward W. Blyden, *From West Africa to Palestine*, Freetown, Sierra Leone 1873, pp. 154-201

19 שם, עמ' 170.

הצופות בהן, טמנו ראשן בסדקים שבין האבנים ובכו. זקנים דידו אל הקיר, ממלמלים משהו בשפתיים רועדות, ונישקו את האבנים הענקיות. זה היה מחזה נוגע ללב.[20]

כשפנה בליידן ללכת מן המקום הנשגב הזה, פירש – כמו נוצרים רבים לפניו ואחריו – את חורבנה ושממונה של ירושלים כעונש על "עיוורונם ועיקשותם של היהודים" שדחו את ישו. הוא האמין כי ירושלים עתידה להיות מקום התגשמותה של תפארת אחרית הימים כש"ישובו היהודים לארץ אבותיהם, והמשיח ילבש כתר מלכות".[21]

ארץ הקודש, אמר בליידן, חיזקה את הערכתו לתנ"ך. "כמעט כל יום", סיפר, "ראיתי תמונה של המקרא שגילתה לי את כוחה ויופיה של האמת שבכתבי הקודש. מראה הטבעי של הארץ, לבושם של האנשים, המנהגים החברתיים, דרכי המחשבה, הביטויים המיוחדים, ברכות השלום היום־יומיות – הם כולם עדות חיה לתקופת התנ"ך". הוא יעץ ל"כל כומר נוצרי שיכול להרשות לעצמו, מבחינת הזמן והתקציב הדרושים" לבלות כמה חודשים בארץ הקודש.[22]

במאה התשע־עשרה היו כמרים אפרו־אמריקנים מעטים בלבד בעלי האמצעים לפעול על פי עצתו של בליידן. אחד שעשה כן, תודות לנדיבותה של קהילתו, היה הכומר צ"ט ווקר (C. T. Walker), שעלה לרגל ב־1891, כחצי יובל אחרי בליידן. מסעו היה מקור גאווה לכנסייתו הבפטיסטית באוגוסטה, ג'ורג'יה. זו היתה "הכנסייה הראשונה של שחורים בארץ זו ששלחה את הכומר שלה למסע באירופה ובארץ הקודש".[23]

עלייתו לרגל של ווקר זכתה לסיקור עיתונאי ב־*Augusta Evening News*, וכך גם חזרתו הביתה ודרשתו הראשונה שכללה תיאורים של מסעותיו. ווקר התמקד בדרשתו בביקורה של מלכת שבא אצל שלמה המלך, וקשר בין ביקורה של המלכה "האתיופית" ובין מסעו שלו. גם ווקר, כמו בליידן, גילה כי "אחרי שראה את ארץ הקודש, וחקר אותה בעצמו, חש יותר מתמיד כי דבר אלוהים אמת". אך שלא כבליידן ביטא ווקר גם את החוויה הרומנטית שבעלייתו לרגל בנוסח "צעדתי בעקבותיו של...". ב־1891, אחרי שנשא דברים באוגוסטה, סייר ווקר בניו־יורק, בוסטון, פילדלפיה, אינדיאנפוליס, צ'רלסטון, סנט־לואיס, דאלאס, גלווסטון וקנזס סיטי. הרצאתו נשאה את השם: "ארץ הקודש: מה שראיתי ושמעתי", והפופולריות שזכתה לה מלמדת לא רק על כישרונו כנואם, אלא גם על העניין שגילה הקהל האפרו־אמריקני בארץ הקודש. כותרת ספרו של ווקר, "שחור בחוץ לארץ: מה שראה ושמע בארץ הקודש ובאירופה",[24] מגלה אחד מן האפיונים הבולטים של מסעו: ערך אותו אדם שחור.

האפרו־אמריקנים ידעו על ההתפתחויות בארץ־ישראל מפי הכמרים שעלו לרגל ומתוך דיווחים בעיתונות הדתית והחילונית. העיתון רב ההשפעה *A. M. E. Church Review*, שופרה של הכנסייה האפריקנית־המתודיסטית־האפיסקופלית, הקפיד לדווח לקוראיו על המערכה הבריטית בארץ־ישראל בתקופת מלחמת העולם הראשונה, והידיעות בעיתון שילבו מידע ארכיאולוגי תנ"כי ועדכונים משדה הקרב:

20 שם, עמ' 181–182.

21 שם, עמ' 183–184.

22 שם, עמ' 200–201.

23 Silas Xavier Floyd, *Life of Charles T. Walker, D.D*, Nashville, Tenn. 1902, p. 59

24 Charles T. Walker, *A Colored Man Abroad: What He Saw and Heard in the Holy Land and Europe*, Augusta, Ga. 1892

הבריטים הנלחמים ביהודה העתיקה מעלים בדיווחי המלחמה שלהם שמות שנשכחו מזמן. בדיווח שנמסר לאחרונה נאמר: ביום רביעי כבשנו את רכס נבי סמואל, מקומה של מצפה העתיקה, 5,000 יארד מערבית לכביש ירושלים–שכם. התקפות הנגד של הטורקים נכשלו. האויב הפגיז את המסגד שבו שוכן קבר שמואל הנביא, אתר שמתוך זהירות נמנענו מלהיכנס אליו.

יש הטוענים כי נבי סמואל הוא מקומה של מצפה, בנחלת בנימין, מקום שהתכנסו בו בני ישראל קודם שהענישו את שבט בנימין (שופטים יט–כ), ומקום הולדתו של שמואל הנביא, מקום שישב בו והטיף לישראל להתנגד לפלישתים, ואחר כך הורה להם למשוח את שאול למלך (שמואל א י, יז). אולם זיהויה של נבי סמואל עם מצפה עדיין נתון לוויכוח.[25]

אחרי כניעתם של הכוחות הטורקיים בירושלים תמך העיתון בהחזרתה של ארץ הקודש ליהודים. ואולם במאמר המערכת נכתב בעיתון על ערכה האמיתי (כלומר, הדתי) של העיר:

ערכה העיקרי של ירושלים לעולם היהודי והנוצרי טמון באסוציאציות הקשורות בה, בהיסטוריה ובמסורות שלה. השפעתה העצומה על חיי הדת, המוסר והרוח בעולם הופכת אותה למקום הנערץ ביותר בעולם לנוצרים כמו גם ליהודים... נראה כי סוף־סוף, אחרי הפסקה של מאות בשנים, אנו מגיעים לתור הזהב של הגשמת נבואות, חזונות וחלומות. יהי רצון שהיהודים ימצאו את אושרם לא בשיבה לירושלים במטרה להניח בה את אבן הפינה למדינה יהודית, במקום שהיתה מלכותו של דוד, אלא בשיבתם של כל נידחיהם אל אלוהים, שפתח פתח בבניינו של דוד המלך למחילה על החטאים ועל העוונות. יהי רצון שהנוצרים ישובו לא רק כדי לכבד את המקומות הקדושים, בהערצתם את ישו שהלך במקומות הללו, אלא מתוך רוח של שכנות טובה, של אחווה, צדק, חסד ושלום. יהי רצון שיכבדו את אלוהים על ידי מילוי מצוותיו ורצונו.[26]

הכומר אדם קלייטון פאואל האב (Adam Clayton Powell, Sr.) ביקר בארץ הקודש ב־1930, אחרי שפרש מכהונה מכובדת בכנסייה האתיופית הבפטיסטית בעיר ניו־יורק. פאואל שרטט תמונה מציאותית יותר של התחייה היהודית, אם כי בלשון צחה פחות. הוא קיווה שדבריו שפורסמו ב־1939, "יעזרו לעצור את הזרם הגואה של אנטישמיות חריפה ונתעבת". פאואל תיאר ביסודיות את המצב המדיני, ובכלל זה את עמדותיהם של הבריטים והערבים, והביע תמיכה ברורה בייסודה של מדינה יהודית שתקלוט את הפליטים היהודים מאירופה, פליטים שאומות העולם סירבו לקבלם. פאואל ביטא את צערו לנוכח מצבם הקשה של הפליטים היהודים, ואמר, כי מצבם גרוע מזה של השחורים בדרומה של ארצות־הברית.[27] כשהוקמה מדינת ישראל, פחות מעשר שנים אחר כך, התגאו השחורים שאחד משלהם, רלף בנץ' (Ralph Bunche), מילא תפקיד מפתח בניהולו של המשא־ומתן מטעם האו"ם [על שביתת נשק בארץ הקודש].

הווארד ת'ורמן ביקר בארץ הקודש ב־1963. בדומה לפאואל קישר ת'ורמן בין מסעו ובין דאגתו ליהודים בשל סבלם. וכך כתב: "חשוב היה לי לעמוד בעצמי על טיבו של העם שבמשך מאות

25 The A.M.E. *Church Review* 34, no. 3 (January 1918), p. 209

26 שם, עמ' 179–180. ראה גם: *Chicago Defender* (15 December 1917), pp. 1-2

27 Adam Clayton Powell, Sr., *Palestine and Saints in Caesar's Household*, New York 1939, pp. 24-33

שנים היה קרבן לרדיפות, נידוי ובידוד בכל רחבי העולם, ועם זאת שמר, בצורות שונות, על חלום השיבה לארץ אבותיו". ת'ורמן היה מחלוצי התנועה האקומנית (תנועת הנצרות הכלל עולמית), פרשן רגיש של שירי נשמה ומיסטיקאי, וניתן היה לצפות כי יחוש קשר מיוחד לארץ הקודש. אולם הוא התאכזב קשות: "כל חיי הייתי קשור לדמויות הגדולות של הברית הישנה, ושמות המקומות, הנהרות וההרים היו חקוקים על לוח לבי. הם היו הגיבורים המוכרים של אמונתי משחר ילדותי... ירושלים שחוויתי עכשיו עמדה בניגוד גמור למה שלימדה אותי ירושלים שבדמיון על ידי האינטימיות שבמסורת הדתית שלי". ת'ורמן חש ב"פער עמוק" שבין ירושלים של ההווה ובין "סמליותו של המקום הזה בהיסטוריה של חיי ושל המסורת שלי", וסיכם כי הוא מעדיף את "ירושלים שלי, שאינה קיימת בשום מקום ובשום זמן, אבל היא חלק מ... חוויותי".[28]

בליידן, ווקר, פאואל ות'ורמן – ארבעה נוסעים שונים וארבע תגובות שונות לארץ הקודש, והיו גם אפרו־אמריקנים אחרים שנסעו לארץ הקודש ונשארו בה לצמיתות.[29] מספר קטן של אמריקנים שחורים התגיירו ועלו לארץ מתוקף חוק השבות. מאז סוף המאה התשע־עשרה ביקשו כמה שחורים זהות דתית־גזעית מיתית חדשה בתורת "יהודים שחורים".[30] ייתכן כי אכזבתם מן הנצרות בתורת "דתו של האדם הלבן", הביאה אותם לטעון שהם היהודים האמיתיים. בדרכים שונות הציגו הללו את עצמם כצאצאי עם ישראל: צאצאים של עשרת השבטים האבודים, של הקשר הנודע בין שלמה המלך למלכת שבא, צאצאים נובים של אברהם, או צאצאי בני ישראל שבאתיופיה. ב־1967 היגרה קבוצה קטנה של יהודים שחורים, שקראו לעצמם "העם העברי הישראלי המקורי", משיקגו לליבריה, וב־1969 עלו לישראל. טענתם לזכות להתיישב בארץ הובילה למתחים נמשכים עם שלטונות מדינת ישראל ולסיקור עיתונאי נרחב.

ארץ הקודש היתה בעלת מגוון משמעויות עבור האמריקנים השחורים: היא היתה חשובה בחייהם הדתיים בתורת טריטוריה של סיפורי התנ"ך, מעין הוכחה גיאוגרפית לאמיתותם של הכתובים; אתר עלייה לרגל, מקום שהילכו בו הנביאים וישו; מוזיאון חי של מנהגיהם ותרבויותיהם של עמי התנ"ך; מקום הגשמתם של נבואות הרס ותחייה מחדש; מקור לסטטוס רוחני וכבוד לאלה שנסעו לשם; אזור קונפליקט גיאופוליטי; ותשובה לרדיפות האנטישמיות. ויותר מכל אלה, ארץ־ישראל היתה חשובה כמקום קדוש וכזמן קדוש במסגרת הדמיון הדתי. כדברי ת'ורמן, הקשר

28 Howard Thurman, *With Head and Heart: The Autobiography of Howard Thurman*, New York 1979, pp. 189-191

29 אמריקנים שחורים אחרים שפרסמו דיווחים של מסעותיהם לארץ הקודש הם: William Sampson Brooks, *Footprints of a Black Man: The Holy Land*, St. Louis 1915; Garfield Thomas Haywood, *A Trip to the Holy Land*, Indianapolis 1927; W. L. Jones, *The Travel in Egypt and Scenes of Jerusalem*, Atlanta 1908; Daniel P . Seaton, *The Land of Promise: or, The Bible Land and Its Revelation*, Philadelphia 1895; James Franklin Lane, *Some Things We Saw While Abroad: A Visit to Europe, the Holy Land, and Egypt*, Boston 1914; Alexander Walters, *My Life and Work*, New York 1917, pp. 75-81

30 היהודים השחורים עוררו עניין רב בקרב החוקרים. ראה למשל: Howard M. Brotz, *The Black Jews of Harlem: Negro Nationalism and the Dilemmas of Negro Leadership*, New York 1970; Deane Shapiro, "Double Damnation, Double Salvation: The Sources and Varieties of Black Judaism in the United States", M.A. Thesis, Columbia University, 1970; Wilson Jeremiah Moses, *Black Messiahs and Uncle Toms: Social and Literary Manipulations of a Religious Myth*, University Park, Pa. 1982, pp. 183-195; Merrill Charles Singer, "Saints of the Kingdom: Group Emergence, Individual Affiliation, and Social Change Among the Black Hebrews of Israel", Ph.D. Thesis, University of Utah, 1979; Gerber, *The Heritage Seekers* (*supra*, n. 9)

הסמלי היה הקשר העמוק ביותר ובר הקיימא ביותר בין אמריקנים שחורים ובין ארץ הקודש. בתורת סמל סייעה ארץ הקודש לשחורים האמריקנים להרגיש בבית בארץ זרה, ארצות־הברית של אמריקה, שפעמים רבות כל כך התנכרה אליהם.

ארץ הקודש ו"החזרת העטרה ליושנה" בכנסייה המורמונית

טרומן ג' מדסן

מילות המפתח להבנת ההיסטוריה של הכנסייה המורמונית (Latter–Day Saints) במאה התשע־עשרה הן: "החזרת עטרה ליושנה" (restoration). הכנסייה המורמונית ניסתה באופן מאורגן ונרחב להחיות מחדש ציפיות ונוהגים שהיו לב לבה של היהדות הנורמטיבית ושל הנצרות במאה הראשונה לספה"נ. הכוונה היתה לחזור ולהתחבר אל הכוח הדתי החי שהיה טמון בהן בעבר.

ניסיון זה של שחזור העבר נעשה מתוך ציפייה ל"איחוד כולל, גמור ומושלם של ההתגלויות [האלוהיות] ומיזוגן יחד [של התגלויות האל לאורך הדורות בכלל, ושל הברית הישנה והברית החדשה בפרט]".[1] כפי שציין ג'ון דילנברגר (John Dillenberger), הפוריטנים ניסו להזדהות עם עַם ישראל, וליצור "ישראל" חדשה באמריקה. ואולם המורמונים לא זו בלבד שגילו אהדה לארץ־ישראל ולעם ישראל, אלא שהקהילה המורמונית האמריקנית נבנתה וחיה את חייה "מתוך אנלוגיה מלאה לישראל".[2]

"ירושלים החדשה" שבאמריקה לא באה לתפוס את מקומה של ירושלים הישנה ולא לשלול את התקוות והציפיות שנתלו בה. ו"ד דייוויז (W. D. Davies) מציין, כי התפיסה המורמונית של "התכנסות" (gathering) בירושלים כוללת בתוכה הן את "ציון" העתיקה שבארץ־ישראל והן את "ציון" המודרנית שבאמריקה. דייוויז מוסיף ש"המורמונים רואים את עצמם כצאצאי ישראל וכישראל ממש, והם גם רואים את עצמם במובן מסוים כחיים מחדש, בחייהם שלהם, את חיי ישראל".[3]

בתפיסה הזאת יש הן ממד כריסטולוגי, רוחני, והן ממד טריטוריאלי, ארצי. דימויים דתיים בדבר "הארץ המובטחת" היו ללא ספק בעלי משמעות סמלית בקרב קהילות המורמונים ברחבי אמריקה והעולם; ואולם הן "ציון" שבאמריקה, והן ירושלים הישנה שבארץ־ישראל, נתפסו מן ההתחלה גם כ"מקומות הַקָּהֵל" פשוטו כמשמעו, מקומות בהם ישרור הצדק והרשע יוכחד.

1 *Doctrine and Covenants*, published by the Church of Jesus Christ of Latter–Day Saints, Salt Lake City, Utah 1981, sec. 128, verse 18

2 John Dillenberger, "Grace and Works in Martin Luther and Joseph Smith", in Truman G. Madsen (ed.), *Reflections on Mormonism: Judæo-Christian Parallels*, Provo, Utah 1978, p. 185

3 W. D. Davies, "Israel, the Mormons and the Land", שם, עמ' 82–84.

הממשות של "קהילת ברית" (covenant society) זו – הממשות של "ציון" – חייבה מרחב קדוש, היינו מקום מקודש עלי אדמות, וכן זמן קדוש – וגולת הכותרת של קהילת הברית הזאת צריכה להיות בית מקדש. בלשון מליצית ניתן לומר, כי על פי התפיסה המורמונית העץ המקורי, העתיק, של שבט יהודה יוכל לפרוח ולהניב פירותיו רק במרכזו של העולם, בירושלים. למורמונים לא היתה כל דרך אותנטית לפרש את נבואות אחרית הימים פרשנות אלגורית או רוחנית, או לשלול מהן בדרך פרשנית כלשהי את משמעותן הפשוטה. ואכן, המורמונים קיבלו כפשוטה את התקווה היהודית לגאולה. הם האמינו כי פזורי עם ישראל יכונסו מן התפוצות וישובו לארץ־ישראל; הם האמינו שירושלים תשוב ותיבנה, ושהיהודים ישיגו עצמאות לאומית.[4] האסכטולוגיה המורמונית מדגישה פן זה של הגאולה העתידית ועוסקת באינטנסיביות בפירוש זה של הגאולה.

לא די לומר אפוא שהאמונה המורמונית "רחוקה מאוד מאנטישמיות". משמעות האמונה המורמונית מפליגה הרחק מעבר לכך; אמירות תיאולוגיות רבות של "או/או" (כגון: "או גאולה במובן הארצי או גאולה במובן הרוחני", "או מקדש שירד מן השמים או מקדש שיבנו בני אדם", "או היהדות או הנצרות"), התמזגו אצל המורמונים לאמירה "גם זה וגם זה". חזרת עם ישראל לארצו העתיקה, חזרת עם ישראל לשמירת הצדק הכוהני (קיום מצוות במסגרת דתית, כוהנית) וחזרה לעבודת הקודש של בנייה מחדש של בית המקדש – כל אלה הן הקדמות הכרחיות לשובו של המשיח לפי המורמונים.[5] כלומר, ההשקפה המורמונית גורסת, בדומה להשקפתם של זרמים מסוימים בפרוטסטנטיות האוונגליסטית וזרמים מסוימים בקתוליות, שאירועים אלו יתרחשו ויהוו הגשמה של הבריתות והצווים האלוהיים. תמיכה וביטוי להשקפה זו מוצאים המורמונים בנבואות הרבות בתנ"ך המנבאות את ההתרחשויות הללו.

תוצאה מוחשית של האמונה המורמונית היתה פעילותם הדתית המיוחדת של המורמונים באמצע המאה התשע־עשרה. חמישים שנה לפני תיאודור הרצל והציונות המדינית קראו המורמונים בתפילתם להגשמתה של מה שניתן לכנות צורה מיוחדת של "ציונות דתית". התממשות התפילה תהיה, כך נאמר, חידוש הכהונה העתיקה של שבט לוי (על פי האמור בכתוב אצלם: "עד אשר יקריבו בשנית בני לוי מנחה בצדק לפני האלוהים").[6] שיאו של התהליך יהיה בבניית בית מקדש בירושלים, שבו ישובו וינהגו כל הטקסים ומעשי הפולחן האותנטיים.

וכך, בחודש אוקטובר של שנת 1841, עלה שליח מורמוני בשם אורסון הייד (Orson Hyde) להר הזיתים בירושלים, ובנה שם מזבח, ובהרשאה נבואית התפלל וקידש מחדש את ארץ־ישראל לקראת שיבתם של היהודים, הקמת מדינה יהודית עצמאית, וכינוסם של נידחי יהודה "ביום חושך וערפל".[7] מעשהו של הייד נתפס כהכנה לגאולה השלמה, שעליה מדובר בטקסטים מורמוניים מקודשים עתיקים (1831): "וגם אלה משבט יהודה אחרי אשר סבלו סבלם הרב, ישובו להתקדש

4 לעיון נוסף ראה: Eldin Ricks, "Mormonism and Zionism", In *Herzl Yearbook* 5, New York 1969, pp. 147–177

5 ראה: Joseph Fielding Smith (ed.), *Teachings of the Prophet Joseph Smith*, Salt Lake City 1946, p. 334

6 *Doctrine and Covenants* (לעיל, הערה 1), סעיף 13, פסוק 1.

7 הצלילים העבריים המצויים בתפילתו של אורסון הייד הביאו את אברהם יהושע השל לפרסם חלקים ממנה בספרו: *Israel, an Echo of Eternity*, New York 1969, pp. 77-78. השל מצטט את הקטעים הללו כדוגמה למודעות נוצרית לארץ הקודש במאה התשע־עשרה. התפילה כולה התפרסמה בתוך *History of the Church*, 4, Salt Lake City 1945, entry of November 1841, pp. 147–159; גן זיכרון הוקדש לאורסון הייד בהר הזיתים בירושלים ונחנך באוקטובר 1979 בידי ספנסר ו' קימבל (Spencer W. Kimball), נשיא הכנסייה הנוצרית־מורמונית (Church of Jesus Christ of Latter–Day Saints). הגן משתרע על שטח של 20 דונם ופותח בידי הקרן לירושלים

לפני האלוהים, וישכנו לפניו יומם ולילה, לנצח נצחים".[8] למעלה ממאה קטעים בספר המורמונים (*Book of Mormon*) מנבאים, בלשון שאינה משתמעת לשתי פנים, את הציפייה לגאולה האחרונה של ירושלים ואת הקמתה מחדש של בריתו של אלוהים עם נבחריו.[9] המורמונים מתייחסים במלוא הרצינות לקטעים הללו ורואים בהם הסבר היסטורי ושיטתי להשקפתם.

מצד אחד, השלילי, שוללת האמונה המורמונית פירוש הטוען ש"ארץ" ו"מקדש" מכוונים לכנסייה או לארגון כנסייתי. מן הצד האחר, החיובי, מפרשת האמונה הזאת את ה"ארץ" וה"מקדש" כקדושים גם במובן הפשוט והארצי וגם במובן הרוחני. וכך טוענת האמונה המורמונית, שהגאולה תבוא כאשר יהיו שותפים בה מאמינים משתי המסורות, היהדות והנצרות כאחד. למעשה, יהיו שותפים בהשגת פסגה זו כל צאצאי משפחת אברהם – מי מלידה ומי על ידי קבלת האמונה – כלומר כל שבטי ישראל (המורמונים משייכים את עצמם במיוחד לשבטי אפרים ומנשה).

במאה התשע־עשרה היו כמה ביטויים ל"תיאולוגיה גיאוגרפית" זו. לא זו בלבד שהמורמונים נתנו ביטוי להיסטוריה של עם ישראל בעצם אורחות חייהם ותרבותם; אלא שבדברי ימי כנסייתם נאלצו להתנסות בעצמם באירועי ספר ויקרא וספר שמות: גלות מאחד מבתי התפילה שלהם, קירטלנד (Kirtland), והצתה אלימה של בית תפילה אחר, נאוּבוּ (Nauvoo). קיימות מקבילות חשובות בין האמור בתנ"ך ובין חיי המורמונים. בין ההקבלות הללו ניתן למנות את ה"מסע בישימון" (המסע מערבה באמריקה, 1847), המציאות הטופולוגית והחברתית של האגן הגדול (Great Basin) שבהרי הרוקי, והמאבק בשממה שניהלו המורמונים אחרי ה"עלייה" ל"ציון" שבאמריקה.[10] מצד אחד הגנו המורמונים בקנאות על עקרון הפרדת הדת מן המדינה באמריקה, ומן הצד האחר הם מאמינים באיחוד העתידי של המציאות הגשמית, הארצית עם המציאות הרוחנית, השמימית, ומצפים לו. לפי הסוציולוג תוֹמס פ' אודי (Thomas F. O'Dea), המורמונים מצפים ומאמינים שהמיזוג המחודש של הגשמי והרוחני יקיף את האומה כולה.[11] כל זה, שוב, מתוך ציפייה להגשמת החזון המצוי הן בברית הישנה והן בברית החדשה.

כיום, הולך וגובר מספר המורמונים החוזרים לישראל כעולי רגל המחפשים אחר שורשיהם – הן שורשיהם במשפחת אברהם והן שורשיהם בחיי ישו הנוצרי. התופעה הזאת מהווה הוכחה למחויבותם הדתית הן לעברה של ארץ־ישראל והן לעתידה. כנסיית המורמונים חולקת יחד עם רוב האוונגליסטים את האמונה, שלצאצאי אברהם מובטחת ארץ שיש בה קדושה, ועתידם נושא עמו כבוד והדר. על פי אמונתם תהיה הגאולה העתידית טרנספורמציה של הארץ ושל המין האנושי כולו.[12]

כחלק מ"החגורה הירוקה" סביב ירושלים. לוח שעליו כתובה תפילתו של אורסון הייד בעברית ובאנגלית הוצב באמפיתיאטרון שבגן. ראה: *Christian News from Israel* 27, no. 2 (1979), pp. 98-99

8 *Doctrine and Covenants* (לעיל, הערה 1), סעיף 133, פסוק 35.

9 ראה: Truman G. Madsen, *The Mormon Attitude Toward Zionism*, הרצאה שנישאה באוניברסיטת חיפה במסגרת סדרת הרצאות על הציונות. החוברת נערכה בידי ד"ר יעקב גולדשטיין ופורסמה בידי אוניברסיטת חיפה, 1981.

10 על דמיון טיפולוגי רב ביותר בין מקום מושבם של המורמונים באמריקה לארץ־ישראל, דמיון שאין להכחישו כמעט, ראה: David S. Boyer, "Geographic Twins a World Apart", *National Geographic* 114 (December 1958), pp. 848-859

11 Thomas F. O'Dea, *The Mormons*, Chicago 1965

12 ג'וזף סמית (Joseph Smith) אמר ב־1842, שזוהי עבודה ש"תביא להשמדת כוחות הרשע, לחידוש העולם, להגדלת כבוד האלוהים ולגאולת המין האנושי" (סמית [לעיל, הערה 5], עמ' 232).

מקורות להבנת עמדותיהם של אמריקנים נוצרים כלפי ארץ הקודש, 1950–1800

רוברט ט' הנדי

בראשיתה של המאה התשע־עשרה, בזמן שאמריקנים רבים החלו לבקר בארץ הקודש, גדל העניין שגילו נוצרים אמריקנים בארץ. בתחילת שנות השמונים של המאה התשע־עשרה כתב פרנק ס' דה הס (Frank S. De Hass), קונסול לשעבר של ארצות־הברית בארץ־ישראל: "אין ארץ פורייה יותר בתורת נושא להתבוננות, או מקודשת יותר מבחינת האסוציאציות הקשורות בה; ...העניין שמגלים בארץ־ישראל אינו נגמר לעולם... ככל שאנו יודעים עליה יותר היא מעוררת בנו עניין רב יותר".[1]

בתקופה שאנו עוסקים בה עברו על ארץ הקודש ועל הפרוטסטנטיות האמריקנית תהליכי שינוי. במשך מאה וחמישים שנה גדל בהתמדה מספרם של הפרוטסטנטים האמריקנים – על פי אומדן, מפחות מחצי מיליון מאמינים ליותר מחמישים מיליון.[2] עקב הגירה, פילוגים וייסודם של ארגונים מקומיים התפצלה הפרוטסטנטיות האמריקנית בהדרגה לזרמים שונים, קטנים וגדולים.[3] הפרוטסטנטים תמכו בחופש דתי ובהפרדת הדת מן המדינה, ועם זאת התארגנו יחד באגודות וולונטריות והקימו קהילות דתיות רבות כדי להפוך בדרכי שכנוע את אמריקה כולה לאומה נוצרית. במאות התשע־עשרה והעשרים האמינו הפרוטסטנטים כי הם מתקדמים לקראת השגת המטרה הזאת, והבטיחו כי לא יחדלו ממאמציהם עד ש"רשתותיה של הקהילה הנוצרית תהיינה פרושות על פני כל היבשת", כדברי הוראס בושנל (Horace Bushnell).[4] הפרוטסטנטים קיוו להגשים את חזון אמריקה הנוצרית, אך גם את חזון העולם הנוצרי, ושלחו מיסיונרים לארצות

* מאמר זה מתמקד ביחסן של קבוצות הפרוטסטנטים האמריקנים הלבנים לארץ הקודש במאה התשע־עשרה ובמחצית הראשונה של המאה העשרים. מסורות נוצריות אחרות יוזכרו רק בקצרה.

1 Frank S. De Hass, *Buried Cities Recovered, or Explorations in Bible Lands*[10], Philadelphia 1885, p. 10

2 Edwin Scott Gaustad, *Historical Atlas of Religion in America*, New York 1962, p. 111

3 למחקר מקיף על הדת בארצות־הברית ראה: Sydney E. Ahlstrom, *A Religious History of the American People*, New Haven 1972. סקירה תמציתית יותר נמצאת אצל Winthrop S. Hudson, *Religion in America*[2], New York 1973

4 ראה בספרי: *A Christian America: Protestant Hopes and Historical Realities*, New York 1971, pp. 27, 64. הציטוט לקוח מתוך: Horace Bushnell, *Barbarism the First Danger*. ראה גם: Martin E. Marty, *Righteous Empire: The Protestant Experience in America*, New York 1970

רבות. לקראת סופה של המאה התשע־עשרה היו ציפיותיהם גבוהות כל כך עד שהם נראים היום נאיוויים; מיסיונר אחד כתב: "הנצרות היא דתם של העמים הדומיננטיים בעולם, ויבוא יום שתהיה זו הדת היחידה בעולם".[5]

הפרוטסטנטיות האמריקנית השתנתה והתעצמה מאוד בימים ההם, וארץ־ישראל, לעומת זאת – כך סברו אמריקנים רבים – היתה שרויה בקיפאון, ואף בתהליך של דעיכה. פתאום בא השינוי, בעיקר בימי מלחמת העולם הראשונה ואחריה. אמריקנית שישבה זמן רב בארץ־ישראל נזכרה בהתרגשות שאחזה בתושבי ירושלים כשנכנס הגנרל אדמונד אלנבי בשערי העיר בסוף 1917: "חשבנו שאנו עדים לניצחון מסע הצלב האחרון. אומה נוצרית כבשה את ארץ־ישראל!".[6] הקולונל ג'ון ה' פינלי (John H. Finley), מנהל הצלב האדום האמריקני בארץ־ישראל, ואחר כך עורך ה"ניו יורק טיימס", אמר כי פרק ל"ה בספר ישעיה הוא "הפרק על נבואת התחייה הגדולה העומדת, כנראה, להתגשם".[7] ב־1922 זכתה בריטניה במנדט על ארץ־ישראל ההולכת ומשתנה, אף כי היו מי שהעדיפו מנדט אמריקני.

המאמר הזה אמנם מתמקד בנצרות האמריקנית בארץ הקודש, אך יש לזכור כי גורמים דתיים – יהודים, מוסלמים ונוצרים – מארצות שונות גילו עניין רב בארץ הקודש, הקדושה להם בדרכים שונות; כדברי הכומר אדולף א' ברל (Adolf A. Berle): "ארץ־ישראל יקרה ללבו של העולם כולו".[8] ובשעה שאנו מבקשים להעריך את עמדותיה של הנצרות האמריקנית כלפי ארץ הקודש בל נשכח גם את השפעתם של עמים אחרים על אמריקה, ובייחוד את השפעתה של בריטניה בתחומים שונים.

העניין והסקרנות שגילו פרוטסטנטים אמריקנים בארץ הקודש גדלו במאה התשע־עשרה בשל מחויבותם הדתית העמוקה לישו הנוצרי, לתנ"ך ולפעילות מיסיונרית בארצות רחוקות. רוב הנוצרים האמינו כי ארץ־ישראל קדושה מפני שבה חי ופעל ישו, בה סבל, ובה מת וקם לתחייה. ו"ד דייוויז (W. D. Davies) מסביר בספרו הידוע את חשיבותה של ארץ־ישראל עבור הנצרות מאז ראשית ימיה של הכנסייה:

> הצורך לזכור את ישו ההיסטורי הביא לזכירתו של ישו בהקשר של ארץ מסוימת. שכן ישו היה שייך לא רק לזמן אלא גם למקום; והמקום והמקומות שחי בהם קיבלו חשיבות רבה כל כך עד שהיהדות הוסיפה להתקיים כמציאות חיה בתוך הנצרות. ההיסטוריה במסורת הדתית הנוצרית חייבה גיאוגרפיה.[9]

אפילו עלעול חטוף בחומר העצום – המפוזר במקומות רבים – המבטא את עמדותיהם של

5 Sidney L. Gulick, *The Growth of the Kingdom of God*, New York 1897, p. 307

6 Bertha Spafford Vester, *Our Jerusalem: An American Family in the Holy City, 1881-1949*, Garden City, N.Y. 1950, p. 262

7 John H. Finley, *A Pilgrim in Palestine: Being an Account of Journeys on Foot by the First American Pilgrim after General Allenby's Recovery of the Holy Land*, New York 1919, p. 15

8 Adolf A. Berle, *The World Significance of a Jewish State*, New York 1918, p. 31. תודתי לד"ר גלן ט' מילר (Glen T. Miller) שהסב את תשומת לבי לספר זה.

9 W. D. Davies, *The Gospel and the Land: Early Christianity and Jewish Territorial Doctrine*, Berkeley 1974, p. 366

פרוטסטנטים אמריקנים כלפי ארץ הקודש, מאשר את העובדה הזאת שוב ושוב. הקונסול לשעבר של ארצות־הברית בארץ־ישראל, פרנק דה הס, כתב:

> אף על פי שאיננו יכולים לקבוע מתי בדיוק התרחשו האירועים שהפכו את המקומות הללו לקדושים, השפעת שמו של ישו והשפעת נוכחותו הפיסית גדולים כל כך, עד שנדמה כי הארץ כולה מלאה זכרו. חומותיה ומגדליה של ציון מעוררים זיכרונות מקודשים כל כך![10]

בדומה למטיפים רבים שביקרו בירושלים, כתב מלטבי ד' בבקוק (Maltbie D. Babcock) לצאן מרעיתו שבכנסיית בריק (Brick) הפרסביטריאנית בניו יורק:

> וכי מה אם הבניינים העתיקים נהרסו! וכי מה אם הגיאיות מלאים בשרידי חורבותיהם של מאות בשנים! – בארץ הזאת הלך ישו וראה את נוף הגבעות הללו שלא השתנה; ומעל הגבעה הקדושה הזאת נשא עיניו השמימה. וכשצעדנו ב"ויה דולורוזה" חשנו את עצמנו קרובים אליו עוד יותר. למרגלות כנסיית "אחיות ציון" ראינו את הדרך העתיקה עמוק מתחת לדרך הנוכחית; וראינו את יסודות הפריטוריום (Pretorium) היורדים עד בסיס הסלע של מגדל אנטוניה.[11]

ג'ון ר' מוט (John R. Mott), חבר הכנסיה המתודיסטית ודמות מרכזית בתנועה המיסיונרית ובתנועות האקומניות (ecumenical movements; נצרות למען דת כלל עולמית) במשך למעלה מיובל שנים, תיאר את רגשותיו למראה הכינרת, ותיאורו דומה לזה של נוצרים אדוקים רבים אחרים. ב־1895, כשעלה לרגל וביקר בארץ במשך שלושה שבועות, כתב: "לבי זע מהתרגשות כאשר חשבתי על מעשיו של ישו סביב האגם הקטן הזה, וכשהרהרתי בדבריו... רוב הניסים שחולל נעשו על האגם או על חופו".[12]

ק' הווארד הופקינס (C. Howard Hopkins) כותב עתה את הביוגרפיה של מוט. ממכתביו של מוט, שלא התפרסמו, עולה חשיבותה של התנסותו בארץ הקודש לחייו הרוחניים. קרוב לוודאי כי ישנם אלפי מכתבים דומים, מקצתם בארכיונים ואחרים מפוזרים אצל יחידים ובאוספים משפחתיים. המוטו של ארגון ימק"א בירושלים מתמצת את התפיסה הפרוטסטנטית על הקשר שבין ישו הנוצרי לארץ הקודש: "כל מקום שדרכה בו כף רגלו של ישו הוא ארץ הקודש".

המסירות לתנ"ך בהיסטוריה הפרוטסטנטית הביאה מיליוני מאמינים להיכרות קרובה עם ארץ הקודש, ורבים מן המבקרים בארץ חשו בה בבית. אדוארד רובינסון מן הסמינר התיאולוגי המאוחד (Union Theological Seminary) בניו־יורק, פרסם בשנת 1841 שלושה כרכים עבי כרס על הארכיאולוגיה של ארץ־ישראל, שהניחו בסיס מוצק לחלק נכבד מן המחקרים שבאו אחריו. הוא גם היה המלומד האמריקני הראשון שעבודתו התפרסמה בו בזמן באנגלית ובגרמנית.[13] רובינסון תיאר כיצד החל לגלות עניין בארץ הקודש:

10 דה הס (לעיל, הערה 1), עמ' 123.

11 Maltbie D. Babcock, *Letters from Egypt and Palestine*, New York 1902, p. 80

12 "מכתב מארץ־ישראל מס' 2", 28 באוקטובר 1895. אני מודה לד"ר ק' הוורד (C. Howard) שמסר לי את כתב־היד של סקירתו על ביקורו של מוט בארץ, סקירה המבוססת על מכתביו של מוט שלא פורסמו.

13 G. Ernest Wright, "The Phenomenon of American Archaeology in the Near East", in James A. Sanders (ed.), *Near Eastern Archaeology in the Twentieth Century: Essays in Honor of Nelson Glueck*, Garden City, N.Y. 1970, p. 3

כמרבית בני ארצי, בייחוד בני ניו־אינגלנד, הטביעו מראות התנ"ך חותם עמוק בלבי מאז ימי ילדותי הראשונים; בשנות בגרותי התפתח רגש זה לכלל תשוקה עזה לבקר בעצמי במקומות משמעותיים כל כך בהיסטוריה של המין האנושי. ייתכן שאין ארץ אחרת בעולם כולו, שבה נפוץ כל כך רגש כזה, כמו בניו־אינגלנד. אין ארץ אחרת שבה כתבי הקודש ידועים יותר, או זוכים להוקרה רבה יותר. משנותיו הראשונות מורגל שם הילד לא רק לקרוא בעצמו בתנ"ך; הוא גם קורא או מאזין לתנ"ך בתפילות הבוקר והערב של המשפחה, הוא לומד בו מידי יום ביומו בבית הספר של הכפר ובבית הספר של יום ראשון, ומאזין לו בדרשות השבועיות בכנסייה. וכך, ככל שהוא גדל נקשרים השמות סיני, ירושלים, בית לחם והארץ המובטחת, לזיכרונותיו הראשוניים ביותר ולרגשותיו המקודשים....[14]

ואף על פי שכעבור זמן נחלשה הרוח הדתית במקומות רבים בעקבות הגישות הביקורתיות והנטורליסטיות, החזיקה המסורת הזאת מעמד זמן רב. ב־1950 כתב רלף מקגיל (Ralph McGill):

כבר מילדות ידעתי את המזמורים העתיקים על "גדות הירדן הסוערים", על הגליל, ועל "ירושלים של זהב", מזמורים אותם שרנו בלהט בשבתות [בימי ראשון] ובהתכנסויות לתפילה. כילד נהגתי לחלום כי יבוא יום בו אראה את כיפותיה המוזהבות של ירושלים ואת מרחביה הכחולים של הכינרת.[15]

מקגיל אכן ביקר בארץ, כמוהו כפרוטסטנטים רבים אחרים, אבל גם ילדים שגדלו בבתים לא דתיים שמעו רבות על ארץ הקודש. במאה התשע־עשרה תפס התנ"ך בתרגומו של המלך ג'יימס מקום חשוב בחינוך ובספרות האמריקניים. קרלוס בייקר (Carlos Baker) טען במאמרו "מקומו של התנ"ך בספרות האמריקנית", כי "האינטימיות הזאת, הקשר החם הזה, עם אדם וחווה, איוב ויונה, דוד ויהונתן, עֵשָׂו ויעקב, רות ובועז, ישעיה ויחזקאל, ואפילו סדום ועמורה, מופיע כמוטיב חוזר ביצירות של יוצרים שנמנו על התנועה שכונתה 'הווי מקומי' (local color) בספרות האמריקנית של המאה התשע־עשרה".[16]

בתחילתה של המאה שעברה נשטפו הכנסיות הפרוטסטנטיות בגל של התלהבות מיסיונרית, ובמשך מאה שנה ויותר היו תומכיה של התנועה הזאת נחושים בדעתם, תוקפניים ובטוחים מאוד בעצמם. פירס ביוור (Pierce Beaver) טען, ש"במחשבה הפרוטסטנטית של תחילת המאה התשע־עשרה היה הצלתם של האבודים המוטיב הנפוץ והחשוב ביותר מבחינת העיסוק בו ומבחינת התמיכה שזכה לה. מעטים בלבד הטילו ספק שגורלם של הכופרים הלא־מאמינים הוא אבדון ועינויי נצח". ואולם לקראת אמצע המאה העשרים הושם הדגש יותר על

ההזדמנויות החדשות שזימנה ההשגחה לבשר את הבשורה לכל בני האדם. מאז אמצע המאה היה קם בכל עשור נואם או כותב בולט שפירש את סימני התקופה כדי להראות

14 Edward Robinson, *Biblical Researches in Palestine, Mount Sinai and Arabia Petraea: A Journal of Travels in the Year 1838*, I, Boston 1841, p. 46

15 Ralph McGill, *Israel Revisited*, Atlanta 1950, p. 2

16 בתוך: James Ward Smith & A. Leland Jamison (eds.), *Religious Perspective in American Culture*, Princeton 1961, p. 248

כיצד פועלת ההשגחה האלוהית לטובת המטרה, ולהוכיח כי הכופרים מגלים נכונות חדשה לקבל את הבשורה. אחד האירועים האחרונים בתחום זה התרחש ב־1931, כשפירש ג'ון ר' מוט את הסימנים המבטיחים של הזמן בספרו "הזמנה עכשווית למען השליחות הנוצרית העולמית".[17]

לנוכח מרכזיותה של הבשורה הנוצרית ומרכזיותם של כתבי הקודש באמונתם של הפרוטסטנטים נעשתה ארץ הקודש חלק הכרחי של האסטרטגיה המיסיונרית. הבשורה, כתבי הקודש וארץ הקודש – שלוש המחויבויות האלה של הפרוטסטנטיות האוונגלית, בשילובים שונים, היו ביסוד שאיפתם של אמריקנים רבים לבקר בארץ הקודש או לעבוד בה באותם ימים. בתחילה היו המיסיונרים הקבוצה הבולטת בקרב האמריקנים הללו. החברה המיסיונרית הגדולה הראשונה היתה "הוועד האמריקני למשימות מיסיונריות בחוץ לארץ" (The American Board of Commissioners for Foreign Missions), שנתמך בראשית דרכו בידי פרוטסטנטים קהילתיים (Congregationalists), פרסביטריאנים ורפורמים. ב־1818 מינה הוועד את פליני פיסק (Pliny Fisk) ואת לוי פרסונס (Levi Parsons) ואחר כך את ג'ונס קינג (Jonas King) לצאת בתורת מיסיונרים לארצות מוסלמיות במזרח הקרוב. הוועד סבר כי האוכלוסייה בארצות האלו, יהודים, מוסלמים ונוצרים, שרויה ב"בערות ושפל הראויים לגנאי". תפקידם העיקרי של המיסיונרים היה לפנות אל הכנסיות המזרחיות. כדברי רופוס אנדרסון (Rufus Anderson):

> לא נוכל לקוות שהמוסלמים יקבלו את הנצרות קודם שיחול שינוי בכנסיות המזרחיות, משום שהנוצרים המקומיים מייצגים בעיני המוסלמים את הדת הנוצרית. המוסלמים רואים כי הנוצרים אינם טובים מהם, ואפילו גרועים יותר, ולכן סבורים כי הקוראן עולה על התנ"ך והברית החדשה.[18]

בהתלהבות אופיינית ומתוך ביטחון עצמי רב קיוו המיסיונרים להשפיע הן על הנוצרים המזרחים והן על המוסלמים. ערב יציאתו נשא פיסק דרשה, שכותרתה "ארץ הקודש – מקום בעל עניין לפעילות מיסיונרית", ובה הכריז כי "אף שהמוסלמים נחרצים בעמדתם נגד הנצרות, קיימות אפילו אצלם כמה תופעות מעודדות".[19]

המיסיונרים עשו כמיטב יכולתם לחלק כתבי קודש ועלונים שונים ולעזור לחולים כשפשטו בארץ מחלות, אך לשווא. תושבי ארץ־ישראל היו שקועים בצרותיהם ורק מעטים המירו את דתם; גם בקרב הכנסיות המזרחיות היתה ההתקדמות קטנה בלבד. אין ספק כי עמדותיהם של המיסיונרים לא סייעו לעורר כלפיהם יחס אוהד. בדו"ח שפורסם ב־*Missionary Herald* העיר קינג הערה

17 R. Pierce Beaver, "Missionary Motivation through Three Centuries", in Jerald C. Brauer (ed.), *Reinterpretation in American Church History*, Chicago 1968, pp. 127-129

18 Rufus Anderson, *History of the Missions of the American Board of Commissioners for Foreign Missions to the Oriental Churches*, I, rev. ed., Boston 1884, pp. ix, 1. ראה גם: Paul Rowden, "A Century of American Protestantism in the Arab Middle East, 1820-1920", Ph.D. Thesis, Dropsie College, 1959

19 Pliny Fisk, *The Holy Land – an Interesting Field of Missionary Enterprise. A Sermon, preached in the Old South Church, Boston Sabbath Evening, October 31, 1819, just before the Departure of the Palestine Mission*, Boston 1819, p. 32

אופיינית בעקבות ביקור בכנסיית הקבר הקדוש: "היוונים והארמנים מחללים את היכלו של האל. נראה כי הם יודעים מעט מאוד על טבעה האמיתי של הנצרות".[20] ב־1844 הוחלט לסגור את התחנה בירושלים, ומאז נטו הפרוטסטנטים האמריקנים להניח את הארץ לאחרים, בייחוד לבריטים, ואילו הם פעלו בעיקר בארצות אחרות במזרח־התיכון, כגון סוריה ולבנון, ובהן הצליחו יותר.

הפרוטסטנטים לא ויתרו על ארץ הקודש ועל המסעות אליה. אחד מחברי המשלחת המיסיונרית לסוריה, ויליאם מ' תומסון (William M. Thomson), כתב ספר עב כרס, בשני כרכים, בשם 'הארץ והספר' (*The Land and the Book*), ספר שהיה "הפופולרי ביותר שכתב אי־פעם מיסיונר אמריקני, ואחד מן הספרים הטובים ביותר בכלל".[21] תומסון ראה את ארץ הקודש בתורת "לוח ענקי שעליו כתב האל את דבריו לבני אדם, ובה חרט המבשר הגדול את בשורותיו עבור היצורים החיים כדי שהכל יראו ויקראו בהן עד קץ הימים".[22] הנוכחות המיסיונרית האמריקנית בארץ הקודש לא נעלמה לחלוטין משום שגופים אמריקניים אחרים נכנסו לפעולה. דו"ח מאמצע שנות השלושים של המאה העשרים מספר על ארבע כתות דתיות מארצות־הברית הפועלות בארץ, ועוד כמה "גופים עצמאיים".[23] כמה ספרים מתארים את הפעילות המיסיונרית הזאת, אבל הסיפור השלם עדיין חבוי בארכיונים של האגודות המיסיונריות ובכרכים הרבים של כתבי־העת שדיווחו לציבור האמריקני על עבודתם של משרתיהם הנאמנים מעבר לים. עד כה חקרתי את הנושא בספריית המחקר המיסיונרית של הסמינר התיאולוגי המאוחד, ספרייה המכילה אוצר בלום של ידע.

הנוצרים האמריקנים שבאו לארץ הקודש נחלקים לשלוש קטגוריות: נוסעים, עולי רגל ותיירים, אם כי לעתים ההבחנה ביניהן מעורפלת, בייחוד במאה העשרים. אלפי אמריקנים ביקרו בארץ; האב המייסד של המושבה האמריקנית בירושלים הורשיו ספפורד העיר פעם כי "בזמן כלשהו, כל איש ואישה באים לבקר בירושלים".[24] רבים מן המבקרים היו כמרים חשובים או מנהיגים בקהילותיהם, ולא מעטים כתבו ספרים ומאמרים על מה שראו בארץ ועל חוויותיהם. מאות פעמים תיארו הנוסעים את המסע מיפו לירושלים ומירושלים לבית לחם ולחברון, ליריחו ולים המלח, לנצרת ולכינרת. רשימת מנהיגי הכנסיות שביקרו בארץ הקודש ארוכה, וכוללת רבים מן השמות המעטרים את ספרי ההיסטוריה של הכנסייה האמריקנית כגון פיליפ שף (Philip Schaff), הנרי ון דייק (Henry Van Dyke) פיליפ ברוקס (Phillips Brooks), ויליאם א' בלקסטון (William E. Blackstone), מלטבי ד' בבוק, ט' דה־וויט טלמג' (T. DeWitt Talmage), דוויט ל' מודי (Dwight L. Moody), ג'ון ר' מוט, ג'ון היינס הולמס (John Haynes Holmes), והרי אמרסון פוסדיק (Harry Emerson Fosdick). אישים אלה, ורבים אחרים, היו ידועי שם בזמנם, והעלייה לרגל לארץ הקודש הותירה רושם בל יימחה על השקפת עולמם ועל מעשיהם.

רבים מן הנוסעים שהו בארץ זמן קצר ותרו אותה במסלולים שגרתיים, אבל אחרים נשארו

20 *The Missionary Herald* 20 (March 1824), p. 68

21 David H. Finnie, *Pioneers East: The Early American Experience in the Middle East*, Cambridge, Mass. 1967, p. 187

22 William M. Thomson, *The Land and the Book: or Biblical Illustrations Drawn from the Manners and Customs, the Scenes and Scenery of the Holy Land*, II, New York 1859, p. xv

23 John A. De Novo, *American Interests and Policies in the Middle East, 1900-1939*, Minneapolis 1963, p. 346

24 ראה וסטר (לעיל, הערה 6), עמ' 74.

בארץ זמן רב יותר וחקרו אותה ביותר קפדנות. פרנק מק־קוי פילד (Frank McCoy Field), למשל, בילה בארץ־ישראל קיץ שלם במסע ומחקר, ואחר כך נסע ברחבי ארצות־הברית במשך שבעה חודשים וסיפר על חוויותיו לפני קהילות שונות. לבסוף גם סיכם אותן בספר. וכך כתב: "במסעותי השתדלתי לסור מן הדרכים הסלולות, ולא הסתפקתי במקומות שהתיירים רגילים לבקר בהם. השתדלתי ללמוד את הרקע התנ"כי, ולספוג את אווירת התקופה התנ"כית באופן שמסע תיירות רגיל אינו מאפשר".[25]

לא כל המבקרים בארץ הקודש היו יציבים בנפשם; הגב' וסטר מן המושבה האמריקנית כתבה בלשון עדינה כי

> ירושלים מושכת אליה אנשים שונים. דתיים פנטים ותמהונים בדרגות שונות של מופרעות נפשית נמשכים אל העיר הקדושה כמו בידי מגנט. מקצת המצטרפים אלינו היו אנשים ונשים שחשבו את עצמם להתגלמות של קדושים, נביאים, כוהנים, משיחים ומלכים.[26]

לא כל הטיפוסים הללו היו אמריקנים, אבל הרמן מלוויל פגש אמריקנים מוזרים רבים בעת שהותו הקצרה בארץ־ישראל. לואיס מומפורד (Lewis Mumford) כתב על התנסותו של מלוויל:

> בירושלים פגש [מלוויל] אנשים משונים: סוחר זקן המחלק עלונים לאנשים שאת שפתם אינו מבין; ...מיסיונר אמריקני פנטי שהסתובב בירושלים וספר תנ"ך פתוח בידו, וציפה שהר הזיתים ייבקע לשניים (זכריה יד, ד), ובינתיים הכין את הדרך לתחיית המתים; משוגעת אמריקנית שפתחה מכללה חקלאית ליהודים והלימודים בה לא הביאו אפילו יהודי אחד אל החקלאות ולא שכנעו אותו להמיר את דתו לנצרות.[27]

האם היו לאנשים האלה תומכים באמריקה? האם מילאו התומכים האלה תפקיד בעיצובה של העמדה האמריקנית כלפי הארץ הקדושה לשלוש הדתות המונותיאיסטיות?

נראה שהקבוצה בעלת ההשפעה הגדולה ביותר על העמדה הנוצרית האמריקנית כלפי ארץ הקודש היתה חבורת חוקרי תנ"ך מסורים ובעלי משמעת עצמית שנוסדה בידי אדוארד רובינסון ואלי סמית (Eli Smith). במאה העשרים הגיעו רבים מהם לארץ, רובם במסגרת בית הספר האמריקני לחקר המזרח (The American School of Oriental Research) בירושלים שהחל לפעול ב־1900. ויליאם פוקסוול אולברייט (William Foxwell Albright) מאוניברסיטת ג'ונס הופקינס, חופר עתיקות בלתי נלאה ופרשן נלהב של הממצאים, השפיע רבות על הארכיאולוגיה התנ"כית. בילדותו דאג אולברייט שמא עד שיגדל ויגיע לארץ־ישראל לא יישארו בה אתרים ארכיאולוגים למחקר. ואולם כשהגיע לארץ ב־1919 מצא שהמלאכה עודנה רבה. שנים רבות היה אולברייט מנהלו של בית הספר האמריקני, ובמשך שלושים ושבע שנה היה עורכו של כתב־העת רב ההשפעה של בית הספר, *Bulletin*.[28]

בשלהי המאה התשע־עשרה ובתחילת המאה העשרים צמחו דרכי החשיבה האבלוציונית, הנטורליסטית, ההיסטורית והביקורתית. דרכי החשיבה האלו הציבו דילמות חדשות לפני מי

25 Frank McCoy Field, *Where Jesus Walked: Through the Holy Land with the Master*, New York 1951, p. 7

26 ראה: וסטר (לעיל, הערה 6), עמ' 119.

27 Lewis Mumford, *Herman Melville*, New York 1929, p. 308

28 עבודתו של אולברייט נידונה אצל רייט בספרו של סנדרס (לעיל, הערה 13), עמ' 22–28.

שהתחנכו על ברכיהן של השקפות ישנות על התנ"ך וגישה סמכותית למסורת הדתית. בקרב קהילות דתיות וכתות דתיות נשתרר מתח פנימי, שלעתים היה חריף ומכאיב, בין בעלי ההשקפות הישנות ובין מי שנטו לעמדות חדשות וליברליות יותר. היו מי שנקטו עמדה פשרנית וקיבלו הן את הישן והן את החדש. הארכיאולוגים התנ"כיים של התקופה נטו לעמדה הליברלית, משום שמעצם ההגדרה היתה גישתם היסטורית. ואולם רובם נותרו איתנים באמונתם ועניינם העמוק בהבהרת משמעותו של התנ"ך היתה גרסה מודרנית של הדבקות הפרוטסטנטית בכתבי הקודש. ב־1932 ניסח אולברייט את ההשקפה שהיתה מקובלת על חוקרים רבים:

> בעקבות המחקר הארכיאולוגי בארץ־ישראל ובארצות השכנות במאה שעברה נשתנה לחלוטין הידע שלנו על הרקע ההיסטורי והספרותי של התנ"ך. התנ"ך אינו נתפס עוד כמונומנט מבודד בעבר, כתופעה שאין לה קשר עם סביבתה. ההקשר של התנ"ך נעשה ברור יותר ויותר... ואולם ייחודו של התנ"ך – הן כיצירת מופת ספרותית והן כמסמך דתי – לא נפגע, ולא התגלה דבר המערער את האמונה הדתית היהודית או הנוצרית.

אולברייט הוסיף ואמר, כי הארכיאולוגיה תרמה לתיאולוגיה בשתי דרכים:

> הספקנות הגדולה שביטאו אסכולות היסטוריות חשובות במאות השמונה־עשרה והתשע־עשרה כלפי התנ"ך הלכה והתגלתה כבלתי מוצדקת, אף כי עדיין היא נשמעת מדי פעם בפעם. התגליות הארכיאולוגיות אפשרו לדייק בפרטים רבים אין ספור והמחקר הארכיאולוגי הביא להכרה בערכו של התנ"ך כמקור היסטורי.

אבל אולברייט גם סבר שהאמונה שכל מילה בתנ"ך נכתבה בהשראה אלוהית הוכחה כמוטעית.[29]

הוראת התנ"ך הושפעה עמוקות מן העבודה הארכיאולוגית הרבה שנעשתה בארץ־ישראל במאה העשרים, וכך גם החינוך שקיבלו מנהיגי הכנסייה בסמינרים הקונסרווטיביים והליברליים. עמדתם של אמריקנים נוצרים כלפי ארץ הקודש הושפעה גם מהשקפותיהם של החוקרים שישבו בארץ, עבדו בה וביארו את התנ"ך שהוסיף לתפוס מקום מרכזי בחיי הכנסיות. ואולם מי שמבקש להבין את העמדות האמריקניות אינו יכול להסתפק בהשפעתו של חקר התנ"ך, ועליו לבחון גם את עמדותיהם הכלליות של התלמידים והמורים בבית הספר האמריקני לחקר המזרח ובמוסדות דומים. ניתן לבדוק, למשל, את מסלול התקדמותם המקצועית של אמריקנים שהשתתפו בעונת חפירות אחת או שתיים בארץ־ישראל ולימדו אחר כך בקולג' או בסמינר.

קבוצה קטנה בהרבה – אבל מעניינת מאוד – של אמריקנים בארץ הקודש היא זו של מקימי המושבות הנוצריות. מקצתן לא האריכו ימים בארץ. בחוברת "מדריך לחקר אמריקה וארץ־ישראל, אישים ומוסדות אמריקניים בארץ־ישראל בשנים 1620–1948", בעריכת משה דייוויס, ניתן למצוא הפניה למקורות הנמצאים בארץ לצורך חקר מושבת "הר התקווה" (Mount Hope Colony), שנוסדה ביפו ב־1853 בידי קלורינדה מיינור. תחילה התיישבו במושבה האמריקנית מילרייטים, ואחר־כך (1866) הצטרפה אליהם קבוצה שחבריה הגיעו ממיין בהנהגתו של ג'ורג' ג'ונס אדמס.[30] קומץ אנשים מן הקבוצה הזאת שרדו עד 1917.

המושבה האמריקנית בירושלים ידועה יותר. היא נוסדה ב־1881 בידי הורשיו ואנה ספפורד

29 William Foxwell Albright, *The Archaeology of Palestine and the Bible*, New York 1932, pp. 127-128

30 Moshe Davis (ed.), *Guide for America–Holy Land Studies*, Jerusalem 1973, pp. 37, 45-46

בעקבות מותן של ארבע מבנותיהם בתאונה בים. הנוצרים המסורים הללו דגלו בתיאולוגיה שהדגישה אהבה חובקת־כול של האל, והיו קיצוניים כל כך באמונתם עד שהקהילה הפרסביטריאנית בשיקגו, שבה היו פעילים, דרשה מהם לעזוב. ספפורד הסביר את נחישותו להקים את המושבה ואמר כי "ירושלים היא המקום שבו חי האדון, בה סבל ובה קם לתחייה; ואני מבקש ללמוד איך לחיות, איך לסבול ובעיקר איך לנצח את הגורל".[31] המושבה שהקימו מנתה בשיאה 150 אנשים, וסיפקה שירותי רווחה, הוראה וטיפול בחולים – כמו מוסדות דומים באנגליה ובאמריקה.

מנהיגיה של קבוצה זו היו אנשים מן השורה ולא נושאי משרות בכנסייה, והמיסיונרים הוותיקים לא בטחו בקבוצה ולא חיבבו את חבריה. הכומר סלה מריל (Selah Merrill), הקונסול האמריקני בירושלים, התנגד להם בחריפות במשך שמונה־עשרה שנה. עם זאת פרחה המושבה, ובימי מלחמת העולם הראשונה האכילו אנשיה קרוב ל־6,000 איש ביום. בשנות העשרים של המאה העשרים נוסד בניו־יורק ועד של המושבה, והרי אמרסון פוסדיק שימש נשיאו. המושבה נבנתה סמוך להר הצופים, וב־1948, בתקופת במלחמת העצמאות, נלכדה בתווך בין הכוחות הניצים, היהודים והערבים. אוסף המקורות הראשוניים והמשניים על המושבות האלה וחקר השפעתן על חלקים מסוימים בציבור האמריקני יתרום להבנת היחסים בין אמריקה לארץ הקודש.

סלה מריל נמנה על קבוצה נוספת של אמריקנים שהשפיעו על עמדותיו של הציבור האמריקני כלפי ארץ הקודש – הקונסולים של ארצות־הברית בארץ־ישראל. כמה מהם היו כמרים או כמרים לשעבר, ונימת הדבקות הדתית האופיינית לכתביהם מעידה עליהם שצמחו מן התקופה "הנוצרית" בהיסטוריה האמריקנית. הדוקטור לתיאולוגיה, פרנק ס' דה האס, פתח את ספרו 'גילוין מחדש של ערים קבורות' *Buried Cities Recovered*, במילים האלה:

> המחבר קיבל את המינוי מטעם ממשלת ארצות־הברית לא בשל הכבוד הכרוך בתפקיד או בשל השכר, אלא מתוך רצון לבקר בארץ התנ"ך, כדי שיוכל לראות במו עיניו עד כמה דומים הליכותיהם, מנהגיהם ומסורותיהם של האנשים והטופוגרפיה של הארץ לדברים שנאמרו בהשראת האל.

דה־הס לא עשה מאמץ מיוחד להסתיר את דעותיו הקדומות. לאחר שציין שהאוכלוסייה הנוצרית כוללת יוונים, לטינים, ארמנים, סורים, קופטים וכמה פרוטסטנטים, הוסיף כי "להוציא כמה מן הנוצרים הנלהבים העוסקים בפעילות המיסיונרית הפרוטסטנטית, הדתיות של רוב הנוצרים הללו אינה דתיות חיה – הכול אצלם פורמלי, טקסי ומכני".[32]

עוד קונסול שהתמסרותו לפרוטסטנטיות ניכרת בכתיבתו, הוא הכומר אדווין שרמן וולס (Edwin Sherman Wallace), שישב בירושלים חמש שנים בשלהי המאה התשע־עשרה, בעת ששימש בה קונסול. ולס מתח ביקורת חריפה על הכנסייה המזרחית שאינה יאה היום לנושאי תפקידים רשמיים במעמדו. כשסקר וולס את הפעילות הנוצרית בירושלים באותה תקופה, אמר על הכנסייה המזרחית ש"אינה אלא גוף חסר חיים".[33] מחקר בארכיון הלאומי באמריקה ובכתביהם

31 ראה וסטר (לעיל, הערה 6), עמ' 56.

32 דה האס (לעיל, הערה 1), עמ' 9, 116.

33 Edwin S. Wallace, *Jerusalem the Holy: A Brief History of Ancient Jerusalem: with an Account of the Modern City and Its Conditions Political, Religious and Social*, New York 1898, p. 123

האישיים של הקונסולים האמריקנים בארץ־ישראל עשוי לתרום להבנת יחסי אמריקה–ארץ הקודש.

אפילו מתוך סקירה חטופה זו של שלוש קבוצות הפרוטסטנטים האמריקנים שישבו בארץ הקודש – הארכיאולוגים וחוקרי התנ"ך, מייסדי המושבות הנוצריות והקונסולים האמריקנים – אפשר להסיק כמה מסקנות ראשוניות אודות התמונה הכללית שמסרו לציבור האמריקני. מתוך מכתביהם, כתביהם ודבריהם עולה תחושה של התפעמות וסקרנות עצומה. דה הס כתב על הארץ:

> זוהי הבמה שעליה התרחשו האירועים המרגשים והמיוחדים ביותר בהיסטוריה של עולמנו. מלומדים דתיים, היסטוריונים ומחפשי עתיקות ביקרו במשך הדורות בארץ הזאת והניחו לנו תיאורים וממצאים מאירי עיניים של מסעותיהם. ספריותינו מלאות ספרים על הנושאים האלה והתשוקה לדעת עוד על הארץ גדולה היום יותר מאי־פעם.[34]

הפרוטסטנטים הנאמנים ביקשו לדעת על ארץ הקודש של התנ"ך ולא על ארץ־ישראל של המאות התשע־עשרה והעשרים. וולס ציין כי המבקרים בירושלים נפשם דבקה בתנ"ך, והם העדיפו "לראות עיר שיד הפיתוח המודרני לא נגעה בה".[35] אחרי מלחמת העולם הראשונה שמחו המבקרים בארץ להיתקל במשהו שהיה, לדעתם, שריד אותנטי של תקופת התנ"ך. הקולונל פינלי כתב בדיווחו ב־1919, אחרי שטייל בעמקים דרומית לירושלים:

> בשום מקום אחר בדרומה של ארץ־ישראל העבר הרחוק אינו קרוב כל כך. כשחציתי את העמק לא היה כמעט דבר שהפריע לי לשקוע בזיכרונות חיים של העבר. הייתי חופשי לבלות בחברתם של אברהם ובנו יצחק, אליהו, דוד ואחרים מן הימים הקדמונים ההם.[36]

פרנק מק־קוי פילד כתב ב־1951: "למרבה המזל, עברו על ארץ־ישראל שינויים מעטים בלבד עד מלחמת העולם השנייה".[37]

מן הנתונים שעמדו לרשותי עולה שחוקרי התנ"ך הקדישו את עבודתם לשחזור ארץ־ישראל של העבר. העניין שגילו פרוטסטנטים אמריקנים בארץ הקודש נבע בעיקרו מרגישויותיהם הדתיות. לפיכך התעניינו רובם בארץ התנ"ך הרבה יותר מבארץ־ישראל של זמנם. עם זאת יש לבחון את הדברים על סמך מקורות רבים יותר הממתינים לחוקרים בספריות ובארכיונים.

אישור לטענה הזאת ניתן למצוא בדחייה שחשו פרוטסטנטים אמריקנים רבים לא רק כלפי ארץ־ישראל בת זמנם, אלא גם כלפי הנצרות שמצאו בארץ. המיסיונרים הראשונים מתחו ביקורת על מה שלוי פרסונס תיאר כ"תצוגה הלא מכובדת" של האש הקדושה בכנסיית הקבר ביום שנצלב ישו, יום שבו "התרחש על פי המסורת נס ירידת הרוח הקדושה בלבוש האש".[38] הם גם מתחו ביקורת חריפה על ההתכתשויות המרות בין הכתות היריבות במקומות הקדושים (אף כי מעולם לא התייחסו ליריבויות הפנימיות בכנסיות שלהם באמריקה). כאשר הוחלט להפסיק את פעולתה של המשלחת המיסיונרית הפרוטסטנטית האמריקנית הראשונה בירושלים, נשא הד"ר ג'ואל הוס

34 דה האס (לעיל, הערה 1), עמ' 10.

35 וולס (לעיל, הערה 33), עמ' 85.

36 פינלי (לעיל, הערה 7), עמ' 106.

37 פילד (לעיל, הערה 25), עמ' 16.

38 Isaac Bird, *Bible Work in Bible Lands; or, Events in the History of the Syria Mission*, Philadelphia 1872, p. 40

(Joel Hawes), מן הוועד האמריקני למשימות מיסיונריות בחוץ־לארץ דרשה ואמר דברים קשים. הוא אמר כי "אנשי ירושלים באים כמעט מכל האומות ומכל הדתות", והוסיף כי:

> הם נבדלים זה מזה בעיקר בשל הקנאה והשנאה ההדדית. המוני העולים לרגל שבאים מדי שנה לבקר בעיר הקדושה – שם מטעה מאוד על פי מצבה של העיר כיום – אינם מטרה מעוררת תקווה למאמץ מיסיונרי; הם נמשכים אל העיר מכוחן של אמונות טפלות, ובזמן שהותם הקצרה כאן הם נתונים כל העת להשפעתם המעוררת של דברי הבל, שמכוּונים לעיניהם ונשפכים לתוך אוזניהם במידה שאין לה שיעור.[39]

ההערכה השלילית הזאת כלפי הארץ והאנשים היושבים בה מאפיינת את הימים ההם. דה הס אמר: "חורבן ועזובה בכל מקום. האנשים עניים ובורים, הארץ מוזנחת ושוממה, והערים מטונפות ונעדרות שמחה".[40] וג'ון היינס הולמס כתב אחרי ביקורו בבית לחם ב־1929: "כנסיית המולד עוררה בי גועל – החיקויים המגוחכים של האורווה והאבוס, והמחלוקות המגוחכות בין הלטינים, היוונים, הקופטים ושאר הכתות הנוצריות הרבות ביניהן על שטחי הכנסייה".[41]

כמובן יש כמה עדויות בעלות נימה שונה למדי; אנשי המושבה האמריקנית, למשל, ידעו לכבד סגנונות חיים ודתיות שונים ורבים. רק לקראת סוף התקופה שאנו עוסקים בה התרחש בנצרות הפרוטסטנטית באמריקה התהליך שכיניתי במקום אחר "השחרור השני מן הממסד" (the second disestablishment) שבעקבותיו הכירו הפרוטסטנטים במציאות הדתית הפלורליסטית לעומקה.[42] התנועות האקומניות והפרה־אקומניות עזרו ליצירתה של גישה פתוחה יותר כלפי המגוון העשיר של כנסיות נוצריות וכלפי שאר דתות העולם. השינוי הדרמטי ביחסי הפרוטסטנטים והקתולים התרחש אחרי אמצע המאה העשרים – בתקופת האפיפיורות של ג'ון ה־23 ווּעידת הוותיקן השני. דרושה עבודה ארכיונית יסודית כדי לבחון את ההכללות המוצעות כאן בהקשרים ההיסטוריים המדויקים של עשורים מוקדמים יותר.

להשפעות שצוינו לעיל היה לדעתי תפקיד חשוב בעיצוב עמדותיהם של הנוצרים בארצות־הברית, ולמעשה הן יצרו את הדעה האמריקנית הרווחת. המיסיונרים פרסמו את יומניהם ומכתביהם בכתבי עת, והיו להם חסידים רבים בקהילות מוצאם. לוי פרסונס, למשל, מת באלכסנדריה שנה אחרי שהגיע לירושלים. היסטוריון של המשלחות המיסיונריות כתב עליו: "אף שעדיין לא מלאו לו שלושים עשה פרסונס רושם עז על בני קהילתו (באמריקה), ואלה התאבלו מאוד על מותו; תגובתם נבעה מן הקשר האינטימי שנוצר בין שמו ובין ירושלים, ציון, גת־שמנים ומראות הצלב".[43]

הנוסעים ששבו לבתיהם סיפרו לקהילותיהם על מסעם. ג'ונס קינג, למשל, שהיה ממשיכו של פרסונס, חזר לביתו מביקור בארץ־ישראל בסוף קיץ 1827, וזמן קצר אחר כך יצא למסע הרצאות במדינות הדרום והמרכז, מסע שנמשך עד אפריל של השנה שאחריה.[44] רוב המיסיונרים בילו זמן

39 אנדרסון (לעיל, הערה 18), כרך 1, עמ' 38–39.

40 דה האס (לעיל, הערה 1), עמ' 130.

41 John Haynes Holmes, *Palestine Today and To-morrow: A Gentile's Survey of Zionism*, New York 1929, p. 57

42 הנדי (לעיל, הערה 4), 184–225.

43 אנדרסון (לעיל, הערה 18), עמ' 14.

44 שם, עמ' 28.

רב במסעי הרצאות, וכך סייעו בעיצוב עמדותיהם של מאזיניהם. גם למאמרים ולספרים שכתבו היתה השפעה רבה. ספרו של ו"מ תומסון "הארץ והספר", למשל, נמכר ב־200,000 עותקים כמעט. מקור בר סמכא ציין כי:

> ספריו [של תומסון] נמצאים בספריות של אוניברסיטאות, קולג'ים ובתי ספר תיאולוגיים, בבתיהם של כמרים ומורים, נלמדים בבתי ספר של יום ראשון ובבתי ספר ממלכתיים, ומצוטטים בידי מלומדים, מטיפים ומורים, בספרי פרשנות המקרא, בספרי מסע ובאנציקלופדיות.[45]

גם עבודתם של חוקרי התנ"ך השפיעה רבות, וכבר הזכרנו את תרומתו הראשונית של אדוארד רובינסון. ההתעניינות העממית בארץ הקודש בשלהי המאה התשע־עשרה היתה קשורה לדמויותיהם של ויליאם רייני הרפר (William Rainey Harper) וג'ון הייל וינסנט (John Heyl Vincent); וינסנט היה המייסד של מוסד גדול לחינוך מבוגרים, "אספת צ'טוקווי" (Chautauqua Assembly), שהיתה "כיתה ענקית ללימודי ארץ־ישראל".[46] ג'ורג' א' ברטון (George A. Barton) סיכם בספרו "הארכיאולוגיה והתנ"ך" (*Archaeology and the Bible*) את עבודתם של הארכיאולוגים של התנ"ך. הספר יצא לאור בידי האיחוד האמריקני של בתי הספר של יום ראשון (American Sunday School Union), והופיע לראשונה ב־1916, ואחר כך יצאו לאור מהדורות רבות נוספות. ב־1946 יצאה המהדורה האחרונה, שהיא ההדפסה הרביעית של המהדורה השביעית. מנהיגי הכנסייה, ומורים בבתי הספר של יום ראשון למדו באמצעות ספר זה על הארכיאולוגיה של ארץ־ישראל והוא השפיע על עמדותיהם של הפרוטסטנטים. כדאי לבדוק את ספרי הלימוד שפורסמו בידי הכנסיות כדי לראות אילו השקפות על ארץ הקודש נמסרו לתלמידים.[47]

ברור כי לא כל הדיווחים מארץ־ישראל נכתבו בידי פרוטסטנטים הדבקים באמונתם, שהרי גם אישים כגון הרמן מלוויל ומרק טוויין פרסמו את חוויותיהם וגם להם היתה השפעה על הציבור האמריקני.

לעתים השיגה התלהבותם של המשוכנעים תוצאות הפוכות מאשר התכוונו להם. וילי מוריס (Willie Morris), עורך ה־*Harper's Magazine*, סיפר על צמיחתה של הכנסייה המתודיסטית במיסיסיפי בשנות הארבעים של המאה הזאת, ואמר:

> כשהגעתי לגיל שלוש־עשרה כבר קצה נפשי במטיפים שנסעו לארץ הקודש על חשבון קהילותיהם וחזרו עם אין ספור רשמים, עדיים קטנים, שיקופיות קודק, חול מן המדבר, עצמות, חלוקי בד מיד שנייה, סלעים, לכלוך, צנצנות מלאות במי הכינרת, וכן יֶדע על המקום – אחרי שבועיים של חופשה – שהיה רב מזה שאסף משה כל ימי חייו; וכל זה נמשך על פני שלושה או ארבעה ימי ראשון רצופים. המטיפים נהגו לתאר תיאורים

45 Henry Harris Jessup, *Fifty-three Years in Syria*, I, New York 1910, p. 62

46 H. Vincent, *Little* :ראה .Leon Vincent, *John Heyl Vincent: A Biographical Sketch*, New York 1925, p. 91 *Footprints in Bible Lands; or, Simple Lessons in Sacred History and Geography, for the Use of Palestine Classes and Sabbath Schools*, New York 1861. הספר מראה כיצד נמסר ידע על התנ"ך ועל הרקע שלו לציבור האמריקני.

47 על חשיבותו של בית הספר של יום ראשון בהיסטוריה של הפרוטסטנטיות האמריקנית ראה: Robert Lynn & Elliot Wright, *The Big Little School: Sunday Child of American Protestantism*, New York 1971

מפורטים, דקה אחרי דקה, את הארוחות שאכלו, את השיחות שניהלו עם חבריהם המטיפים מאלבמה או מארקנסו, התפילות שנשאו בשעה שראו אחד מפלאי הטבע, ההערות שהעירו נשותיהם, מתי בדיוק הגיעו למקום ומתי יצאו ממנו, וכן מתי הלכו לישון בלילה ומתי השכימו בבוקר. לא. לעולם איני רוצה לשמוע עוד הרצאה על ארץ הקודש. בן שלוש־עשרה כבר הבטחתי לעצמי שיקרה מה שיקרה, לעולם לא אסע לשם, יהיו הפיתויים אשר יהיו.[48]

דבריו של מוריס מבטאים, אולי, את פער הדורות או את השינוי הגדול בתפיסותיהם ותחושותיהם של צעירים שהתחנכו על ברכיה של הפרוטסנטיות המסורתית, אבל בתקופה שאנו עוסקים בה לא היתה דעתו נפוצה; הרבה יותר נפוצים היו הרגשות שבוטאו בשיר ששמעתי פעמים רבות בכנסיות, "צעדתי היום במקום שצעד בו ישו". שורות אופייניות הן: "הסמטאות הקטנות האלה לא השתנו", וכן: "ראיתי את הירדן האדיר מפלס את דרכו / כמו אז בימי קדם".[49] ג'ון ר' מוט, שגילה כי הירדן אינו אלא זרם מים חלש ומלוכלך – הוסיף כי זהו כנראה "הנהר המפורסם ביותר בעולם".[50] תפקיד חשוב בגיבושן של העמדות כלפי ארץ הקודש מילאו גם התמונות והמפות שתלויות באולמות קהילתיים רבים ובמרכזים חינוכיים של הכנסיות.

כל זה חשוב להבנת תגובותיהם של האמריקנים הפרוטסטנטים למאבק בין יהודים לערבים בארץ־ישראל ולייסודה של מדינת ישראל. ההיכרות הקרובה עם ארץ הקודש של ימי התנ"ך היתה בין הגורמים שהביאו נשיאים כגון וילסון וטרומן לנקוט צעדים שסייעו להקמתה של מדינת ישראל המודרנית, ועודדה סנטורים וחברים בבית הנבחרים להצביע בעד ההחלטות המשותפות של הקונגרס ב־1922 וב־1945.[51] עמדותיהם נבעו גם מן המודעות להיסטוריה הארוכה ורוויית הסבל של העם היהודי, מודעות שהובילה נוצרים כגון ויליאם א' בלקסטון ב־1891 לתמוך בהחזרתה של ארץ־ישראל לידי היהודים. ב־1918 אמר אדולף א' ברל:

> שנים רבות היה זה חלום או תקווה חסרת בסיס. עתה עולה האפשרות שתקום בארץ־ישראל מדינה יהודית בחסותן של המעצמות הגדולות כולן או מקצתן. נראה שצעד כזה ישפיע על העולם כולו הרבה יותר ממה שמעלים בדעתם תומכיו הנלהבים ביותר.[52]

48 Willie Morris, *North toward Home*, New York 1967, p. 43 תודתי לארט ג'סטר (Art Jester) על שהפנה אותי לקטע זה.

49 מילים: דניאל ס' טווהיג (Daniel S. Twohig). מנגינה: ג'אופרי אוהרה (Geoffry O'Hara). יצא לאור בידי: G. Schirmer, Inc. New York, 1937

50 ראה לעיל, הערה 12.

51 על יחסם של הנשיאים ראה את המאמרים שלהלן מאת זליג אדלר (Selig Adler): "The Palestine Question in the Wilson Era" *Jewish Social Studies* 10 (1948), pp. 303-334; "Backgrounds of American Policy toward Zion", in Moshe Davis (ed.), *Israel: Its Role in Civilization*, New York 1956, pp. 251-283; "United States Policy on Palestine in the FDR Era", *America and the Holy Land: A Colloquium*, Jerusalem 1972, pp. 11-18. פורסם לראשונה בתוך: *American Jewish Historical Quarterly* 62 (1972), p. 362. על ההחלטה המשותפת משנת 1922, ראה: Samuel Halperin, *The Political World of American Zionism*, Detroit 1961, p. 294

52 ברל (לעיל, הערה 8), עמ' 12. במאמר קודם נגעתי בכמה מן הטעמים שבזכותם ציפו נוצרים מסוימים לשיבתם של היהודים לארץ הקודש: "Studies in the Interrelationships between America and the Holy Land: A Fruitful Field for Interdisciplinary and Interfaith Cooperation", *Journal of Church and State* 13

התמיכה במדינת ישראל באמריקה של שנות הארבעים קשורה לתגובה לשואה, אך גם להשפעתם של מקורות נוצריים. סמואל הלפרין (Samuel Halperin) כתב בספרו "העולם המדיני של הציונית האמריקנית" (*Political World of American Zionism*) על התמיכה הנוצרית הרחבה ורבת ההשפעה במטרה הציונית. הלפרין סיכם כי "השקפותיהם של בעלי הרגש הנוצרי־הציוני היו נאמנות לתרבות האמריקנית".[53] אנשי כנסייה חשובים נתנו ביטוי לעמדה הזאת, ובייחוד ריינולד נייבור (Reinhold Niebuhr), וכן קבוצות בעלות השפעה, ובייחוד "הוועדה הנוצרית האמריקנית למען ארץ־ישראל" (American Christian Palestine Committee) שהיו לה 15,000 תומכים בסוף שנות הארבעים של המאה העשרים.

ואולם עמדותיהם של הפרוטסטנטים האמריקנים כלפי ארץ הקודש הושפעו גם מן המיסיונרים ששהו בארצות אחרות במזרח התיכון ונטו לתמוך בהן. ג'וסף ל' גרביל (Joseph L. Grabill) ציין ב־1914, כי כ־75 אחוז מכל משלחות הפרוטסטנטים באסיה הקטנה ובטורקיה היו נתונות לשליטתו של הוועד האמריקני (American Board), וכי הוועד הפרסביטריאני פעל רבות בסוריה.[54] עוד לפני שנים ציין פרנק א' מנואל כי המיסיונרים

> בנו אוניברסיטאות אמריקניות ונעשו סוכנים דומיננטיים של התרבות הפרוטסטנטית־האמריקנית במזרח הקרוב. הם התנגדו בחריפות לציונות מכיוון שחששו שהקמתה של מדינה יהודית בארץ־ישראל תכניס למזרח התיכון גורם שיתחרה עם תרבותם שלהם.[55]

קבוצה רבת השפעה אחרת היו חוקרי התנ"ך, שהחזיקו במגוון של עמדות בעניין הקמתה של מדינת ישראל. רבים מהם החלו לחקור בארץ־ישראל כשהיו הערבים הקבוצה הדומיננטית וקיבלו בברכה את שלטון המנדט הבריטי. ארנסט רייט (Ernest Wright), שתיאר כמה מן התגליות הארכיאולוגיות, ציין כי "מנקודת ראותו של הארכיאולוג, תקופת המנדט היתה הטובה ביותר, משום שהחפירות נוהלו בידי ראשי מחלקת העתיקות של בריטניה, אנשי המערב. תקופה זו חלפה לבלי שוב".[56]

אלה היו הלכי הרוח שהשפיעו על דיעותיהם של הפרוטסטנטים האמריקנים כלפי ההתפתחויות המדיניות בארץ־ישראל בשנת 1948 ואחריה, והם תוארו בין היתר בספרו של הרצל פישמן "הפרוטסטנטיות האמריקנית ומדינה יהודית" (*American Protestantism and a Jewish State*).[57] הפרוטסטנטיות עברה תהליכים מהירים של שינוי במחצית השנייה של המאה העשרים, אבל הפרוטסטנטים הוסיפו לפעול על פי העמדות, הרגשות, והמחויבויות שאפיינו אותם במאה וחמישים השנה שקדמו. המאמץ להבין אותם ואת השפעתם הוא תרומה להבנת רעיון החירות באמריקה.

עד כה התרכזתי בכתות העיקריות של הלבנים; כנסיות השחורים אימצו, הן נוצרים אחרים,

---

James E. Wood, Jr., *Jewish-Christian Relations in Today's World*, :נדפס מחדש אצל .(1971), pp. 283-301 Waco, Texas 1971, pp. 105-123

53 הלפרין (לעיל, הערה 51), עמ' 187.

54 Joseph L. Grabill, *Protestant Diplomacy and the Near East: Missionary Influence on American Policy, 1810-1927*, Minneapolis 1971, p. 33

55 Frank E. Manuel, *The Realities of American-Palestine Relations*, Washington, D.C. 1949, p. 3

56 סנדרס (לעיל, הערה 13), עמ' 18.

57 Hertzel Fishman, *American Protestantism and a Jewish State*, Detroit 1973, בייחוד עמ' 64–107.

את הדימוי של ציון ושל הארץ המובטחת כשחיפשו אחרי אמת דתית וצדק חברתי. כפי שסיכם זאת לורנס נ' ג'ונס (Lawrence N. Jones),

> הם הביטו קדימה אל ירושלים החדשה – עיר האלוהים... בתקופות שונות בהיסטוריה של מאתיים השנים האחרונות היתה עצמת האינטנסיביות של החלום על ירושלים כעצמתן של הציפיות להשגתה של החירות, אף כי מעולם לא נטשו [השחורים] את המאבק הממשי להשגתה.[58]

ברגעים מכריעים מילאה ה"ארץ המובטחת" שמעבר לירדן תפקיד חשוב בהיסטוריה של הכנסייה השחורה, וקיבלה משמעות חדשה: מחוז החירות – הצפון. ג'יימס ה' קון (James H. Cone) מצטט את פרדריק דוגלס (Frederick Douglass) שטען כי "הצפון היה ארץ כנען שלנו", ומוסיף ואומר כי, "[הרייט] טובמן ([Harriet] Tubman) השתמשה בביטוי 'הארץ המובטחת מעברו האחר של הירדן' וכוונתו לא היתה למציאות טרנסצנדנטית, אלא לצפון, ואחר כך לקנדה.[59]

הכנסיות השחורות שלחו מיסיונרים בעיקר לאפריקה ואיי הודו המערבית, אבל פרק חשוב בהיסטוריה של הכנסיות השחורות נוגע לקשר של השחורים לארץ הקודש. יש מקום לחקור את דיווחיהם של מבקרים נוצרים שחורים ואת עמדותיהם של מנהיגים שחורים, כגון רלף בנץ' (Ralph Bunche), שמילא תפקיד חשוב בחתימת הסכמי שביתת הנשק בארץ־ישראל ב־1949–1948.

עמדתם של אמריקנים רומים־קתולים כלפי ארץ הקודש טרם נחקרה באופן מפורט, אך היא דומה מבחינות רבות לזו של הפרוטסטנטים. ספר אופייני, "המקומות הקתוליים הקדושים של ארץ הקודש" (*The Catholic Shrines of the Holy Land*) טוען כי "מהותה של ארץ הקודש נשארת לעולם מה שהיא – ארץ קדושה בזכות התגלויותיו התכופות של אלוהים, ובהיותה מקום הולדתו של בנו".[60] הקתולים מעניקים חשיבות לסקרמנטים, כלומר לאובייקטים קדושים, ובהתאם לכך התמקדו בדרך כלל במקומות הקדושים, שעל מקצתם שמרו במשך מאות בשנים. הד"ר אסתר פלדבלום ציינה כמה מן האוספים והארכיונים שעשויים להיות אתגר למחקר נוסף, קודם שניתן יהיה להגיע להערכות מבוססות באשר לחשיבות הנושא בעיני הקתולים: "איגוד הסעד הקתולי למזרח התיכון" (Catholic Near East Welfare Association), "המשלחת האפיפיורית לארץ־ישראל" (The Pontifical Mission to Palestine), "הנציגות הפרנציסקנית לארץ הקודש" (The Franciscan Commissariat of the Holy Land), "נוטר דם של ציון" (Notre Dame de Sion). כמו כן ציינה את הארכיונים של כמה מחוזות בישופות, ומסמכיהם של מיירון טיילור (Myron Taylor) ופרנקלין רוזוולט (Franklin Roosevelt), ששימשו נציגים אישיים של הווטיקן.[61] מסמכים מעניינים נוספים קשורים לבנייתה של "כנסיית כל האומות" (Church of

58 Lawrence N. Jones, "They Sought a City: The Black Church and Churchmen in the Nineteenth Century", *Union Seminary Quarterly Review* 26 (1971), p. 257

59 James H. Cone, *The Spirituals and the Blues: An Interpretation*, New York 1972, pp. 88-89. ראה גם דייוויז (לעיל, הערה 9), עמ' 116–117, הערה 108.

60 Paschal Kinsel and Leonard Henry, *The Catholic Shrines of the Holy Land*, New York 1951, p. 8

61 הקולוקוויום על אמריקה וארץ־ישראל (לעיל, הערה 51), עמ' 33–35. ראה גם את מחקרה של פלדבלום: *The American Catholic Press and the Jewish State, 1917-1957*, New York 1977. ביבליוגרפיה על כתבי המשלחת

(All Nations) בידי הפרנציסקנים בגן גת־שמנים בירושלים, שעלות בנייתה מומנה כמעט כולה בידי קתולים אמריקנים.[62]

קבוצה אחרת של נוצרים קתולים שמילאו תפקיד בעיצוב עמדותיהם של אמריקנים כלפי ארץ הקודש והיבט זה של פעילותם טרם נחקר הם היוונים־קתולים (Melchites) והמרונים הקשורים ברומא, שהיו חלק מזרם המהגרים מארץ־ישראל ומארצות ערב לארצות־הברית בתקופתנו. מקצתם חזרו שנים רבות אחר כך לארצות מוצאם ומקצתם נשארו בארצות־הברית.[63]

מאמר זה דן בעיקר בכתות הפרוטסטנטיות האוונגליות הידועות, ואולם עדיין יש לחקור את העמדות כלפי ארץ הקודש של הקבוצות הדתיות שקמו על אדמת אמריקה, כגון קדושי היום האחרון (Latter–Day Saints), שומרי יום השביעי (Seventh–Day Adventists), עדי הבורא (Jehovah's Witnesses) ומדענים נוצרים (Christian Scientists). יונה מלאכי חקר את עמדותיהן של כמה מן התנועות הללו כלפי הציונות,[64] ויש מקום לחקור חקירה כוללת יותר את השקפותיהן לגבי ארץ הקודש. מחקרים השוואתיים פוריים על השקפותיהן של מגוון הכנסיות הנוצריות יתאפשרו רק לאחר עבודה בסיסית של מחקר ופרשנות של המקורות הנמצאים בספריות ובארכיונים.

הפרנציסקנית לארץ הקודש (The Franciscan Commissariat of the Holy Land), נמצאת במדריך למחקרי אמריקה – ארץ־ישראל (לעיל, הערה 30), דפים לדוגמה, עמ' 27–28.

62 ראה קינסל והנרי (לעיל, הערה 60), עמ' 157.

63 ראה את הערותיו של צבי אנקורי בקולוקוויום על אמריקה וארץ־ישראל (לעיל, הערה 51), עמ' 31–32.

64 Yona Malachy, "Jehovah's Witnesses and Their Attitudes toward Zionism and the Idea of the Return to Zion", *Herzl Yearbook* 5 (1963-1964), pp. 175-208; "Seventh-Day Adventists and Zionism", ibid, 6 (1964-1965), pp. 265-301

רשימת המשתתפים

מים כֶּמַאל אֶקֶה	פרופסור להיסטוריה במכון אתאתורק באוניברסיטת בוגציסי (Bogaziçi University), איסטנבול
ויליאם ד' בלנקס ז"ל	פרופסור למדעי הדתות באוניברסיטת דרייק (Drake, Iowa)
מיכאל בראון	פרופסור למדעי הרוח וללשון העברית באוניברסיטת יורק, קנדה
לורנס ב' ג'ונס	פרופסור להיסטוריה כנסייתית אפרו־אמריקנית באוניברסיטת הוארד (Howard), וושינגטון
מילטון א' גוסטפסון	ראש המחלקה הדיפלומטית של הארכיון הלאומי בוושינגטון
משה דייוויס ז"ל	פרופסור לתולדות עם ישראל בארצות־הברית ומייסד המפעל "אמריקה–ארץ הקודש" באוניברסיטה העברית בירושלים
דבורה דש מור	פרופסור למדעי הדתות בקולג' וסר (Vassar)
רוברט ט' הנדי	פרופסור להיסטוריה כנסייתית ב־Union Theological Seminary, ניו־יורק
ויויאן ד' ליפמן ז"ל	עמית מחקר, אוניברסיטת קולג', לונדון
יעקב מ' לנדאו	פרופסור למדעי המדינה באוניברסיטה העברית בירושלים
דוד ס' לנדס	פרופסור להיסטוריה באוניברסיטת הארוורד (Harvard)
טרומן ג' מדסן	פרופסור לפילוסופיה באוניברסיטה Brigham Young
משה מעוז	פרופסור להיסטוריה של ארצות האיסלם באוניברסיטה העברית בירושלים
מילטון ר' קונביץ	פרופסור למשפטים, יחסי עבודה ותעשייה באוניברסיטת קורנל
דוד קלצקר	חבר במפעל "אמריקה–ארץ הקודש" ורבה של קהילת בית תקוה–בני ישורון בפילדלפיה
רוברט ד' קרוס	פרופסור להיסטוריה באוניברסיטה של וירג'יניה
אלברט ג' רבוטאו	פרופסור למדעי הדתות באוניברסיטת פרינסטון

מפתח

* כוכבון ליד מספר העמוד מפנה לערכים המופיעים בהערות השוליים.

Americans and the Holy Land 1820–1917 through British Eyes: A Documentary History. V. D. Lipman. Institute of Contemporary Jewry, The Hebrew University of Jerusalem, 1989, 320 pp.

An Ambiguous Partnership: Non-Zionists and Zionists in America, 1939–1948. Menahem Kaufman. The Magnes Press, The Hebrew University of Jerusalem and Wayne State University Press, Jerusalem–Detroit 1991, 418 pp.

The Holy Land in American Religious Thought, 1620–1948, The Symbiosis of American Religious Approaches to Scripture's Sacred Territory. Gershon Greenberg. University Press of America, New York and London 1994, 370 pp.

American Consuls in the Holy Land, 1832–1914. Ruth Kark. The Magnes Press, The Hebrew University of Jerusalem and Wayne State University Press, Jerusalem–Detroit 1994, 388 pp.

UJA Memoirs: Irving Bernstein: An Oral History Anthology. Avraham Harman Institute of Contemporary Jewry, The Hebrew University of Jerusalem, 1994, 53 pp.

Living UJA History: Irving Bernstein: An Oral History Anthology, with an Introduction by Moshe Davis. Avraham Harman Institute of Contemporary Jewry, The Hebrew University of Jerusalem, 1995, 57 pp.

Publications of the America–Holy Land Studies Project

With Eyes Toward Zion: Scholars Colloquium on America–Holy Land Studies. Vol. I, Moshe David, ed., Arno Press, New York 1977, 252 pp.

With Eyes Toward Zion: Themes and Sources in the Archives of the United States, Great Britain, Turkey and Israel. Second International Scholars Colloquium on America–Holy Land Studies. Vol. II, Moshe Davis, ed., Praeger, New York 1986, 410 pp.

With Eyes Toward Zion: Western Societies and the Holy Land. Vol. III, Moshe Davis and Yehoshua Ben-Arieh, eds., Praeger, New York 1991, 275 pp.

With Eyes Toward Zion: America and the Holy Land. Vol. IV, Moshe Davis, Praeger, New York 1995, 193 pp.

Guide to America–Holy Land Studies: American Presence, Nathan M. Kaganoff, ed., Arno Press, New York 1980, 127 pp.

Guide to America–Holy Land Studies, 1620–1948: Political Relations and American Zionism. Vol. 2, Nathan M. Kaganoff, ed., Praeger, New York 1982, 214 pp.

Guide to America–Holy Land Studies, 1620–1948: Economic Relations and Philanthropy. Vol. 3, Nathan M. Kaganoff, ed., Praeger, New York 1983, 142 pp.

Guide to America–Holy Land Studies, 1620–1948: Resource Material in British, Israeli and Turkish Repositories. Vol. 4, Menahem Kaufman and Mira Levine, eds., Praeger, New York 1984, 208 pp.

American Fundamentalism and Israel: The Relation of Fundamentalist Churches to Zionism and the State of Israel. Yona Malachy. The Institute of Contemporary Jewry, The Hebrew University of Jerusalem, 1978, 178 pp.

The Holy Land in American Protestant Life, 1800–1948: A Documentary History. Robert T. Handy, ed., Arno Press, New York 1981, 259 pp.

מנחם קאופמן. לא־ציונים באמריקה במאבק על המדינה 1939–1948. Hassifriya Hazionit Publishing House of the World Zionist Organization, Jerusalem 1984 (English Title: *Non-Zionists in America and the Struggle for Jewish Statehood*), xxiii + 313 pp.

America's Jerusalem Policy: 1947–1948. Menahem Kaufman. The Institute of Contemporary Jewry, The Hebrew University of Jerusalem, 1985, 178 pp.

The Year after the Riots: American Responses to the Palestine Crisis of 1929–30. Naomi W. Cohen. Wayne State University Press, Detroit 1988, 210 pp.

Contents

We are grateful to the Jacob Blaustein Fund for American Studies.
Their generous grants enable
ongoing research in America–Holy Land Studies

This book is published with the assistance of
the Institute for the Research on
the History of JNF, Land and Settlement

The Hebrew University of Jerusalem
The Avraham Harman Institute of Contemporary Jewry

The American People and the Holy Land

Foundations of a Special Relationship

Edited by
Menahem Kaufman

Translated by
Yehuda Goodman

THE MAGNES PRESS, THE HEBREW UNIVERSITY, JERUSALEM

In tribute to Irving Neuman, New York
for his constant encouragement and devotion
to America–Holy Land Studies

The American People and the Holy Land

Foundations of a Special Relationship